海底科学与技术丛书

海底构造系统

上册

SUBMARINE TECTONIC SYSTEM

Volume One

李三忠　索艳慧　刘　博/编著

科学出版社

北京

内 容 简 介

本书以地球系统为理念,深入浅出地系统介绍了伸展裂解系统、洋脊增生系统、深海盆地系统、转换构造系统、俯冲消减系统的基本概念、基本构造单元、物质组成、结构构造、地质地球物理特征、本质内涵和前沿研究;从现象到本质,从过程到机理,由浅及深重点分析了各子系统的成因认识、基本特征、发展与运行规律。本书的核心和实质内容是板块构造理论框架下的活动大陆边缘及被动大陆边缘等,但同时也介绍了很多新概念、新技术、新理念。

本书资料系统、图件精美,适合从事海底科学研究的专业人员和大专院校师生阅读。部分前沿知识,也可供对大地构造学、构造地质学、地球物理学、海洋地质学感兴趣的广大科研人员参考。

图书在版编目(CIP)数据

海底构造系统. 上册 / 李三忠,索艳慧,刘博编著. —北京:科学出版社,2018.8

(海底科学与技术丛书)

ISBN 978-7-03-058130-3

Ⅰ.①海… Ⅱ.①李… ②索… ③刘… Ⅲ.①海底-地质构造 Ⅳ.①P736.12

中国版本图书馆 CIP 数据核字 (2018) 第 135043 号

责任编辑:周 杰 / 责任校对:彭 涛
责任印制:肖 兴 / 封面设计:无极书装

科学出版社 出版

北京东黄城根北街 16 号
邮政编码:100717

http://www.sciencep.com

北京汇瑞嘉合文化发展有限公司 印刷

科学出版社发行 各地新华书店经销

*

2018 年 8 月第 一 版 开本:787×1092 1/16
2018 年 8 月第一次印刷 印张:21 1/2
字数:510 000

定价:238.00 元

(如有印装质量问题,我社负责调换)

序

现今全球变化与社会可持续发展以及整体人类自然科学技术进步发展对地球科学提出了新的需求，需要我们整体认知地球系统，了解现状与其未来将会发生什么及其发展趋势。

现今我们知道，天体地球经历了 46 亿年，完成了从宇宙星尘到天体星球及生命的出现与发展的漫长演变。作为宇宙地球生命的最高形式，人类诞生的最近三百万年以来，在沧海桑田的变幻中，为了生存与发展和追求，人类逐步创造形成了对客观世界宇宙与地球等比较系统的自然科学知识体系。其中，地球科学就是人类自然科学中的一门重要基本科学系统。经长期发展，地球科学现仍主要处于多学科分学科研究为主的状态，如气象、海洋、环境、地理、地质（包括地球化学、地球物理）等近两百年来虽已取得一系列重大认知突破，为人类社会发展做出了巨大贡献，然而，这一状态却给理论研究和实际应用带来很大的束缚以及整体学科的分割。地球作为整体，大气圈、水圈、生物圈、岩石圈以及地球内部其他圈层等，本是天体地球内外部物质运动、能量转换的统一体，以往单一学科、单一系统的解剖研究及其方式方法，难以认清地球系统整体全貌。而现今面对全球变化和资源、能源、环境与灾害问题，亟待我们重新整体认识地球，了解它的过去、现状和新发展趋势与动态，知晓它将会发生什么，加之科学技术的发展包括地球科学自身发展也需要综合整体探索，以认知、解决更为深层错综复杂的科学问题。特别是进入 21 世纪以来，上天、入地、下海、登极观察研究的发展及地球观测技术的快速进步，通过宏观、整体、综合、长期、连续观测，人类研究地球各种自然现象、自然规律、追本求源的能力大大提高，同时，海量信息、图像声音、影像视屏、测试结果等构成的地球大数据，给地球科学带来了巨大冲击与发展空间。可以预见，21 世纪必将是地球科学进入地球系统科学的时代，秉持地球系统科学的理念意识，必将推动地球科学的新发展，也必将为海洋科学包括海底构造研究，带来新的发现、认知与理论突破。

地球系统，包括三大子系统：外部的日地系统（Solar-Terrestrial System），包括从太阳一直到地球表层；内部的地球深部系统（Deep Earth System），包括地壳、地幔和地核；介于前两者之间的地球表层系统（Earth Surface System），简称地表系统，包括土壤圈、水圈、大气圈及生物圈和岩石圈等圈层复合交汇。

这些子系统各有其演化规律，各系统之间也始终存在密切而复杂的物质和能量交换。因此，地球各圈层间的相互作用必然是地球系统科学的重点研究内容和领域，包括不同层圈之间的相互作用、循环及其动力学过程、资源环境与全球变化等。近年来，地球系统科学、全球变化和地球动力学等已经被广泛列入各种相关的科学前沿研究发展规划。认识地球内部和外部层圈的结构、成分和动力学，阐明不同层圈物理、化学与生物的相互作用及其特点与规律是地球系统科学的主要目标之一。当前，地球系统科学研究以地球大气圈—水圈—生物圈—土壤圈—岩石圈—地磁圈等之间的相互作用为主题：一方面，以地球不同层圈的物质组成、结构和性质及其与生命起源、资源形成和环境演化之间的关系为主线，研究不同时空尺度的地质环境变化及其对地球系统的影响，揭示各个地质历史时期地球内部变化对资源环境灾害的制约；另一方面，以地球环境与生态系统为主线，涉及地球各层圈的相互作用及其对生命、人类和社会的影响与协同演化，人类活动对地球环境的反馈及其发展趋势。

地球系统科学研究的各圈层，岩石圈的形成和动力学演化是关键，因而，岩石圈在地球系统中占据着重要地位。岩石圈包括地壳和下伏岩石圈地幔，是人类最能接近且更直接影响人类生存的上部固体地球圈层。岩石圈的结构、组成与演化影响控制着壳幔演化、构造运动（包括地震和其他地质灾害）、岩浆活动及大规模成矿作用的发生以及对应的生态环境效应。故而，岩石圈的结构、组成与演化始终是地球动力学研究的主题之一，也是地球科学研究的核心主题之一，是研究地球演化的重要组成部分，其研究成果为矿产资源的勘探开发、生态环境保护治理、地震和其他地质灾害的预测预防提供了科学基础。因此，岩石圈与动力学也是地球固体系统动力学研究的主要内容。

岩石圈可以分为大陆岩石圈和大洋岩石圈。大陆岩石圈动力学及其资源、环境和灾害效应是大陆动力学研究的主题，而大洋岩石圈动力学及其资源、环境和灾害效应是洋底动力学的主题。

该书以地球系统科学理念，侧重固体海洋在地球系统中的关键过程和作用。海洋占地球总面积的70.8%，而深海大洋占据海洋约92.4%，因此，洋底更是了解众多地球过程的主要窗口之一。从空间展布和大地构造位置角度，洋底动力系统可以划分为洋脊增生系统、转换构造系统、深海盆地系统、俯冲消减系统和地幔动力系统等，基本对应动力学角度的伸展裂解系统、转换构造系统、俯冲消减系统等。不同于以往讲授板块构造理论时常划分为活动大陆边缘、被动大陆边缘、转换型大陆边缘逐个介绍的方式，该书改为俯冲消减系统、伸展裂解系统、转换构造系统论述，这一改变，应是学术思想和系统研究的新发展与重要新思维。

通过这个"系统"观，综合认知地球物质运动，揭示运动的物质跨圈层、跨相态、跨时间尺度的变化，必然涉及相关学科和新的科技成果。当前海洋地质学已经摆脱单一学科制约，成为多学科交叉融合的起点，以物理海洋、海洋化学、海洋地球化学与海洋地球物理等高新探测和处理技术、观测网络建设为依托，国际上逐步开始实施一系列不同级别的海底观测网络建设计划，通过大量传感器，侧重探测海底各种大地构造背景各级尺度的结构、构造和过程以及动力学过程的各个变量要素，监测不同圈层界面和圈层之间的物质和能量交换、传输、转变、循环等相互作用的过程，为了解地球系统变化提供了技术保障。

针对深海大洋岩石圈动力学与物质循环中的洋脊增生系统、俯冲消减系统的构造动力–岩浆–流体系统之间的海陆耦合、深浅耦合、流固耦合关系研究，成为当今洋底动力学研究的重点，一些国际合作计划亦将其作为研究的重点。当前科学研究仪器设备日益更新，效率也越来越高，而且，探测手段和方法也从哥伦布时代的走航式、不连续、单点式、低效率、单一学科观察和测量，发展为原位、连续、实时、多学科、数字化、信息化、网络化、高效率观察和测量。例如，水深测量从重锤测深转变为多波束测深，重力测量从简单的海洋重力仪发展为卫星海洋重力测量，地震技术从浅剖发展为地震层析成像，使得不同深度的洋底结构构造显现出来，也揭示了板块构造学说没有阐明的俯冲洋壳的去向问题。目前，虽然研究对象依旧是按照板块构造理论为指导，集中于研究板块边缘，即主要集中在洋脊增生系统和大陆边缘的俯冲消减系统以及相关领域的科学研究，但是研究已更具有广泛国际性，具体表现在两个国际计划的设立上，即 1992 年开始的国际大洋中脊计划（Inter-Ridge）和 1999 年开始的国际大陆边缘计划（Margins）及后续的"地质棱镜"计划（GeoPRISMs），大大促进了该领域的发展。另外，不可忽视的是，深海大洋研究中关于大火成岩省的研究，将对地幔柱构造理论的发展和建立起着关键作用，这必将从更深层次揭示地球的动力学本质。

上述针对固体地球系统的国际研究计划不亚于地球系统科学联盟（ESSP）提出的世界上有关全球气候与环境变化的四大科学计划［世界气候研究计划（WCRP）、国际地圈生物圈计划（IGBP）、全球环境变化人文因素计划（IHDP）、生物多样性计划（DIVER-SITAS）］。这些表层地球系统的全球计划针对地球系统及其变化、对全球可持续发展的影响，旨在促进各学科的深入和交叉，弥补观测和资料上的空白，以增强人类认识和理解复杂地球系统的能力。因此，人们一致认为建立描述地球系统内部的过程及其相互作用的理论模式，亦即"地球系统动力学模式"（曾庆存等，2008），不仅可以阐明全球（包括大地区）气候和环境变化的机理并进行预测，而且可以助于揭示地球动力学的本质，真正实现实时多圈层相互作用的研究。

国际上深海领域的竞争日趋激烈，21 世纪初前后，各海洋强国及国际组织纷纷制定、调整海洋发展战略计划和科技政策，如《新世纪日本海洋政策框架（2002）》《美国海洋行动计划（2004）》和《欧盟海洋发展战略（2007）》等，并采取有效措施，在政策、研发和投入等方面给予强力支持，以确保在新一轮海洋竞争中占据先机。相应的国际和区域海洋监测网络逐步实施，如美国的 OOI、HOBO、LEO-15、H2O、NJSOS、MARS、DEIMOS 等，欧洲的 NEMO、SN-1、ESONET 等，美国和加拿大联合建立的 NEPTURE 及其扩展成的全球 ORION，日本的 ARENA 和之后的 DONET，它们成为全球的 GOOS（Global Ocean Observing System）对海观测网的一部分。GOOS 最终与全球环境监测系统（GEMS，Global Environment Monitoring System）、全球陆地观测系统（GTOS，Global Terrestrial Observing System）、全球气候观测系统（GCOS，Global Climate Observing System）共同构成世界气象组织的 WIGOS（WMO Integrated Global Observing Systems）观测系统，最终建成 2003 年倡导建立的名为 GEOSS（Global Earth Observation System of Systems）的全球统一的综合网络，并成为 GEOSS 的核心组成。GOOS 积极发展先进的机电集成技术、传感器、ROVs、AUVs、通讯技术、能源供应技术、海底布网技术、网络接驳技术，建设海底观测站、观测链、观测网等不同级别和目标的海底观测平台，实现天基（space-based）、空基（air-based）、地基（land-based）以及从岸基（coast-based）到海基（ocean-based，覆盖海面、海水、海床）全面覆盖海洋的实时立体观测网。地学上它们以热液现象、地震监测、海啸预报、海洋环境变化、全球气候等为科学目标。我国"九五"期间 863 计划已逐步开始实施类似计划，但类似前述国际性的具重大影响的监测网络建设才刚刚起步。

鉴于地球科学的发展，尤其海洋科学发展和培养人才的需求，中国海洋大学李三忠教授团队新编写了系列新教材，《海底构造系统》（上、下册）是其系列教材的第二本和第三本，也是构建"完整海底构造系统"理论的核心内容，系统介绍了岩石圈及地球更深层动力学的基本概念、基本规律、基本过程。这些知识是认知海底的基础，也是为其他圈层研究或学科发展、深化、拓展所必需，更是走向系统完整认知地球的起点，其终极目标是揭示海底或洋底的本质与规律及其与其他圈层的关联。

洋底动力学旨在研究洋底固态圈层的结构构造、物质组成和时空演化规律及机制，研究洋底固态圈层与其他相关圈层，如软流圈、水圈、大气圈和生物圈之间相互作用和耦合机理，以及由此产生的资源、灾害和环境效应。它以传统地质学和板块构造理论及其最新发展为基础，在地球系统科学思想的指导下，以海洋地质、海洋地球化学与海洋地球物理及其高新探测和处理技术为依托，侧重研究伸展裂解系统、洋脊增生系统、深海盆地系统和俯冲消减系统的过程及动力学，包括不同圈层界面和圈层之间的物质和能量交换、传输、转变、循环等相互作用的过程，为探索海底起源和演化、发展海洋科学和地球科学，保障人类开发海底资源等各种海洋活动、维护海洋权益和保护海洋环境服务的学科。该书就是为其培养基础人才和普及基本知识的新编教材，是洋底动力学关注的核心内容，值得推荐。

中国科学院院士

2018 年 5 月 28 日

前　　言

海底构造是一门专门介绍海底物质组成、结构和构造特征及其演化的学科，是针对掌握了一定普通地质学、沉积岩石学、岩浆岩石学、变质岩石学、构造地质学、地球化学和地球物理学基础理论知识的高年级本科生而设立的，本书的部分高深知识是针对研究生而撰写的，需要阅读者掌握一些地震层析成像、地震学、岩石成因和成矿理论等知识。本书力求系统，读者在阅读时，也可跳跃看，涉及不熟悉的概念，在本书都可搜索到，因而本书也可以当做工具书。

撰写《海底科学与技术丛书》的初衷始于 1998 年，我刚从西北大学地质学博士后出站来到中国海洋大学任教，教授的第一门课就是《海洋地质学》本科生课程。由于该课程涉及面极广，从海底地形地貌、沉积动力、海底岩石到海底构造与现代成矿作用等，故当时该课程由 4 位教授承担。10 多年来，我始终承担其中的海底构造部分教学。当时全国也仅有 4 本正式教材可参考，即李学伦主编的《海洋地质学》、朱而勤主编的《近代海洋地质学》、1982 年同济大学海洋地质系主编的《海洋地质学概论》和 1992 年翻译的肯尼特主编的《海洋地质学》。

进入 21 世纪后，各大专院校也发现海洋地质学领域教材的匮乏，先后编写了多个版本的海底构造相关的教材，这些教材各有侧重，但依然不能全面反映海底构造的基本内容和前沿进展。2009 年教学改革时，我曾提议将海底构造内容单独分列成系列深浅不一的四个层次来教授，建议分别称为海底构造原理、海底构造系统、区域海底构造、洋底动力学，依次侧重海底构造相关基本理论、海底构造基本知识、区域洋盆演化、洋底构造成因和机理，并由浅入深、由表及里分别向本科生、硕士生和博士生讲授。

通过 18 年的不断积累和讲授，本书综合国际最新学科动态和前沿进展，尽可能给读者选择和展示一些当下最美的图件、最前沿的成果和最创新的理念，以响应"一带一路"倡议以及适应当代中国走向深海大洋、海洋强国、创新驱动的国家战略需求。本书强调基本概念、基础知识、基本事实、基本系统，但也在不同的章节为高层次读者展示了当前研究中的前沿问题和历史争论，期望能从中体现一些地质思想，并让读者从地质思想的形成演变中训练形成自己独有的地质思维模式。本书力求完整，在讲授时宜针对不同层次的学生有所选择，循序渐进地讲授。为了便于阅读或学科交叉，也插入了一些与之密切相关的其他学科的基本知识。而且，为了加强专业外语，本书在海底构造相关的基本概念首次出现时附注了英文。

在以往的课程体系中，关于海底构造系统的知识内容有的称为板块构造，并不断强化教授给学生。但是，正如《海底构造原理》一书中所展示的，海底构造不只是板块构造，还有地体构造、地幔柱构造、前板块构造体制等。例如，板块构造理论不能解释板块构造出现之前的太古宙海底的构造，也不能解决超越岩石圈演化的地幔动力学、地幔柱起源等。因此，本书对海底构造不再按照 *Global Tectonics* 一书中讲授的方案划分，即按裂谷、被动大陆边缘、活动大陆边缘和转换型大陆边缘这类概念来按顺序讲授，本书将这类术语改称或重新归并如下：伸展裂解系统、俯冲消减系统、深海盆地系统、转换构造系统、洋脊增生系统。例如，对于"活动大陆边缘"来说，它难以包括马里亚纳岛弧这类洋–洋俯冲形成的类似活动大陆边缘的现象。然而，马里亚纳岛弧从动力学和成因上与活动大陆边缘别无二致，都属于俯冲消减系统。这样的做法，主要是试图解决板块构造术语运用存在的局限性。再如，如果本书将"板块构造"这个概念拓展到板块构造体制尚未出现的早前寒武纪，就不会被人们所广泛接受。然而，很多地球化学家又通过岩石地球化学特征识别出了很多板块构造出现之前的活动大陆边缘地球化学特性，如岛弧型岩石地球化学特性，尽管"活动大陆边缘"这个概念可以用于早前寒武纪地质中，但是岛弧型岩石地球化学特性不一定就是板块构造体制下的产物，因为俯冲消减系统也可以形成活动大陆边缘的岛弧型岩石地球化学特性，这样岛弧型岩石地球化学特性就与有无板块构造体制无关了。实际上，地球化学方法难以确定板块构造体制的存在与否。这是因为板块构造体制的出现是一种物理机制，化学记录只是其衍生产物。本书提出的用俯冲消减系统替代活动大陆边缘的概念，有助于强调系统性。从分类体系看，活动大陆边缘只是洋–陆型或陆–洋型俯冲消减系统的一种，并没包括洋–洋型俯冲消减系统。从平面上看，活动大陆边缘强调的只是大陆一侧的产物，如边缘海或弧后盆地、相关变形变质和岩浆、成矿等，而俯冲消减系统还强调俯冲的输入部分，也就是俯冲板块一侧；从深度或垂向上，俯冲消减系统还包括俯冲板片以及深部过程（如地幔楔对流循环、脱水脱碳等过程）。基于上述种种原因，无论是从时空范畴，还是从板块构造与前板块构造之间过渡过程的知识重构上，《海底构造系统》（上、下册）中的伸展裂解系统、俯冲消减系统、深海盆地系统、转换构造系统、洋脊增生系统的术语完全可以适用于前板块构造，也可以用于板块构造理论中，这应当是板块构造理论的一种延伸或发展。板块构造理论中的被动大陆边缘、活动大陆边缘和转换型大陆边缘术语当然同样也可以继续适用于对前板块构造描述。这样，可以将现有知识体系与新术语体系建立起一种紧密联系，逐渐将板块构造理论拓展，并试图建立地球全史的统一动力学理论体系，回答从古至今的哲人或科学家的千年追问。

屈原在他的伟大诗篇《天问》里写道："遂古之初，谁传道之？上下未形，何由考之？冥昭瞢暗，谁能极之？冯翼惟象，何以识之？明明暗暗，惟时何为？阴阳三合，何本何化？圜则九重，孰营度之？惟兹何功，孰初作之？"本书认为，2300多年前屈原《天问》篇的部分内容是先人的宇宙观，故结合现今宇宙学和地球系统科学理念，理解上述屈原之问如下：盘古开天，是谁首先认知和传承的？那时天地混沌未分，是怎么知道的？天地暗中有明，总体混沌晦暗，谁能彻底认清呢？光明广大的虚空也只是一个表象，又是怎么理解呢？忽明忽暗之间，只是时间转换导致的吗？阴阳参差交错，天、地、人又是如何起源和如何演进呢？天上环绕运行的星辰，是什么控制的呢？如此浩大的体系，最初是谁创造呢？《天问》接着写道："斡维焉系，天极焉加？八柱何当，东南何亏？九天之际，安放安属？隅隈多有，谁知其数？天何所沓？十二焉分？日月安属？列星安陈？出自汤谷，次于蒙汜。自明及晦，所行几里？夜光何德，死则又育？厥利维何，而顾菟在腹？女岐无合，夫焉取九子？伯强何处？惠气安在？何阖而晦？何开而明？"直译如下：天体运转的轴心系在天轴的什么地方？天轴的顶部，又安置在哪里？八根擎天柱又由什么支撑着呢？为什么东南角下沉了呢？天的中心和边界又在哪里、又是什么呢？宇宙角落有很多的时空弯曲，谁知道具体数目是多少呢？天地交合在何处？为什么将它十二分呢？在这个体系中，日月属于何处？所有的星星又如何摆放？太阳从汤谷这个地方升起，陨落于蒙汜这个地方，从白天到黑夜，要走多远呢？月光的什么特性以至于会阴晴圆缺、生灭变换呢？到底什么有利因素使月亮能怀育一只兔子呢？宇宙生命又是如何诞生的呢？可怕的瘟疫又起源何处？和生万物的氛围环境又在何处？什么关闭导致晦暗？什么开启导致明朗？本书认为，这部分是屈原处于当时盖天说或浑天说背景下，对当下现代科学也在追问的天体运行根源及对生命起源等的发问。

如同2005年7月 Science 杂志创刊125周年提出的125个重要科学问题（涉及生命科学的问题占46%，关系宇宙和地球的问题占16%，与物质科学相关的问题占14%以上，认知科学问题占9%），这些问题都反映了中国先人的宇宙观、世界观、历史观。这些问题也是当代科学前沿，是我们自然科学工作者千百年来乐此不疲、不断追求的本质和重大基础性科学问题。其中，部分问题已经在《海底构造原理》一书中进行了综合解释和阐述。作为地球科学工作者，要超越先人，站在现代科学理论之上，去深度认知宇宙、世界、社会、人类。为此，对于人居中心的地球，我们也要系统综合整体加以理解，以往西方国家的分科研究并不能全面认识这个庞大无垠而又各尺度多层面交织的体系，存在科学的局限性或非科学性。例如，上述提到的125个问题中与地球相关的有：宇宙是否唯一？是什么驱动宇宙膨胀？重力的本质是什么？第一颗恒星与星系何时产生、怎样产生？驱动太阳磁周期的原因是什么？行星怎样形成？地球内部如何运行？使地球磁场逆转的原因是什么？是什么引发了冰期？水的结构如何？是否存在有助于预报的地震先兆？太阳系的其他星球上现在和过去是否存在生命？地球生命在何处产生、如何产生？谁是世界的共同祖先？什么是物种？什么决定了物种的多样性？地球上有多少物种？一些恐龙为什么如此庞大？生态系统对全球变暖的反应如何？外界环境压迫下，植物的变异基础是什么？能否避免物种消亡？迁徙生物怎样发现其迁移路线？地球人类在宇宙中是否独一无二？什么是人种，人种如何进化？自然界中手性原则的起源是什么？是什么提升了现代人类的行为？什么是人类文化的根源？地球到底能负担多少人口？……这些问题都不是孤立的，某种程度上存在千丝万缕的联系，需要整体系统分析。我们钦佩中国先人具有的科学思想，它增强了民族自信、文化自信，乃至科学自信。在新的地球认知历程中，在《海底构造系统》（上、下册）中，我们要系统地、科学地认知地球系统。

在本书即将付梓之时，索艳慧博士和刘博博士编撰了部分内容且整理重绘了所有图件，并进行了最后编辑整理和校稿工作，付出巨大辛劳。此外，编者感谢为本书做了大量内容整理工作的青年教师和研究生团队，他们是戴黎明、刘鑫、曹花花等副教授和郭玲莉、赵淑娟、王永明、王誉桦、李园洁等博士后及唐长燕博士；兰浩圆、张剑、郭润华、胡梦颖、李少俊、陶建丽、马芳芳等硕士为初稿图件清绘做出了很大贡献。同时，感谢专家和编辑的仔细校改以及提出的建设性修改建议。也感谢编者家人的支持，没有他们的鼓励和帮助，编者不可能全身心投入教材的建设中。为了全面反映学科内容，本书有些内容引用了前人优秀的综述论文成果、书籍和图件，精选了300多幅图件，涉及内容庞大，由于编辑时非常难统一风格，难免有未能标注清楚的，有些为了阅读的连续性，删除了一些繁杂的引用，敬请读者多多谅解。

特别感谢中国海洋大学的前辈们，他们的积累孕育了该系列的教材，也特别感谢中国海洋大学海洋地球科学学院很多同事和领导长期的支持和鼓励，编者也是本着为学生提供一本好教材的本意、初心，整理编辑了这一系列教材，也以此奉献给学校、学院和全国同行，因为本书中也有他们的默默支持、大量辛劳、历史沉淀和学术结晶；特别感谢中国地震局马宗晋院士、中国地质大学（武汉）的任建业教授、肖龙教授许可引用他们对相关内容的系统总结。由于编者知识水平有限，疏漏在所难免，遗漏引用也可能不少，敬请读者及时指正、谅解，我们将不断提升和修改。

最后，感谢以下项目对本书出版给予的联合资助：山东省泰山学者特聘教授计划、国家自然科学基金委员会国家杰出青年科学基金项目（41325009）、青岛海洋科学与技术国家实验室鳌山卓越科学家计划（2015ASTP-OS10）、国家海洋局重大专项（GASI-GEOGE-01）、国家重点研发计划项目（2016YFC0601002，2017YFC0601401）、国家自然科学基金委员会–山东海洋科学中心联合项目（U1606401）、国家实验室深海专项西太平洋–印度洋关键地质过程与环境演化（2016ASKJ13）和国家科技重大专项项目（2016ZX05004001-003）等。

2017 年 11 月 10 日

目　　录

目

录

第1章　大洋岩石圈结构与构造

1.1　洋壳物质组成与垂向结构

1.1.1　标准洋壳组成

大洋表层物质成分和结构的认识可以通过系统地观测、采样和钻探等方法来获得，但对于洋底深部地壳组成和结构的研究主要依赖各种地球物理方法，如反射地震探测法。20 世纪 50 年代以来，尽管发现不同洋区或同一洋区的不同构造单元之间洋壳结构都有明显的变化和差异，但经过反射地震探测确认，全球大洋盆地中的洋壳总体具有一致性，即普遍很薄且一般具有三层结构。基于这种一致性，可以建立标准洋壳结构，也就是大洋盆地的理想地壳结构。表 1-1 为 Bott（1982）划分的标准洋壳结构的地震纵波速度和厚度特征。

表 1-1　标准洋壳结构的地震纵波速度和厚度特征

项目		V_p/（km/s）	平均厚度/km
水层		1.5	4.5
洋壳	第一层：沉积层	1.6～2.5	0.4
	第二层：基底层	3.4～6.2	1.4
	第三层：大洋层	6.4～7.0	5.0
莫霍面（Moho）			
洋幔（也称地幔层或第四层）		7.4～8.6	

资料来源：Bott，1982。

1.1.1.1　洋壳分层

第一层为沉积层（简称层 1），厚度为 0～2km，平均厚度约为 0.4km，该层地震波速度与厚度的区域性差别相当大，地震纵波速度（V_p）为 1.6～2.5km/s。海床表面物质主要由未固结的生物、自生、火山成因的或浊流搬运到深海的陆源沉积物等组成。这些深海沉积物经常受到洋内温度和盐度控制的底流和等深流的再搬运。沉积层通常在洋中脊轴部缺失或极薄，随着远离洋中脊而逐渐增厚，洋盆边缘最厚可达2km。

第二层为基底层（简称层2），亦称为火山岩层，V_p多为3.4~6.2km/s。该层表面极不平坦，厚度变化较大，介于1.0~2.5km，平均厚度约为1.4km。层2上部为低钾拉斑玄武岩（即大洋拉斑玄武岩），主要是夹杂有深海沉积物的枕状熔岩（图1-1）及玻璃质火山碎屑岩，有时可见熔积岩。越往下沉积层越少，以至消失。该层下部还有呈岩脉或岩床形式的辉绿岩，底部为席状岩墙群，只有在远离洋中脊的一边单支岩墙才有冷凝边，这显著区别于具有双侧冷凝边特征的侵入陆壳的辉绿岩墙（图1-2）。

但是，自从声呐浮标被广泛应用以来，越来越多的证据显示，层2可分为两个或三个亚层（分别标注为2A和2B，或2A、2B和2C）。根据太平洋700多处反射地震资料得出，2A亚层的V_p为2.5~3.8km/s，2B亚层的V_p为4.0~6.0km/s，2C亚层的V_p为5.8~6.2km/s。深海钻探第83航次504B钻孔穿入层210余米，揭示了构造特征各异的三层玄武岩，自上而下分别是：①枕状玄武岩；②枕状玄武岩、玄武岩流和岩墙的互层；③块状玄武岩和岩墙，对应地震探测剖面中的2A、2B和2C亚层，但地震界面相对于玄武岩构造层的界面偏移约100m。看来，地震参数既取决

图1-1　大西洋洋中脊的枕状熔岩形态和冷却成因的复杂裂隙发育

最大的枕状体约1m

资料来源：http://www.earthhistory.org.uk/recolonisation/water-everywhere

于岩石的原始成分，也取决于其随后的变化。DSDP 504B 孔的数据证实，大洋玄武岩波速随深度增加而增加，原因是岩石孔隙和裂隙逐渐被低温次生矿物所填充。在大洋中，层 2A 分布局限，产生于洋中脊轴部、海山或火山成因的隆起高地。

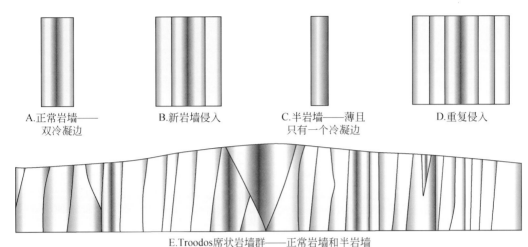

A.正常岩墙——　　　B.新岩墙侵入　　　C.半岩墙——薄且　　　D.重复侵入
　双冷凝边　　　　　　　　　　　　　只有一个冷凝边

E.Troodos席状岩墙群——正常岩墙和半岩墙

图 1-2　洋底席状岩墙群

当一条正常岩墙（A）中心还是热的且是熔融状态时，力学上较薄弱，此时 A 容易被一条更年轻的岩墙从其热的中心分离，（B）分离为对称的具有单冷凝边的两条岩墙（C），这个过程重复进行就形成了洋中脊岩浆房之上的席状岩墙群（D）。一条典型剖面（E）见于塞浦路斯的特罗多斯（Troodos）席状岩墙群。与正常大陆岩墙的双冷凝边对比，洋底一条岩墙只有单冷凝边。绿色为冷凝边；红色为热的中心

第三层为大洋层（简称层 3），是洋壳的主体。V_P 为 6.4～7.0km/s，由此推测层 3 可能是辉长岩、角闪岩及蛇纹石化橄榄岩等，其厚度不均一，平均厚度约为 5.0km。层 3 可分为两个亚层（3A 和 3B）。

根据太平洋 700 多处反射地震探测资料得出，层 3 分为 3A（V_P=6.5～6.8km/s）、3B（V_P=7.0～7.7km/s）两个亚层。关于第三层的组分，是以地震探测结果和所采样品弹性波传播速度的实验室测量结果为依据推测的。综合各种研究资料，层 3A 由变粗玄武岩或上地幔的蛇纹岩化超基性岩组成；层 3B 可能由辉长岩或辉长岩和蛇纹岩或上地幔的蛇纹岩化超基性岩组成。

层 3B 的底板层是 Moho 面，Moho 面以下为大洋地幔最上层（简称洋幔），也称第四层，表现为 V_P 突变到 8.1～8.2km/s，变化范围在 7.4～8.6km/s，平均 V_P 为 8.0km/s。一般认为海底之下的地幔组分相同，但其上部速度波动很大，这可能是由地幔速度的各向异性所致。

此外，不同学科对标准洋壳组成或结构的认识存在巨大差异，图 1-3 概括了标准洋壳结构的地震、构造、变质和岩浆的可能模式。

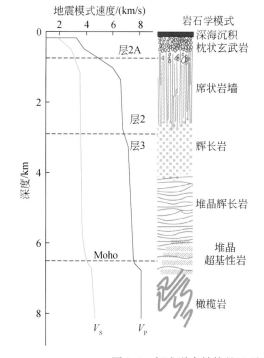
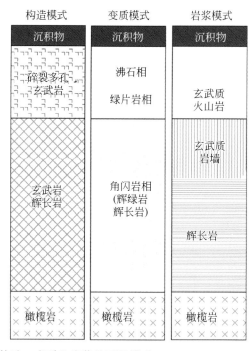

图 1-3　标准洋壳结构的地震、构造、变质和岩浆的可能模式

1.1.1.2　洋幔

上地幔岩石是超镁铁质岩石。根据矿物成分，超镁铁质岩划分为橄榄岩和辉石岩两类。大洋超镁铁质岩大都属于橄榄岩，其中，约75%是方辉橄榄岩（harzburgite），约25%是二辉橄榄岩（lherzolite）。橄榄岩主要由橄榄石、斜方辉石、单斜辉石组成。此外，因岩浆起源深度（压力）不同，还可以出现斜长石、尖晶石及石榴子石中的一种。图1-4所示为洋壳、洋幔的岩石与矿物组合之间的关系模式。地震波速度可

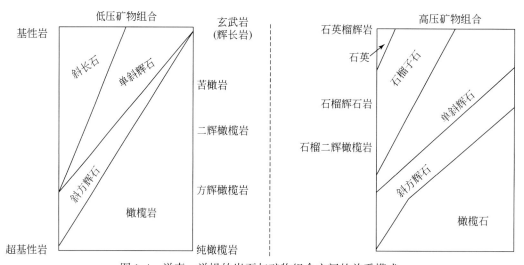

图 1-4　洋壳、洋幔的岩石与矿物组合之间的关系模式

以用来确定地幔岩的岩石组成。因此，上述地幔岩组成矿物的弹性波速度（表 1-2）对建立更准确的地幔岩石模式至关重要。

表 1-2　地幔中矿物的弹性波速度

矿物	密度/（g/cm³）	P 波速度 V_P/（km/s）	S 波速度 V_S/（km/s）
橄榄石	3.31	8.42	4.80（4.89）
斜方辉石	3.34	7.95（7.85）	4.76
单斜辉石	3.28	8.06	4.77
尖晶石	4.00	9.20	5.10
石榴子石	3.70	9.00	5.00

资料来源：Green and Liebermann，1976。

　　地幔顶部岩石的 P 波平均速度为 8.15km/s，按表 1-2 和表 1-3 所揭示的矿物波速组合考虑时，地幔顶部岩石很可能是富含橄榄石的超基性岩。天然的超基性岩大都具有各向异性。在单斜辉石（绿辉石）与石榴子石组成的榴辉岩中，超基性岩具有较强的各向异性（表 1-3）。如果结晶方位趋向一致的岩石也具有各向异性，则也符合上述性质。地壳底部的岩石也可以认为是从地幔的平均成分中减去地壳成分后（斜长石与单斜辉石分离后）残留的超基性岩，而地幔顶部则是纯橄榄岩或方辉橄榄岩。

表 1-3　地幔中矿物弹性波速度各向异性　　　　　　　　（单位：km/s）

矿物	最大的 P 波速度 V_P	最大的 S 波速度 V_S
橄榄石	9.89	7.72
尖晶石	8.30	7.04
石榴子石	9.12	6.96

资料来源：Kushiro，1969。

　　这种超基性岩层能延续到哪一深度，至今仍不清楚。如果认为地幔的化学成分是均一的，同时考虑矿物的弹性波速度因温度、压力变化而产生的变化幅度，以及随深度增加而产生的温度上升（表 1-4），那么就可知道深度增加时温度效应使地震波速度变慢，而深度增加时压力效应使地震波速度变快，且压力效应大于温度效应，所以，地震波速度必然随深度增加，但其增幅有所变小。

表 1-4　弹性波速度与温度、压力相关性

矿物	$1/V_P$ $(\delta V_P/\delta_P)_T$ /（1/mbar）	$1/V_S$ $(\Delta V_S/\delta_P)_T$ /（1/mbar）	$1/V_P$ $(\delta V_P/\delta T)_P$ /[km/（s·deg）]	$1/V_S$ $(\delta V_S/\delta T)_P$ /[km/（s·deg）]
橄榄石	1.21	0.74	-0.58×10^{-4}	-0.70×10^{-4}
石榴子石	0.92	0.46	-0.46×10^{-4}	-0.46×10^{-4}

资料来源：Green and Lieberman，1976。

第 1 章　大洋岩石圈结构与构造

另外，地幔物质上涌时，海岭或洋中脊正下方的喷溢处洋壳厚度越薄，熔融越容易进行，因此，上地幔最上部为完全抽取地壳成分后的纯橄榄岩，其下部很可能为残留有地壳成分的橄榄岩。橄榄岩由于压力不同，自上而下分为斜长石橄榄岩、尖晶石橄榄岩与石榴子石橄榄岩三种。按这个顺序，其密度增高，地震波速度加快。因此，根据大洋岩石圈地幔的温度、压力条件，稳定的岩石组成模式是上部为斜长石橄榄岩，中部为尖晶石橄榄岩，下部为石榴子石橄榄岩［图1-5（b）］。如果认为洋底岩石圈板块的最上部为纯橄榄岩，随深度增加向石榴子石橄榄岩过渡，那么洋底岩石圈板块可以绘成如图1-5（b）所示的层状构造。

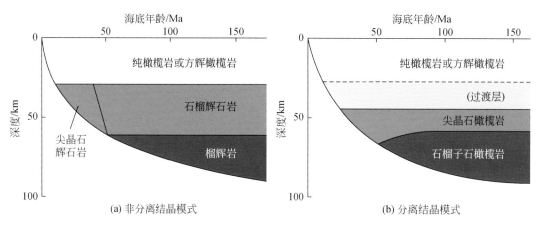

图1-5　海洋岩石圈的层状结构（Yoshii，1973；Green and Liebermann，1976）

根据大量人工地震观测的结果，大洋板块50~60km以下深度有一个P波速度为8.5km/s或更高的高速层。虽然人工地震方法不能测定S波速度，但采用海底地震仪，从天然地震的S波走时测定中，发现S波速度在4.9km/s以下，大概是P波速度为8.6km/s的那一层的S波速度。古老板块的S_n波速度为4.8km/s，因此，速度大于4.9km/s的S波速度层可能存在。但是，Forsyth（1977）认为，根据面波的解释，S波速度必然随深度增加而降低，不存在S波高速层。S波与P波上的这一差异是解析上的误差，还是P波所发现的高速层厚度薄而影响不了波长较长的S波，这个问题迄今尚不清楚。

从P波解析所得知的高速层，不能够用"上地幔＝橄榄岩"这一认识来解释。如图1-4所示的岩石组合模式，由于岩石圈板块下部向石榴子石橄榄岩过渡，所以地震波速度也在增加，即使这种增加是微小的。在大洋板块下部的温度、压力下，P波速度为8.6km/s、S波速度为4.9km/s的岩石，其石榴子石的含量必须在60%以上。石榴子石的弹性波速度不仅快，而且密度大。一般说来，密度大的矿物弹性波速度快，而石榴子石与同样弹性波速度的矿物相比较，密度更大，这是石榴子石含铁多的缘故。因此，如果能够精确地确定地幔密度分布，就能测定板块下部是否有含大量石榴子石的岩石层或岩石圈地幔。

软流圈中的流体，由于温度高，所以黏度低。软流圈上部玄武质成分流体的黏度在几十泊[①]（P）以下，这大体相当于甘油的黏度。这样轻的流体怎能会停留于晶体之间而不集聚于软流圈上部呢？事实上，在高温高压岩石熔融实验中，熔体/流体与残存晶体在容器中上下分离也十分棘手。但在研究板块运动方式和火山成因时，通常认为在板块下部可能有一薄的流体层，也许正是由于流体向板块下部迁移、聚集并冷却，而使板块逐渐增厚。将橄榄岩置于相当于板块底部的温度和压力条件下，使橄榄岩部分熔融。实验结果显示，其最初形成的流体化学成分为石榴辉石岩，所以，这种机制能够生成所谓的石榴辉石岩层［图 1-5（a）］。但是，由部分熔融熔体本身结晶而生成的石榴辉石岩中，石榴子石含量约为 50%。因此，含石榴子石 60% 以上的高速层就不可能由这一机制产生。

熔体不是侵入板块，而是在板块底部缓慢冷却，通过分离结晶析出的晶体附着于板块底部，从而使板块或上覆岩石圈变厚，但如此析出的晶体与岩浆的成分是不相同的。由于压力、部分熔融程度以及流体中水与二氧化碳含量的差异，其分离结晶过程有微妙的变化。例如，在 60km 以下深处压力条件下，发生"橄榄石+斜方辉石+流体——→单斜辉石+石榴子石"反应，所以，分离结晶过程中［图 1-5（b）］熔体析出单斜辉石与石榴子石，形成石榴辉石岩。这一机制虽然能形成石榴辉石岩层，但要形成含石榴子石 60% 以上的高速层岩石也绝非易事。

明确板块最下部是富含石榴子石的岩石，还是结晶方位有规律性的橄榄岩，这对确定板块与软流圈交界面的性质非常重要。无论哪种机制，只有软流圈熔融才能发生石榴子石富集这样的化学分异作用。另外，橄榄石结晶方位趋向一致时，表明它以固态发生过流动。

1.1.1.3 洋壳结构变化和洋底变质作用

实际上，洋中脊地壳结构与标准洋壳结构存在着明显差别。其影响因素如下。

1）壳幔混合层的出现，壳幔混合层位于轴部年轻洋壳地震速度剖面上发现的低速洋壳层与异常洋幔的过渡带，异常洋幔 V_P 为 $7.2 \sim 7.8$km/s，而低速洋壳层 V_P 约为 5.0km/s，顶面埋深从海底之下数百米至 $2.0 \sim 4.0$km。低速洋壳层一般产出于年龄小于 1.5Ma 的洋底之下，这与洋中脊轴部之下岩浆房局部熔融的高温岩石有关。它导致该区厚度显著减小（轴部厚度为 2km 或更小）。

2）构造作用也可导致洋中脊某些地段轴部缺失层 3，层 2 直接覆于异常地幔之

---

① $1P = 1dyn \cdot S/cm^2 = 10^{-1}Pa \cdot S$。

上；或有的地方，层 2 虽较厚但因完全缺失层 3，整个洋壳厚度明显减薄，如大西洋。

3）沉积厚度的不均一性，导致某些洋中脊地段的层 1（沉积层）缺失或极薄，如东太平洋海隆及其他一些洋中脊地段。

4）洋壳中的热液活动，由于在层 2 底部，洋壳变质作用可达到绿片岩相和绿帘石角闪岩相的条件（温度约为 350℃），层 3 底部辉长岩也可变质成低角闪石相矿物组合，这导致洋中脊的洋壳结构在各地段表现不同。

多数研究人员对洋壳的变质作用和热液交代过程有着浓厚兴趣，区分洋壳的洋底变质作用和俯冲变质作用见 2.2.3 小节。洋底变质作用是指正常洋盆和洋中脊发生的热液交代变质作用，因为洋中脊下部存在一个热的岩浆房，上部海水层厚 3km 少量渗入下部地质环境。因而，这里有着非常多的科学问题。

1）洋底变质作用强度如何，变质效应从洋中脊可拓展多远？

2）强烈的热液活动（hydrothermal activity）是否会导致矿床广泛分布？

3）变质作用是否会影响磁条带异常样式（magnetic anomaly patterns），从而影响洋壳定年？

4）洋壳是否会水化，因为这涉及俯冲带流体的重要来源。

5）热液交换（hydrothermal interchange）是否会影响海洋的化学收支（chemical budget）？

毫无疑问，超过 90% 的蛇绿混杂岩（ophiolite complexes）被交代过，从 20 世纪 60～70 年代就其是否为造山运动期间造山带变质作用或俯冲期间的俯冲变质作用的结果的疑问，到现在才有了一个合理的解释，原因是拖网获得的大量洋壳样品揭示其发生了交代作用。Cann（1979）识别出大洋玄武岩中 5 种不同矿物组合（表 1-5），岩石保存了火成岩结构。

1）棕石相（brownstone facies）：由低温洋底风化或冷的热液交代作用形成（图 1-6），在氧化条件下，产物通常是棕黄色，褪色后为蓝灰色。矿物组合并没有达到平衡，只是替代了特定的原始矿物组合。在强烈交代作用下，橄榄石被绿磷石 [celadonite，即富钾的铁伊利石（illite）替代]。它们充填了玄武岩中的气孔（vesicles），交代了火山玻璃，交代程度较低时为皂石 [saponite，即富镁的三八面体的蒙脱石（smectite）]。黄铁矿（pyrite）非常普遍，因此，玄武岩中存在黏土交代的产物。尽管斜长石（plagioclase）在发生强烈交代作用时，也可能转化为钾长石（K-feldspar），但通常是新鲜的。玄武岩中普遍存在火山玻璃，而出现橙玄玻璃 [palagonite，即橘黄色无序排列的伊利石] 通常与低温沸石 [zeolite，即钙十字沸石（phillipsite）] 及方解石有关。

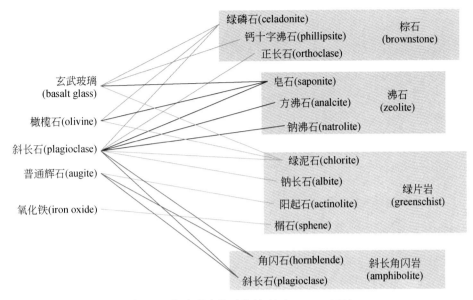

图1-6 玄武岩中的矿物转变（Cann，1979）

2）沸石相（zeolite facies）（温度大于230℃）：钙十字沸石被高温的沸石–方沸石（analcite）和钠沸石（natrolite）交代（图1-6），如冰岛出现的沸石特征矿物带。基性矿物被皂石（saponite）或皂石–绿泥石交代成层状，相对棕石相而言，颗粒较粗。部分斜长石被皂石交代，但普通辉石（augite）保持新鲜。该相上限以沸石和皂石的消失及钠长石（albite）和绿泥石（chlorite）的出现为标志。

3）绿片岩相（greenschist facies）：钠长石+绿泥石+阳起石（actinolite）+绿帘石（epidote）+榍石（sphene）（图1-6）。交代程度不同，原始矿物组合可完全被置换。普通辉石通常是残余矿物，脉体常含石英，且非常普遍。矿物组合可能是平衡的，也可能是不平衡的。该相上限以钠长石、绿泥石和阳起石的消失以及绿色铝质角闪石（An20–30）的出现为标志。

4）角闪岩相（amphibolite facies）：角闪石（homblende）+钙斜长石（Ca-plagioclase）+钛铁矿（titanomagnetite）+绿帘石（epidote）（图1-6）。在粗颗粒的岩石中，如深源的岩墙和辉长岩，这个组合非常发育。变质程度不同，一些原生角闪石出现在辉长岩或闪长岩中，但角闪岩相的变质矿物组合叠加在这些岩石中也非常清晰。变质作用往往紧随岩浆活动发生。

洋壳变质作用见下表1-5，注意这不只是被交代的基性洋壳（玄武岩和闪长岩）。地幔本身也可以沿着断层、转换断层和破碎带而出露洋底，在低于450℃时，地幔频繁地被交代为蛇纹石（serpentine，大约含13%的水），蛇纹石有三种：叶蛇纹石（antigorite）、纤蛇纹石（chrysotile）和利蛇纹石（lizardite）。但是，在更高温度下，其他含水矿物如滑石（talc）、透闪石（tremolite）和绿泥石也可以形成。

表 1-5　交代的洋壳矿物组合

相	玄武岩	橄榄岩
棕石相	绿磷石	钙十字沸石 +橙玄玻璃 +皂石
沸石相	皂石+ 混合层 + 方沸石+钠沸石	？
绿片岩相	绿泥石+钠长石+阳起石+绿帘石+榍石	利蛇纹石、磁铁矿
角闪岩相	角闪石+斜长石+铁氧化物	透闪石+橄榄石+顽火辉石（enstatite）
辉长岩	普通辉石+斜长石+紫苏辉石（hypersthene）+铁氧化物	橄榄石、顽火辉石+透辉石（diopside）、铬铁矿（chromite）

洋壳变质作用的绿片岩相和角闪岩相与区域变质作用的绿片岩相和角闪岩相区别如下：①洋壳变质作用的地温梯度高，每千米约几百摄氏度，而区域变质则为 30 ~ 50℃/km。②在基性岩中，因压力不够高，故无石榴子石。③前者岩石没有变形组构（除破碎带外）。④两者结晶程度不同，低级变质组合常叠加在早期高级变质组合之上，这是因为随着洋壳逐渐移离洋中脊，热液活动依然在较冷的条件下持续发生，而区域变质更多情况下是在一定温压条件下达到平衡。

尽管大洋钻探已经超过了 50 年，但洋壳中钻孔多为几百米，还没有达到棕石相和沸石相深度，最深的也不过 2500m，更没有穿到绿片岩相和角闪岩相深度。为了能看得更深，就有必要分析蛇绿混杂岩。

蛇绿混杂岩研究表明：①变质强度（重结晶，recrystallisation）在席状岩墙中最大，因为垂直的岩墙边缘有利于循环流体进入，且具有更高温度下的快速反应速率。这体现在强烈渗漏的席状岩墙带中水岩比较高，化学元素都不需要形成新的矿物（角闪石和绿泥石）就可以进入流体中，如 Rb、U、Th、K、Sr、Ba 和 Zn、Cu、Pb 等亲铜元素（chalcophile）都可从岩墙中移出。前一组元素可以被棕石相中的沸石和黏土再吸收。然而，剩下的进入海水中，亲铜元素形成大量的海底硫化物（黑烟囱主要组成）。总体上，热液活动在洋壳中形成大量垂直的化学分带。活动元素进入洋壳顶部，在洋壳俯冲和岛弧岩浆形成时会变得"活动"。②随着洋壳移离洋中脊，地热梯度下降，循环的海水导致低级变质矿物组合形成，并叠加在高级变质矿物组合之上。随着次生矿物的生长，循环通道变得不通畅，二次变质作用强度较低。玄武岩之上的沉积层逐渐加厚，也将破坏这种流体循环。

破碎带处的洋壳在其结构组成中可划分出 V_p 为 3.9 ~ 5.0km/s 厚 2km 的层 2A，直接覆于 V_p 为 7.6 ~ 7.8km/s 密度较小的地幔岩之上，其中，缺失层 2B、层 2C 和层 3。不过，这种缺失只局限于沿转换断层走向的狭窄（约宽 10km）地带。在该地带之外，层 2 之下重新出现层 3。破碎带处的异常洋壳基本上是强烈破碎和受热液蚀变的玄武岩、辉长岩以及由各种大洋辉长岩类形成的角闪石岩组成的薄层（厚度为1 ~ 3km）。在某些地方，下伏地幔的超基性岩遭受强烈的蛇纹石化作用。异常洋壳的成因与这些蛇纹石化橄榄岩等体沿大量断裂局部侵入的活动有关，这种情况在某些横切大西洋洋中脊的破碎带表现得最明显。

在深海盆地的无震海岭和火山分布区，发育着次大洋型地壳。沉积层下，层2显著增厚（厚度为9~10km）。层3厚者达10~12km，洋壳总厚度可超过20km，一般Moho面向下拗入地幔，形成壳根。这类火山型海岭完整的地壳结构剖面上与洋盆地壳结构没有根本区别，其弹性也类似于标准洋壳。剖面下层与层3类似，中间层类似层2B和层2C，由火山产物堆积起来的上层与层2A有所区别，火山岩是从拉斑玄武岩到碱性玄武岩的各种类型玄武岩，地壳总厚度可达13~20km，其与洋底隆起的海台或海底高原类似。其物理场表现为强度达+200mGal[①]的自由空间重力异常及高热流，而且相应地存在明显的物理场失衡现象，Moho面上弹性波速度偏低。

在一些洋底隆起区，如海底高原或海台，其完整的地壳剖面见表1-6，不但地壳厚度大，而且有些海台或海隆区的地震学和岩石学资料还显示出大陆地壳所特有的花岗岩质层，它们可能是大陆沿拆离断层裂离原大陆地块的碎块，一般称为微陆块；也有可能类似于加利福尼亚岛弧那样进入大洋板块内。其地壳厚度大于正常洋壳，但小于正常陆壳。

表1-6　洋底海台或隆起区最完整的地壳剖面

层序		$V_p/$（km/s）	厚度/km	典型地区
层1（沉积层）		1.8~2.3	—	马尼希基海台
层2	A	3.5~4.7	2~6 或 8~11	沙茨基海隆、斐济海台、马尔代夫海台等；希尔绍夫海台、马尼希基海台等
	B	4.67~5.8		
	C	5.7~6.1		
层3	A	6.1~7.0	12~15 或 19~30	斐济海台、马尔代夫海台等；沙茨基海隆、法罗海台等
	B	6.9~7.6		

资料来源：李学伦，1997。

大陆岛弧发育区，地壳虽然具有沉积层和花岗岩层，但厚度只有19~30km，局部地区甚至缺失硅铝层，以往称为过渡型地壳（过渡壳）。但实际上不存在物质组成上的过渡壳，它要么是增厚的洋壳，要么是减薄的陆壳。

1.1.1.4　洋壳与陆壳的基本区别

（1）物质组成

洋壳主要由玄武质（镁铁质）及超镁铁质岩石组成，而陆壳则以巨厚花岗质岩层为特点。对洋壳和陆壳的化学分析表明，陆壳比洋壳富 Si、K，贫 Fe、Mg 和 Ca

---

① 1Gal = 1cm/s² 。

（表 1-7）。例如，SiO_2 的含量，洋壳不足 50%，而陆壳在 60% 以上；K_2O 的含量，洋壳仅为陆的 1/7。故在地球化学特性上，洋壳比陆壳低硅、碱，高铁、镁。

表 1-7　洋壳和陆壳各层的平均化学成分 　　　　　　　　　　（单位：%）

地壳类型	大陆型和次大陆型%				大洋型			
层	沉积层	花岗质岩层	玄武质岩层	平均	层1	层2	层3	层4
SiO_2	50.0	63.9	58.2	60.2	40.6	45.5	49.6	48.7
TiO_2	0.7	0.6	0.9	0.7	0.6	1.1	1.5	1.4
Al_2O_3	13.0	15.2	15.5	15.2	11.3	14.5	17.1	16.5
Fe_2O_3	3.0	2.0	2.9	2.5	4.6	3.2	2.0	2.3
FeO	2.8	2.9	4.8	3.8	1.0	4.2	6.8	6.2
MnO	0.1	0.1	0.2	0.1	0.3	0.3	0.2	0.2
MgO	3.1	2.2	3.9	3.1	3.0	5.3	7.0	6.8
CaO	11.7	4.0	6.1	5.5	16.7	14.0	11.8	12.3
Na_2O	1.6	3.1	3.1	3.0	1.1	2.0	2.8	2.6
K_2O	2.0	3.3	2.6	2.9	2.0	1.0	0.2	0.4
P_2O_5	0.2	0.2	0.3	0.2	0.2	0.2	0.2	0.2
C	0.5	0.2	0.1	0.2	0.3	0.1	0.0	0.0
CO_2	8.3	0.8	0.5	1.2	13.3	6.1	—	1.4
S	0.2	0.0	0.0	0.0	—	—	0.0	0.0
Cl	0.2	0.1	0.0	0.1	—	—	0.0	0.0
H_2O	2.9	1.5	1.5	1.4	5.0	2.7	0.7	1.1

资料来源：Ronov and Yaroshevsky，1969。

（2）厚度

标准洋壳总厚度仅为 6~7km，而陆壳平均厚度为 35~40km（图 1-7），两者相差 4 倍以上。陆壳不但上覆较厚（厚度为 15~20km）的花岗质岩层，而且陆壳下部玄武质岩层也比洋壳厚得多。陆壳厚度变化较大，通常地势越高厚度越大，如青藏高原地壳厚度达 70km 以上，而裂谷之下可以仅有几千米。然而，在海底，虽然层 1 的厚度朝大洋边缘逐渐增厚，但洋壳厚度总体相对稳定在 7km 左右。当然，洋壳厚度与地势的关系也复杂得多，如贯穿四大洋的洋中脊体系，是世界洋底最突出的相对隆起的地形，其地壳厚度比正常洋盆还小，仅为 2~5km；另一类海底山脉——无震海岭（如夏威夷海岭），地壳厚度却可达 20km 以上。

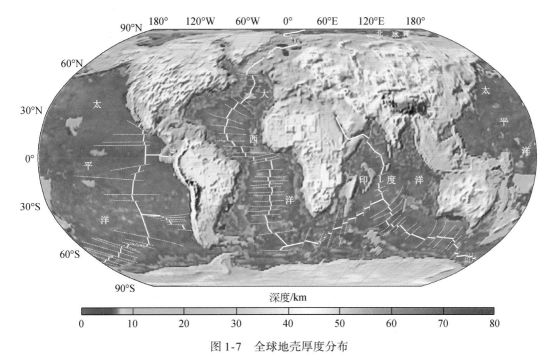

图 1-7　全球地壳厚度分布

资料来源：https://igppweb.ucsd.edu/~gabi/crust1.html

（3）地球物理特征

洋壳虽薄，却以正重力异常值为特点，大洋盆地的布格重力异常值可达+500mGal；陆壳虽厚，其重力异常值却主要表现为负值，高山地区布格重力异常值一般为-500~-300mGal。按照地壳的重力均衡模式，这种情况表明，构成陆壳的岩石密度（比重）较洋壳小。

（4）年龄

洋壳比陆壳年轻，陆壳上发现的最古老的岩石或矿物可达4200~3800Ma（图1-8）；而现今洋底洋壳年龄一般都小于160Ma，最古老的洋壳也没有超过180Ma，年龄分带性非常清晰（图1-9），而且50%的大洋表面积形成于最近65Ma，这意味着30%的地球表面是在地质历史的最近1.5%的时间内形成。

（5）火山活动

从火山岩成分来看，陆壳和洋壳也有巨大差异。近大陆侧地壳以安山岩、英安岩和流纹岩等中酸性火山岩为主，而且大陆内部的大部分地区很少有中酸性火山活动，主要出现在大陆边缘的安第斯型造山带；而大洋侧地壳则以玄武岩和橄榄玄武岩等基性玄武岩为主，而且大洋板块内部火山的活动性非常大，洋中脊和大洋边缘的岛弧以岩浆喷出与侵入活动最盛。以上说明两者在物质成分和火山作用过程等方面存在差异。

（6）构造活动性

陆壳的褶皱和断裂构造都十分发育，大部分山脉以压性构造为主，由花岗质岩浆岩或（和）变形变质的变质岩或（和）未变形变质的沉积岩组成；而洋壳构造除大洋边缘沟-弧体系外，广阔的洋底（除中印度洋外）以正断层构造为主，特别是沿洋中脊轴部分布的中央裂谷带以及与之垂直的横向大断裂（转换断层和破碎带），它们是地球表面规模最大的两大张性或张扭性断裂系统。

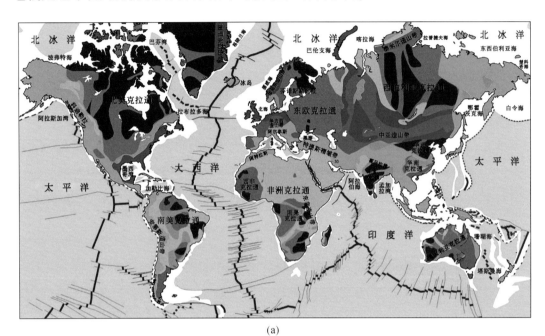

(a)

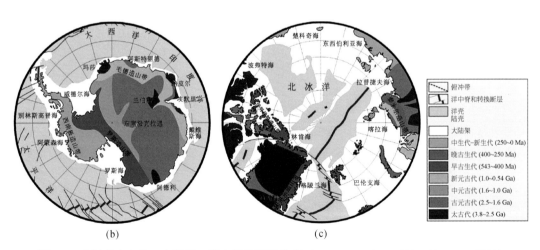

(b)   (c)

图 1-8　大陆基底年龄、大陆架、洋中脊和洋壳分布（Mooney et al.，1998；Mooney，2011）

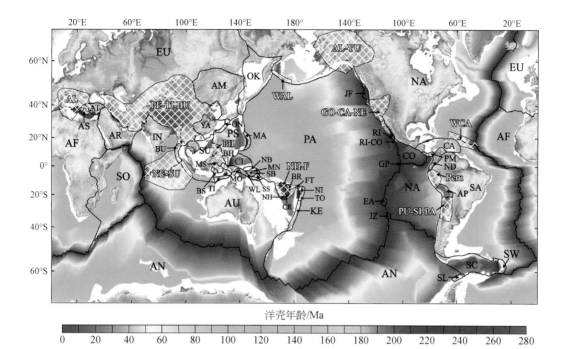

图 1-9　全球洋底年龄分布和全球 52 个板块（Müller et al.，2008；Bird，2003）

白色阴影区域为造山带，造山带简称：AL-阿尔卑斯（Alps）、AL-YU-阿拉斯加-育空（Alaska-Yukon）、GO-CA-NE-戈达-加利福尼亚-内华达（Gorda-California-Nevada）、NE-SU-东经九十度-苏门答腊（Ninety East-Sumtra）、NH-F-新赫布里底-斐济（New Hebrides-Fiji）、Peru-秘鲁、PE-TI-BU-波斯-青藏-缅甸（Persia-Tibet-Burma）、PH-菲律宾（Philippines）、PU-SI-PA-普纳-塞拉斯-潘佩阿纳斯（Puna-Sierras-Pampeanas）、WAL-西阿留申（West Aleutians）、WAL-西中大西洋（West Central Atlantic）；纯色填充区域为板块，板块简称：AF-非洲（Arica）、AM-阿穆尔（Amur）、AN-南极洲（Antarctica）、AP-高原（Altiplano）、AR-阿拉伯（Arabia）、AS-爱琴海（Aegean Sea）、AT-安纳托利亚（Anatolia）、AU-澳大利亚（Australia）、BH-鸟头（Birds Head）、BR-巴尔莫勒尔礁（Balmoral Reef）、BS-班达海（Banda Sea）、BU-缅甸（Burma）、CA-加勒比（Caribbean）、CL-卡罗琳（Caroline）、CO-可可斯（Cocos）、CR-康威礁（Conway Reef）、EA-复活节岛（Easter）、EU-欧亚（Eurasia）、FT-富图纳（Futuna）、GP-加拉帕哥斯（Galapagos）、IN-印度（India）、JF-胡安. 德富卡（Juan de Fuca）、JZ-费尔南德斯（Juan Fernandez）、KE-克马德克（Kermadec）、MA-马里亚纳（Mariana）、MN-马努斯（Manus）、MO-毛克（Maoke）、MS-印尼马鲁古海（Molucca Sea）、NA-北美洲（North America）、NB-北俾斯麦（North Bismarck）、ND-北安第斯（North Andes）、NH-新赫布里底（New Hebrides）、NI-纽阿福欧（Niuafo'ou）、NZ-纳兹卡（Nazca）、OK-鄂霍茨克（Okhotsk）、ON-冲绳（Okinawa）、PA-太平洋板块（Pacific）、PM-巴拿马（Panama）、PS-菲律宾海（Philippine Sea）、RI-里韦拉（Rivera）、SA-南美洲（South America）、SB-南俾斯麦（South Bismarck）、SC-斯科舍（Scotia）、SL-设得兰（Shetland）、SO-索马里（Somalia）、SS-所罗门海（Solomon Sea）、SU-巽他（Sunda）、SW-南桑威奇（South Sandwich）、TI-帝汶岛（Timor）、TO-汤加（Tonga）、WL-啄木鸟（Woodlark）、YA-扬子（Yangtze）

（7）结构分层性

陆壳的大尺度分层性难以确定，变化较大，这反映了其复杂的演化历史。有些地方也可以以康拉德不连续面（Conrad discontinuity）分成上、下两层，但这不具有全球性。相反，洋壳垂向上的三分结构在世界各大洋非常明显，然而，这些层，特别是层 2 和层 3，它们在不同洋区随深度不同可能有明显变化，这反映了它们母岩浆房的复杂成因。除此之外，洋幔和陆幔的流变学结构也存在结构差异，这种结构差异不随岩石圈年龄变老而变化，但都有一个共性——随着岩石圈年龄增加，岩石圈厚度增加，且10亿年以上年龄的岩石圈厚度和力学特性基本稳定（图1-10）。

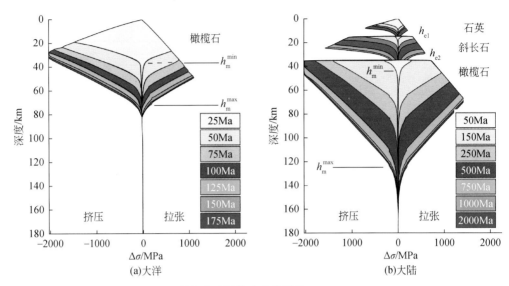

图1-10 洋幔和陆幔的流变学结构（Burov，2011）

大洋岩石圈和大陆岩石圈的热-构造年龄模型最大的区别在于后者具有较大的地壳厚度和复杂的分层结构

1.1.2 蛇绿岩套

蛇绿岩套是指在层序上有规律组合在一起的一套大洋岩石圈属性岩石的总称。在不少著述中称其为蛇绿岩（ophiolite），正如地幔岩的称谓一样，这种叫法容易让人将其误解为一种岩石的名称，将这种关系紧密的岩石集合体称作蛇绿岩套更贴切。完整而正常的蛇绿岩套剖面自下而上包括以下几方面。

1）底部以纯橄岩、方辉橄榄岩为主的超镁铁质杂岩（洋幔组成），大部分遭受强烈变质变形，常遭受蚀变而转变为蛇纹石化橄榄岩或蛇纹岩。

2）向上是堆晶杂岩，下部为堆晶橄榄岩，上部为以辉长岩为主的结晶堆积体，两者之间也可见橄榄岩、单斜辉石岩和辉长岩的互层，有时该层顶部还可见英云闪长岩、斜长花岗岩等淡色岩类与之共生，它是基性岩浆结晶分异的最终产物。

3）再向上是以辉绿岩为主的彼此平行的岩墙群，单条岩墙以远离洋中脊的一侧具有冷凝边为特征（图1-2），并区别于侵入陆壳的普通岩墙；多为细粒的辉绿岩，常有角斑岩成分。

4）上部是以拉斑玄武岩为主的枕状熔岩（图1-1），属多期海底喷发产物，枕状熔岩的顶面与深海沉积物穿插。常见细碧岩，是玄武岩和辉绿岩在海水渗入环境下被钠质交代的产物。

5）顶部所覆盖的为深海沉积物或沉积岩，包括放射虫硅质岩，含钙质超微化石的灰岩或深海钙质、硅质软泥，页岩和硬砂岩等。

超镁铁质岩石、辉长岩、辉绿岩岩墙和枕状玄武岩之间可以呈犬牙交错、过渡关系产出。在枕状玄武岩下部，熔岩与岩墙共生在一起，向下岩墙比重越来越大，最后转变为全由岩墙构成。有时，蛇绿岩套并不完整产出，可缺失其中某一层，甚至因强烈构造变形，蛇绿岩套被多条断层切割后而变得支离破碎，此时可称为蛇绿混杂岩。

蛇绿岩套最早是由 Steinmann（1905）研究阿尔卑斯褶皱带时提出来的，后来陆续发现它广泛出露于不同时代的地槽褶皱带中（即板块构造理论中称的造山带）。20 世纪 50 年代欧洲有些地质学家从"枕状熔岩"联想到海底岩浆喷溢的情况，曾设想蛇绿岩套与大洋岩石具有相同的属性。板块构造学说问世后，1974 年，Press 和 Siever 在其《地球》一书中，把蛇绿岩套定义为"与板块扩张轴和海底环境有关联的深海沉积物以及基性、超基性火成岩的集合体"。蛇绿岩套是大洋岩石圈的残片，也是确定古板块边界的重要证据，但并非所有古板块边界都保存有蛇绿岩套。蛇绿岩套可以形成于洋中脊（MOR 型）或俯冲带（SSZ 型，supra-subduction zone）环境，但两者的地幔橄榄岩、堆晶岩组合及上部熔岩在岩石学、矿物学和地球化学方面均有差异，洋–陆俯冲带和洋内俯冲是形成 SSZ 型蛇绿岩的两种机制，它们较为合理地解释了蛇绿岩套的多样性及其与大洋岩石圈的差异。全球的蛇绿岩套可分为 5 个带（图 1-11），并与相关造山带一一对应：①塔斯马尼亚蛇绿岩带，形成时间为古生代，主要分布在澳大利亚东缘；②阿巴拉契亚–加里东–海西–乌拉尔/中亚蛇绿岩带；③阿尔卑斯–喜马拉雅蛇绿岩带，形成时间为侏罗纪—白垩纪；④西太平洋–科迪勒拉蛇绿岩带，主要沿太平洋东、西两岸分布，形成时间是古生代—新近纪；⑤印度尼西亚蛇绿岩带，沿巽他海沟分布，形成于新生代。这些蛇绿岩套形成的高峰时期对应超大陆发育阶段。显生宙蛇绿岩套地球化学和构造特征等可以用来识别地球演化过程中洋壳形成的动力学背景，或进一步用于前寒武纪蛇绿岩套的研究，并探讨太古宙的洋壳（Dilek and Furnes，2011）。

1.1.2.1　对比研究

根据对洋壳以及上地幔顶部的洋幔与蛇绿岩套的对比研究，可以看出以下特征。

1）两者在层序上极为相似，且各层均可进行对比。

2）地震波速度测定表明，两者对应层的体波走时相同或比较接近。

3）蛇绿岩套辉长岩结晶堆积体的 $^{87}Sr/^{86}Sr$ 值（0.704～0.706）与其上部的枕状熔岩和岩墙群的 $^{87}Sr/^{86}Sr$ 值（0.702～0.704）相近，说明它们是由同源岩浆结晶分异而成。

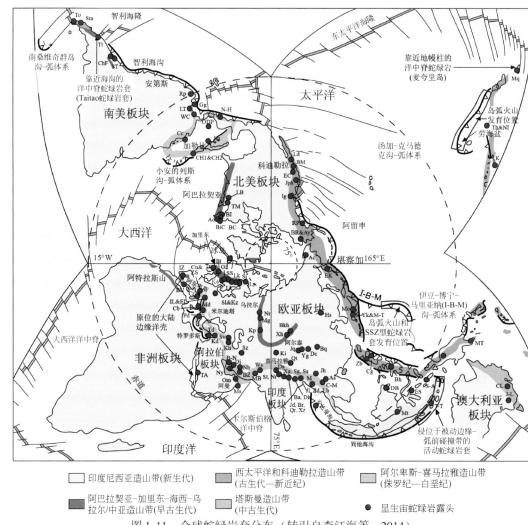

图 1-11　全球蛇绿岩套分布（转引自李江海等，2014）

选取北极点为投影中心，蓝色圆点表示蛇绿岩套露头。其名称、所处国家/地区与形成时代如下：As-哀牢山，中国，387～374Ma；Ac-Aluchin，俄罗斯，226Ma；A-安达曼，安达曼群岛，95Ma；Ay-Angayuchan，阿拉斯加，美国，210～170Ma；Ao-Annieopsquotch，纽芬兰，加拿大，480Ma；B-N-Baft-Nain，伊朗，约100Ma；Bt-Ballantrae，苏格兰，470Ma；BZ-Band-e Zeyarat/Dar Anar，伊朗，142～141Ma；BI-Bay of Islands，纽芬兰，加拿大，485Ma；Bkh-巴彦洪戈尔，蒙古，298～210Ma；Br-杯玛让，中国，125Ma；Ba-白朗，中国，125Ma；BU-Betic ophiolitic Unit，西班牙，185Ma；BC-Betts Cove，纽芬兰，加拿大，488Ma；BiC-Birchy 杂岩，纽芬兰，加拿大，557Ma；BM-Black 山，加利福尼亚，美国，约16Ma；Bh-Bohol，菲律宾，约100Ma；BR-Brooks 山，阿拉斯加，美国，约165Ma；Bq-布青山，中国，约470Ma；Cb-Calabrain，意大利南部，150～140Ma；Cg-Calaguas，菲律宾，约100Ma；CT-Camilaroi 地体，东南澳大利亚，390～360Ma；CH1-Central Hispaniola，加勒比，115Ma；CH2-Central Hispaniola，加勒比，79～68Ma；C-M-昌宁-孟连，中国，270～264Ma；Cn-Chenaillet，法国-意大利，165～153Ma；ChF-Chuscho 组，阿根廷，约450Ma；Cr-法国科西嘉，约160Ma；Cc-Curacao，加勒比，90Ma；Cy-Cyclops，新几内亚，43～20Ma；DB-Darvel 湾，马来西亚，约140Ma；Dh-大竹卡，中国，125Ma；Dc-东草河，中国，497Ma；Ds-Dras，印度，约135Ma；EK-东祺察加，俄罗斯东北部，110～60Ma；ES-东苏拉威西，苏拉威西，120～80Ma 和 20～10Ma；EC-Elder Creek，加利福尼亚，美国，约170Ma；EL-External Ligurides，意大利北部，180～170Ma；Gg-Gorgona 岛，哥伦比亚，90～76Ma；Gf-Gulfjell，挪威，498Ma；Hs-贺根山，中国，400～350Ma，354～333Ma，142～125Ma；IL & EI-冰岛，中大西洋中脊，小于1Ma；Ig-Ingalls，华盛顿，美国，161Ma；IL-Internal Ligurides，意大利北部，约170Ma；IZ-Iomzos，西班牙，约480Ma；Jm-牙买加（Bath-Dunrobin 组），加勒比，55Ma；J-L-Jamieson-Licola，澳大利亚东南，约500Ma；Jd-吉定，中国，125Ma；Jl-金鲁，中国，125Ma；Jh-金沙江，中国，346～341Ma；Jq-九个泉，中国，约490Ma；Jph-Josephine，俄勒冈，美国，164～162Ma；Kz-Kaczawa 山，波兰，约420Ma；Kø-Karmøy，挪威，497～470Ma；Kp-Kempersay，哈萨克斯坦，485～470Ma；Kh-Khoy，伊朗，140～130Ma；Ki-Kizildag，土耳其，92Ma；K-Koh，新喀里多尼亚，220Ma；Ki-库地，中国，约458Ma；LT-La Tetilla，哥伦比亚，125～120Ma；LB-Lac Brompton，魁北克，加拿大，480Ma；Lk-Leka，挪威，497Ma；Ld-Llanda，加利福尼亚，美国，约160Ma；Lb-罗布莎，中国，175Ma；Ly-Lyngen，挪威，约480Ma；Mq-麦夸里岛，10Ma；Mg-Magnitogorsk，俄罗斯，400～385Ma；M-Manipur，印度东北部，约70Ma；Ms-Masirah，阿曼，约140Ma；Mt-Meratus，婆罗洲新几内亚，约120Ma；MT-Milne 地体，巴布亚新几内亚，55Ma；Mo-Mineoka，日本，66Ma；M-T-Mino-Tamba，日本，200～185Ma；Md-Mirdita，阿尔巴尼亚，165Ma；MB-Muslim Bagh，巴基斯坦，157～118Ma，87～65Ma；Nb-Nehbandan，伊朗，100～60Ma；Ny-Neyriz，伊朗，92Ma；N-H-Nicoya-Herradura，加勒比，95～86Ma；Ni-北岛，新西兰，32～26Ma；Nr-Nurali，俄罗斯，483～468Ma；ODP-165Ma 航段，1001 站位，约81Ma；Om-阿曼，96Ma；Pd-Pindos，希腊，165Ma；Qr-群让，中国，125Ma；Rp-Raspas，厄瓜多尔，约140Ma；RP-Resurrection 半岛，阿拉斯加，美国，57Ma；Sz-Sabzevar，伊朗，100～66Ma；Sg-萨嘎，中国，155～130Ma；Ss-桑桑，中国，155～130Ma；Sm-Sarmiento，智利；S-A-Seram-Ambon，印度尼西亚，20～10Ma；Sv-Sevan，亚美尼亚，165Ma；ST-Sierra del Tigre，阿根廷，约50Ma；Sl-Sleza，波兰，约400Ma；SS-Solund-Stavfjord，挪威，442Ma；Sp-Spontang，约130～110Ma；Sj-Sulitjelma，挪威，约470Ma；Th-Tangihua，新西兰，约100Ma；TM-Thetford Mines，魁北克，加拿大，479Ma；TA-Tihama Asir，红海，沙特，23～19Ma；T-T-Timor-Tanimbar，帝汶岛，6～3Ma；To-Tortuga，智利，约166Ma；TA-Trondheim 地区，挪威，493～481Ma；Td-Troodos，塞浦路斯，92Ma；Tr-Tyrone 火成杂岩，爱尔兰，490～475Ma；Ws-Waziristan，巴基斯坦，约100Ma；WC-西哥伦比亚，100～73Ma；Xh-小黄山，中国，340Ma；Xz-日喀则，中国，125～110Ma；Xg-休古嘎布，中国，约125Ma；Yk-Yakuno，日本，约280Ma；Yg-玉石沟，中国，550Ma；Zb-Zambales，菲律宾，44～48Ma；Zd-泽东，中国，170～80Ma；ZS-Zermatt-Saas，瑞士-意大利，164Ma。

4）熔岩的枕状构造和含有放射虫的硅质岩及含超微钙质化石的灰岩、页岩等沉积物，说明这些沉积物形成于深海环境。

5）岩墙群以辉绿岩为主，且相互平行，表明它们形成于拉张应力的洋中脊扩张轴部或弧后扩张中心。

6）蛇绿岩套的沉积层往往含有现代洋壳上普遍存在的以 Fe、Mn 为主的多金属沉积物，熔岩中含热液成因的多金属硫化物，与大洋及弧后区扩张中心热液活动正在形成的多金属硫化物组分相同。

7）蛇绿岩套的基性、超基性侵入岩与围岩接触带上无高温变质现象，年龄比其侵位的褶皱带更老，常遭受强烈剪切变形，说明蛇绿岩套非原地侵入，而是外来产物。

所有这些特征充分证明，蛇绿岩套原来是生成于深海扩张中心的洋壳，而后随着板块向两侧的扩张运移，接受了深海沉积，至俯冲带洋底岩石圈主体重新返回地幔。其上部刮下的洋壳碎块有时残留于俯冲带附近，有时则可逆冲于陆缘之上。

1.1.2.2 就位成因与形成背景

板块构造理论建立后，岩石学家和大地构造学家几乎同时提出，蛇绿岩套是在陆缘板块俯冲带附近大洋岩石圈俯冲或逆冲而遗留的洋壳残块。蛇绿岩套通常发生整体变形，并遭受切割而破坏，有的发生蚀变，所以多数学者认为其是外来移置的，方式大致为板块的俯冲和逆冲作用等，被移置于大陆边缘或保存于大陆造山带（包括古造山带）内部，而不是在它们现在出露的位置形成。这是目前被广泛接受的蛇绿岩套成因理论。经过对比也发现，大洋岩石圈与存在于造山带中的橄榄岩–辉长岩–辉绿岩–枕状熔岩组合非常相似。

蛇绿岩套在未就位（现在普遍称为"冷侵位"或"构造侵位"）到大陆上之前，其生成环境可以是洋中脊、弧后盆地和基本非陆壳基底的洋内未成熟岛弧等构造环境。板块构造模式合理地把蛇绿岩套的高温成因与低温侵位结合起来，解释了蛇绿岩套的物质组成、层序及产状等方面的问题。同时，仔细分析蛇绿岩套的原生构造环境与侵位方式，可以恢复大陆、岛弧与大洋之间的相对运动和空间关系，从而重建造山带的演变过程与古板块运动历史。

1.1.2.3 蛇绿岩套类型

（1）俯冲型蛇绿岩套

俯冲型蛇绿岩套产生于海沟的陆侧坡，当大洋板块俯冲时，岩石圈上部的洋壳及上地幔顶层受到挤压、断裂、破碎。这些洋壳碎块，特别是沉积层，在俯冲过程

（subduction）中被刮削下来后加积于海沟向陆侧坡，与仰冲板块的岩石和沉积物混杂在一起，构成俯冲带混杂岩体，如爪哇海沟内侧、苏门答腊外侧的尼亚斯岛上出露的俯冲带蛇绿岩套。然而，由于俯冲活动引起构造破坏，理想且完整的蛇绿岩套并不多见，大多只出露其中的一部分。当俯冲作用停止时，在地壳均衡作用调整下，俯冲带的蛇绿岩套可抬升到陆上。俯冲带的蛇绿岩套也可与岛弧蛇绿岩套伴生，如在日本北海道发现有两条并列的蛇绿岩套分布带，神居古潭为俯冲蛇绿岩套，日高则为岛弧蛇绿岩套（Miyashiro，1975）。如果板块间的大洋闭合，大陆与大陆碰撞，俯冲带的蛇绿岩套就有可能被推挤出来，出露于缝合带内，如喜马拉雅造山带内的蛇绿岩套。

（2）仰冲型蛇绿岩套

仰冲型蛇绿岩套是洋壳发生仰冲作用（obduction，Coleman 提出）时形成的，即洋壳逆掩仰冲于大陆边缘、相邻洋壳板块或岛弧之上。仰冲型蛇绿岩套分布广泛，著名的有阿曼蛇绿岩带、太平洋南部的巴布亚新几内亚及新喀里多尼亚的推覆体、塞浦路斯的特罗多斯（Troodos）地块等。仰冲型蛇绿岩套在古生代造山带中也有保存，如阿巴拉契亚、乌拉尔。

组成蛇绿岩套的超镁铁质岩石具有较高的密度（$3.0g/cm^3$ 以上），因而，在蛇绿岩套推覆体上，具有显著的高重力异常（正的布格重力异常）。根据地球物理方法，密度可以用来推测蛇绿岩套的埋藏形态和产状。密度大的洋壳仰冲于低密度陆壳之上的机理和可能的形式比较复杂，对它的认识还不一致。杜威（Deway）及其他一些学者认为，仰冲作用的发生可以有以下几种可能的类型。

1）麦阔里脊型。在距大陆边缘不远的洋底，出现一倾向大洋的反向俯冲带，仰冲一侧的大洋可被抬升，甚至出露水面，构成岛屿［图 1-12（a）］，由于俯冲洋壳的时间和深度有限，所以尚未出现钙碱性岩浆。由于反向俯冲带距离大陆边缘不远，不久俯冲洋壳就消失殆尽，仰冲侧的洋壳便仰冲至大陆边缘之上，甚至掩盖早期形成的俯冲型混杂岩［图 1-12（b）］。由于密度差异和持续挤压，最终仰冲洋壳断裂，随之形成新的倾向大陆边缘的正常俯冲带［图 1-12（c）］。

2）地中海型。当大陆与大陆或大陆与岛弧彼此逼近乃至碰撞时，洋中脊处于挤压状态，如在目前地中海的核部，形成的一系列由洋壳和上地幔组成的基底楔形体［图 1-13（a）］，洋壳随着东地中海洋底沿克里特岛弧以南的海伦尼海沟向北俯冲，被错断的洋壳楔形体为碰撞后蛇绿岩套的保存创造了条件［图 1-13（b）］。洋壳随着碰撞挤压而抬升，并因重力作用向下滑，进一步推进到大陆内部，伴随形成类复理石建造（野复理石）。

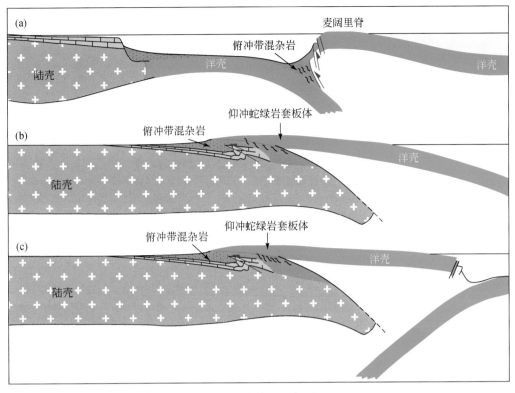

图1-12　麦阔里脊型蛇绿岩套仰冲作用示意图（Deway and Bird，1971）

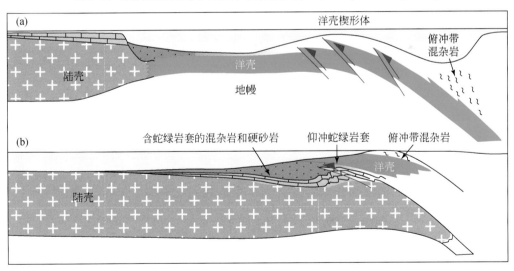

图1-13　地中海脊型蛇绿岩套仰冲作用示意图（Deway and Bird，1971）

3）洋中脊型。当俯冲板块内的洋中脊接近俯冲带时，洋壳年龄结构控制了构造侵位过程，洋中脊俯冲侧的板片可能古老且冷而厚，在板块下拉力的作用下可以俯冲消亡［图1-14（a）、（b）］；但是，洋中脊另一侧的板片初始靠近俯冲带，由于洋壳较薄、较热、较软等，当它在俯冲边界与大陆岩石圈相遇时，该侧洋壳的软弱部分可能会在其他后缘作用力或侧向作用力下仰冲至大陆边缘之上［图1-14（c）～（e）］。特别是，较年轻的弧后盆地或边缘海盆地的洋中脊具有高热流值，在遭受挤压时，一般不易发生俯冲，但可以引起年轻的洋壳拆离并仰冲（Coleman，1977）。当岛弧与岛弧碰撞或岛弧与大陆边缘拼合时，也可以引起年轻的边缘海盆地洋壳的浅层拆离和构造侵位。仰冲的蛇绿岩构造侵位时，会产生巨大的剪切应力和摩擦热，从而导致下盘岩石发生蓝片岩相级别的变质，而上盘可见破碎的蛇纹岩角砾。

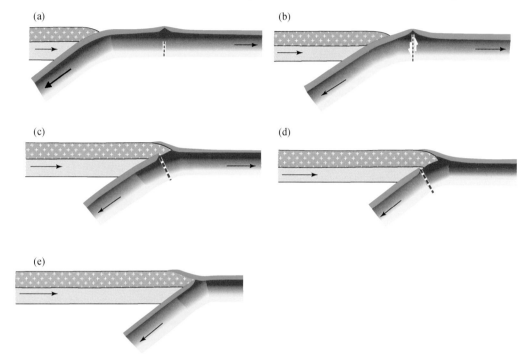

图1-14　洋中脊型蛇绿岩套仰冲作用示意图（Christensen and Salisbury，1975）

4）岛弧逆冲于大陆型。因具蛇绿岩性质的未成熟岛弧或海沟内壁的俯冲带蛇绿岩套逆冲至被动大陆边缘上形成。仰冲蛇绿岩套往往具有比较完整的层序，其分布比较广泛，如著名的阿曼蛇绿岩带、巴布亚新几内亚蛇绿岩套推覆体以及阿巴拉契亚等古生代造山带中的蛇绿岩套（图1-15）。

蛇绿岩套通常与混杂堆积体、高压低温变质岩共生，它们同为板块俯冲作用的伴生产物，是研究古板块构造史和古俯冲带极性的重要标志和依据。

1.1.3　混杂堆积体

混杂堆积体，也叫混杂岩，是指时代、成分、性质、来源不同的岩石和沉积物无规则混杂组成的变形岩石堆积体。它与一般的构造岩（或断层岩）有很大的区别，其碎块大小极不均一，构造杂乱而不连续，在较硬的岩石碎块的周围必定有可塑性物

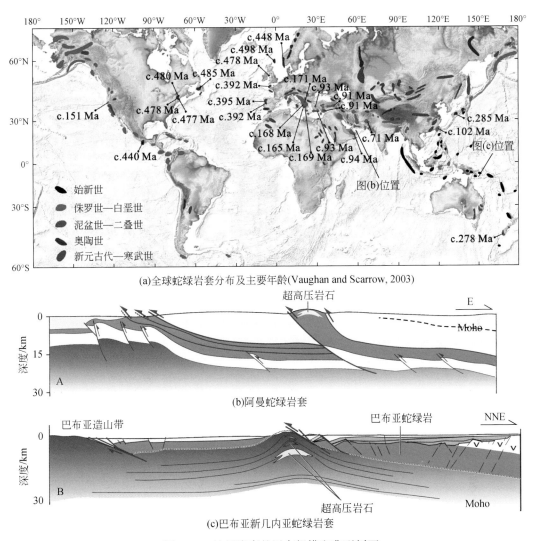

(a)全球蛇绿岩套分布及主要年龄(Vaughan and Scarrow, 2003)

(b)阿曼蛇绿岩套

(c)巴布亚新几内亚蛇绿岩套

图1-15 蛇绿岩套的展布规模和典型剖面

质存在。不同岩石混杂在一起的现象在大陆早有发现，并给予诸如飞来峰（klippe）、外来岩块（exotic block）、野复理石（wild flish）、自生碎屑混杂岩（autoclastic mélange）、推覆体（nappe）等名称。Greenly（1919）在研究英国威尔士安格尔西岛的莫纳杂岩（Mona complex）时，使用了原地碎屑混杂岩一词，并指出它是构造作用的产物，是包围坚硬岩石碎块的基质，由较容易变形的物质经剪切作用形成。后来，混杂岩在环太平洋和特提斯带等地相继被发现，但存在构造成因和沉积成因的长期争论，后者强调它是海底浊流和重力滑坡等非构造作用的产物。直到1968年后板块构造理论盛行，对混杂岩才有了正确解释。混杂岩专指那些与板块俯冲作用有关的复杂岩块和沉积物混合体，但称其为混杂岩往往使人误解为其是某种岩石的名称，建议不用此译名，混杂堆积体更为合适。

归纳起来，混杂堆积体具有下述主要特点，如图1-16所示。

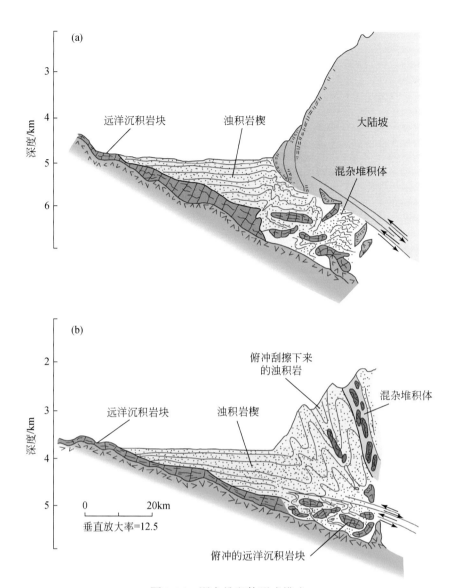

图 1-16　混杂堆积体形成模式

板片俯冲时，刮擦下来的物质堆积在一起形成混杂堆积体，包括陆源和远洋的沉积岩块以及洋壳的蛇绿岩套等，其遭受到强烈的褶皱、剪切和变质作用

（1）组分复杂、性质时代不同

混杂堆积体组分相当复杂，由性质和时代不同的外来岩块、原地岩块和基质三部分组成。

外来岩块是指离混杂岩带主体较远的、与主体成分无关的其他地层或岩石成分。由于是由大规模逆掩断层从远处推覆而来，其连续性、成层性均遭到破坏，所以外来岩块多为岩石碎块，在岩石组合和时代等方面与原地岩石成分差别很大。外来的蛇绿岩和复理石砂岩层破碎时形成的脆性岩石碎块和颗粒好似悬浮在基质中，除原来产在野复理石中的巨大岩块之外，其中又增加了比这些岩石更大的构造崩离体。

原地岩块是一些曾经与基质成互层（或夹层）的较坚硬的脆性岩石，因构造剪切作用而破碎，未经长距离移动，可以和相邻岩块组合而恢复原状。其时代、化石与基质一致，岩石组分多为砂岩、砾岩、灰岩、基性岩、超基性岩和变质岩等。

基质是在构造混杂岩的形成过程中，那些在固态下不同程度地嵌入原地岩块或外来岩块之间空隙中的物质，一般是相对塑性的岩石在强大压力作用下，普遍发生剪切甚至流动现象而进入岩块间的空隙中去的。基质岩石一般多为受不同程度区域变质作用的泥质岩和受剪切作用的蛇纹岩等。构造混杂岩的基质常是强烈剪切的蛇纹岩，在一定程度上已与复理石岩系的泥岩混杂在一起，有时前者居多，有时后者居多。总之，它们包括来自海沟的浊积复理石、板块俯冲刮削下来的蛇绿岩套、逆冲盘脱落下来的岩石碎块以及各种沉积岩和不同变质程度的变质岩等，基质以泥质为主，也有蛇纹岩质等。

（2）大小不等、形状各异

混杂堆积体中的岩块（或碎石）大小不等、形状各异（有些具有棱角），岩块差异悬殊，小的只有几厘米，大的可延伸数百米至几千米，最大者可达几百平方千米，厚数千米，呈"岩板"状。混杂堆积体宽窄不一，延伸较长，有的甚至整条山脉全部由混杂堆积体构成。

（3）剪切构造发育

混杂堆积体的剪切构造比较发育，其中的岩块和基质普遍受到剪切作用，常见到有石香肠、菱形石香肠和楔形构造等。混杂堆积体下界以及其中的岩块通常都以断层面或剪切面为界。岩块在基质中经常发生自身旋转和位移现象，所以，混杂堆积体是一种通过岩石变形而成的复杂岩体，其横向岩层的连续性和上下叠覆关系均遭到破坏，是典型的构造混杂体。

（4）含有洋壳碎块和高压岩石

混杂堆积体常含有蛇绿岩套的碎块和蓝片岩等高压低温变质岩。所含蛇绿岩套碎块较多时，混杂堆积体也称为蛇绿混杂体。它们共生于板块俯冲带前端海沟坡折地带，形成俯冲带前端叠瓦状、楔状构造带，是识别古俯冲带或板块缝合线及俯冲极性的重要标志。

美国西部海岸山脉的弗朗西斯科混杂体是发现最早、也最具代表性的构造混杂体。它规模宏大，南北延伸 1000km 以上，是侏罗纪—古近纪和新近纪（古）太平洋板块向北美海岸俯冲的产物。此外，在不同时期的大陆造山带也陆续发现了混杂堆积体，如在北美的阿巴拉契亚、南欧亚平宁–阿尔卑斯、西亚–中南亚的扎格罗斯、托罗斯、兴都库什等山脉以及中国的雅鲁藏布江、祁连山、秦岭、台湾海岸山脉都分布有混杂堆积体。它们对于古板块构造的研究具有重要意义。

从混杂堆积体的特征不难看出，混杂堆积体是与板块俯冲作用相伴生的产物

（图 1-16）。当两个板块相向运动，彼此前缘相接触时，俯冲板块上边的沉积物（主要是放射虫和有孔虫软泥，也有少量以复理石浊积物为主的深海碎屑沉积物），一部分随大洋板块向下俯冲，另一部分连同蛇绿岩套受到仰冲板块的刮削，堆挤在一起，停积在接触边界上，与沉积在海沟或弧沟间（弧前）盆地中的杂砂岩，仰冲板块滑落下来的破碎岩块以及从俯冲板块侵位或推挤上来的蛇绿岩套（洋壳残块为主）或蓝片岩等，挤压、搅拌、混杂、堆积在一起形成混杂堆积体。也有可能是俯冲板块上的沉积物在俯冲时受到对面仰冲板块的拖曳，构成平卧的向斜构造，使下部较老地层倒转覆盖在新地层之上，再经挤压、褶皱、逆冲推覆、破碎，致使较老地层成为外来岩体，覆盖在新地层之上或被包围于新的褶皱地层以内。

总之，混杂堆积体是在板块俯冲作用下，不同地点、不同成因、不同时代、不同性质的各种岩石和沉积物，经过破碎作用和混杂作用而形成的复杂地质体。在这种混杂堆积体中，岩块与岩块之间以及整个混杂堆积体与周围岩石之间往往呈断层接触或被剪切带所限制。现今太平洋周边海沟的许多地带都发现了相当于混杂堆积体的未成岩堆积物，这充分说明了混杂堆积体的形成与板块俯冲作用有关，但其往往与滑塌堆积相混淆。

滑塌堆积体（olistostrome）一词是 Flores（1955）在讨论西西里岛石油地质时提出的。它是一种在正常地层层序中产生的沉积物，在岩石成分上由一些非均质物质彼此混杂在一起，是借助于海底滑坡或非固结的沉积物崩塌而聚集起来的半流动体。在任何滑塌堆积中都可以辨认出的"胶结物"或"基质"是以泥质为主的非均质物质，它含有较坚硬的分散岩块，小如卵石，大如数平方千米的"漂砾"。滑塌堆积体缺少真正的层理，可作为填图单位，常呈透镜体状夹在正常的地层层序中。在垂直方向上以正常海相沉积的下伏和上覆岩系为界，而且含有可用以鉴定时代和环境的原地化石杂乱堆积物。从成因上看，它是在俯冲侵蚀构造背景下沉积作用形成，与构造作用造成的混杂堆积体易于区别（表 1-8），但是其后期一旦遭受构造作用的破坏，两者便难以区分。

表 1-8　混杂堆积体与滑塌堆积体的差别

标志	混杂堆积体	滑塌堆积体
碎屑特征	可能被变形为石香肠或斑点状扁豆体	棱角的，乃至圆滑的，可能破裂，但不具挤压特征
碎屑来源	可能来源于上覆或下伏的地层单位	只来源于上覆地层单位
基质	塑性挤入体	不一定受到挤压
岩石块体	外来洋壳组分的碎块为主	以大陆边缘的岩石碎块为主
接触关系	剪切滑动接触	沉积接触
岩块时代	可老于基质，也可新于基质	一般都老于基质

资料来源：刘德良等，2009。

1.1.4　增生楔状体

大洋板块表面覆盖的沉积物，主要是深海钙质软泥、硅质软泥和红黏土，板块移动至海沟附近时还接受了浊流沉积。这些沉积物固结程度较差，特别是新生代以来的沉积层大都未固结成岩，板块俯冲时很容易被刮下来，与俯冲板块基底脱离，加积于海沟向陆的侧坡上，形成增生楔状体（图1-17），或称增生棱柱体（accretionary prism）。据此定义，增生楔状体不包括混杂堆积体、蛇绿岩套，但是增生楔状体的组成中主要是混杂堆积体，另外还包括蛇绿岩套，所以有学者将这种复杂组成的、增生于俯冲带附近的岩石组合，称为增生楔状体，地震资料也证实了这种观点。

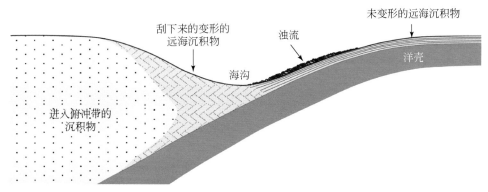

图 1-17　增生楔状体形成模式

大洋板块上的远洋沉积物和浊流沉积物在俯冲作用下被刮下，在海沟内壁构成增生楔形体

及部分随俯冲板块潜没的沉积物

增生楔状体的形成和发展与板块俯冲作用密切相关。当大洋板块沿海沟向下俯冲时，在海沟陆侧坡依次挤入一个又一个沉积层楔，在挤压作用下，新生的年轻沉积楔推挤老的沉积楔，使其不断向上抬升，从而形成类似叠瓦式的扇形构造楔状体，增生楔状体的时代由下向上依次变老，产状依次变陡，越接近增生楔状体底部年代越年轻，产状越平缓。随着板块俯冲作用的持续进行，增生楔状体不断增大，海沟陆坡向大洋方向扩展。与此同时，海沟和俯冲带向大洋方向迁移。增生楔状体不断加积至大陆边缘，大陆不断增生，弧前盆地也随之加宽，洋壳逐渐向陆壳转化，大陆边缘不断向外、向前扩展。

增生楔状体的实质是板块俯冲过程中构造作用的结果，为此可以称其为增生楔。增生楔的发育可以分为4个阶段。

在阶段一中［图1-18（a）］，由于增生前缘的增生作用，形成了一个小型的楔状体。地表坡度 α 和楔状体厚度 h 之间的乘积很小，尤其是在增生楔前缘地带。该乘积控制着楔状体的稳定性，因此缩短变形在楔状体中的持续发育，依靠的是反向逆冲、逆冲断层的活化以及晚期后展式逆冲推覆。楔状体后缘的稳定性依靠底侵作用支撑。

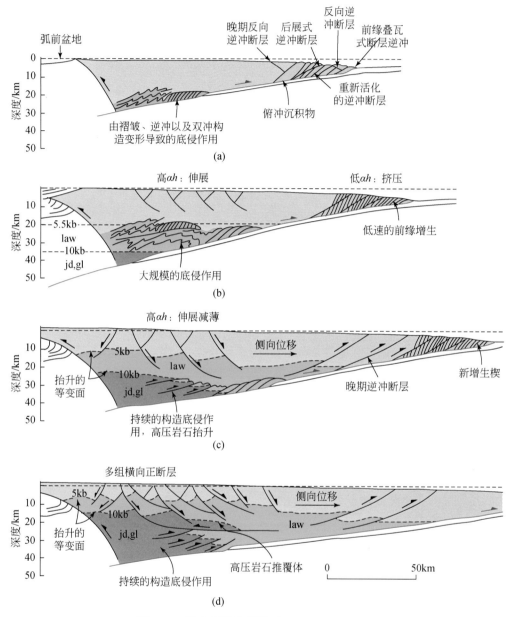

图 1-18　增生楔演化模型 （Platt et al. , 1986）

（a）早期阶段，以前缘增生为主。地表坡度 α 和楔形体厚度 h 之间的乘积 αh 在前缘地区很小，导致增生楔内部缩短变形。（b）当大量沉积物发生俯冲，前缘增生速率会降低，构造底侵作用成为主导。αh 在后缘地区的值很大，后缘地区浅部发育正断层，深部则发育韧性剪切。楔形体深部经历高 P/T 值变质作用。law 为硬柱石+钠长石，jd 为硬玉+石英，gl 为蓝闪石。（c）持续的底侵作用和伸展变形使得高压岩石抬升接近地表。楔形体后缘伸展促使了物质的侧向运动以及逆冲向增生楔前缘拓展。（d）在成熟的增生楔中，底侵和伸展作用已经使得高压岩石被剥露至近地表。增生楔长约为 300km，类似于现今千岛地区或莫克兰地区发育的增生楔规模在阶段二中［图 1-18（b）］，增生过程以构造底侵作用为主。这可能与厚层物质的进入有关。这些厚层物质已经很好地固结成岩并具有较好的成层性，不容易发生挤压变形且难以从增生楔中剥离。楔状体已经明显增厚，导致高压低温变质作用发生在楔状体深部位置。等压计估算表明，在 20km 和 35km 深度处，压力值分别约为 5.5kb 和 10kb。在楔状体的大部分区域中，地表坡度 α 和楔状体厚度 h 之间的乘积已经非常大了，这导致楔状体开始向后缘拓展。

在阶段三中［图 1-18（c）］，深部持续的底侵作用导致了楔状体后缘显著的伸展作用，在浅部表现为犁式正断层发育，在深部则表现为韧性伸展变形。垂向底侵作用以及水平的伸展过程，导致了早期形成的高压岩石（如蓝片岩）被抬升至近地表。

在阶段四中［图 1-18（d）］，早期形成的高压岩石已经被抬升至增生楔后缘较浅的构造位置，经历了伸展变形的改造。发育在增生楔后缘伸展区的犁式正断层与发育在增生楔前缘的后展式逆冲断层交织在一起，导致侧向上较老的高级变质逆冲岩片与较新的低级变质逆冲岩片排列在一起。

1.1.5　大洋岩浆源区

岩石是起源于地幔还是地壳，可以通过地球化学方法甄别。岩浆的同位素比值可以表征源区的特征，它们在分异作用过程中保持恒定。这是因为地球化学中常用的同位素对之间质量相差太小（氮同位素除外），以致这些同位素对不可能受控于矿液平衡过程而发生分馏。因此，部分熔融作用形成的岩浆将具有源区的同位素成分特点。这个简单的事实促进了同位素地球化学两个方面的重要发展。首先，特定的源区因其特征同位素组成而能够被识别；其次，同位素组成各异的源区间的混合作用也能够被识别。因此，同位素地质学的主要问题之一就是识别地壳和地幔中的不同岩浆源区，尽可能地突出其特征（杨晓勇和陈双喜，2000）。

Taylor 等（1984）利用 Sr（锶）、Nd（铌）和 Pb（铅）同位素特征识别出 3 种大陆地壳储库。Zindler 和 Hart（1986）提出地幔中存在 5 种端元成分，通过 5 种端元成分广泛的混合作用，可以解释所有观察到的洋中脊和大洋岛弧玄武岩的同位素地球化学特征。

表 1-9 总结了这些地幔源区的成分，据此进行了同位素相关图解的投影（图 1-19～图 1-23）。表 1-10 为现代大洋和地壳岩石类型的 Sr、Nd 和 Pb 的同位素成分范围。各种大洋地幔储库的成分特征不同，特别是同位素特征。年轻岩浆直接记录了其源区的同位素组成。这是因为存在于新生岩浆中的母体同位素，还没有足够的时间衰变成额外子体同位素，并加入到从源区继承的同位素成分之中。所以，利用大洋玄

武岩的现今同位素组成，可以识别出 5 种可能端元地幔储库（表 1-9，图 1-19 ~ 图 1-22），它们在地幔中的可能位置如图 1-23 所示。

表 1-9　地壳和地幔储库的同位素特征

	储库	^{87}Rb-^{86}Sr	^{147}Sm-^{143}Nd	^{238}U-^{206}Pb	^{235}U-^{207}Pb	^{232}Th-^{208}Pb
大陆地壳源区	上部地壳	高 Rb/Sr； 高 ^{87}Sr/^{86}Sr	低 Sm/Nd； 低 ^{143}Nd/^{144}Nd （负 epsilon）	高 U/Pb； 高 ^{206}Pb/^{204}Pb	高 U/Pb； 高 ^{207}Pb/^{204}Pb	高 Th/Pb； 高 ^{208}Pb/^{204}Pb
	中部地壳	中等 Rb/Sr （0.2 ~ 0.4）； ^{87}Sr/^{86}Sr （0.72 ~ 0.74）	在地壳中妨碍 Nd 演化	U-亏损； 低 ^{206}Pb/^{204}Pb	U-亏损； 低 ^{207}Pb/^{204}Pb	中等 Th； 中–高 ^{208}Pb/^{204}Pb
	下部地壳	Rb 亏损； Rb/Sr<0.04； 低 ^{87}Sr/^{86}Sr （0.702 ~ 0.705）	和球粒陨石相当	U-强烈亏损； 非常低 ^{206}Pb/^{204}Pb （约 14.0）	U-强烈亏损； 非常低 ^{207}Pb/^{204}Pb （约 14.7）	Th-强烈亏损； 非常低 ^{208}Pb/^{204}Pb
大陆岩石圈	太古代	低 Rb/Sr	低 Sm/Nd			
	元古代至今	高 Rb/Sr	低 Sm/Nd			
大洋玄武岩源区	亏损地幔（DM）	低 Rb/Sr； 低 ^{87}Sr/^{86}Sr	高 Sm/Nd； ^{143}Nd/^{144}Nd （正 epsilon）	低 U/Pb； 低 ^{206}Pb/^{204}Pb （17.2 ~ 17.7）	低 U/Pb； 低 ^{207}Pb/^{204}Pb （约 15.4）	Th/U=2.4±0.4； 低 ^{208}Pb/^{204}Pb （37.2 ~ 37.4）
	HIMU 地幔	低 Rb/Sr； 低 ^{87}Sr/^{86}Sr （0.702 9）	中等 Sm/Nd； ^{143}Nd/^{144}Nd （<0.512 82）*	高 U/Pb； 高 ^{206}Pb/^{204}Pb （>20.8）	高 U/Pb； 高 ^{207}Pb/^{204}Pb	高 Th/U
	富集地幔 I（EMI）	低 Rb/Sr； 低 ^{87}Sr/^{86}Sr （0.705）	低 Sm/Nd； ^{143}Nd/^{144}Nd （0.511 2*）	低 U/Pb； ^{206}Pb/^{204}Pb （17.6 ~ 17.7）	低 U/Pb； ^{207}Pb/^{204}Pb （15.46 ~ 15.49）	低 Th/U； ^{208}Pb/^{204}Pb （38.0 ~ 38.2）
	富集地幔 II（EM II）	高 Rb/Sr； ^{87}Sr/^{86}Sr （>0.722）	低 Sm/Nd； ^{143}Nd/^{144}Nd （0.511 ~ 0.512 1）*	对于给定的 ^{206}Pb/^{204}Pb	高 ^{207}Pb/^{204}Pb	高 ^{207}Pb/^{204}Pb
	PREMA	^{87}Sr/^{86}Sr （0.703 3）	^{143}Nd/^{144}Nd （0.513 0*）	^{206}Pb/^{204}Pb （18.2 ~ 18.5）		
	全硅酸盐地球（BSE）	^{87}Sr/^{86}Sr （0.705 2）	^{143}Nd/^{144}Nd （0.512 64*） （球粒陨石）	^{206}Pb/^{204}Pb （18.4±0.3）	^{207}Pb/^{204}Pb （15.58±0.08）	Th/U=4.2； ^{208}Pb/^{204}Pb （38.9±0.3）

* 其中括号内的同位素比值表示现在的数值；标准化 ^{143}Nd/^{144}Nd=0.7219。

资料来源：Zindler and Hart，1986。

表 1-10 常见岩石类型的 Sr、Nd 和 Pb 同位素成分

岩石类型	分布地区或时代	$^{87}Sr/^{86}Sr$	$^{143}Nd/^{144}Nd$	$^{206}Pb/^{204}Pb$	$^{207}Pb/^{204}Pb$	$^{208}Pb/^{204}Pb$	主要地幔组分	文献
N 型 MORB	大西洋	0.722 9~0.703 16	0.513 0~0.513 2	18.28~18.5	15.45~15.53	37.2~38.0	DM	1
	太平洋	0.702 40~0.702 56	0.513 0~0.513 3	17.98~18.5	15.44~15.51	37.6~38.0	DM	1
	印度洋	0.702 74~0.703 11	0.513 0~0.513 1	17.31~18.5	15.43~15.56	37.1~38.7	DM	1
E 型 MORB	大西洋	0.702 80~0.703 34	0.512 99~0.513 0	18.50~19.69	15.50~15.60	38.0~39.3	DM+PREMA	1
洋岛玄武岩	Mangaia	0.702 720	0.512 850	21.69	15.84	40.69	HIMU	1
	乌波卢-萨摩亚(Up-olu-Samoa)	0.705 560	0.512 650	18.59	15.62	38.78	EM II	1
	Samoan 岛							7
	沃尔维斯海岭(Wal-vis Ridge)	0.705 070	0.512 312	17.54	15.47	38.14	EM I	1
	圣赫勒拿(St. Helena)	0.702 818~0.703 875	0.512 824~0.512 970	20.40~20.89	15.71~15.81	39.74~40.17	HIMU	3
	佛得角(Cape Verde)	0.702 919~0.703 875	0.512 606~0.513 095	18.88~20.30	15.52~15.64	38.71~39.45	HIMU/EM	4
	Tr. da Cunha	0.704 400~0.705 05	0.512 520~0.512 67	18.60~18.76	15.52~15.59	38.93~39.24	EM(DUPAL)	6
	凯尔盖朗(Kerguélen)	0.703 880~0.705 98	0.512 498~0.513 062	17.99~18.31	15.48~15.59	38.29~38.88	EM(DUPAL)	7,8
	夏威夷	0.703 170~0.704 12	0.512 498~0.513 060	17.83~18.20	15.44~15.48	37.69~37.86		9
大陆溢流玄武岩	美国西部	0.703 51~0.706 89	0.512 24~0.512 925					2
	Parana	0.704 68~0.713 91	0.512 21~0.512 78					5
地幔包体（大陆岩石圈）	苏格兰	0.703 200~0.714 10	0.510 967~0.512 798				EM I,EM II	10
	中国东部	0.702 215~0.704 300	0.512 491~0.513 585				DM,PREMA	39
	马省中部	0.707 024 40~0.704 59	0.512 368~0.513 203					40
地幔包体（大洋岩石圈）	夏威夷岛	0.703 188~0.704 207	0.512 924~0.513 100					41
	加那利岛	0.702 967~0.703 286	0.512 856~0.513 017					41
	凯尔盖朗	0.704 221~0.705 25	0.512 647~0.512 816					41

续表

岩石类型	分布地区或时代	$^{87}Sr/^{86}Sr$	$^{143}Nd/^{144}Nd$	$^{206}Pb/^{204}Pb$	$^{207}Pb/^{204}Pb$	$^{208}Pb/^{204}Pb$	主要地幔组分	文献
金伯利岩/钾镁煌斑岩	澳大利亚西部	0.710 66~0.720 08	0.511 04~0.511 44					11
	南非	0.702 80~0.706 91	0.512 74~0.513 02					37
与俯冲有关的火山岩（年轻火山弧）	菲律宾	0.703 56~0.704 76		18.27~18.47	15.49~15.643	38.32~38.8		12
	马里亚纳	0.703 32~0.703 378	0.512 966~0.513 032	18.70~18.78	15.49~15.57	38.14~38.43		12,26
	爪哇	0.705 04~0.705 76		18.70~18.72	15.63~15.65	38.91~38.96		12
	施特龙博利（Stromboli）	0.706 03~0.707 50		18.93~19.10	15.64~15.97	39.01~39.08		12
	Lr Antilles	0.703 59~0.708 97	0.512 120~0.512 978	19.17~19.93	15.67~15.85	38.85~39.75		12,27
与俯冲有关的火山岩（安山岩）	安第斯	0.705 66~0.709 51	0.512 223~0.512 556					28
	美国西部	0.703 86~0.705 00	0.512 660~0.512 836	18.82~18.91	15.57~15.62	38.45~38.65		29
	英国南部	0.714 63~0.786 62	0.511 843~0.512 261					31
上地壳花岗岩	年轻花岗岩	0.704 00~0.821 31	0.511 700~0.512 79					33
	前寒武纪花岗岩	0.703 30~0.840 5	0.510 660~0.512 10					33
	太古代	0.733 07~1.548 07	0.510 236~0.510 943	15.64~33.96	14.56~18.89	34.76~53.00		38
	海西期期花岗岩			17.60~19.79	15.48~15.72	38.00~39.14		36
S型花岗岩	澳大利亚	0.709 40~0.879 33	0.510 791~0.511 325					14
	马来西亚	0.737 09~0.811 87	0.511 480~0.511 63					35
I型花岗岩	澳大利亚	0.704 53~0.808 03	0.510 842~0.511 657					14
	马来西亚	0.706 76~0.730 06	0.511 390~0.511 64					35
现代深海沉积物	太平洋	0.706 900~0.722 53		16.72~19.17	15.57~15.75	38.43~39.19		12
	大西洋	0.709 288~0.723 619	0.511 646~0.512 065	18.61~19.01	15.68~15.74	38.93~39.19		13

岩石类型	分布地区或时代	$^{87}Sr/^{86}Sr$	$^{143}Nd/^{144}Nd$	$^{206}Pb/^{204}Pb$	$^{207}Pb/^{204}Pb$	$^{208}Pb/^{204}Pb$	主要地幔组分	文献
陆源沉积物	亚马孙盆地(Amazonian)	0.714 675~0.722 524	0.512 033~0.512 266					15
	英国南部	0.711 440~0.789 19	0.511 816~0.512 259					31
	中生代-北海		0.511 435~0.511 954					32
	显生宙法国沉积物		0.511 851~0.512 627					17
	太古代变沉积岩		0.510 418~0.512 214					16
化学沉积岩	石灰岩		0.512 012~0.512 050					31
	太古代 BIF		0.511 179~0.512 355					34
下地壳麻粒岩(太古代)	刘易斯	0.703 20~0.766 80	0.509 818~0.513 518	13.52~20.68	14.43~15.67	33.19~57.36		18,19,20
	恩德比	0.707 80~0.816 0		15.68~27.05	15.61~19.52	35.50~126.6		22
	印度南部	0.702 10~0.725 80	0.510 377~0.511 432	13.52~27.71	14.54~17.47	33.61~44.32		25
	阿仑塔地块	0.701 95~3.617 59	0.510 481~0.517 585					23
下地壳麻粒岩(显生宙)	Beni Bousera	0.719 58~0.724 68	0.511 98~0.512 06					24
	Ivrea Zone	0.710 14~0.739 11	0.512 26~0.512 37					24
包体	马省中部	0.704 69~0.718 76	0.512 027~0.512 651	18.19~18.70	15.65~15.72	38.49~39.35		21,36
	Lesotho	0.703 72~0.705 90	0.511 764~0.512 951					30

注:文献列中,1-Saunders 等(1988);2-Fitton 等(1988);3-Chaffey 等(1989);4-Gerlach 等(1988);5-Piccirillo 等(1989);6-Cliff 等(1991);7-White 等(1982);8-Storey 等(1988);9-Stille 等(1983);10-Menzies 和 Halliday(1988);11-McCulloch 等(1988);12-McDermott 等(1991);13-Hoemle 等(1991);14-McCulloch 等(1983);15-Basu 等(1990);16-Maas 等(1991);17-Michard 等(1985);18-Whitehouse(1989a,b);19-Moorbath 等(1975);20-Hamilton 等(1979);21-Downes 和 Leyreloup(1986);22-de Paolo(1982);23-Windrim 等(1984);24-Ohman 等(1984);25-Peucat 等(1989);26-White 和 Patchett(1984);27-Davidson(1983);28-Hawkesworth 等(1982);29-Norman 和 Leeman(1990);30-Rogers 等(1982);31-Davies 等(1985);32-Mearns 等(1989);33-Allegre 等(1980);34-Miller(1985);35-Liew 和 McCulloch(1985);36-Vitrac 等(1981);37-Kramers 等(1981);38-Bickle 等(1989);39-Song 和 Frey(1989);40-Downes 和 Dupuy(1987);41-Vance 等(1989)。

第 1 章　大洋岩石圈结构与构造

1.1.5.1　亏损地幔（DM）

亏损地幔以高^{143}Nd/^{144}Nd 值、低^{87}Sr/^{86}Sr 值和低^{206}Pb/^{204}Pb 值为特征，它是许多 MORB 源区的主要组分（图1-19，图1-20）。

1.1.5.2　HIMU 地幔

HIMU 地幔是指具有高 U/Pb 值的地幔。铅同位素地球化学中的 μ 值代表^{238}U/^{204}Pb 值。在一些大洋岛屿可观察到非常高的^{206}Pb/^{204}P 值及^{207}Pb/^{204}Pb 值（表1-9）、低的^{87}Sr/^{86}Sr 值（约为 0.7030）和中等的^{143}Nd/^{144}Nd 值，说明地幔源区的 U 和 Th 相对 Pb 而言是富集的，但并不伴有 Rb/Sr 值的增大。富集作用发生在 2.0～1.5Ga。已有学者提出许多模型解释这种地幔源区的成因，认为蚀变的大洋地壳（可能受到海水的污染）进入地幔并与之混合，Pb 从部分地幔中丢失进入地核，以及在地幔中交代流体致使 Pb 的移走。

1.1.5.3　富集地幔（EMⅠ和EMⅡ）

富集地幔具有变化的^{87}Sr/^{86}Sr 值和低的^{143}Nd/^{144}Nd 值，对于给定一个^{206}Pb/^{204}Pb 值，相对 DM 具有高的^{207}Pb/^{204}Pb 值和^{208}Pb/^{204}Pb 值。Zindler 和 Hart（1986）区分出了富集地幔类型Ⅰ（EMⅠ，具有低^{87}Sr/^{86}Sr 值）和富集地幔类型Ⅱ（EMⅡ，具有

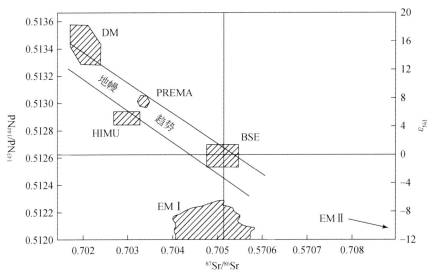

图1-19　^{143}Nd/^{144}Nd 对^{87}Sr/^{86}Sr 同位素相关图解

该图说明了 Zindler 和 Hart（1986）提出的主要大洋地幔储库。DM- 亏损地幔；BSE- 全硅酸盐地球；EMⅠ和 EMⅡ-富集地幔；HIMU-具有高 U/Pb 值的地幔；PREMA-经常观测到的普通地幔（prevalent mantle）。地幔趋势由大量大洋玄武岩而确定，^{87}Sr/^{86}Sr 的全硅酸盐地球数值可以从这个趋势获得

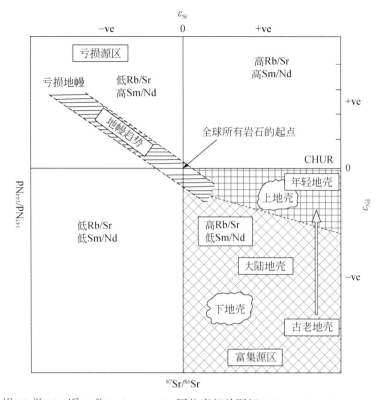

图 1-20　^{143}Nd/^{144}Nd 对^{87}Sr/^{86}Sr（ε_{Nd}-ε_{Sr}）同位素相关图解（de Paolo and Wasserhurg，1979）

该图说明了亏损地幔和富集地幔源区的相对位置。多数不富集地幔源区落在左上方"亏损"象限内
（与图 1-19 相比较），而地壳岩石位于右下方的"富集"象限，上地壳和下地壳在地壳象限内落在不同的位置

高^{87}Sr/^{86}Sr 值）。Hart（1984）识别出南半球的一个规模巨大的富集地幔（EM I）
的实例，称其为 DUPAL 异常，以首先识别出这种同位素异常的 Dupre 和 Allegre
（1983）的名字命名。富集地幔可以参照北半球参考线（NHRL）来进行识别，这条
参考线以洋中脊玄武岩和洋岛的^{207}Pb/^{204}Pb 对^{206}Pb/^{204}Pb 以及^{208}Pb/^{204}Pb 对^{206}Pb/^{204}
Pb 进行作图获得的线性排列而确定（图 1-21）。

　　Hart（1984）用 Δ7/4 和 Δ8/4 来表示同位素异常，对给定的一组数据（DS）而
言，按照垂直偏离参照线而确定：$\Delta 7/4 = \left[\left(^{207}Pb/^{204}Pb\right)_{DS} - \left(^{207}Pb/^{204}Pb\right)_{NHRL}\right] \times$
100；$\Delta 8/4 = \left[\left(^{208}Pb/^{204}Pb\right)_{DS} - \left(^{208}Pb/^{204}Pb\right)_{NHRL}\right] \times 100$。

　　对于^{87}Sr/^{86}Sr 而言，可以用相似的标记：$\Delta Sr = \left[\left(^{87}Sr/^{86}Sr\right)_{DS} - 0.7\right] \times 10\ 000$。

　　已有许多模型可解释富集地幔的成因。一般情况下，富集作用可能与俯冲作用
有关，后者使地壳物质注入地幔之中（图 1-15）。EM II 与上部大陆地壳有亲缘关
系，可能代表了陆源沉积岩、大陆地壳、蚀变洋壳或者洋岛玄武岩的再循环作用。
一个替代的模型是基于富集地幔和大陆岩石圈之间的相似性，富集作用是由于大陆
岩石圈进入地幔与之混合。EM I 与下地壳具有相似性，可能代表再循环的地壳物

质。但是另一种假说认为，富集作用是由地幔交代作用引起的，Weaver（1991）提出 EM I 和 EM II 是由 HIMU 地幔和俯冲大洋沉积物混合作用形成。

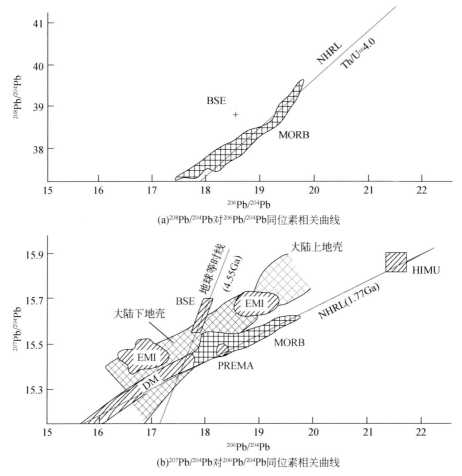

(a)^{208}Pb/^{204}Pb 对 ^{206}Pb/^{204}Pb 同位素相关曲线

(b)^{207}Pb/^{204}Pb 对 ^{206}Pb/^{204}Pb 同位素相关曲线

图 1-21 ^{208}Pb/^{204}Pb 对 ^{206}P/^{204}Pb 同位素相关曲线和 ^{207}Pb/^{204}Pb 对 ^{206}Pb/^{204}Pb 同位素相关图解（Allegre et al.，1988）

（a）表示北半球参考线（NHRL）的位置，其 Th/U=4.0。MORB 分布区以方格状花纹表示。（b）表示北半球参考线（NHRL）的位置，其斜率对应的年龄为 1.77 Ga；地球年龄线（geochron）年龄为 4.55Ga。落在 NHRL 之上的火山岩具有 DUPAL 异常。Zindler 和 Hart（1986）提出的地幔储库如下：DM-亏损地幔；BSE-全硅酸盐地球；EM I 和 EM II-富集地幔；HIMU-具有高 U/Pb 值的地幔；PREMA-经常观测到的普通地幔成分。EM II 也和远洋沉积岩一致。十字花纹表示大陆上地壳和下地壳分布区。MORB-方格状花纹表示

1.1.5.4 PREMA

许多洋岛玄武岩、洋内岛弧玄武岩和大陆玄武岩套具有 ^{143}Nd/^{144}Nd = 0.5130 和 ^{87}Sr/^{86}Sr = 0.7033，说明存在同位素特征可识别的地幔组分。Zindler 和 Hart（1986）称这种地幔端元为普通地幔储库（prevalent mantle，PREMA）。其 ^{206}Pb/^{204}Pb 值为 18.2 ~ 18.5。

1.1.5.5 全硅酸盐地球（BSE）

值得讨论的是，存在一种具有全硅酸盐地球（不包括地核）化学成分的地幔组分。这种成分的地幔相当于一个均匀的原始地幔，它形成于大陆形成之前的行星去气作用和地核形成过程中。一些玄武岩具有与全硅酸盐地球非常相似的同位素成分，虽然目前还没有地球化学数据证实这种地幔仍然保存着。

1.1.5.6 大洋玄武岩的成因

人们通过对地幔储库的划分来探讨大洋玄武岩源区的复杂地幔过程（图 1-22）。例如，Hoernle 等（1991）对加那利岛屿的 Gran Canaria 岛火山岩的研究表明，自中新世以来至少有 4 种地幔组分（HIMU、DM、EM I 和 EM II）参与了这些火山岩的

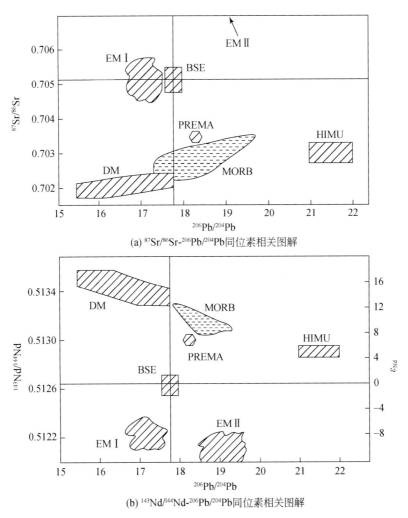

(a) $^{87}Sr/^{86}Sr$-$^{206}Pb/^{204}Pb$同位素相关图解

(b) $^{143}Nd/^{144}Nd$-$^{206}Pb/^{204}Pb$同位素相关图解

图 1-22　$^{87}Sr/^{86}Sr$-$^{206}Pb/^{204}Pb$ 同位素相关图解和$^{143}Nd/^{144}Nd$-$^{206}Pb/^{204}Pb$ 同位素相关图解

黑点区表示洋中脊玄武岩（MORB）的分布区。$^{206}Pb/^{204}Pb$ 的全球数值不同于表 1-9 中所列，据 Allgere 等（1988）

形成。此外，同位素证据说明，在火山历史中，不同储库对熔岩形成的贡献发生在不同的时间段。

1.1.5.7　微量元素和地幔端元成分

在 Zindler 和 Hart（1986）的研究工作基础上，许多学者已经总结了这些地幔端元的微量元素浓度。目前常用的不相容元素比值范围见表 1-11。

表 1-11　地壳和地幔储库的不相容元素比值

项目	Zr/Nb	La/Nb	Ba/Nb	Ba/Th	Rb/Nb	K/Nb	Th/Nb	Th/La	Ba/La
原始地幔	14.8	0.94	9.0	77	0.91	323	0.117	0.125	9.6
N-MORB	30	1.07	1.7 ~ 8.0	60	0.36	210 ~ 350	0.025 ~ 0.071	0.067	4.0
E-MORB			4.9 ~ 8.5			205 ~ 230	0.06 ~ 0.08		
大陆地壳	16.2	2.2	54	124	4.7	1341	0.44	0.204	25
HIMU OIB	3.2 ~ 5.0	0.66 ~ 0.77	4.9 ~ 6.9	49 ~ 77	0.35 ~ 0.38	77 ~ 179	0.078 ~ 0.101	0.107 ~ 0.133	6.8 ~ 8.7
EMI OIB	4.2 ~ 11.5	0.86 ~ 1.19	11.4 ~ 17.8	103 ~ 154	0.88 ~ 1.17	213 ~ 432	0.105 ~ 0.122	0.107 ~ 0.128	13.2 ~ 16.9
EMII OIB	4.5 ~ 7.3	0.89 ~ 1.09	7.3 ~ 13.3	67 ~ 84	0.59 ~ 0.85	248 ~ 378	0.111 ~ 0.157	0.122 ~ 0.163	8.3 ~ 11.3

资料来源：Saunders et al.，1988；Weaver，1991。

1.1.5.8　岩浆生成的地球动力学背景

同位素示踪剂之间的相关关系，驱使学者寻找解释这些现象的原因，从而建立了一系列基于地球化学的大地构造模型（图 1-23）。这些模型得到同位素资料及大地构造成果两方面的支持。例如，作为同位素相关图解所获取的成果之一，图 1-22 为大陆地壳和大洋玄武岩的 Sr 或 Nd 同位素相对于全球成分的投影。相对于全球而言，大洋玄武岩富集 Nd 而亏损 Sr，但大陆地壳却显示相反的关系，这说明大陆地壳和大洋玄武岩的地幔源区是 Nd 和 Sr 的互补储库，大陆地壳由地幔分异而来，这使得残留下来的地幔储库富集 Nd 而亏损 Sr。

按类似方式，地壳和地幔储库的同位素成分可以通过一系列地壳、地幔和全硅酸盐地球初始成分之间的质量平衡而得到合理解释。假如大陆地壳形成时地幔起源的比例和地幔对流作用的性质确定，就能够探讨不同储库之间的相互关系（Allegre et al.，1983a，1983b；Allegre，1987；Galer and O'Nions，1985；Zindler and Hart，1986），进而探讨与岩浆生成过程相关的地球动力学过程。图 1-23 为不同源区间相互作用的可能方式。

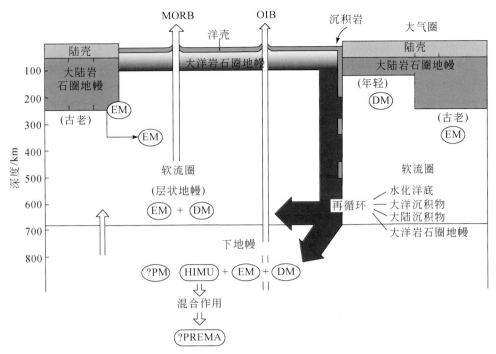

图 1-23　据同位素地球化学研究建立的不同地壳和地幔储库及它们之间的可能关系

1.1.6　大洋板块的消亡

俯冲板块的命运是板块构造理论的基本内容之一，但是板块构造学说早期并不清楚板块俯冲后的去向。20 世纪 90 年代以来，层析成像技术取得巨大进步，地震学证据显示，大洋俯冲板块主体在地幔深部约 650km 处消亡，尽管这与深约 650km 的某些区间不连续高密度体的存在有所冲突。目前，对于超镁铁质地幔和俯冲玄武质洋壳的物质组分随深度变化导致的岩石学相变划分已经非常明确，因此，可以依据深度来模拟计算它们的物质组分。例如，图 1-24 展示了不同深度地幔岩的物质组分相变。

俯冲洋壳与地幔岩的物质组分随深度变化并不一致，这主要是由于玄武质洋壳（厚度约为 5km）由洋中脊下的地幔岩部分熔融而成，同时在普通地幔岩的底部残余了方辉橄榄岩。依据这几种主要岩石类型（未分异的地幔岩、亏损的方辉橄榄岩和大洋玄武岩）中的矿物组成比例和矿物密度，可以合理地计算这些岩石随深度变化而导致的密度变化。图 1-25 中显示了这三种岩石类型随深度变化的热平衡密度。

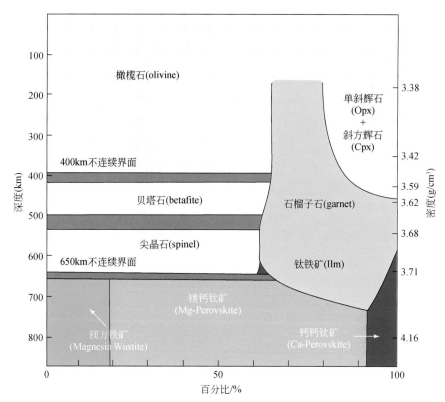

图 1-24 地幔岩随深度的相变（矿物百分含量）

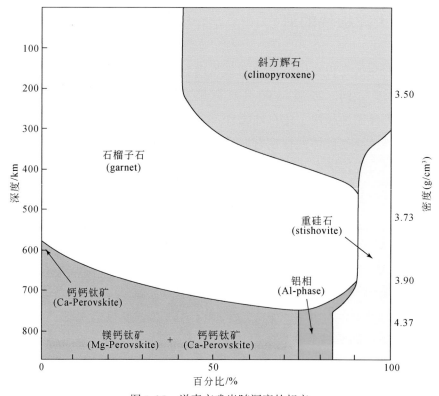

图 1-25 洋壳玄武岩随深度的相变

需要强调的是，在650km深处，俯冲板块的玄武岩会转变为密度较大的榴辉岩，略大于绝热状态的橄榄岩密度（0.1～0.2g/cm³），从而在俯冲带产生了强大的"板片拉力"，使得俯冲板片持续下插。俯冲板片的部分方辉橄榄岩由于其初始温度较低，且初始密度也可能大于地幔橄榄岩，然而一旦与周围的地幔橄榄岩达到热平衡后，其密度低于地幔橄榄岩的密度。同时，670km不连续面地幔岩的相变处玄武岩洋壳的密度在650～750km深度范围内突然降低0.2g/cm³，小于该深度地幔岩的密度，而俯冲板片中方辉橄榄岩的密度则相对大于地幔岩（pyrolite）。这些密度变化清楚地显示在图1-26（a）中。Ringwood（1991）认为密度变化使得俯冲的洋壳玄武岩滞留在670km不连续面（图1-26），俯冲板块平躺于上地幔底部[图1-26（b）]。同时，他猜想太古代末期（2500Ma）650km不连续面附近的地幔结构如图1-26（c）所示，并指出该层为金伯利岩岩浆的起始源区。

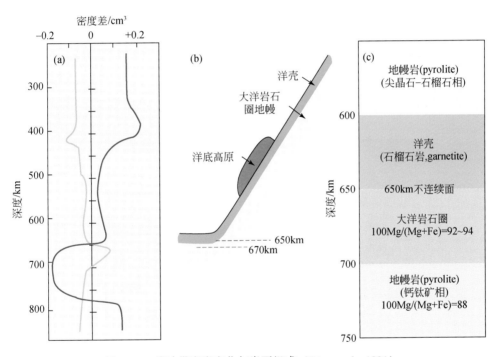

图1-26　俯冲带密度变化与岩石组成（Ringwood，1991）

（a）洋壳俯冲下插过程中玄武岩-橄榄岩（红色线）和方辉橄榄岩-橄榄岩（蓝色线）的密度差异，注意在650～750km深度，玄武质洋壳的密度变得比地幔岩（pyrolite）的密度小；（b）密度的改变使得玄武岩洋壳滞留在670km深处的不连续面上；（c）基于深650km不连续处俯冲镁铁质洋壳堆积而推测的太古代末期地幔结构

假如以持续的扩张速率（现今）计算，在漫长的地球演化史中，650km不连续面堆积的洋壳厚度至少应该有100km。由于方辉橄榄岩密度较低，因此它比周围的地幔更活跃，当它升温后可能以倒水滴状或底辟体形式上涌（图1-27）。因此，有学者得出地幔柱和热点形成机制的一个推论，即大多数地幔柱起源于深约650km或

者核–幔边界的不连续面处。该地幔模式显示，这些地幔柱上升并穿过岩石圈，成为热点成因洋岛的物质源区。如果这些上升的热底辟体没有穿过岩石圈，则会加积于岩石圈底部，同时伴随着对周围岩石的熔融、混染（metasomatism）和化学交换。大洋岩石圈非常年轻（均小于 200Ma），而俯冲的大陆岩石圈则较老、冷、厚且更复杂（图 1-27 和图 1-28）。

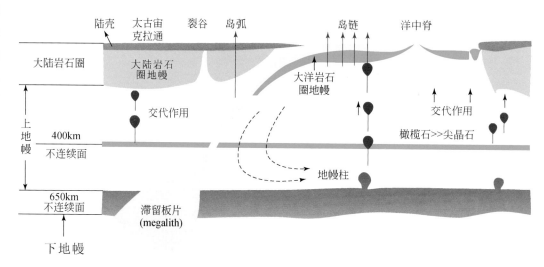

图 1-27　650km 不连续面的地幔分异模式和洋壳汇聚模式

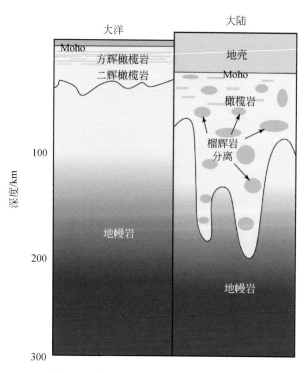

图 1-28　大洋岩石圈和大陆岩石圈对比

受不同热状况和地幔柱的影响，在地球历史演化的不同时期岩石圈组成的结构有所不同。图1-29展示了现今成熟的显生宙大洋岩石圈（左）物质组成可能的结构，随着深度增加，其分异程度降低；洋底高原（中）则具有非常厚的洋壳，其底部为严重亏损的方辉橄榄岩地幔；太古代的岩石圈（右），高的地幔温度极可能导致高程度的熔融，形成了高镁科马提质熔岩以及极其亏损的纯橄岩残留。这种大洋岩石圈结构类似于现今的洋底高原，那么，太古代是否可能已经出现了板块构造？

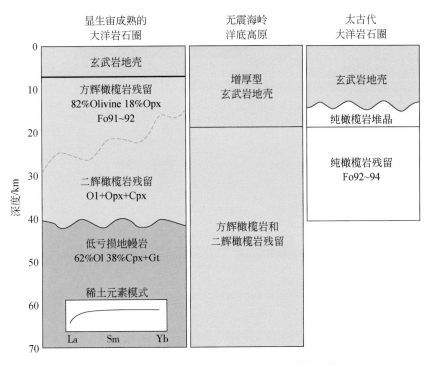

图1-29　不同类型的大洋岩石圈物质结构组成

这一地幔分异模式表明，地幔（特别是上地幔）主要经历了两个阶段的分异最终演化形成了陆壳。陆壳的形成是永久性的，因而陆壳难以重新回返至地幔。

1）产出于洋中脊地幔的原始地幔岩演化分异为上部的玄武质洋壳和底部难熔的方辉橄榄岩层。

2）在俯冲带，俯冲板块下插，重新进入地幔。含有大量流体的洋壳受热脱水，导致玄武质洋壳和上覆地幔楔发生部分熔融，形成大量安山质岩浆。

3）安山质岩浆在上升过程中发生分异作用，产生了更多酸性岩浆，使得低密度硅铝质地壳在大陆边缘不断侧向增生。

假设陆壳来源于对流地幔的分异，那么，必然的结果是该对流地幔越来越亏损亲石元素，将亏损亲石元素的地幔定义为亏损型地幔储库，这也是洋中脊玄武岩（MORB）的物质源区。真实的演化模式肯定是复杂的，但依然可以推导出相对简单的模式，如图 1-30 所示。在大陆边缘，沉积物和岩石圈同时俯冲，可能类似于约深650km 处地幔过渡带的形成方式，在此处发生热熔和混染，少量熔融物质向上迁移，侵入陆幔和洋幔，同时由于大陆岩石圈地幔相对较老，一般可以在其下部观测到更复杂的反应过程。

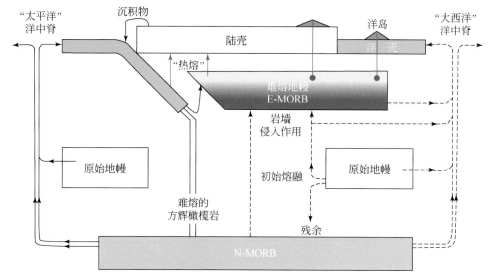

图 1-30　地幔演化模式（Tarney et al.，1980）

该图简单展示了洋壳如何由扩张洋中脊地幔熔融而成，并被海底热液流体交代后俯冲消亡的过程。部分俯冲洋壳熔融形成陆壳，其余部分则俯冲至地幔成为亏损地幔（DM）储库的成分。少量熔融物质向上迁移，成为大陆岩石圈地幔的一部分，为安山质玄武岩岩浆提供物源，同时俯冲沉积物也进入大陆岩石圈地幔的下部

1.2　大洋岩石圈特性

1.2.1　大洋岩石圈厚度

地幔剩余重力异常等于实测重力异常值减去由人工地震求得的地壳密度分布所确定的重力计算值。地幔剩余重力异常可以用来确定大洋岩石圈厚度。假定岩石圈物质在水平方向上大致均一，其密度仅比软流层大 $0.1\mathrm{g/cm^3}$。作为一级近似值的地幔剩余重力异常 Δg_{M}（mGal）与岩石圈厚度 H_{t}（km）成正比。Yoshii（1973）由此得出如下关系式

$$H_{\mathrm{t}} = \Delta g_{\mathrm{M}}/4.5 + 常数 \tag{1-1}$$

同时，研究发现，北太平洋的海底年龄 t（Ma）与 Δg_{M} 存在如下关系，在 150 ~ 5Ma 可得出下述关系式

$$\Delta g_{\mathrm{M}} = 33.7t^{\frac{1}{2}} + 398 \tag{1-2}$$

由此，可以利用地幔剩余重力异常，建立大洋岩石圈厚度与其年龄之间的关系。由式（1-1）和式（1-2）可得出如下关系式

$$H_t = 7.5t^{\frac{1}{2}} \tag{1-3}$$

Yoshii（1975）根据地震探测和大地电磁测深资料所确定的大洋岩石圈厚度，得出如下经验关系

$$H_t = 7.49t^{\frac{1}{2}} \tag{1-4}$$

式（1-4）与式（1-3）极为接近。

由大洋岩石圈厚度–年龄的经验关系式可看出，大洋岩石圈的厚度与其年龄的平方根呈正相关，这一关系已为实际资料所证实。大洋岩石圈随其年龄增长而变厚的相关关系，还可以根据体波、面波及电导率获得。其结果与根据地幔剩余重力异常所得岩石圈厚度–年龄关系曲线相吻合（图1-31），它们都表明海底越古老，岩石圈越厚。洋中脊轴部的大洋岩石圈最薄，一般在10～15km或以下，深海盆地则增至70～80km，厚度最大（80～90km）的岩石圈出现在最古老的洋底，如西太平洋和大西洋两侧的深海盆边缘。

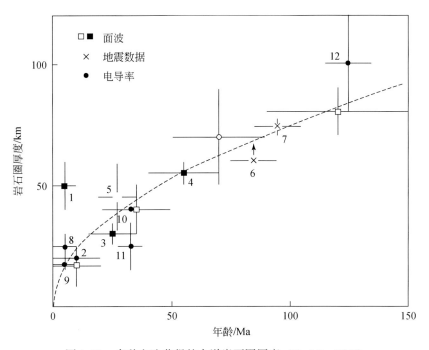

图1-31 多种方法获得的大洋岩石圈厚度（Yoshii，1975）

白色方框是现今数据，虚线根据式（1-4）求得。数字代表不同区域：1-东太平洋（Knopoff，1970），2-大西洋洋中脊（Weidner，1974），3-东菲律宾海盆（Kanamori and Abe，1968），4-秘鲁–智利海沟（James，1971），5-美国西海岸（Nuttli and Bolt，1969），6-夏威夷海岭，7-千岛–堪察加海沟（Shimamura，1973），8、9-冰岛（Hermance and Garland，1968；Hermance and Grillot，1970），10、11-加利福尼亚湾（Cox et al.，1970；Launay，1974）；12-日本岛弧（Rikitake，1969）

1.2.2　大洋岩石圈弹性厚度

（1）岩石圈弹性厚度的估算

薄板挠曲理论结合重力异常可估算岩石圈的等效弹性厚度，重力异常的求取方法一般是利用正演模拟近似法或谱分析法。

在正演模拟近似法中，主要计算加载产生的重力异常，如洋岛或山脉地形所产生的表面加载以及由于弹性板弯曲所产生的挠曲补偿。之后，利用不同弹性板厚度 T_e 所估算的重力异常同实际观测的重力异常值进行对比，将观测与计算重力异常吻合最好的 T_e 作为岩石圈的等效弹性厚度。

谱分析法主要是基于重力异常与表面地形之间导纳 Z 的估算。原则上，在傅里叶空间域中利用谱分割来确定导纳是一种相对简单的方法，即

$$Z(k) = \frac{C(k)}{E_H(k)} = \frac{\Delta g(k) \, H^*(k)}{H(k) \, H^*(k)} \tag{1-5}$$

式中，$\dfrac{C(k)}{E_H(k)}$ 是中间过渡函数；$\Delta g(k)$ 是重力异常的傅里叶变换；$H^*(k)$ 是地形的傅里叶变换，$*$ 表示复数共轭。然而，实际情况是非常复杂的，如数据中的噪声以及数据收集覆盖范围有限，且船舶航迹对其影响都非常显著。比较常见的做法是利用其他一些辅助信息，如相干系数计算

$$\gamma^2(k) = \frac{C(k) \, C^*(k)}{E_g(k) \, E_H(k)}, \quad E_g(k) = \Delta g(k) \Delta g^*(k) \tag{1-6}$$

利用实际观测数据得到的相干函数 $\gamma^2(k)$，可以直接和模型预测数据进行对比。当短波长相干系数接近于 0，不管 T_e 多大，岩石圈强度都表现得非常大。这样的短波长特征只会造成岩石圈微小的弯曲，对重力异常几乎没有贡献。长波长相干系数通常接近于 1，这是由于岩石圈在加载作用下，已经发生了弯曲。沉积荷载存在时，这种情况变得更为复杂（Forsyth，1985；McKenzie，2003）。

对于大洋岩石圈的有效弹性厚度 T_e，以上两种不同的近似法应该给出类似的结果。例如，利用夏威夷-皇帝海山链重力异常，通过正演模拟方法，得到太平洋板块的 T_e 为 25km±9km，而利用自由空气异常，通过谱分析法，得到的近似值为 20~30km。特别是，不同 T_e 的估算都依赖于加载状态下岩石圈的年龄［图 1-32（a），（b）］：T_e 从年轻岩石圈的 2~6km，增加到古老岩石圈的 30km 左右。这些数值相比地震波观测得到的岩石圈厚度值虽然偏小，但是它也反映了不同的加载时间尺度。

对大陆岩石圈而言，这两种近似法估算的 T_e 存在着更大的差异性。正演模拟的结果通常要小于谱分析得到的结果。改进的谱分析技术（如多窗谱技术）正逐步提高 T_e 的空间分辨率。Forsyth（1985）利用相干性和布格重力异常，引入了一种内部加载情况下的公差算法，该方法对海平面以上所有物质的万有引力都进行了校正。然而，McKenzie 和 Fairhead（1997）提出的布格近似法只是给出了 T_e 的上限而不是真实值。他们还提出了一种自由空气导纳方法来证明大陆岩石圈的有效弹性厚度是小于 25km 的。随后，McKenzie（2003）提出了一个精细的导纳方法，这种方法包含内部加载存在且不涉及表面地形，这一近似主要是基于之前提出的模型，但有趣的是，这种方法得到的有效弹性厚度 T_e 要小于地壳厚度。

正演模拟近似法通常应用于前陆盆地以及其他一些情况，例如，恒河盆地所显示的 T_e 约为 70km，远高于当地 40km 的地壳厚度（Burov and Watts，2006）。这一结果表明，地幔存在弹性强度。谱分析法一般用于古老克拉通地区的研究，但是也同样可应用于造山带和裂谷。越来越多的证据表明，在水平方向上不仅 T_e 存在着几百千米尺度的快速变化，而且重力响应中的各向异性也存在着快速变化（Simons et al.，2000）。但是，这一理论的前提是存在一个均匀各向同性板片，因此，T_e 值应该看作区域对比的有效参数，而不具有明确的物理意义。

（2）岩石圈强度结构和破裂准则

岩石圈有限强度最清晰的表现就是浅层地震的发生。破坏新生岩石的类似情况是非常罕见的，因此通常观察到的介质能组合连接在一起，主要受控于不同块体之间强烈的摩擦作用。实验室研究以及计算机模拟表明，摩擦定律主要取决于初始滑动速率以及变形历史，因此，一旦相对运动开始，强度可以急剧下降。对于大规模水平运动来说，摩擦就足够大，地球的潮汐和冰后回弹揭示地壳表现为弹性物质，因而汇聚边界等地区应力会积累，但最终会被释放掉。例如，2004 年苏门答腊–安达曼大地震过程中，在几分钟的时间内，断层前缘沿着板块边界破裂长度超过 1300km。控震断层重新分配了局部集中的应力，转而应力被余震所释放，同样它也会改变相邻断层系统的应力分布，致使那个区域更接近破裂发生所需要的应力条件。

从浅部脆性破裂到深部塑性流动，可以用一个屈服强度结构来概括，从而对于整个岩石圈而言，一个单一的强度描述主要是依赖深度控制的连续性准则。具体的应力–应变（率）关系强烈依赖于材料的性质和温度，因此对于某一特定的体系来说，单一的强度准则过于简化。此外，强度准则的估算是在实验室中高应变率（$10^{-4} \sim 10^{-6} \ \mathrm{s}^{-1}$）条件下通过岩石力学实验得到的，这个应变率要远高于基本不超过 $10^{-13} \ \mathrm{s}^{-1}$ 的自然应变率，而在自然条件下，一些缓慢的过程，如动态重结晶，可能极为重要。

在岩石圈适当方位的先存破裂面上，由摩擦滑动所引起的脆性变形可以用摩尔–库仑破裂准则来描述，在这些情况下，该破裂准则经常被称为拜耳莱定律。那么滑动摩擦发生时的临界应力 σ_{sm} 和正应力 σ_n、孔隙流体压力 p_f 及岩石圈压力 p_{lith} 之间的比值 λ_f 相关，即

$$\lambda_f = p_f / p_{lith}, \quad \sigma_{sm} = (M_1 \sigma_n + M_2)(1 - \lambda_f) \tag{1-7}$$

式中，M_1 和 M_2 是经验系数。关系式（1-7）包含了孔隙流体压力引起的有效应力状态的改变。对于受压材料，Brace 和 Kohlstedt（1980）建议使用：$M_1 = 0.85$，$M_2 = 0 MPa$，$\sigma_n < 200 MPa$；$M_1 = 0.6$，$M_2 = 60 MPa$，$\sigma_n > 200 MPa$。在拉张条件下，产生破裂所需要的偏应力显著降低。

当材料是可破裂的或者可渗透时，控制脆性强度的参数是孔隙流体压力 p_f。上地壳具有孔隙压力系数 $\lambda_f = 0.4$ 的一个流体静水孔隙压力梯度时，得到的结果很好。在德国的 KTB 深钻井中，流体静水孔隙压力梯度在变质基性岩中可持续到 9km 深处。

在塑性变形下，蠕变特性与晶粒大小相关，其依赖关系可以描述或转换为应力和应变率相关的一种形式，即

$$\sigma = B \left[\frac{1}{\dot{\varepsilon} \mathbf{G}} \right]^n \left[\frac{d_0}{d} \right]^m \exp\left(-g \frac{T_M}{T} \right) \tag{1-8}$$

式中，d_0 是参考晶粒大小；d 是晶粒大小；T 是温度；$\dot{\varepsilon}$ 是应变率；$\mathbf{G}$ 是剪切模量；m 是梯度经验系数；B 是经验系数。由于指数 n 一般大于1，因此，应力与应变率的依赖关系是非线性的，并且和温度是强相关的。

A. 大洋岩石圈

大洋岩石圈的主要矿物是橄榄石，离洋中脊冠部越远，洋壳内的脆性域越向深部拓展；在更大的深度上，岩石表现为塑性；整体的应力分布通过脆性破裂的线性屈服应力关系和非线性的塑性变形定律的交集来确定。在脆性–塑性转换域，两种不同结构的等效偏应力可被预测。最终的屈服强度结构，表明岩石圈在其屈服之前所能支撑的应力，具有类似于帆的外形结构［图1-10（a）］。结构内部强的区域可以认为是对岩石圈整体综合强度的一个测算。

典型年轻岩石圈（16Ma）和古老岩石圈（100Ma）的强度结构表现如图1-32（d）所示，其中采用的应变率为 $10^{-14}/s$，大洋岩石圈的地温分布采用半空间冷却模型。对于年龄小于100Ma的来说，板块冷却模型的结果差别不大。大洋岩石圈的脆性–塑性转换区近似对应450℃等温线，因此，也对应着与大洋岩石圈年龄具有很好相关性的估算 T_e 值。

洋底地震大部分都发生在浅部，但是也有一些发生在洋幔，而且都限制在650℃等温线以上深度［图1-32（a）］。因此，尽管震源最大深度较深，但基本与岩石圈表层的弹性厚度一致。俯冲带或海沟外缘隆起处，其深部事件常常预示着该处处于挤压状态，而浅部事件则表明处于拉张状态。

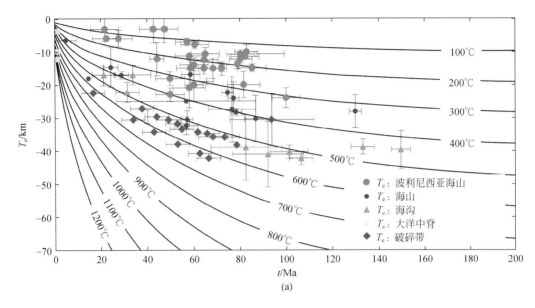

(a)

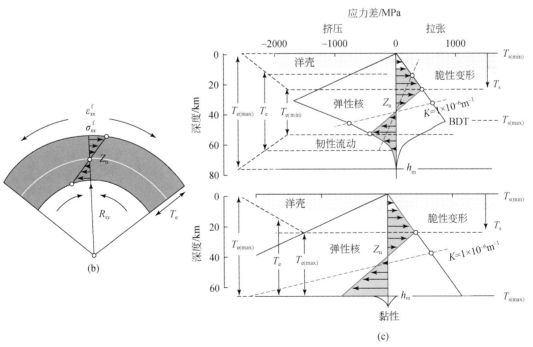

(b)

(c)

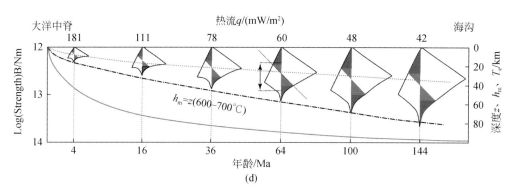

图 1-32 大洋岩石圈流变学结构

（a）观测的挠曲强度 T_e 与大洋岩石圈年龄–温度之间的关系。温度分布通过板块冷却模型计算获得（Parsons and Sclater，1977；Burov and Diament，1995）。T_e 数据被叠加到计算的地温曲线上。相关的估算涉及具有正常温度梯度的区域，如破裂带和海沟。当然，海山加载的情况并不能用标准的冷却模型来拟合，因为热点活动会造成上覆岩石圈局部的热活化。然而，局部的调谐热模型证实了 T_e 和 400～500℃地温深度的关系，尤其是对于年龄大于 10Ma 的海山（Watts，2001）。（b）上：理想弹性板弯曲的应力分布示意图。下：黏–弹–塑性大洋板块弯曲的应力分布示意图，包括对孕震层 T_s，大洋岩石圈等效弹性厚度 T_e 及其流变性质（YSE）和对挠曲应力梯度依赖关系（Watts and Burov，2003）。ε_{xx}^f、σ_{xx}^f 和 R_{xy} 分别是挠曲应变、应力和弯曲半径。细实线给出的是 80Ma 的大洋岩石圈的 YSE 曲线。脆性特征遵循 Byerlee's 定律，塑性特征遵循橄榄石幂次定律（Kirby and Kronenberg，1987a，1987b），热结构遵循板块冷却模型（Parsons and Sclatter，1977）。红色实线代表一个产生力矩 $M = 2.2 \times 10^7$ N/m，曲率 $K = 5 \times 10^{-6}$/m 的加载的应力差异分布。如图所示，这样的加载一部分被弹性核所支撑，而另外一部分则被岩石圈的脆性和塑性强度所支撑。红色实线代表 K 分别为 1×10^{-7}/m 和 1×10^{-6}/m 的情况，包含海沟外缘隆起处所得到的观测值范围（Goetze and Evans，1979；McNutt and Menard，1982；Judge and McNutt，1991）。图中显示 T_s 相当于力矩–曲率曲线与脆性变形区域相交的深度，可以从表面 T_s（min）扩大到脆性–塑性转换面（BDT）T_s（max）。与之相反的是，T_e 则可以从弹性核的厚度 T_e（min）扩大到整个弹性板厚度 T_e（max）。T_e 和 T_s 都取决于加载所产生的力矩以及曲率。但是，随着曲率的增加 T_s 增大而 T_e 减小。这幅图反映了一种纯挠曲应力的理想情况，在这种情况下 T_s 和 T_e 是相互关联的。一般情况下，岩石圈内应变足够界定 T_s 的区域通常处于破裂状态，而这在很大程度上是由面内构造应力产生的而不是挠曲应力。在这种情况下 T_s 和 T_e 是反相关的或者说是没有直接关系的。（c）基于 "Crème-brule" 流变模型的 YSE：在 Jackson（2002）假设条件下孕震层 T_s 和等效弹性厚度 T_e 相关，这个假设是岩石圈的力学强度都集中在脆性层。这个模型考虑了脆性–弹性岩石圈以及强度为零的塑性层，其余参数同图 1-32（b）的模型一样，$K = 5 \times 10^{-6}$/m，$T_s = 20$km。这幅图证实了两个联立假设的不一致性：由于孕震层 T_s 和弹性厚度 T_e 在几何上的不一致性，弱的塑性地幔和 $T_e = T_s$。（d）大洋岩石圈的力学强度，即综合强度 B 以及等效弹性厚度 T_e 随年龄和热结构的变化趋势。岩石圈的 T_e 实际上取决于局部板块弯曲所产生弯曲应力的梯度 K。T_e 近似等于 "弹性核" 的大小加上半个下覆脆性区域的大小，再加下面半个塑性区域的大小。注意，B 和 T_e 相关。同样需要注意的是，不能认为 T_e 是岩石圈内具体的深度，它与 400～500℃地温等温线相关

B. 大陆岩石圈

具体的屈服强度显然受控于高度不均匀的大陆地壳中特定的矿物成分。一个典型的特征就是在 20km 以下岩石圈强度显著降低，这是由于在相同温度梯度下，富含石英的岩石塑性起始深度相对于橄榄岩的要小。而且，在下地壳，屈服强度很可能会逐渐增加；在 Moho 面下，大陆岩石圈强度会再一次增加，尤其是地幔最顶部的物质是干的情况下 ［图 1-10（b）］。

地幔最顶部具有高的屈服强度，这已经由特定地区 Moho 面以下的地震所证实，但是这也很有可能是国际地震组织因不能给出可靠深度，而使用指定深度所造成的。通过改进地壳结构约束，对青藏高原下面 70～85km 深度可能的地幔事件重新解释，表明它们实际上是位于下地壳（Jackson，2002），而且很可能与含水条件下亚稳态麻粒岩向榴辉岩的转变有关。

对于一种材料内强度的分布，即使水含量很少也会产生显著的影响。传统观点倾向地壳是湿的，上地幔顶部是干的，因此在这种情况下，岩石圈总强度有相当一部分保留在地幔。这一观点被 Jackson（2002）质疑，其主要依据是观测到下地壳深地震以及估算的大陆岩石圈有效弹性厚度 T_e 小于孕震层的深度。Jackson（2002）认为正常情况下应该是湿的下地壳和上地幔顶部，这样几乎所有的强度都将保留在孕震的上地壳。在某些地区，下地壳可能是干的因而可发生地震，如在印度地盾以及西藏下面的双地壳。当然，在地盾区，大部分地震罕见地发生在 15km 深度以上，尽管在芬诺斯勘迪纳维亚地区也存在与冰后回弹相关的一些下地壳地震事件。

屈服强度只单独保留在上地壳的概念，已经被 Burov 和 Watts（2006）提出质疑，他们更倾向于上地幔顶部维持岩石圈强度的贡献。采用屈服强度弱的或强的上地幔顶部（但是采用类似的 T_e）对岩石圈动力学的模拟显示，地幔结构的稳定性存在着非常显著的不同。一个弱的上地幔顶部促使物质较快地（<5Myr[①]）朝着水滴状结构发展，并沉入地幔，同时造成表面地形坍塌。强的上地幔顶部可以使造山作用形成的地形维持 100Myr 甚至更长（图 1-33）。

解决这种基本问题的一个主要难点就在于：大多数和强度有关的信息都来自于明显的非正常区域，因为在这些地区出现了相当级别的地震。在岩石圈地幔上部广泛发育的地震各向异性是构造运动历史的最佳反映，这为研究长期保存的构造提供了证据，如果这一区域没有足够屈服强度的话，这些变形是很难保存的。

① 本书中，Myr 代表时间段，与 Ma 区分。

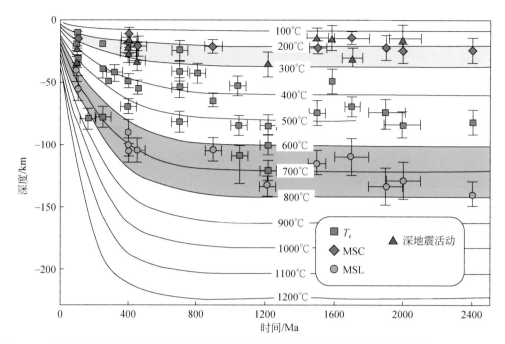

图 1-33 观测弹性厚度（T_e）和加载时刻大陆岩石圈的年龄及大陆岩石圈的热模型（Burov，2011）
等效热厚度 250km，对应 1330℃ 等温线，图中同样还给出了岩石圈力学底面的深度及地震的最大深度。这些数据
包含了最小表面的地形加载。在条件允许情况下，常倾向于基于正演模型进行的估算而不是谱分析的估算结果。
例如，McKenzie 和 Fairhead（1997）以及 Jackson（2002）利用了一个适用于海平面数据的特殊 FAA 导纳变换。这
种近似估算的 T_e 在大陆地区并不可靠，因为该方法忽略了最大的地形加载，如山脉以及边界力的影响（Watts and
Burov，2003；Lowry and Smith，1994；Jordan and Watts，2005；Burov and Watts，2006）。图中曲线是考虑了地壳内
放射性生热的等温线。实心方块是碰撞带（前陆盆地，逆冲带）估算的 T_e；实心圆圈对应冰后回弹数据。250 ~
300℃ 等温线标志着强的上地壳（石英）的力学底界。700 ~ 750℃ 等温线标志着强地幔（橄榄石）的底界。注意
到即使 T_e 明显减小，在 750Ma 以后岩石圈的热结构没有明显的变化。T_e 在减小是地壳结构和流变性质不同造成
的。MSC-力学强地壳；MSL-力学强岩石圈

1.2.3 大洋岩石圈的流变学结构

1.2.3.1 整体强度和年龄的依赖关系

大洋岩石圈的屈服应力包络线 [图 1-10（a）] 是以脆性部分的拜耳莱定律和塑
性部分的干橄榄岩流动定律为基础。由于薄的洋壳（玄武岩）不需要单独的定律，
因此其可以用单一的流动定律来表示。用来计算塑性强度的地温 $T(z)$ 可以通过半
空间板块冷却模型得到（Parsons and Sclater，1977）：

$$\frac{T - T_0}{T_{z0} - T} = \text{erfc}\left(\frac{z}{2\sqrt{\chi t}}\right) \tag{1-9}$$

式中，t 是时间（年龄）；χ 是热扩散系数；erfc 是余误差函数；T_0 是初始温度（1330℃）；T_{z0} 是表面温度（0℃）；z 是深度。

1.2.3.2　挠曲流变性质和观测（T_e 数据）

岩石圈通过弯曲对地表及地表以下的加载做出响应。弯曲度以竖直方向偏转 $\omega(x)$ 和局部曲率半径 $R_{xy}(x)$ 或曲率 $K(x) = -R_{xy}^{-1}$ 来表征 [图 1-32 (c)]。弯曲的振幅和波长 λ 取决于挠曲强度 D 或者等效弹性厚度 T_e [$D = ET_e^3/12(1-v^2)$]。当挠曲方程以挠矩 $M_x(x)$ 的形式给出时，是非流变相关的。所以弹力被用来作为弯曲强度最简单的流变学解释。T_e 和 D 可通过将观测的挠曲数据（对大陆来说是 Moho 面起伏，对大洋来说是水深测深）与薄板方程的解进行拟合来估算。

$$\frac{\partial^2}{\partial x^2}\overbrace{\left[\underbrace{\frac{ET_e^3}{12(1-v^2)}}_{D(x)}\underbrace{\frac{\partial^2\omega(x)}{\partial x^2}}_{K(x)}\right]}^{M_x} + \frac{\partial}{\partial x}\left[F_x\frac{\partial\omega(x)}{\partial x}\right] + \Delta\rho g\omega(x) = \rho_c gb(x) + p(x)$$

$$\tag{1-10}$$

式中，E 是杨式模量；v 是速度；g 是重力加速度；F_x 是水平压应力；$\Delta\rho$ 是表面物质（地形或沉积物）和软流圈的密度差；ρ_c 是表面物质密度；$b(x)$ 是地形抬升；$p(x)$ 是额外的地表或下地表加载。对于非弹性板块，T_e 和 D 具有"挤压的"板块强度的意义，并且这是和整体板块强度 B 相关的。所以 T_e 是岩石圈长期总强度的直接反映（Watts，2001）。通过将观测到的长期表面加载下区域的弯曲，如冰山、沉积以及火山，与简单弹性板片模型的预测进行对比，可以在不同地质构造背景下对 T_e 和 B 进行估算。大洋板块挠曲研究显示 T_e 的范围在 2~40km，取决于加载和板块年龄 [图 1-32 (a)，(b)]。这些结果和岩石力学的预测结果一致，因此，T_e 值落在对应温度 400~500℃ 的深度范围内。Brace-Goetze 屈服应力准则（Brace and Kohlstedt，1980；Goetze and Evans，1979）预测岩石圈强度在脆韧性转换域（BDT）深度以上是一直随着深度增加而增加，在 BDT 深度以下遵循脆性和塑性变形定律，综合作用随着深度增加开始减弱。在大洋地区，破坏曲线在 BDT 上下是近似对称的，而在 BDT 附近脆性-弹性层和弹性-塑性层对强度的贡献是相等的。由于 T_e 和 BDT 一般都超过了洋壳的平均厚度（约为 7km），因此，大洋岩石圈强度最大的贡献来自于地幔而不是洋壳，但是也有学者对此提出质疑。

大洋岩石圈在海沟向海方向对屈服效应响应的变化趋势，可以从简单的力学角度来理解。理想的弹性材料支持任意级别的应力。而对于真实材料而言，应力级别受对应深度上岩石的屈服强度所限制。弯曲板片的挠曲应变随着与中性面距离的增加而增加。相应地，板片的最上部和最下部会遭受更高的应变，而当弹性应变不足以支撑时，就会经历脆性或者塑性变形。这些变形区域为力学弱化区域，因为在这些区域的应力级别要小于材料维持弹性强度的应力级别。重要的是，该区域的应力要低于分隔脆性和塑性区域的弹性核所能限制的应力，而脆性和塑性应力的等级并不是零。因此大洋岩石圈上的某个加载一部分会被弹性核的强度所支撑，而另一部分则会被板片的脆性和塑性强度所支撑。在海沟处所估算的 T_e 的意义就在于它反映了板片的这种综合的、整体的强度。

由于 Moho 面地形只能通过间接观测来得到，利用不同技术的挠曲模型可以通过重力异常来计算 Moho 面或基底的几何形状。这些重力异常与均衡模型（如艾里模型，普拉特模型）之间的偏离在有关岩石圈强度的长期争论中扮演着关键角色。现今的均衡研究要么遵循正演模型近似，要么遵循反演模型近似。在正演模型中，主要是针对不同的 T_e 计算由表面加载（地形）以及其本身挠曲补偿所引起的重力异常，并把这些计算值同实际观测的重力异常进行对比。"吻合最好"的 T_e 就是使计算和观测重力场之间差异最小化的那一个。在反演模型中（如谱函数），T_e 的估算是通过直接计算重力和地形之间的传递函数，并将结果与模型预测相对比完成的，其中传递函数是波长的函数（如导纳或相干性）。在所有的位势场数据中，重力数据的反演并不具有唯一解，这就使得在复杂的大陆构造背景环境下，相对于正演模型而言，很多反演挠曲模型缺乏可靠性。

1.2.3.3 板内地震活动（T_s）、岩石圈弹性厚度（T_e）和脆韧性转换域（BDT）

板内地震活动集中在某个特定深度界面上，称之为孕震层。不论是大洋岩石圈还是大陆岩石圈，这个层的厚度平均在 15 ~ 20km，并且很少超过 40 ~ 50km，虽然同样检测到了深地幔地震（Deverchere et al.，1991；Monsalve et al.，2006）。大洋岩石圈和大陆岩石圈的脆性性质并没有什么不同，因此，可以认为大洋及其周围大陆地区 T_s 相似性暗示着从大洋到大陆的构造应力的转换。尽管如此，一些学者仍然认为 T_s 和 T_e 一样是和岩石圈的长期强度相关，而不是和应力级别相关（图 1-32）（Maggi et al.，2000；Jackson，2002）。这些研究认为这两个参数是等效的，都反映了大陆岩石圈的强度存在于它的脆性地壳。这就催生了大陆的"焦糖–布丁"（crème-brulee）流变模型（强地壳–弱地幔），这正好与"果酱–三明治"（jelly-sandwich）流变模型（强上地壳–强地幔）相反。

1.2.4 岩石圈整体强度和影响因素

同大洋一样，T_e 数据也是反映大陆岩石圈长期强度的主要参数（图1-33）。在大陆地区，T_e 的变化范围从 0～110km，而且和洋壳年龄只表现出部分相关性。尽管大陆岩石圈在随时间冷却的过程中会变得更强硬（图1-33），但实际上大陆并没有像大洋地区有明显的 T_e-年龄相关性。很多板块经历的热事件改变了它们的热状态，而这在某种程度上和它们的地质年龄并不相关 [如 Kazakh 地盾（Burov et al.，1990、Adriatic 岩石圈（Kruse and Royden，1994）]。另外，在经过 400～750Myr 演化后，岩石圈内的温度分布已经接近于稳定状态，不随着年龄变化。对大陆地区，表面热流的解释是模糊不清的，这主要是由于地壳生热的不确定性以及和侵蚀、沉积及气候变化相关的热效应存在不确定性。地表热流主要反映了地壳活动过程，而不能用来推断壳下的地温变化（England and Richardson，1980）。

对大陆而言，T_e 并没有像大洋区域一样具有明显的流变学含义（图1-33）。T_e 数据表现出双峰式分布，低值主要集中在 30～40km，高值主要集中在 80km（Watts，2001）。这种峰值聚集的成因很可能涉及板块结构的影响：取决于下地壳的塑性强度，大陆地壳可以和地幔发生力学耦合或者解耦，这导致 T_e 具有很大差别。

1.3 洋壳年龄与扩张速率

1.3.1 洋底年龄

（1）洋底年龄的确定

1）沉积物厚度的计算值与事实相左。在早期的地震研究中，已确认了洋壳的三层结构。令人感到惊奇的是，大洋沉积层（即洋壳第一层）的厚度相当小，根据反射地震探测，平均厚度只有 0.5km 左右。如果按目前的大洋沉积速率 0.01mm/a 计算，只要大洋存在 1000Myr 以上，就应当有 10km 以上的沉积物。事实上，沉积层却很薄，这表明，以前沉积速率比现今低得多，或者洋底比预期的要年轻。按照"将今论古"的原则，沉积速率不会变化，所以较薄的大洋沉积层只能说明：洋底是年轻的。如果像传统的固定论观念那样，认为海陆位置是固定不变的，洋底的年龄应当与大陆一样古老，在洋底应当堆积起巨厚的沉积地层，且分布也应比较均衡。然而，实测资料所得事实恰好与这个推断相反，不禁让人怀疑，陆块和洋底是变动的。

2）地震反射结果。地震反射研究还表明，大洋沉积物的分布极不均衡，沉积厚度可从零变化到几千米。最显著的特点之一是沿洋中脊冠部一带几乎没有沉积盖层，从洋中脊向两翼厚度呈增大趋势。按照现今沉积速率计算，洋底年龄各处可能还有所不同。

3）沉积厚度影响因素。沉积物厚度还取决于大洋与大河的陆源物质输入区的接近程度、生物相对生产力、生物组分的化学溶解以及底流作用等因素，但这些因素不会左右沉积物分布的总趋势，特别是远离大陆边缘的深海大洋。所以，沉积物厚度分布的总趋势说明，厚度越大，洋底的年龄越大。

4）老的海洋生物与年轻的样品年代对比鲜明。虽然海洋调查还陆续在大洋中轴部位的断裂带基岩崖壁上发现了一些较老的火山岩样品，但直到20世纪60年代末深海钻探（DSDP）前，在大洋底尚未发现比白垩纪更老的岩石。然而，从生物的起源和演化看，海洋动物的所有门和大多数纲在古生代就已存在，表明海洋已有漫长的历史，然而，海洋地壳是不老于白垩纪的年轻地质体，它比陆地甚至海水本身都要年轻得多，这实在令人费解，让人不得不认为老的洋底消失了。

（2）洋底年龄的对称分布

整个DSDP（1968～1983）最重要的发现是：明确了现今大洋地壳的年龄，不但非常年轻（<170Ma），而且于洋中脊轴部两侧对称分布。这一结论是DSDP第3航次在南大西洋得出的。DSDP执行初期，"格洛玛·挑战者"号（Glomar Challenger）在30°S附近横跨大西洋中沉积物特征明确的地方，钻了8个深孔。根据所获最老沉积物（与玄武岩接触）中微化石间接确定洋底的年龄，发现每个钻孔最深沉积物的年龄都与推断的年代相符。在太平洋的钻探同样证实，东太平洋海隆中轴部位附近洋壳很新，向西坡逐渐变老，至西太平洋海沟附近则是白垩纪和侏罗纪的洋壳。Müller等（1997）新编制了世界洋底年龄图（图1-34）。从图1-34中可以看出，从洋中脊轴部向两侧海底年龄逐渐递增的规律性，并以洋中脊为对称轴对称分布。

1.3.2　洋底扩张速率

把洋中脊的磁异常条带顺序与极性反转年代联系起来，就可以计算海底扩张速率。某特定磁异常条带的界限至洋中脊轴的距离除以相应的极性期界限年限，即可得出平均侧向运动速率（图1-35）。极性期的界限年代，就是某部分洋壳从生成它的脊轴运动到现今位置所需要的时间。由于海底自洋中脊轴向两侧对称扩张，用这种方法得到的是单侧扩张速率，即半扩张速率。本书中一般所说的扩张速率是指半扩张速率。

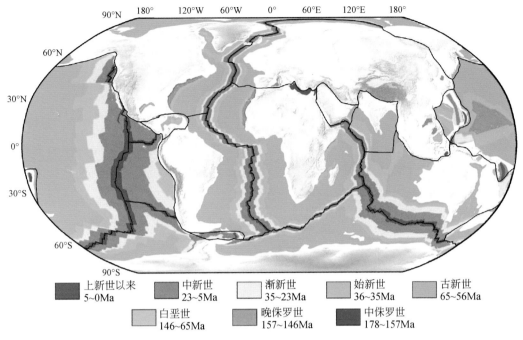

图 1-34　世界大洋海底年龄（Müller et al.，1997）

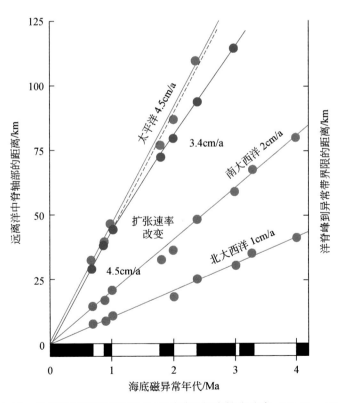

图 1-35　半扩张速率的图解法及不同洋区的半扩张速率（Wyllie，1988）

图1-35以海底磁异常年代为横坐标，以磁异常条带至脊轴的距离为纵坐标，将各洋区磁异常的年龄和距离在图上投点，每一洋区的投点都可连成一条直线，这些直线的不同斜率对应于不同的扩张速度。另外，大多数洋中脊的这种图形表示出一种线性关系，说明4Ma以来从某一特定洋中脊开始的扩张速率是恒定的。由图1-35可以看出，太平洋的平均扩张速率（4.5cm/a）高于大西洋（1~2cm/a），这说明具有俯冲作用的太平洋的扩张速率明显大于尚未发生俯冲作用的大西洋。事实上，海底扩张速率在各大洋并不一致，有的洋中脊每年增生1cm（如北大西洋雷克雅内斯脊），有的高达12cm/a，说明洋底对流循环传送带并非同速运转，磁异常条带间距的差异恰好证明了扩张速率的不同（图1-36）。

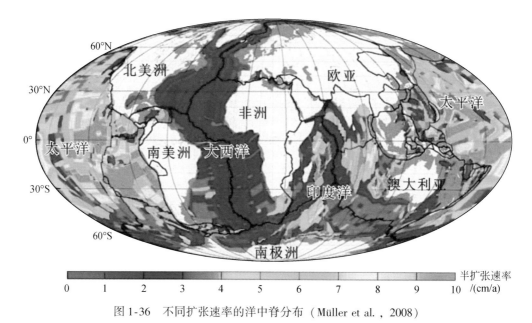

图1-36　不同扩张速率的洋中脊分布（Müller et al.，2008）
超快速：10~25cm/a；快速：8~10cm/a；中速：4~7cm/a；慢速：1~3cm/a；超慢速：<0.6cm/a

1.4　洋壳增生期

1.4.1　分期原则

以海底各单元（见1.5小节）增生年代为纵坐标，海底各单元地质年代为横坐标，作洋底各单元增生年代图（图1-37），揭示各单元增生始末时间，以判断是否具有同时性或准同时性。这种同时性或准同时性是分期的基本原则。

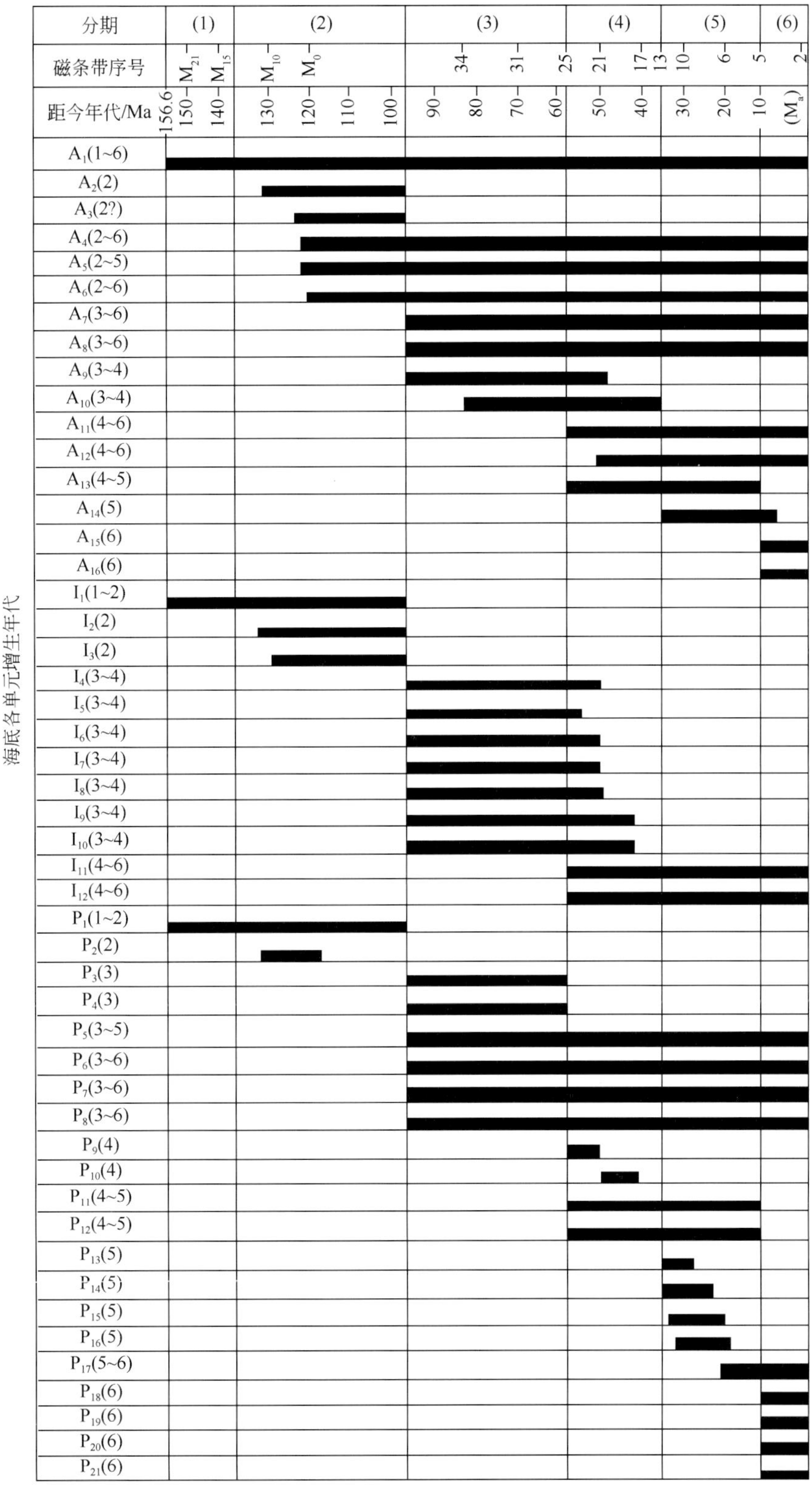
海底各单元增生年代
分期
(1)
(2)
(3)
(4)
(5)
(6)
磁条带序号
M21
M15
M10
M0
34
31
25
21
17
13
10
6
5
2
距今年代/Ma
156.6
150
140
130
120
110
100
90
80
70
60
50
40
30
20
10
(Ma)
A1(1~6)
A2(2)
A3(2?)
A4(2~6)
A5(2~5)
A6(2~6)
A7(3~6)
A8(3~6)
A9(3~4)
A10(3~4)
A11(4~6)
A12(4~6)
A13(4~5)
A14(5)
A15(6)
A16(6)
I1(1~2)
I2(2)
I3(2)
I4(3~4)
I5(3~4)
I6(3~4)
I7(3~4)
I8(3~4)
I9(3~4)
I10(3~4)
I11(4~6)
I12(4~6)
P1(1~2)
P2(2)
P3(3)
P4(3)
P5(3~5)
P6(3~6)
P7(3~6)
P8(3~6)
P9(4)
P10(4)
P11(4~5)
P12(4~5)
P13(5)
P14(5)
P15(5)
P16(5)
P17(5~6)
P18(6)
P19(6)
P20(6)
P21(6)

图 1-37　海底各单元增生年代（马宗晋等，1998）

1.4.2　四大洋增生期

图 1-37 为分期结果，共划分为 6 个增生期，由老到新依次标为（1）、（2）、（3）、（4）、（5）、（6）期。可清楚地看出，各区增生过程的起始和结束有明显的同时性和交替性，期与期之间共有 5 个交替时段，连同增生初始的时段，统称为海底增生构造变动幕。称初始时段为第 I 幕，（1）、（2）之间为第 II 幕，以此类推，（5）、（6）之间为第 VI 幕。对应的年龄分别为 156.6Ma、137Ma、97Ma、58Ma、36Ma、10Ma。

1.5　洋壳增生区与平面结构

洋底古地磁极性倒转现象的发现和系统测定，为研究洋底地质历史和构造演化提供了重要依据。Pitman 和 Larson 先后于 1974 年和 1982 年编制了第一代和第二代洋底地磁条带图，制订了相应的古地磁极性年表。第二代洋底地磁条带图清楚地展现了从洋中脊到大陆边缘大体上连续增生的过程。1989 年 Cande 等又合编了第三代全球洋底磁条带图，填补了许多空白。

第三代图所展示的全球洋底磁条带结构，有三点值得重视：一是该图提出的"化石洋中脊"（fossil ridge）或古洋中脊的多处分布；二是该图以点连线指明了成序列的磁条带之间及成组转换断层之间走向的不连续现象普遍存在；三是新洋中脊与古洋中脊之间及不同走向的新洋中脊之间存在穿插或楔入等多种接触关系。这些现象暗示了洋底增生构造在空间结构上的非均一性和在时间演化上的不连续性。

1.5.1　洋底分区原则

1）区际结构构造的不连续：区内增生序列和结构构造是连续的，而区际的增生结构（即磁条带、转换断层、洋中脊的空间组合关系）是不连续的，如走向突变、结构格局突变等。

2）区际增生速率差异：相邻两区的增生结构是相同的、平行的，但增生速率有明显突变，其间被一条或一组重要断裂或转换断层分开，这也是一项分区原则。

3）增生过程差异：依据区内磁条带序号的地质年代确定该区增生过程的始末时间，增生过程不同自应属不同单元。

1.5.2 洋底分区结果

据现有资料，现今洋底共划分出 49 个增生区，其中太平洋 18 个、大西洋 16 个、印度洋 12 个、其他地区 3 个。以字码形式对各增生区命名：第 1 项 P_n、A_n、I_n 分别代表太平洋系统、大西洋系统和印度洋系统，下角标 n 为系统内序号；第 2 项 （$I \sim N$），为该区增生起止年代（分期序号，图 1-37），如 P_1（2~3），即太平洋 1 号区，其增生年代为第二至第三期（图 1-38）。

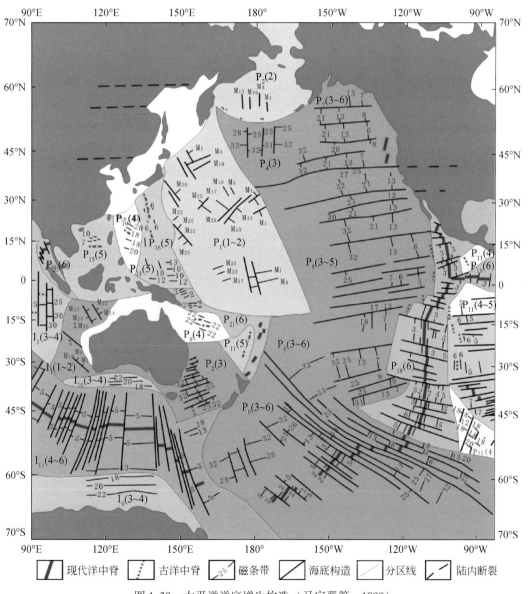

图 1-38 太平洋洋底增生构造（马宗晋等，1998）

纵观分区结果，主要有 4 种类型增生区。

1）主干活动洋中脊增生区：以仍在活动的贯通大洋的洋中脊为轴，近洋中脊处分布有最新阶段的磁条带，最外侧的磁条带年代可代表该区开始增生的时期。

2）楔入活动洋中脊增生区：沿主干活动洋中脊增生区内的转换断层开裂增生另一条活动洋中脊的增生区，形成"λ"或"T"型接触，如印度洋主干洋中脊西南支和太平洋主干洋中脊的赤道附近地区。

3）古洋中脊增生区：区内增生结构包含已不活动的化石洋中脊，近侧为时代较早的磁条带。

4）无洋中脊增生区：多数是被新生洋中脊裂解的古洋中脊增生区的另一部分，或者原本无古洋中脊，或者虽有但被覆盖在相邻板块之下。

1.5.2.1　大西洋

大西洋洋底构造表现出相对稳定、连续性较好的特征（图 1-39 左侧）。但分段现象仍十分明显。

A_1（1～6）是该洋区增生开始最早且一直延续至今的增生区，位于美国东海岸和非洲北部向西突出的西海岸段之间，是被动大陆边缘的典型地段。增生起始年代可能在 156.6Ma 以前，约在侏罗纪中期。

A_2（2）是南美最南端东侧的一个小区段，因其西侧与陆缘之间尚有较大空白，开裂时间可能早于（2）期，与 A_1 相当，尚待资料证实。

A_3（2）是残留在加勒比海东段的一小块化石洋中脊增生区，其增生年代仍需进一步测定，也许会与南美南端的雷德克海区一样，是很新的增生区，但据目前资料只能视为（2）期增生区。

A_4（2～6）是南美与非洲之间对应最好的增生区，与 A_1 相似，但增生起始或开裂时间可能略晚于 A_1 和 A_2。

A_5（2～5）是南极洲 0°～60°W 边缘的增生区，虽然磁条带和转换断层与以北的 A_8（3～6）区有连续过渡迹象，但没有新洋中脊，也无化石洋中脊，之间被重要的断裂线所分割，显示南极洲与南美洲之间存在不一致的张裂过程。而 A_5 与 A_2 之间有狭长的雷德克海区，此海区洋底又是由具有化石洋中脊的 A_{14}（5）和晚期增生区 A_{16}（6）所构成，这更突出了大西洋南端的复杂性。

A_6（2～6）位于 A_1 以北，开裂时间晚于 A_1，直布罗陀海峡的巨大断裂可能起着南北分段开裂的分割作用。

A_7（3～6）是表现南北美洲与非洲大陆之间呈现左行错动开裂的最重要区段。开裂时间晚于 A_1 和 A_4，说明大西洋南北贯通、左行错动是从 100Ma 前开始的。

A_8（3～6）处于 A_5 北缘，是北东向右行错动展开的洋中脊，与北缘大西洋北西向左行错动展开的洋中脊以及东侧印度洋中近东西向左行错动展开的洋中脊共同构成大西洋南端"三节点"。

A_9（3~4）和A_{10}（3~4）位于大西洋的北端，是两个保留有化石洋中脊的增生区。化石洋中脊走向虽有差异，但增生历史相同。

A_{11}（4~6）介于A_9与A_{10}之间，从时空关系看，很像是A_{11}后期增生时将A_9、A_{10}向左右两侧推移的结果。

A_{12}（4~6）介于A_4与A_8之间，大西洋南端"三联点"的西北翼洋中脊位于其中，构造走向与A_4一致，然而东西两侧与A_4截然不同，其间有巨大断裂相隔。

A_{13}（4~5）是北极增生区的局部，详情待查。

A_{14}（5）和A_{16}（6）恰好位于雷德克海峡区，构造分区与地貌分区完全吻合。但A_{14}有古洋中脊，A_{16}却以无洋中脊为特征，二者之间应有构造分界。

A_{15}（6）位于加勒比海西段，北靠安德鲁斯群岛，它是一小块含新洋中脊的增生区。

总之，大西洋洋底增生构造显示出良好的完整性和连续性，分段性也很清楚：A_1最早、A_4次之、A_7又晚些，该分段性是否在两侧大陆构造有所反映，值得研究。

1.5.2.2 印度洋

I_1（1~2）是洋区最早残留有化石洋中脊的增生区，位于澳大利亚西侧，磁条带编号下限是M26，与大西洋的A_1相当。其构造走向与澳大利亚陆缘呈斜交关系（图1-39右侧）。

I_2（2）和I_3（2）是印度洋西边缘两块化石洋中脊增生区，它们与非洲大陆和南极洲大陆的接触关系复杂。与I_1一起在120~100Ma（磁条带M0）之间的一段时间都终止了增生活动。但与此同时，I_4（3~4）、I_5（3~4）、I_6（3~4）、I_7（3~4）、I_8（3~4）和I_9（3~4）、I_{10}（3~4）却开始了增生过程。这7块增生区或许可以恢复合拼成一体（只有在I_4、I_7之间可能更复杂些）。总的特点是洋中脊走向呈近东西向，而且像90°E线一样，南北向的转换断层把化石洋中脊错移很大距离。这说明从100~50Ma这段时间，印度洋区有过快速的南北向张裂，而且洋中脊向北平移很快，除大洋洲与南极洲之间的I_9和I_{10}外，也许印度次大陆主要在这段时间由南半球中纬带移到北半球低纬带。在50~40Ma，这个南北向张裂格局几乎突然终止，代之以I_{11}（4~6）和I_{12}（4~6）两个增生区的新生张裂过程。而I_{12}又呈"V"型楔入I_{11}中，发展至今，它们把前期统一呈南北向增生的海底裂解成5~6个小区，这是印度洋洋底增生历史中一次重大改变。通过这次改变，大体形成了环南极洋中脊的基本骨架。值得说明的是，I_{12}（4~6）是以楔入方式沿I_{11}增生区的一条转换断层长入I_{11}区内的，它们不是传统所谓的"三节点"。

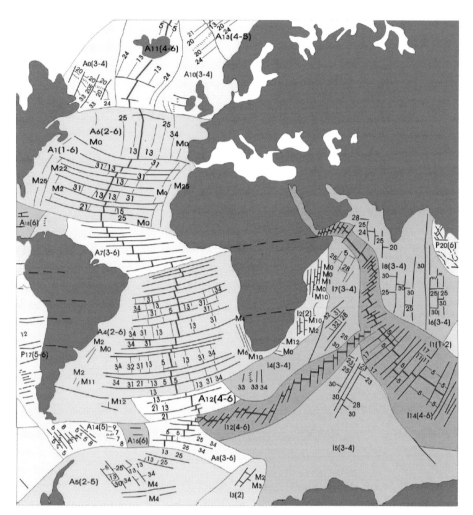

图 1-39　印度洋和大西洋洋底增生构造（马宗晋等，1998）

1.5.2.3　太平洋

太平洋底增生构造格局最为复杂（图 1-38），存在的问题也最多。首先是 P_1（1~2）增生区，按照 Scotese 等（1988）的显生宙板块重建方案，该区在距今 160Ma 时尚位于 30°S 左右，30Ma 时才北移至现今位置。区内磁条带结构很复杂，东侧似乎存在过北北西向的洋中脊，南侧应曾有近东西向洋中脊，西北侧可能曾有北东向的洋中脊，而 3 条洋中脊都应在增生区外侧，洋中脊消失在何处？内部构造如何交接？均需进一步查明。

P_2（2）位于阿留申岛弧后的白令海区，内部磁条带结构走向近南北向，增生洋中脊应位于东侧，增生时代可能晚于 P_1。

P_3（3）是澳大利亚与新西兰岛之间一典型的化石洋中脊增生区，从 100Ma 以后，开始张裂，但到60Ma以前已明显停止活动。

P_4（3）、P_5（3～5）、P_6（3～6）、P_7（3～6）、P_8（3～6）基本是从同一时期，即100Ma开始增生的，但速率不同，终止时间各异，P_6、P_7、P_8一直延续至今，P_4、P_5则止于10Ma以前。

P_4、P_5与P_1的关系非常重要，因为它们是北太平洋洋底的主体。根据P_4、P_5内部磁条带结构和排序，应当是P_5从东侧、P_4从北侧分别向古太平洋中心推进，后期由于阿留申–白令海洋底板块向南以及北美板块向西的掩覆推进，使其早期洋中脊覆盖在大陆之下。但P_4、P_5与P_1的接触关系不清楚，只看磁条带的年代，似有连续的可能，但结构走向则难以相连，加之彼此间尚有较大的资料空白，只能在其间标以醒目的不连续边界。该边界不一定是巨大断裂，很可能是复杂镶嵌的"不整合"带。尽管如此，太平洋区第（1）、第（2）增生期与第（3）增生期之间有一次剧烈改变是确定无疑的。

把P_7与P_5分开是因为它们之间的门多西诺断裂两侧的增生速率不同，因此它们向北美大陆之下俯冲状况有很大差别，说明该断裂不是一般的转换断层，而是平移断裂，该断裂已伸入美国大陆西部，控制了圣安德烈断裂系统北段的走向，甚至还继续向东延伸，与原有的东西向岩石圈结构异常带相连接，成为最有代表性的连通海陆的近纬向活动带。

P_9（4）是澳大利亚东北部与新几内亚东部之间的第（4）增生期完成的化石洋中脊增生区。P_{10}（4）是菲律宾海板块西半部的第（4）期完成的化石洋中脊增生区。P_9、P_{10}洋中脊均为近东西走向。

P_{11}（4～5）和P_{12}（4～5）原本是与P_5连成一体的，只是后来被从10Ma才开始增生的东太平洋海隆P_{18}（6）所裂解而分离，成为现今状况。

P_{13}（5）、P_{14}（5）、P_{15}（5）和P_{16}（5）都是西南太平洋在第（5）增生期出现的一些局部海域增生区，鄂霍茨克海和日本海也主要是在这时期形成的。从探明的化石洋中脊及磁条带结构来看，P_{13}、P_{15}早期及P_{16}等海域仍是近东西向和近南北向张裂，而P_{15}后期海域和日本海、鄂霍茨克海以及平行克马德克列岛西侧的P_{14}即西太平洋岛弧后海域则呈现北东走向的张裂。

P_{17}（5～6）紧邻南美洲最南段的西海岸，是分隔P_{11}和P_{12}的一个新洋中脊增生区，转换断层近东西走向，南北走向的洋中脊以左行错动由东南向西北逼近P_{18}（6）的洋中脊，有构成所谓"三节点"的趋势。

P_{18}（6）是东南太平洋的主要新洋中脊增生区，其使洋底早期增生板块的磁条带结构产生巨大的变化，向两侧不等速推移；同时其北段东侧还出现了P_{19}（6）呈"T"型楔入的增生区。

P_{19}（6）对 P_{11}（4~5）造成斜向裂解推移甚至扭错。

第（6）增生期，在西太平洋区早期复杂的岛弧海域分割格局上，又新生了很局限的 P_{20}（6）和 P_{21}（6）新洋中脊增生区。其内部磁条带结构复杂，可能是伴随印度尼西亚岛弧–新几内亚岛链和斐济–克马德克岛弧体系呈现巨型左旋扭错运动而出现的扭错张裂区。

总之，太平洋海底东西增生格局差异很大。东太平洋残留的主要是从第（3）期开始的增生区，大格局完整清晰，（5）、（6）期之间的第Ⅵ幕变动造成巨大变化；而西太平洋一系列岛弧海域的增生区较分散，很局限，（3~6）增生期都有小规模、短时间的增生活动。有两组不连续把太平洋划分为成东西两部分：一组是从阿留申岛弧西端开始向东南延伸，最后与东太平洋海隆增生带的一条巨大的转换断层相接；另一组是从克马德克岛北端开始向南延伸，把环南极洋中脊分为不同段落的巨大不连续线。西太平洋区内部又可以以千岛弧、马里亚纳弧以及新几内亚北侧的一系列边缘海断裂为界，分出西侧、南侧的岛弧边缘海区和东侧的巨大中生代残留海底 P_1。P_1 区是一个存有重大疑问的地区，这里既有复杂的海底磁条带遗迹，又被广泛分布的白垩纪火山岩覆盖，还有许多更古老的甚至是前寒武纪的残块，地势也很有趣，是一个深达 6000m 的广大海盆，有大量定向排列的平顶海山，其中最具代表性的是皇帝海岭。

1.5.2.4　全球海底增生构造演化整体特征

（1）第Ⅲ幕构造运行的全球性

如果将 160Ma 以来海底增生过程分为 6 个增生期基本可以成立，则 100~90Ma 时，即第（2）增生期结束，第（3）增生期开始时的第Ⅲ幕海底构造运动，造成三大洋海底几乎同时、快速、大面积开裂，而且开裂格局在三大洋都发生了巨大变化，故可确定，这是一次全球性的重要构造变动，其地质年代相当于白垩纪，大致与大陆中生代晚期强烈造山造陆运动相当。这幕显著的海底变动，在东亚或西太平洋大陆边缘也有明显响应。

（2）其他各幕构造运动在三大洋表现各异

第（4）增生期在大西洋主要表现为继承早期开裂增生格局，但速率有所减缓，南北两端向前延伸。在印度洋第（4）增生期却非常重要，因为印度洋大部分海底是从第（3）期延续到第（4）期的中期所形成的，但在 45Ma 左右发生一次重大增生格局的变化，新格局一直延续至今。中国东部大量新生代盆地大体也起始于这个时期。

太平洋第（4）期的增生表现在东部和西部有较大差异。西太平洋海底在第（3~6）期均有分阶段的小区局部增生和岛弧的形成与俯冲运动；而东太平洋海底则主要是第（3~5）期基本连续的增生过程被第（6）期现代洋中脊增生替代而表现为巨大变格运动。总的来说，第Ⅳ、第Ⅴ、第Ⅵ幕构造运动所造成的海底增生过程的变化在各洋西部有相当大的差别。

（3）环南极洋中脊带的形成

三大洋海底增生构造之间的关系及其变化，集中表现在环南极洋中脊带上。该带是三大洋洋中脊在各自南端都表现出不同形式的"分叉"，并且对接起来的一个分段性很强、形状也很复杂有趣的洋中脊环带。

显而易见，A_{14}（5）和A_{16}（6）是从太平洋挤入大西洋的，而I_{12}（4~6）是从大西洋嵌入印度洋的，这种运动学关系可能与它们北侧的东西向横过两洋的大弧形断裂有关。同样，A_2（2）、A_{12}（4~6）与I_4（3~4）受它们北侧的横跨大西洋的大弧形断裂所限制。I_{11}（4~6）与P_6（3~6）的增生发展过程则始终受到从新西兰南岛向南的一条南北走向且分隔太平洋与印度洋的大弧形断裂的制约，表现为两大洋洋中脊之间不连续的对接关系。

尽管三大洋经向洋中脊向南分叉的对接呈现复杂的运动学关系，但仍显示出环南极大陆有一个大致沿50°S~60°S的纬向带，存在一个环带型的引张区，并有扭动和南极大扭转的迹象，它与3个经向洋中脊恰呈垂直交接关系。

第2章 俯冲消减系统

俯冲消减系统包括三大类型：洋内大洋板块向另一大洋板块下俯冲的洋内消减系统、大洋板块向大陆板块下俯冲的陆缘消减系统和大陆板块向大陆板块下俯冲的陆内消减系统。本书仅对前两类进行解释，而且，本书解释的俯冲消减系统，摆脱了以往板块构造理论将该部分内容综合到"活动大陆边缘"给予介绍的不合理性，这是因为活动大陆边缘不包括洋-洋、陆-洋等俯冲系统，而且俯冲带只是俯冲消减系统的一个次级单元。为此，本书重新以地球系统理念，将各类俯冲消减作用及其复杂的深部、浅部地质效应，从三维视角给予全面综合分析。

2.1 基本构造单元划分

活动大陆边缘（active continental margin）又称主动大陆边缘、太平洋型大陆边缘（Pacific-type continental margin），是洋-陆汇聚、大洋板块向毗邻大陆板块之下俯冲消减形成强烈活动的大陆边缘，简称活动陆缘。这种大陆边缘有强烈的地震和火山活动。属于活动大陆边缘的有安第斯、苏门答腊、亚平宁半岛、前南斯拉夫亚德里亚海岸、克里特岛、爱琴海诸岛等。从洋到陆，活动陆缘包括海沟、弧沟间隙（含非火山外弧和弧前盆地）、火山弧和弧后盆地等构造单元（图2-1）。其中，海沟是俯冲洋壳开始下插的地方；从它上面刮削下来的深海沉积物和洋壳碎片组成混杂堆积体，聚集在上盘板块并形成外弧；下插洋壳随着深度增加发生部分熔融形成岩浆，并上升到浅部而成为火山弧。如果火山弧叠加在大陆边缘之上，如南美洲安第

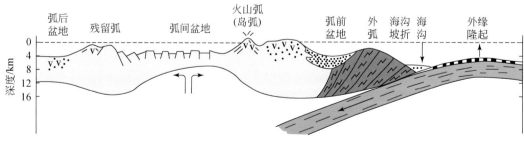

图2-1 活动大陆边缘基本构造单元划分

斯山，则称为陆缘弧；若火山弧位于大洋内，则成为洋内弧，原则上其不属于活动大陆边缘。岛弧如琉球弧、菲律宾弧等，与陆缘弧的区别在于它与大陆之间还隔着弧后盆地（如日本海、南海等弧后盆地）。在地质体中准确识别古俯冲带、混杂堆积体和岩浆弧的展布、配置、时代和演化等，对重建地质时期板块构造格局极其重要。

2.1.1 岛弧类型与概念

活动大陆边缘最重要的共性是：它们都具有岛弧这个构造单元，但不同地区的岛弧有所不同，有着复杂的称谓，具体如下。

非火山弧也称外弧、第一弧、构造弧，大陆或大洋板块在大洋板块俯冲过程中受到强烈的挤压而形成的大致与海沟走向平行的一条褶皱岭脊，局部出露水面，无火山活动，构造复杂，发育一系列逆冲断层，伴生浅源地震。

火山弧常指狭义的岛弧，也称主弧、第二弧、内弧，位于大陆边缘大陆侧的弧形列岛，一般常与弧形海沟平行分布，成对出现。

成熟岛弧由大岛组成，年龄为中生代或者更老，由大陆型地壳组成，地壳厚25~40km，岛弧火山岩包括拉斑玄武岩和钙碱系列安山岩等。

陆缘山弧也称山弧、岩浆弧，它是因大洋板块俯冲引起的、形成于大陆边缘，并且无弧后盆地的岛弧，它常由安山岩和英安岩组成，伴生深成岩体，且以花岗岩基为主；地貌上为大陆边缘的高大山脉。

裙弧是与大陆之间隔一具有陆壳基底的陆架浅海岛弧。

陆缘弧是安第斯型陆缘山弧与裙弧的合称，发育于大陆边缘，大陆边缘与内陆之间没有盆地间隔。

边缘弧为与大陆之间被具有洋壳的边缘海隔开的岛弧。边缘弧可以为洋壳也可以为陆壳基质。

残留弧也称第三弧，是因弧后扩张作用而被新生弧后盆地与现代火山弧分隔开的死亡岛弧部分，且物质组成与火山弧相同或相似的弧形断块。

非成熟岛弧是由小岛组成，年龄一般不老于古近纪或白垩纪，缺失或极少有大陆型基底岩石，火山岩以拉斑玄武岩为主，地壳厚度为10~20km。

洋内弧是指大洋岩石圈板块俯冲到另一洋壳板块之下所形成的火山岛弧或岛链，它常被弧后次级海底扩张形成的边缘海盆地（有洋壳）或洋内弧后盆地所分隔。

水下弧是当大洋岩石圈断裂，一侧大洋岩石圈俯冲至另一侧大洋岩石圈之下，逐渐形成海沟，俯冲持续进行，仰冲侧的海底火山活动形成洋内弧。

稳定弧也称原地弧，它指相对于弧后区未发生过位移的洋内弧，它由出露水面的火山发展而成，有弧沟间隙、海沟坡折等单元，且位于原始俯冲带上的洋内弧。弧后盆地为残留型弧后盆地。

漂移弧是大洋岩石圈板块向另一大洋岩石圈板块下俯冲产生的稳定弧被新生弧间盆地分裂后向大洋移动的部分（见2.5.4小节）。

以上各种岛弧之间的相互转化关系如图2-2所示。

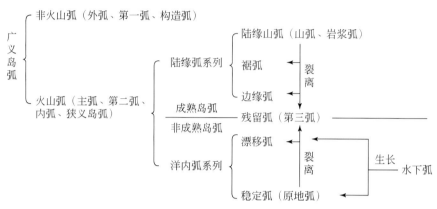

图2-2　各种岛弧之间的相互转化关系

根据岛弧各种特征的差别及其空间位置不同等，活动大陆边缘一般分为两大类型，即日本型活动大陆边缘和安第斯型活动大陆边缘。

有些学者将安第斯型陆缘山弧与裾弧合称陆缘弧，这使"弧"的含义比"岛弧"更广泛。如果考虑岛弧演化与陆壳生成之间的内在联系，可分为陆缘弧系列和洋内弧系列［图2-3（b）］。前者包括陆缘山弧、裾弧和边缘弧（日本岛弧）；后者包括稳定弧（阿留申岛弧）和漂移弧（马里亚纳岛弧）。

2.1.2　日本型活动大陆边缘

日本型活动大陆边缘主要分布在西太平洋边缘，以发育有海沟-岛弧-弧后盆地体系为最大特征［图2-3（a）］。

按照岛弧后方有无洋壳盆地，将岛弧分为洋内弧和裾弧。前者被有洋壳的海盆与大陆分隔开，如菲律宾-吕宋岛弧；后者与大陆之间隔一个具有陆壳的陆架浅海，如苏门答腊-爪哇弧。

根据地壳结构和厚度、火山岩系列及年龄等特征，岛弧又可分为非成熟岛弧和成熟岛弧。前者通常由小岛组成，年龄不老于古近纪或白垩纪，缺失或极少有大陆型基底岩石，火山岩以拉斑玄武岩为主，地壳厚10～20km，如汤加-克马德克弧、中千岛弧、马里亚纳岛弧等；后者多由大岛组成，其年龄为中生代或者更老，由大陆型地壳组成,地壳厚25～40km,火山岩包括拉斑玄武岩和钙碱系列的安山岩等,如日本弧、菲律宾弧等。

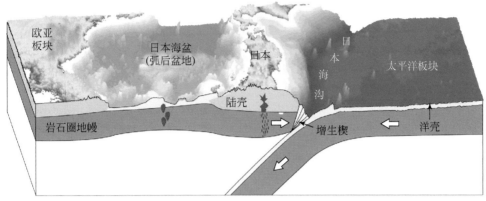

(a)日本型活动大陆边缘

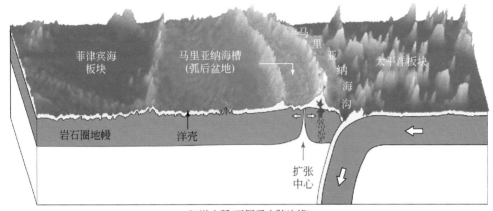

(b)洋内弧(不属于大陆边缘)

图2-3 日本型活动大陆边缘和洋内弧组成

2.1.3 安第斯型活动大陆边缘

安第斯型活动大陆边缘(简称安第斯陆缘)取名于太平洋东岸毗邻南美洲的安第斯山脉[图2-4(a)],它是该类陆缘最典型的范例。它在地形上以带状展布为特征,其基本组成有海沟、大陆坡、大陆架和陆缘海盆[图2-4(a)],高峻的陆缘山地通过狭窄的大陆架和陡倾的大陆坡,直落到6000～7000m的深海沟,形成全球高差最悬殊的地貌形态之一。但区别于全球另外一个高差最悬殊的地貌形态——青藏高原,青藏高原是由印度-欧亚板块碰撞形成,平均海拔为4600m的方形台地状高原[图2-4(b)]。安第斯型活动大陆边缘在形成机制上也显著不同于青藏高原,前者为大洋板块向大陆板块之下平板俯冲(flat subduction),后者为大陆板块向大陆板块之下低角度俯冲。

在安第斯陆缘，自大陆向海沟侧花岗岩层逐渐尖灭，地壳厚度减薄。例如，秘鲁-智利海沟，其西翼为厚 6 ~ 7km 的洋壳；海沟轴部地壳厚 10 ~ 12km；轴部以东地壳急剧增厚，至安第斯山脉，地壳可达 60 ~ 70km。

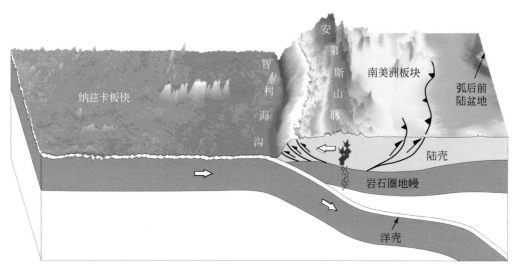

(a) 安第斯型活动大陆边缘

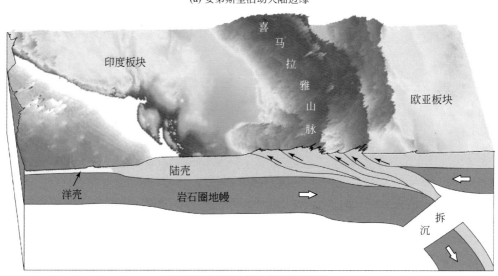

(b) 陆陆碰撞造山带与青藏高原地貌

图 2-4　安第斯型活动大陆边缘和青藏高原地貌的特征与组成

这类陆缘的俯冲带倾角较缓（约为30°），在地表与俯冲带间的楔形区多为地震波能量衰减较弱的地带，即高 Q 带，可发生地震，这与海沟-岛弧体系具有显著差别。俯冲带缓倾也许与板块的快速俯冲有关，大洋板块向大陆俯冲的同时，还可能伴有大陆板块向大洋的逆掩仰冲作用。

在缓倾的俯冲带上方，分布有火山-深成岩带，火山活动以钙碱系列为主。钙碱性火山岩及花岗岩–花岗闪长岩岩基，在成分上与岛弧火山–深成岩系类似。与岛弧不同的是，酸性火山岩、钾质花岗岩等大陆岩浆活动及碱性岩类也占有显著地位，这可能是安第斯造山带具有很厚的陆壳，或有较多的陆源沉积物被俯冲并参与到岩浆活动中造成的。

安第斯陆缘山弧往往遭受强烈的断块抬升，地势高峻、剥蚀作用强烈 [图 2-4 （a）]。与西太平洋沟–弧体系一样，海沟的洋侧发育有良好的外缘隆起，海沟与山弧之间也出现有弧沟间隙和弧前盆地。剥蚀的碎屑物除输送到海区外，也有相当一部分被搬运至弧后前陆和山间盆地，发育成磨拉石建造，它与不断喷出的火山岩交织在一起，成为安第斯型造山带的重要特征之一。在深水陆坡和海沟，沉积作用以未成熟型浊流沉积为主。随着板块的俯冲，远洋沉积和海沟浊流沉积有可能被刮削下来。

2.2　陆缘消减系统基本特征

活动大陆边缘与岩石圈板块汇聚边界一致，其特征与板块的俯冲作用有关。活动大陆边缘地质地球物理的一般特征概括如下。

2.2.1　地球物理特征

2.2.1.1　重力场的偶极性

重力场的变化规律：海沟带（特别是陆侧）的自由空间重力异常为负，岛弧及弧后盆地的自由空间重力异常为正。例如，日本海沟的自由空间重力异常小于–50mGal，日本弧则大于 50mGal，日本海盆的大和隆起为 50mGal，中央海盆几乎为 0，整个海盆平均为 10～20mGal。重力异常特征表明，岛弧质量过剩，而海沟质量亏损。岛弧与海沟重力异常的符号相反、数值相当，说明岛弧质量剩余与海沟质量亏损彼此相抵，正负异常之和近于 0，具有偶极性（图 2-5）。

2.2.1.2　地热流的分带性

地热流的分布具有明显的分带性。沿海沟为低热流带，过海沟轴（陆侧）达到最低，这与俯冲板块的相对较冷状态有关；向岛弧过渡到高热流带，这与岛弧地带有大量火山活动相关；在弧后盆地再次出现高热流带，则是与弧后盆地洋中脊开裂、热的软流圈上涌相关（图 2-5）。也就是，低热流带与冷的大洋岩石圈俯冲下潜、等温面下降有关（图 2-6），高热流则与俯冲带深处热作用过程导致的热物质涌升有关。

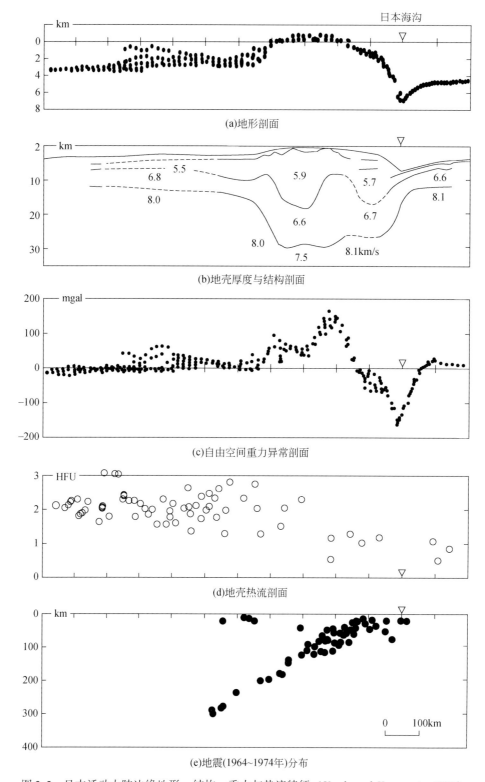

图 2-5　日本活动大陆边缘地形、结构、重力与热流特征（Uyeda and Kanamori，1979）

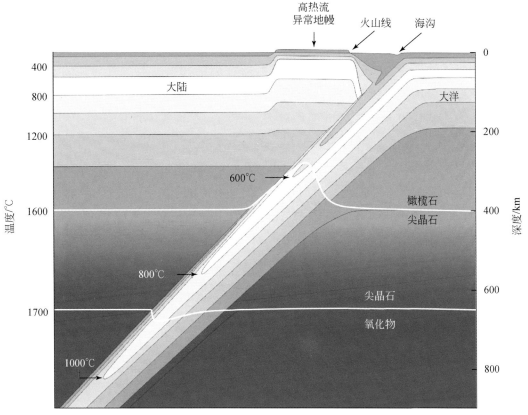

图 2-6　俯冲带等温面的扰动形式（Schubert et al.，1975；Frisch et al.，2011）

大洋岩石圈以 80mm/a 的速度、45°倾角俯冲

2.2.2　地震、火山等地质灾害

　　一次大地震的产生与其周边的构造环境（如板块俯冲）及地壳物质的物理化学特性（如岩浆、流体等）密切相关。复杂的物理化学反应会在一个未来的地震破裂带发生，从而可能会产生应力场和物性的非均质性。因此，大地震不会在任何地方都发生，而是发生在一些异常地点。而这些异常可通过地震层析成像及其他地球物理方法探测到。这对理解地震的发生机制、预防和减轻地震灾害等有极其深远的意义。近 30年以来，得益于地震层析成像技术的发展和全球及许多区域密集的地震台网的建立，在了解地球的结构、岩浆活动和动力学等领域，地震学家取得了巨大的进步。

2.2.2.1　地震震源面

（1）地震震源机制

震源机制解（earthquake focal mechanism），或称断层面解（图 2-7），是用地球

物理学方法判别断层类型和地震发震机制的一种方法。一次地震发生后，通过对不同的地震台站所接收到的地震波信号进行数学分析，即可求出其震源机制解。震源机制解不仅可以用来揭示断层的类型（正断层、逆断层或走滑断层）、地震断层面的方位和岩体的错动方向，而且可以揭示断层在震前和震后震源处岩体的破裂和运动特征，以及揭示这些特征和震源所辐射的地震波之间的关系。

地震的构造机制是震源处介质的破裂和错动。对地震震源的研究开始于 20 世纪初期。1910 年提出的弹性回跳理论，首次明确表述了地震断层成因的概念。在地震学的早期研究中，人们就已注意到 P 波（primary wave，初至波或纵波）到达地面时的初始振动有时向上，有时向下。20 世纪 10～20 年代，许多地震学者在日本和欧洲的部分地区几乎同时发现不同地点的台站记录在同一次地震中所得的 P 波初动方向具有四象限分布（图 2-8）。日本的中野广最早提出了震源的单力偶力系，第一次把断层的弹性回跳理论和 P 波初动的四象限分布联系起来。此后，本多弘吉又提出双力偶力系，事实证明它比单力偶力系更接近实际。美国的拜尔利（Byerly）发展了最初的震源机制求解法，1938 年第一次利用 P 波初动求出了完整的地震断层面解。

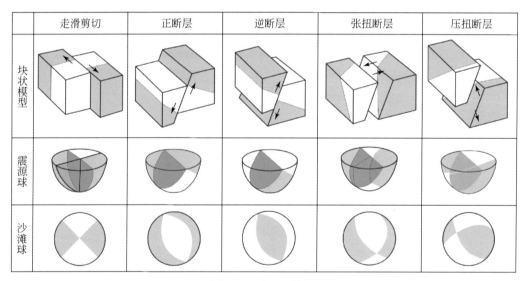

图 2-7　震源机制解

（2）地震断层面确定与鉴定

P 波四象限分布：垂直地表的向地震仪记录 P 波震相的初始振动方向。向上记为正号，正号 P 波是压缩波，这种波使台站受到来自地下的一个突然挤压，台基介质体积发生微量缩小。向下记为负号，负号 P 波是膨胀波，它使台基介质受到一个突然拉伸，体积发生微量膨胀（图 2-8）。

每个台站记录的某一特定 P 波震相，都可同震源处发出的一条地震射线相对应

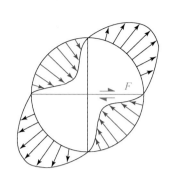
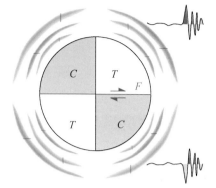

(a)沿一条东西走向右行走滑断层发生的一次地震　　(b)地震波向四周辐射初动对应的挤压区(C)和拉张区(T)

图 2-8　沿一条断层发生的一次地震及其地震波特征

由于对称性，一条传过震源的南北走向的走滑断层也会导致同等形式

［图 2-8（a）］。以震源 F 为球心，作一足够小的球面 S，小到球内射线弯曲可忽略不计，这个小球面称为震源球面。从每个台站 S_i 沿地震射线回溯到震源，都可在震源球面上找到一个对应点 S_i。对射线经过反射或折射界面时 P 波压缩、膨胀特性所可能受到的变换进行了适当校正之后，将每个台站记录的 P 波初动方向标到震源球面上。有学者发现，只要记录足够多，且台站对应点 S_i 在震源球面上的分布范围足够大，则总可找到两个互相垂直的大圆面将震源球面上的正、负号分成 4 个部分，即 4 个象限［图 2-8（b）］。这两个互相垂直的大圆面称为 P 波初动的节面，节面与地面的交线称为节线，节面上 P 波初动位移为零。二节面之一与地震的断层面一致，而另一个面称为辅助面。

单力偶和双力偶模型：地震学家曾用作用于震源处的一些集中力系来解释震源辐射地震波的特征。20 世纪 50 年代前后曾有一场争论，即单力偶和双力偶哪一种能反映真实的震源过程。深入研究的结果否定了单力偶模型，而接受了双力偶模型、这主要是因为尽管二者 P 波的辐射图像一样，但二者 S 波（secondary wave，横波）的辐射图像则不同，而 S 波的观测结果支持双力偶模型。根据地震波观测按双力偶点源模式，求解震源的基本参数时，除了给出二节面（或其法线矢量）的空间方位外，还常给出 P、B、T 轴的空间方位。B 轴即是二节面的交线，又称零轴，因为该轴线上质点位移为零，也可记为 N 轴。P 轴和 T 轴都位于同 B 轴垂直的平面内，且各与二节面的夹角相等，P 轴位于膨胀波象限内，而 T 轴位于压缩波象限内。P 轴和 T 轴可分别看成是同双力偶等效的双偶极力系的压力轴和张力轴。

常常需要将观测符号在震源球面上的分布、节面或各力轴与震源球面的交线或交点用图表示出来。由于不好直接在球面上作图，需用平面作图来代替，于是出现了多种将球面上的点同平面上的点一一对应起来的投影方法（图 2-7）。最常用的是吴氏网和施密特网，两者所取的投影平面都是某个过球心的大圆面。吴氏网又叫等角投影网或极射赤平投影网，球面上的正交曲线簇投影到平面上后仍保持正交。施密特网又叫等面积投影网，球面上面积相等的区域在平面上的投影面积仍相等。

S 波的利用：点源辐射的远场 S 波位移矢量，在垂直地震射线的平面内是偏振的。根据 S 波观测研究震源机制时，常常利用 S 波的偏振角 ε，其定义如下：

$$\varepsilon = \text{arctg} \left(u_{\text{H}} / u_{\text{V}} \right) \tag{2-1}$$

式中，u_{H}、u_{V} 分别是入射 S 波的 S_{H} 和 S_{V} 分量。

实际地震图上的 S 波记录经过仪器和地表影响校正后，可给出观测的偏振角。再由不同的点源模型，计算出理论的偏振角，根据二者符合的程度，即可检验哪种模型符合实际，并求出模型的参数。

根据远场 P 波和 S 波的观测，点源模型只能定出地震的两个节面，而不能判定其中哪一个是实际的断层面。为鉴别哪个是断层面，还需要补充其他有关震源的信息，如地表破裂资料、余震空间分布特征、极震区等震线的形状等。一般只有在较大的地震中，才能获得这类资料。

利用地震波观测鉴别断层面时，需要考虑破裂传播的效应，断层面的破裂是从一个很小的区域开始，并以有限的破裂传播速度（小于 S 波传播速度），扩展到整个断层面。地震波初至到时测定的震源位置，就是破裂起始点的位置。

破裂传播效应对辐射地震波的振幅和周期都有影响。断层单侧破裂（即破裂从断层一端开始后朝一个方向扩展）对振幅的影响是使 P 波和 S 波的辐射玫瑰图不再像双力偶那样具有对称性。S 波更容易反映出破裂传播的效应，即在破裂前进的方向上，S 波的振幅大大增强。破裂传播对地震波周期有影响，在地震波的记录上反映出多普勒效应，即在破裂前进的方向上，波的高频成分增强，使地动脉冲的时间宽度变窄；而在相反的方向上，波的频率变得较低，地动脉冲时间宽度变宽。

从实际地震波记录中，有时能分辨出上述振幅和周期（或频谱）随方位变化的不对称性，由此可鉴别出哪个节面是断层面，并求出破裂传播长度和传播速度等参数。

（3）弹性位错与震源参数

对震源的研究，历史上是沿两条途径发展起来的：一条途径是用在震源处作用的体力系来描述震源；另一条途径是用震源处某个面的两侧发生位移或应变的间断来描述震源。1958 年，加拿大的 Steketee 在前人工作的基础上，提出了震源的三维弹性位错理论，将这两种描述方法统一了起来。此后，许多地震学家发展和应用了这一理论。

三维弹性位错理论认为：从变形场看，在介质中制造一个位错与施加一个双力偶是等价的。这肯定了震源的双力偶点源模型的合理性，结束了人们关于单力偶与双力偶点源模型的争论。设均匀各向同性弹性介质中有某一小面元 $d\Sigma$，在其两侧的介质分别发生了 $u+$ 和 $u-$ 的位移，则穿过该面发生的位移跃变（即位错）为：$\Delta u = (u+) - (u-)$。该位错引起周围介质的位移场，与在小面元处作用着一个双力偶力系的效果等价，而双力偶中一个力偶的力偶矩如下：

$$dM0 = \mu \Delta u d\Sigma \tag{2-2}$$

式中，μ 是弹性介质的剪切模量，M0 是矩震级。

当观测点离震源很远时，可将震源近似为点源，这时，地震矩的大小就表示该点源等价的双力偶中一个力偶的力偶矩。

随着对震源力学过程研究的深入，描述震源模型所需用的参数也逐渐增多。有时，为考虑震源的细结构，需把某些震源参数（如位错矢量、应力降等）看成是随时间和空间而变化的函数，这时，也可取这些参数对整个断层面的平均值，作为描述震源总体的参数。

位错矢量与走向一致的断层称为走滑断层，位错矢量与倾向一致的断层称为倾滑断层。倾滑断层又分为逆断层（上盘向上运动）和正断层（上盘向下运动）。有些断层介于走滑与倾滑之间，但以一种方式为主。当人站在断层一盘，而另一盘向右运动时，认为断层运动是右旋的（dextral）；若另一盘是向左运动时，则认为断层运动是左旋的（sinistral）。

从地震波记录测定或估计震源参数时，除利用体波记录外，也可利用面波记录。一般采用波谱分析或理论地震图方法进行分析。用波谱分析法时，一般是先求出震源参数同理论震源波谱的某些特征量之间的联系，然后用傅里叶分析法，从地震记录求出观测的震源波谱和相应的特征量，再根据上述联系推算震源参数。用理论地震图方法时，可用尝试法，先假定一些震源参数，并选定地球结构参数，然后计算出观测点的理论地震图，再同该点的观测地震图对比，根据二者是否符合，再确定实际的震源参数。也可利用适当的最优化反演方法，直接求出与观测量拟合最好的震源参数。

（4）贝尼奥夫带

大洋板块俯冲带及其伴生的地震震源面都是从洋向陆倾斜，并逐渐加深，该震源面即为贝尼奥夫带。贝尼奥夫带的地震带宽度大，在海沟处主要是浅源地震，岛弧中轴附近的震源深度为 60~100km，而在弧后区震源深度可超过 300km。

2.2.2.2 应力与地震活动的分布规律

俯冲作用引发了全球大部分的地震、海啸和火山爆发，给人类带来了沉重灾难，因而，俯冲板块边缘的减灾研究显得异常迫切。俯冲的沉积物和释出的水通过影响板块间发震带（seismogenic zone）的性质，进而影响地震活动性及海啸的形成（金性春和于开平，2003）。

根据板块俯冲带许多地震的震源位置和震源机制研究，可以了解正在俯冲的岩石圈板块内部及其上面的应力分布，并能逐步搞清板块俯冲的动力机制。从俯冲带的发震机制和构造模式（图2-9）可以清楚地看出，随着大洋岩石圈的俯冲，显示出渐次不同的应力分布状态。

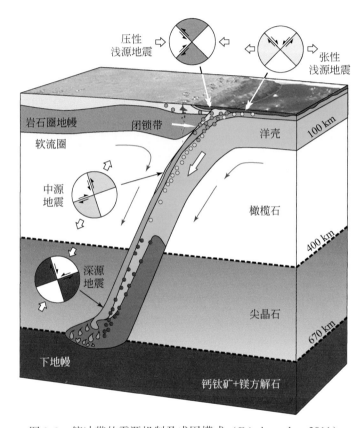

图2-9　俯冲带的震源机制及成因模式（Frisch et al.，2011）

最上部地震主要由俯冲挠曲的前隆张裂或板间俯冲挤压导致的；蛇纹岩脱水引发的中等深度到400km
的地震，以及350~700km地震主要由橄榄石向尖晶石相变引发

1）自海沟轴向大洋一侧，外缘隆起带出现一系列平行海沟的正断层，向陆倾斜约45°，控制着正断层型地震。这种类型的地震数量虽不多，但也会发生8级以上的大地震。

2）在海沟轴附近及其大陆一侧，水平距离约80km范围内，在海洋岩石圈上部发生正断层型地震，这是由大洋岩石圈在海沟轴附近向下弯曲产生的拉张力引起的。在侵蚀型大陆边缘一侧，也可能出现正断层；但在增生型大陆边缘一侧，也可能出现逆冲断层，从而发育逆断机制控制的地震。

3）自海沟轴向大陆侧的 80～200km 范围内，常观测到逆断层地震，这种地震可能是发生在俯冲大洋岩石圈的闭锁带（lock zone）上，在这里大洋岩石圈逐步俯冲到大陆岩石圈之下。

4）在更靠向陆侧的深部，相当于俯冲带的顶面，由于平行俯冲方向的挤压而发生地震。在这个地带还有另一类地震，它发生在距俯冲带顶面 30～40km 的俯冲带内，是由沿俯冲方向分布的张力引起。详细观测沿这种震源面的地震，发现在具有双重构造的震源面深度上，其上部和下部的震源机制分别与俯冲方向的挤压力和拉张力相对应。

5）在深度超过 150km 的大洋岩石圈内，发生的地震都是由俯冲方向上的挤压力引起。在日本东部俯冲带，这种类型的地震可一直延续到超过 500km 的深处。

据世界标准地震台网的资料，占全球地震释放能量的80%以上、7.5 级以上的大地震和全部深源地震，都集中在板块俯冲带。无疑，地震活动是板块俯冲作用伴生的重要地质现象。震源机制的研究表明，无论是主压应力还是主张应力产生的地震活动，其应力方向是平行于俯冲板块的倾向，从而证明地震的成因与岩石圈板块的俯冲作用密切相关。

与板块俯冲带伴生的地震，在平面上具有明显的分带性，在垂向上具有分层性：①浅源地震主要分布在小于 60～70km 的深度上，集中在海沟靠陆侧的部位；②中源地震主要分布在 70～300km 的深度，其位置大致与距离海沟 100～250km 的火山弧轴部相当；③深源地震的深度在 300～700km，分布在火山弧陆侧或伸向大陆的地方。

可见，震源深度沿着俯冲带逐渐增大，但活动性随深度增加呈指数减小。直到岩石圈板块俯冲到一定深度完全熔融掉，不再存在刚性机械摩擦作用为止。

岩石圈板块之所以能够俯冲到 600～700km 深处，是因为岩石圈板块从扩张型边界生成后，向俯冲型边界的运移过程，大致经历了 150Myr 的时间，在这段时间里，它变冷增厚，而在它向下俯冲时，板块边缘部分升温快，内部升温慢，故仍具有弹性和刚性，板块保留一个弹性核，这就是造成深源地震的主要原因。

当俯冲速度较快时，板片上部和中部都仍具有弹性和刚性，此时会出现双层震源面；当板块向下继续俯冲至更深处时，温度升高，岩石圈内部温度与周围地幔温度渐趋一致，弹性逐渐丧失，将不再发生地震。目前记录到的地震震源最大深度值为 720km，标志着岩石圈板块最大的俯冲深度。

2.2.2.3　地震海啸

由水下地震、火山爆发或水下塌陷和海底滑坡所激起的巨浪，称为海啸

（tsunami）。地震时，逆冲断层的垂直方向运动最大，正断层其次，走滑断层几乎没有垂直运动。海啸主要是由海底发生的逆断层和正断层型地震引起，当逆断层或正断层运动时，海底突然发生很大的垂向差异运动，造成整个海水瞬间急剧抬升或下降，水体先下降，然后快速回升并向海岸传播，于是产生海啸（图2-10）。

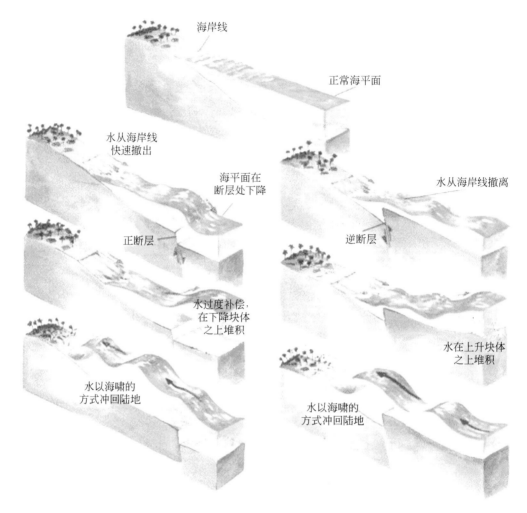

图 2-10　海啸发生机制图解

上：正常海平面；左：正断层引发的海啸；右：逆断层引发的海啸

地震海啸是指沿海地区或海底发生强烈地震时，海底地形急剧升降变动引起海水强烈扰动，导致的巨大灾难性波浪。但并不是所有的海底地震都能引发地震海啸，海啸的产生一般受3个基本条件控制。

第一，地震必须发生在深海。地震释放的能量要转变为巨大水体的波动能量，则地震必须发生在深海，因为只有在深海，海底上面才具备形成海啸的巨大水体。破坏性海啸的震源区水深一般在200m左右，灾难性海啸的震源区水深在千米以上，一般海水深度在 200 ~ 2000m，深水区比浅水区易于发生地震海啸。

第二，地震或火山喷发要有足够的强度，才能导致一定规模的海底移位和错动。一般来说，震源在海底以下 40km 以内、里氏震级在 6.5 级以上的海底地震才有可能引发大的海啸。发生地震时，断层的存在使得海底发生大面积的快速陷落或抬起，从而带动海水陷落或抬起，形成较大波浪。

第三，海底的位移和错断须在垂向上有一定规模。海洋中经常发生大地震，但并不是所有的深海大地震都会产生海啸，只有那些导致海底发生激烈的上下方向位移的地震才产生海啸。一般来说，垂直差异运动越大，相对错动速度越大，面积越大，海啸等级越大。海啸大小还受传播距离、海岸线形状和岸边的海底地形影响。

海啸是一种频率介于潮波和涌浪之间的重力长波，波长几十千米至几百千米，周期为 2 ~ 200min，最常见的周期是 2 ~ 40min，传播速度 $c = \sqrt{gh}$（h 为海区水深），若取大洋平均水深为 4000m，周期为 40min，其传播速度 $c = 713$km/h，波长为 475km。当它传至近岸时，若波高为 10m，则流速达 10m/s，遇到障碍会骤然形成水墙，伴随巨响，冲向海岸，破坏力极大。环太平洋火山、地震多发区容易发生海啸。

1960 年 5 月 23 日，智利发生海啸，传至夏威夷群岛希洛湾内，将护岸砌壁的约 10t 重的巨大玄武岩块翻转，并抛至 100m 以外的地方；横跨怀卢库河上的铁路桥，也曾被海啸推离桥墩 200m。另外，这次海啸横过太平洋传播到了日本海岸。

中国有 26 次海啸记录，中国台湾沿海多次受到海啸袭击，中国大陆沿岸外有广阔的浅海陆架，海底摩擦显著消耗了海啸的能量，外缘的岛弧形成了天然屏障，因此，地震海啸对中国沿岸影响不大。

2004 年 12 月 26 日，印度尼西亚苏门答腊岛西北部海域发生里氏震级为 8.7 级的海底地震，大地震引发印度洋 10m 高的海啸席卷苏门答腊西部的沿海地区，造成严重破坏。根据 2005 年 1 月 10 日的统计数字，这次海啸中遇难人数超过 20 万，遇难人数较多，600 万人无家可归，财产损失高达数百亿美元。

事隔 3 个月，2005 年 3 月 28 日印度洋又一次发生里氏 8.5 级海底地震，震中在前次苏门答腊 8.7 级海底地震震中的东南方向，相距 200km，这次却没有引发海啸。两次海底地震有许多相同之处，它们基本上发生在同一海区，地震级别仅相差 0.2 级，但地震能量比 2004 年 12 月 26 日海底地震减少了 1/6（图 2-11），且 2005 年 3 月 28 日震源较深，在海底之下 30km，为走滑型地震，而 2004 年 12 月 26 日震源仅 10km 或不到 10km，是垂直挤压型为主兼有走滑型地震。

2005 年 3 月 28 日印度洋海底地震震源深达 30km，从地壳深处向海底传播过程

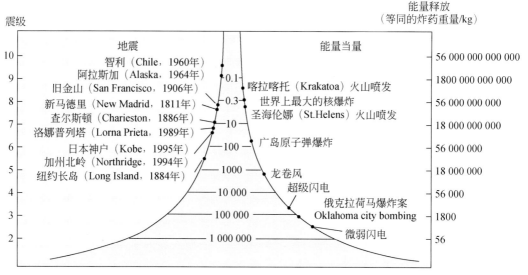

图 2-11 地震级别、全球每年地震数量和能量释放的关系

中很大一部分地震能量被地壳吸收了，真正传到海底和海水中形成海啸的能量比 2004 年 12 月 26 日发生的海底地震要少得多，因而没有发生海啸。2004 年 12 月 26 日海底地震主要为垂直型，震源浅，地震能量很快传到海底表层，使海底地形产生较大的起伏变化，引起的海水强烈扰动。海水先突然向低洼的地方涌去，随后海面翻回，形成一种波长特别长的大浪（图 2-10），两个波峰之间的距离，可达 100km 以上，形成海啸。它在开阔的深水大洋中运动时，速度特别快，每小时可达 700 ~ 800km，因为波峰之间距离特别长，起落变化就不明显了，只是到了滨海一带，海水变浅，波高增大，形成巨浪，冲上陆地，这就是灾害性地震海啸。

此外，2005 年 3 月 28 日海底地震处海底地形变化起伏不大，震源较深，因此没有形成 2004 年 12 月 26 日那样波长大、速度快的波浪，没有出现海啸。

海底地震能否引起海啸，海底地形变化是一个很重要因素，有些地震发生时，造成的地形起落并不显著，不能激起海啸那种巨大的波浪，有些海底地震使海底地形变化很大，高低起伏不平，这就容易引发海啸。另外，如果海水很浅，海底地势比较平缓，即使地震时地形有所变化，也不易产生波长特别长的海啸浪。因此，全球海啸大多是发生在有深海沟的地带，因为那里地势起伏较大，水又深，地震时，容易形成波长特别长的波浪，当它们传到岸边时，会形成灾害性的海啸。

当然，自然界情况是复杂的，还可能有特殊的变动。譬如有时因地震引起海底发生山崩、快速地滑，这时尽管地震震级不高，也可能产生巨大的海啸。海底火山爆发，产生的地震震级也可能不高，但有时会引发巨大海啸。这些海啸虽不是地震直接造成的，但都与海底地震有关。

太平洋周围一带的深海沟附近，是强烈地震的多发地，因而也是海啸多发地。例如，智利、秘鲁、日本、阿拉斯加半岛、堪察加半岛等靠近太平洋的滨海一带。

1868 年 8 月 8 日智利、秘鲁俯冲带大地震，1877 年 5 月 9 日智利伊基克大地震，1933 年 3 月 2 日日本三陆大地震，1946 年 4 月 1 日阿留申群岛的乌尼马克岛大地震，都引起了席卷整个太平洋的海啸，威力极大。例如，1946 年的海啸从阿留申群岛传到夏威夷群岛时，仍有每小时近 800km 的速度，在夏威夷的希洛湾，掀起的浪头仍高达十几米。1960 年智利海啸巨浪，横贯整个太平洋，传到夏威夷时，虽然经历的旅程很长，但仍然保持每小时 600～700km 的速度，浪高也在 10m 以上，这次地震海啸给北美洲沿海、日本以及菲律宾沿岸都带来了灾害性海啸，仅在日本，高达 3m 多的巨浪，冲进了海港，冲上了陆地，淹没了码头，一些巨大船只在大陆上竟被推进了 40～50m，压倒了居民房屋。

在海啸发源地附近，那里的波浪当然更为汹涌澎湃。1933 年，日本三陆大地震时，海浪高达 20 多米，而最高的纪录则是 1737 年发生在堪察加半岛南端洛帕特卡角的海啸，其浪高达 64m。特别是 2011 年 3 月 11 日，日本当地时间 14 时 46 分，日本东北部海域发生里氏 9.0 级地震，并引发海啸，造成重大人员伤亡和财产损失。这次地震震中位于宫城县以东太平洋海域，震源深度约为 24km，东京有强烈震感。地震引发的海啸影响到太平洋沿岸的大部分地区。这次地震造成日本福岛第一核电站 1～4 号机组核泄漏，从而导致渔业遭到巨大损失，同时，随着洋流变化，核泄漏对周边国家的海洋生态环境也造成污染。2011 年 3 月 11 日，日本有 15 894 人因大地震遇难。地震过去 5 年后，仍有 2561 人下落不明。

在大西洋和印度洋中，地震不如太平洋周围一带强烈，因此，地震海啸也不那么显著。但也有例外，如 1755 年葡萄牙首都里斯本附近的地震所引起的海啸。这次地震和海啸，在 6min 内，造成 6 万多人遇难，给里斯本造成了巨大损失。当它横扫大西洋传到加勒比海的时候，浪高仍在 5m 以上。此后，再未发生过这样强烈的海啸。

地中海地区希腊附近的科林斯湾，1963 年 2 月 7 日发生过一次奇特海啸，由一次小地震触发海底山崩所产生，也造成了一定损失。

目前，人们还不能准确地预报海底地震，这给海啸预报也带来了一定难度。但是，如果能提前两个小时发出海啸预警，则可避免灾区大部分人员伤亡和部分财产损失。

2.2.2.4 俯冲带的地震分段性

Uyeda 首先注意到了俯冲带存在差异性。基于俯冲大洋岩石圈的年龄和密度差异，在环太平洋地区，他识别出两种主要的俯冲带类型：一种是马里亚纳型俯冲带 [图 2-3（b）]，具有陡倾的贝尼奥夫带，俯冲大洋岩石圈的年龄较老，弧后盆地发育，俯冲速率较高，如南琉球俯冲带、日本俯冲带、马里亚纳俯冲带等；另一种是智利型俯冲带［图2-4（a）］，具有较缓的贝尼奥夫带，俯冲大洋岩石圈的年龄较新，如北琉球俯冲带、北苏拉威西俯冲带、苏门答腊俯冲带等。这两种俯冲带之间还存在着许多过渡类型，所伴生的矿产资源也存在差别。

俯冲带位于板块交界的地方，在这里两个板块发生相对运动。这样的相互作用发生在活动大陆边缘，导致了一系列构造变形和矿产形成。在东亚和南亚地区，欧亚板块、太平洋板块、菲律宾海板块和澳大利亚板块之间，可以识别出如下的俯冲消减系统（图2-12）：南日本-北琉球（Ⅰ）、伊豆-小笠原（Ⅱ）、南琉球（冲绳）（Ⅲ）、北菲律宾（Ⅳ）、马里亚纳（Ⅴ）、南菲律宾（Ⅵ）、北苏拉威西（Ⅶ）、西巽他（Ⅷ）、东巽他（Ⅸ）。在这些地方，活动大陆边缘和俯冲带走向、地质地球物理特征以及成矿作用，既有相似性，又有差异性。

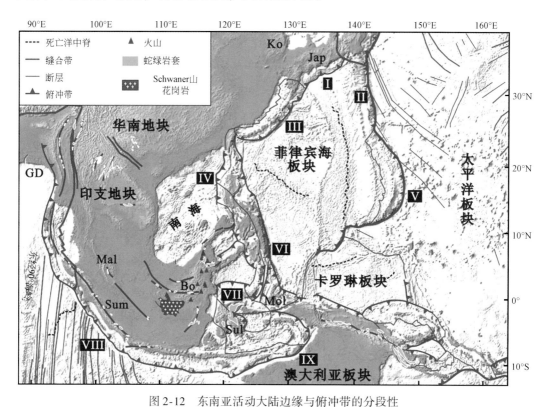

图 2-12　东南亚活动大陆边缘与俯冲带的分段性

Bo-婆罗洲（加里曼丹）；GD-恒河（孟加拉）海盆；Jap-日本；Ko-朝鲜半岛；Mal-马来半岛；
Mol-摩鹿加群岛；NG-新几内亚岛；Sul-苏拉威西；Sum-苏门答腊

（1）俯冲带类型和分段原则

俯冲带的深部构造，如岛弧火山的岩浆活动类型及弧后的拉张强度，主要由3个参数决定：①汇聚速率；②俯冲板块的年龄及其浮力；③板块的相对运动方向。

这些参数区分了不同类型的俯冲带。Uyeda 首次定义了其中两个参数，划分了两类俯冲带。

类型 I（马里亚纳或西太平洋型）的主要特征如下：具有相对较低的汇聚速率，俯冲板块年龄较老，且温度较低，贝尼奥夫带陡倾，俯冲的大洋板块与上覆大陆板块之间弱耦合。岛弧玄武岩和玻安岩是岛弧火山活动的主要产物。具有洋壳或次洋壳的弧后盆地广泛发育，盆地内具有高热流，局部发育有双峰式玄武岩–流纹岩系列。块状硫化物矿物普遍发育。

类型 II（智利或东太平洋型）的主要特征如下：具有较高的汇聚速率，俯冲板块年龄较新，且温度较高，两个板块相向运动，大陆板块快速地逆冲到大洋板块之上。弧后盆地欠发育，俯冲带整体以水平挤压缩短为主。由于汇聚速率较快，岛弧下的岩浆没有完全被地壳物质混染。这导致了粗安岩–安山岩和花岗岩–花岗闪长岩序列及其伴生斑岩型铜矿的发育。此外，金、银、铅和锌矿也较为发育。

Uyeda 强调以上两类俯冲带分别位于太平洋两岸。但是，更详细的研究表明，在太平洋沿岸和东南亚地区，不同位置的俯冲带具有复杂的构造及其相关的地球动力学特征。不同位置的俯冲带，往往具有不同的俯冲板块年龄、地震密度、贝尼奥夫带倾角以及成矿作用。一些大型岛弧，如千叶–堪察加弧、日本弧和巽他弧都具有分段性的特征（图 2-12）。使用不同的地质地球物理参数，可以将环太平洋俯冲带以及印度洋周边的俯冲带，划分为 28 段，其中 4 段的主要特征见表 2-1。

表 2-1 中地震波能量 E_s 的计算，采用的是如下公式：

$$\lg E_s = a \cdot M_s + b \tag{2-3}$$

式中，$a = 1.5$；$b = 11.8$；M_s 是从全球地震目录获得的面波震级。

在第 I 段中（图 2-12），菲律宾海板块相对年轻的洋中脊俯冲到西南日本和北琉球之下。相比其他段来说，该段因热弱化导致地震较少，释放的地震波能量较少（图 2-13），弧后扩张作用较弱，贝尼奥夫带在该段向深部延伸至地表以下 $250 \sim 300$km。冲绳海槽发育在南琉球弧后地区，具有厚 $16 \sim 21$km 的非典型洋壳，较正常大陆岩石圈减薄了 $35 \sim 40$km，并具有较高的热流值（$600 \sim 1500$mWt／m^2）；释放的地震波能量和地震数量向南增加，一直到中国台湾地区，菲律宾弧与欧亚大陆碰撞在一起。冲绳海槽的打开时间并不长。相较于第 I 段，该处俯冲的洋壳更老，俯冲角度更陡。因此，自北向南，沿着该活动大陆边缘，可以看到类型 I 与类型 II 俯冲带及其之间的过渡类型。马里亚纳型俯冲带仅出现在该俯冲带的第 III 段中。靠近台湾地区，由于斜向俯冲和弧后地区大陆地壳的出现，俯冲角度发生明显减小。

表2-1 东南亚汇聚板块边界的分段性

图2-12中俯冲带分段的俯冲序号	俯冲带分段名称（M-马里亚纳型、Ch-智利型）	俯冲带分段长度L/km	地壳类型及厚度/km 岛弧地区/弧后地区（C-陆壳、SO-次洋壳、O-洋壳）	俯冲速率/（cm/a）	俯冲板块年龄	贝尼奥夫带的倾角（°）、深度（km）和长度（H）	贝尼奥夫带中地震空白区及其深度	释放的地震波能量/10^{19} erg[①]	新生代成矿专属性/（m-块状硫化物,p-多金属矿产）
I	南日本（Ch）	875	C-30/C-25~30	6.2	古新世—中中新世	$H=300$		5 867	脉状 Sb-Hg,Au-Ag
II	伊豆-小笠原（M）	1 380	O-11.7~16/O-6.7~7.1	4.7~7.7（向北增加）	晚侏罗世—早白垩世	$\alpha=50°\sim77°$,$H=450\sim637$（两者都向南增加）	地震空白区170~220km；深部地震区300~500km（拆离板片）	20 657	mCu,mCu-Zn-Pb-Au
VIII	西巽他（Ch）	3 000	C-25~30/C-25~30	6.0~6.7	早白垩世—始新世	$\alpha=30°\sim45°$,$H=200\sim600$（两者都向东增加）		52 705	pCu-Mo、pCu-Au、脉状 Cu-Pb-Zn,Au-Ag
IX	东巽他（M）	2 250	SO-15~20/O-5~9	7.6~8.0	晚侏罗世	$\alpha=45°\sim72°$（向东增加）,$H=660$	地震空白区400~450km；深部地震区470~600km（拆离板片）	137 782	mCu,mCu-Zn

① 1 erg=1dyn·cm=10^{-7} J。

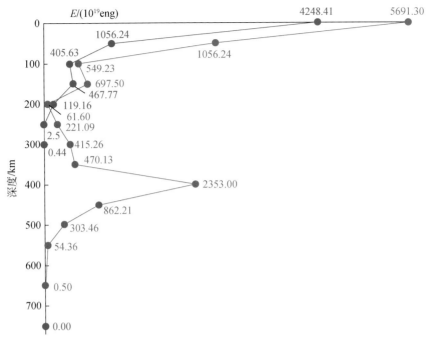

图 2-13　西太平洋俯冲带部分段落地震波能量分布

蓝色：南日本–北琉球俯冲带（第Ⅰ段）地震波能量分布（沿着贝尼奥夫带的倾向）；

红色：伊豆–小笠原俯冲带（第Ⅱ段）沿着贝尼奥夫带的倾向地震波能量分布

　　伊豆–小笠原段（图 2-12 中的Ⅱ）类似于马里亚纳型俯冲带。这种类型俯冲带的主要特征在该段都有发育（表 2-1）。其中较为特殊的一点是，在该处的贝尼奥夫带中，170~200km 深度存在一段地震空白区；此外，在 300~500km 深度还存在一段地震密集区。这些特征可能指示，在该处发生了俯冲板块拆离。地震数据肯定了俯冲板块的存在，并指示其俯冲到约 650km 深度。

　　在东南亚地区，巽他弧可以分为两段（图 2-14）。西巽他段（Ⅷ）的主要特征为：具有相对较缓的贝尼奥夫带。在该段西侧，贝尼奥夫带从地表延伸至 150~200km 深度，向东延伸深度逐渐增加到 500~650km。岛弧及弧后地区主要由陆壳岩石组成。震源机制解表明，压扭性断层在其岛弧及弧后地区占主导地位，向东转变为拉张性断裂。因此，该段俯冲带主体类似于智利型，并在其东侧兼具马里亚纳型俯冲带的特征。

　　巽他段俯冲带（Ⅸ）起始于巴厘岛东部（图 2-12），属于马里亚纳型俯冲带。其贝尼奥夫带的倾角增大至 70°~72°，向深部延伸至约 700km。班达海槽位于其弧后地区，海槽局部地区深度超过 5km，其洋壳厚为 5~9km。该段俯冲带的主要特征是地震波能量释放较多（表 2-1）。不同年龄的洋壳俯冲到巽他之下：从苏门答腊以西到其东部，为晚白垩世—古近纪的洋壳，俯冲在爪哇之下的为早白垩世

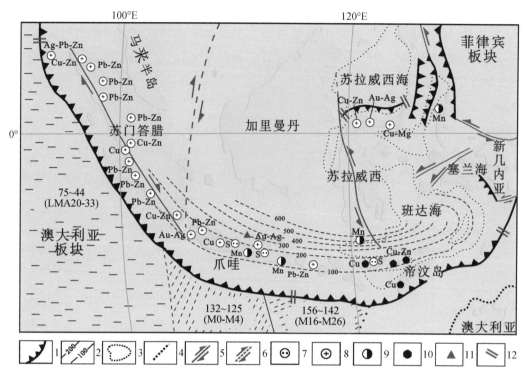

图 2-14　东南亚活动大陆边缘和俯冲带的分段

1-汇聚型板块边界；2-贝尼奥夫带的等深线（km）；3-边缘海水深线；4-澳大利亚被动大陆边缘大陆坡折线；5-走滑断层；6-推测走滑断层；7~10-晚新生代矿化点（7-喷出岩；8-热液和交代；9-沉积和表生；10-块状硫化物）；11-晚新生代碱性火山岩露头；12-俯冲带分段线。分段变化同图2-12。阴影区域指示不同年龄（Ma）的印度洋洋壳（括号内为对应年龄的磁条带编号）

洋壳，而在最东段则为最老的侏罗纪洋壳。因此，俯冲带分段性还与俯冲的洋壳年龄相关。班达海地区具有明显负到略微正的自由空间重力异常，表明在弧后盆地之下存在地幔上涌。这一点也得到了证明，如发育在东爪哇岛和松巴哇岛上的钾质碱性火山岩。

图 2-14 中另外的一些分段也属于不同的俯冲带类型，如北苏拉威西属于智利型，南菲律宾属于马里亚纳型。因此，东南亚不同类型俯冲带具有如下的特征，这些特征沿着俯冲带走向而发生变化。

马里亚纳型俯冲带的主要特征如下：①俯冲的大洋岩石圈较老；②板块的汇聚速率较大（7.7~8.0cm/a）；③弧后地区发育有洋壳或次洋壳；④贝尼奥夫带具有较大的倾角（60°~84°）及延伸深度（600~637km）；⑤可能存在板片拆离；⑥释放的地震波能量较大（表2-1）。

智利型俯冲带主要特征如下：①俯冲的大洋岩石圈年龄较新；②板块的汇聚速率较小（6.0~6.7cm/a）；③弧后地区为陆壳；④贝尼奥夫带具有较小的倾角

（35°～60°）及延伸深度（200～500km）；⑤释放的地震波能量较小。

南琉球段（第Ⅲ段）可以被认为是智利型与马里亚纳型俯冲带之间的过渡类型。南琉球段，俯冲大洋岩石圈的年龄较老，且具有较大的俯冲角度，但释放的地震波能量却较少。该段弧后地区的冲绳海槽也刚发育成弧后盆地。

（2）分段的成矿专属性（metallogenic specialization）

大量矿床往往形成于最活跃的构造带。例如，含有 Au-Ag、Sb 和 Pb-Zn 矿化物的热液脉体普遍存在于南日本段（图 2-12 中的第Ⅰ段）。在该处，相对年轻的菲律宾海板块俯冲到欧亚板块之下。相反，日本黑矿（Kuroko）型块状硫化物矿床则发育在冲绳海槽地区，在伊豆-小笠原岛弧则发现有含金的块状硫化物矿床。因此，西太平洋俯冲消减系统不同段所具有的成矿特征不同，这很大程度上依赖于其俯冲带的类型。

在印度洋周边的东南亚活动大陆边缘，也可以看到相同的规律（图 2-14）。在西巽他（第Ⅷ段）和北苏拉威西段（第Ⅶ段），发育有斑岩型铜矿和含金银的多金属矿产。具有陡倾贝尼奥夫带的东巽他段（第Ⅸ段），发育有铜和铜锌块状硫化物、沉积和表生锰矿。每段俯冲带地球动力学的变化导致了每段俯冲带具有成矿专属性。基于这一特征，可以根据贝尼奥夫带的产状及其俯冲板块的年龄来大致预测每段俯冲带所蕴含的矿产资源类型。但也存在例外，如在菲律宾弧的北部（第Ⅳ段），具有较缓的贝尼奥夫带和相对年轻的俯冲板块，却广泛发育斑岩型铜矿。该处虽然位于西太平洋地区，但却具有较缓的贝尼奥夫带和相对年轻的俯冲板块。

2.2.2.5 火山岩岩石地球化学极性

俯冲消减系统是最强烈的火山活动带。岩石物理学的研究揭示，某些地幔矿物如橄榄石、瓦兹利石（wadsleyite）、尖晶石橄榄岩等在高温高压下相变过程中，岛弧下地幔楔内岩浆产生过程中，以及俯冲洋壳相变、脱水脱碳作用和对流循环中扮演着重要角色（图 2-15）。

根据火山岩中氧化钾、氧化铁含量及其他地球化学指标，通常可将岛弧火山岩分为三个系列。从洋到陆依次出现拉斑玄武岩系列、钙碱性系列、碱性系列。在岛弧地区，这种从洋到陆的分带现象，显示出地球化学成分的非对称性（图 2-16），它与俯冲带的俯冲极性、俯冲深度和下伏地壳厚度有关（图 2-15）。除了 K_2O 和总碱以外，下列（图 2-16）大离子亲石元素、稀土元素（REE）以及元素比值，也显示出跨越岛弧的成分递变规律。据此，也可以用于古老造山带中识别初始俯冲极性。

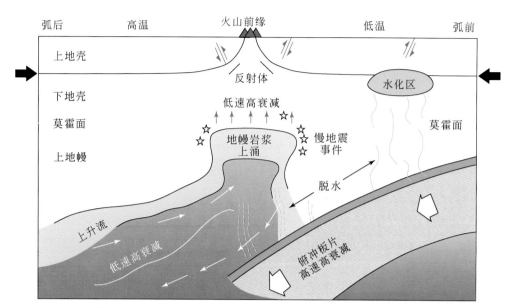

图 2-15　俯冲带附近上地幔结构断面（据 Zhao et al., 2002 改）

有两个很重要的过程需要考虑：一是地幔楔内的对流，二是俯冲板片顶部的俯冲洋壳的脱水作用。在弧前区域，温度低，因此不能形成岩浆。板片脱水带来的流体将向上移到地壳。如果流体进入活断层，孔隙压力增加而断层摩擦力降低，这样会诱发大地震。在火山前线和弧后区域，地幔楔内的对流将热物质从地幔深部带上来，温度较高，板片脱水将导致岛弧岩浆的产生。岩浆向上运移到地壳形成岛弧火山并导致横向非均质性，进一步弱化地震发震层，这将影响大震的发生

大洋　　　　　　　　　　　　　　　　　　　　　　　　　　　　　　　大陆

　　　　　　　　　　　　　　　　　　　　　　　　　　　　　　　　　　　　　→增大

K, K+Na, Rb, Sr, Ba, Cs, P, Pb, U, Th, 轻 REE, Rb/Sr, La/Yb, Sr^{87}/Sr^{86}

Fe, Y, 重 REE, K/Rb, Na/K

增大←

资料来源：Windley, 1977。

图 2-16　横越岛弧的成分递变规律

2.2.2.6　岛弧标志性岩石——安山岩的成因

岛弧系列岩石中以钙碱性安山岩特征最明显，一般认为它是由玄武质岩浆结晶分异及玄武质岩层部分熔融而成。20 世纪 70 年代以前，通过一系列岩石学实验研究发现，钙碱性安山岩中，斜长石及辉石是两个重要的固溶体系列矿物。高压下钙长石（An）-透辉石（Di）系及 Di-钠长石（Ab）-An 系的研究（图 2-17）说明，压力增大使透辉石结晶区扩大，同时斜长石的结晶区缩小，这意味着透辉石更易于早期晶出；在玄武质岩浆发生分离结晶的情况下，剩余岩浆中斜长石的比例趋于增高，即残余岩浆中铝含量增高，这有利于安山质岩浆通过分异而产生。另外，高水

压下 An- Ab 系的研究表明，相图的形式与低水压下相比并无本质的改变，这对斜长石成分的估计是重要的（林景仟，1987）。

对钙碱性岩石系列来说，除了需要铝的富集之外，还表现为在岩浆演化过程中铁的不断贫化，特别是在中性成分的岩石中，并无铁的富集，这是钙碱性系列区别于拉斑玄武岩系列的基本点。但是一些经典实验表明，玄武质岩浆结晶早期，发生橄榄石及辉石的分离，将导致剩余岩浆中铁的富集，因为橄榄石和辉石中 Mg/Fe 值均比与之平衡的岩浆高得多，这是拉斑玄武质岩浆的分异趋势。钙碱性岩浆演化趋势要求上述矿物晶出同时伴随磁铁矿的分离，或角闪石、石榴子石的分离（林景仟，1987）。

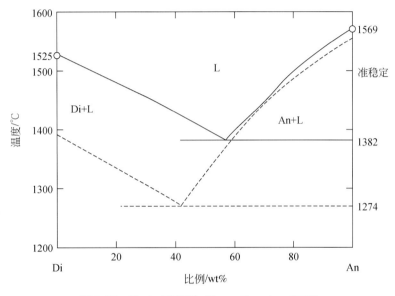

图 2-17　Di- An 系相图（Presnall et al.，1978）

L-液相；Di-透辉石；An-斜长石；10×10^8 Pa 时纯 An 的熔融体是准稳定的；虚线为 1×10^5 Pa；实线为 10×10^8 Pa

（1）含磁铁矿体系

Kennedy（1955）和 Osborn（1959，1969）研究了玄武质岩浆结晶进程中不同氧逸度条件下的效应。此种氧逸度机制可用一定氧逸度（f_{O_2}）下的 MgO-FeO-Fe$_2$O$_3$-SiO$_2$ 系统的相图（图 2-18）说明。Osborn（1959）指出，钙碱性系列形成于对氧开放的体系，岩浆结晶过程中由于 f_{O_2} 保持恒定，并且数值高，磁铁矿（或镁铁矿）先伴随橄榄石晶出，随后伴随辉石晶出，剩余液体中亏损铁且富硅酸盐，见图 2-18 中结晶过程 m→a→b。拉斑玄武岩系列的熔体演化趋势，则与之不同，该岩浆的演化中 f_{O_2} 低，橄榄石由熔体中晶出，残余熔体的铁质相对增多而硅酸盐略低，如图 2-18 中结晶过程 m→n→o 所示。格陵兰 Skaergaard 侵入体形成于低 f_{O_2} 条件下，北美西部 Cascades 钙碱性岩系是在稳定且较高的 f_{O_2} 状态下演化。某些碱性岩系如挪威 Oslo 的碱性岩系也与北美西部 Cascades 钙碱性岩系相似。

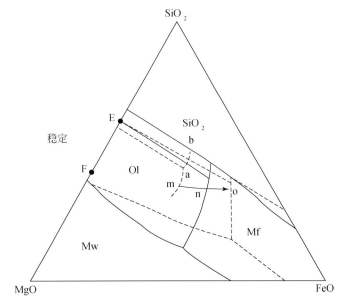

图 2-18 不同 f_{O_2} 下 MgO-FeO-Fe$_2$O$_3$-SiO$_2$ 系统的相（林景仟，1987）

虚线为 f_{O_2}=1×10^{5}Pa 时相的边界；实线为 f_{O_2} 与空气中值相等（即 2×10^{8}Pa）时相的边界。结晶过程 m→a→b 是固定 f_{O_2}（即 1×10^{5}Pa）时的情况。m→n→o 是 f_{O_2} 为 CO$_2$：CO=132 时最大分离结晶的情况。Mw-镁方铁矿；Mf-镁铁矿；Ol-橄榄石

Osborn 曾对氧的来源进行过一些推测，他支持橄榄玄武质岩浆侵入位于高层位湿的裂陷沉积物中，可从围岩中吸取百分之几的水，岩浆的高温又使水离解成 H$^+$ 及 O^{2-}，H$^+$ 易逸散，从而造成岩浆的高氧逸度，磁铁矿沉淀之后，氧又会回到沉积物中。

Eggler（1974）将实验研究扩展至 CaAl$_2$Si$_2$O$_8$-NaAlSi$_3$O$_8$-SiO$_2$-MgO-FeO$_2$-H$_2$O-CO$_2$ 系统。他指出在"正常"的 f_{O_2} 值条件下（无需向系统中增加氧），即相当于 NNO（镍–镍氧）缓冲剂条件下，在（1~5.5）×10^{8}Pa 压力条件下，磁铁矿（或钛铁矿）是一个近液相线相。这就表明磁铁矿可能由安山质–流纹英安质岩浆中结晶出来。

（2）含角闪石和石榴子石的体系

在安山质岩浆产生时，角闪石和石榴子石发生与原始岩浆分离。这是因为角闪石和石榴子石是 Fe/Mg 值相对较高的矿物相，角闪石和石榴子石的分离，将导致残余液相的钙碱性演化趋势。简化模式的系统实验为该机制提供了一些依据。

1976 年 Cawthorn 研究所进行的 5×10^{8}Pa 压力下 CaO-MgO-Al$_2$O$_3$-SiO$_2$-Na$_2$O-H$_2$O 体系的详细研究，确定了角闪石的出现。实验证明，角闪石的成分受体系总成分控制。从 SiO$_2$ 不饱和的熔体（标准霞石分子达11%）中，结晶的角闪石是 SiO$_2$ 不饱和的角闪石，角闪石的结晶分离可能产生 SiO$_2$ 过饱和的衍生岩浆；SiO$_2$ 饱和熔体中结晶的角闪石含紫苏辉石标准分子。实验还表明，在 Na$_2$O 含量<3% 的熔体中，角闪石并不结晶；随 Na$_2$O 含量增多，角闪石稳定区明显扩大；天然体系中贫钠相的早期结晶和分离，可能导致残余熔体中 Na$_2$O 的相对富集，当残余熔体中 Na$_2$O 含量超

过上述临界值时，角闪石就结晶出来。另外，实验资料说明，含水基性-中性岩浆在橄榄石及（或）钙质单斜辉石结晶之后，在近液相线温度处，有一个角闪石（及斜长石）的宽大结晶区；随着 Na_2O 含量增多，角闪石结晶区扩大。遗憾的是这些实验体系中不含 FeO，因为不能在 AFM 图上表示其成分演变趋势。

天然岩石的高压实验积累了大量资料。1968 年实验工作取得的一项重要进展，Green 和 Ringwood（1968）在 $10×10^8 \sim 30×10^8$ Pa 压力下对一系列天然钙碱性岩石，包括高铝玄武岩及流纹英安岩做了实验。结果显示，含水玄武质岩浆的分离结晶或地壳底部含水镁铁质地壳的部分熔融，可以产生安山质岩浆。Green 和 Watson（1982）以拉斑玄武岩和安山岩为试料，在无水、含 5% 水及饱和水条件下进行岩石学实验。实验结果表明：①无水条件下的拉斑玄武岩熔融不可能产生安山质岩浆；②尽管饱和水条件下的拉斑玄武岩可以产生安山质岩浆，但自然界中的玄武岩是很难达到饱和水条件的；③安山质岩浆往往是玄武岩在高压且水不饱和（0.5% ～ 5%）条件下产生的。

A. 无水条件下天然拉斑玄武岩和安山岩的高压实验

Green（1982）以拉斑玄武岩和安山岩为试料，在无水条件下所做的实验结果如图 2-19 所示。

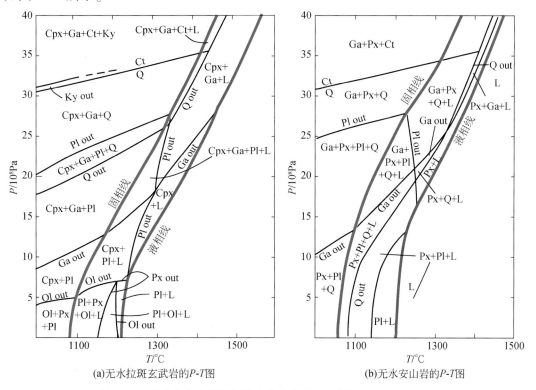

(a) 无水拉斑玄武岩的 P-T 图　　　　(b) 无水安山岩的 P-T 图

图 2-19　无水拉斑玄武岩与无水安山岩的 P-T 图（Green，1982）

out- 消失；Cpx- 单斜辉石；Ct- 柯石英；Ky- 蓝晶石；Ga- 石榴子石；Ol- 橄榄石；Pl- 斜长石；Px- 辉石；Q- 石英；L- 液相

0～10×10⁸Pa压力范围内，一般来说，安山岩及拉斑玄武岩的液相线温度是相近的，某些安山岩的液相线温度高于玄武岩，因此，安山质岩浆不可能由无水玄武质岩浆结晶分异或无水玄武岩部分熔融而生成。由图2-19可以看到，斜长石均属液相线相或近液相线相。随温度下降，斜长石开始结晶之后，玄武质岩浆先是晶出橄榄石，随后出现辉石；安山质岩浆先是出现斜长石，之后辉石伴随斜长石结晶，最后结晶的是石英。在整个结晶系列中没有角闪石和石榴子石。

在玄武质岩浆中压力大约高于7×10⁸Pa，安山质岩浆中压力大约高于10×10⁸Pa时，液相线矿物为辉石，它代替了斜长石，玄武质岩浆中橄榄石消失了，剩余岩浆也是朝着富铁的方向演变。

在玄武质岩浆及安山质岩浆中，压力大于14×10⁸Pa时，石榴子石出现于固相线之上，但是在玄武质岩浆中，当压力超过25×10⁸Pa时，石榴子石与单斜辉石近液相线相。研究揭示，大多数安山质岩浆中，在压力达40×10⁸Pa时，石榴子石出现，在低于液相线之下大约20℃时，出现单斜辉石。从安山质岩浆不同成因特征研究可知，岩浆源区存在石榴子石有利于部分熔融产生安山质岩浆，但是对于安山质岩浆成因更为重要的因素是源区的含水性，一般在无水条件下，同一源区发生部分熔融很难产生常见的安山质岩浆。

在玄武岩及安山岩的上述试验中可以看到，随压力增大，斜长石区减小，压力大于20×10⁸Pa时，斜长石仅出现于近固相线处，但压力大于27×10⁸Pa时，斜长石不再出现。当压力大于30×10⁸Pa时，石英或柯石英出现于玄武岩的近固相线处，在安山岩中出现于液相线之下仅30℃处。

B. 含水5%的天然拉斑玄武岩和安山岩高压实验

含水5%的玄武岩及安山岩的液相线和固相线温度都比无水体系要低，部分熔融的温度区间也明显扩大（约为500℃，无水时约为150℃），安山岩液相线温度也低于玄武岩（图2-20）。这些是安山质岩浆由玄武质岩浆分异产生或由玄武岩部分熔融产生的重要条件。

在拉斑玄武岩中，当压力为2×10⁸～14×10⁸Pa时，辉石和橄榄石近液相线相，在液相线之下大约100℃时出现角闪石，在出现角闪石后，橄榄石就消失了［图2-20（a）］。安山岩在这种压力下，辉石为近液相线相，角闪石出现于液相线之下30～100℃处［图2-20（b）］。

在拉斑玄武岩中，当压力为5×10⁸～18×10⁸Pa时，角闪石的最高稳定温度为1050～1080℃，在安山岩中为950～980℃；在玄武岩中，角闪石的最大稳定压力约为30×10⁸Pa，安山岩中压力约为25×10⁸Pa。

在拉斑玄武岩及安山岩中，当压力为7×10⁸～10×10⁸Pa时，石榴子石出现于液相线之下；压力接近15×10⁸Pa时，石榴子石为主要的近液相线相，伴随有单斜辉

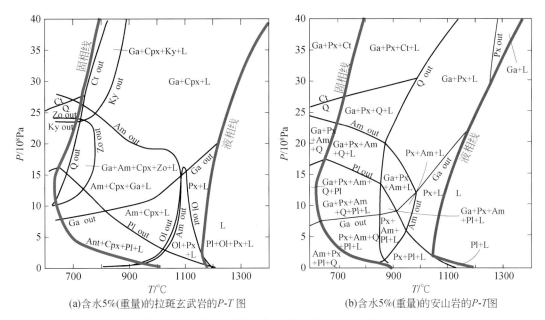

图 2-20　含水 5%（重量）的拉斑玄武岩和安山岩 P-T 图（Green，1982）

out- 消失；Am- 角闪石；Cpx- 单斜辉石；Ct- 柯石英；Ky- 蓝晶石；Ga- 石榴子石；Ol- 橄榄石；

Pl- 斜长石；Px- 辉石；Q- 石英；Zo- 黝帘石；L- 液相

石。当玄武岩中的压力为 $20×10^8 \sim 40×10^8$ Pa 或更大，安山岩中的压力为 $22×10^8 \sim 30×10^8$ Pa 时，石榴子石及单斜辉石是液相线相。压力大于 $30×10^8$ Pa 时，石榴子石是安山岩中唯一的液相线相。与无水条件相比，这两类岩石中石榴子石及单斜辉石的结晶区明显扩大了。

在相当宽的压力区间内，含水 5% 的玄武岩及安山岩的实验中，都出现了角闪石和石榴子石，而且二者在相图中的位置相似，这就为"玄武质岩浆在较高压力下，发生角闪石或石榴子石的分离结晶，产生安山质岩浆；或者玄武质岩石在较高压力下部分熔融，发生角闪石或石榴子石的分离，产生安山质岩浆"的理论提供了有力的证据。

岩浆的总成分和 f_{O_2} 影响磁铁矿的产生。含 H_2O-CO_2 体系的实验指出，当 f_{O_2} 相当于 NNO（镍-氯化镍）缓冲剂的条件时，拉斑玄武岩中磁铁矿在压力为 $0 \sim 8×10^8$ Pa 及温度约为 1080℃ 之时晶出，该温度略高于角闪石晶出的温度（Holloway and Burnham，1972）；含 H_2O-CO_2 体系，在 QFM（石英-铁橄榄石-磁铁矿）缓冲剂的条件下，压力大于 $5×10^8$ Pa 时安山岩中磁铁矿的消失温度比角闪石晶出的温度低得多。更高压力下磁铁矿的作用尚不了解（Eggler and Wayne，1973）。

低压下两种岩石中斜长石出现的位置相比无水体系明显压低，压力增高时，斜长石不再是液相线相。

在拉斑玄武岩中，压力大于 $10×10^8$ Pa 时，石英出现在固相线以上 30～40℃ 处。在安山岩中，石英出现于固相线以上大约 200℃ 的位置上。

C. 水饱和条件下天然拉斑玄武岩和安山岩的高压实验

在天然体系中饱和水条件（图 2-21）是不现实的，但它对进一步理解不饱和水体系的实验资料，探索岩浆的发生具有重要意义。

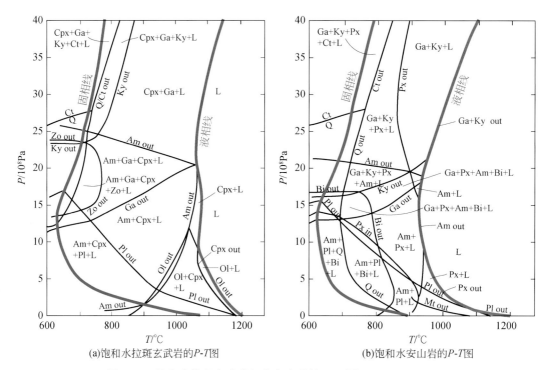

(a)饱和水拉斑玄武岩的 P-T 图　　(b)饱和水安山岩的 P-T 图

图 2-21　饱和水拉斑玄武岩与水安山岩的 P-T 图（Green，1982）

out-消失；Am-角闪石；Bi-黑云母；Cpx-单斜辉石；Ct-柯石英；Ky-蓝晶石；Ga-石榴子石；

Mt-磁铁矿；Ol-橄榄石；Pl-斜长石；Px-辉石；Q-石英；Zo-黝帘石；L-液相

图 2-21 表明，饱和水条件下液相线的温度比含水 5% 时要低。部分熔融间隔也缩小至约 300℃，压力为 0～15×10^8 Pa，液相线出现负斜率。在拉斑玄武岩中，角闪石在 $10×10^8$～$20×10^8$ Pa 为近液相线相，仅在极有限的区间（大约为 1050℃ 时）才为液相线相，并伴随出现单斜辉石；在安山岩中，$10×10^8$～$15×10^8$ Pa 时，角闪石近液相线相。在上述两类岩石中，斜长石稳定的最大温度范围进一步降低。拉斑玄武岩中，压力一直到 $10×10^8$ Pa 时，橄榄石的区域扩展到液相线处，当角闪石晶出时，橄榄石就消失了；安山岩中，并不出现橄榄石。拉斑玄武岩的大部分熔融区内辉石是一个主要的相，但在安山岩中，在温度小于 900℃、压力小于 $15×10^8$ Pa 的角闪石区域中，以及在温度大于 900℃、压力大于 $20×10^8$ Pa 时，辉石消失了。在玄武岩及安山岩中，压力小于 $12×10^8$ Pa 的部分熔融区中无石榴子石，压力大于 $20×10^8$ Pa 时

石榴子石近液相线。温度小于850℃，压力小于17×10^8Pa时，黑云母出现于安山岩中。安山岩中，石英（或柯石英）仅出现于固相线之上$50\sim60℃$范围内。

由不同含水量的相关系的分析可认为，在以下两个主要的深度区间内，含水玄武岩与含水安山岩的液相线相或近液相线相是相似的。

1）$8\times10^8\sim12\times10^8$Pa（$25\sim40$km）时角闪石、铝质辉石、磁铁矿为液相线相或近液线相，因而当拉斑玄武岩发生部分熔融时，这些矿物中的一部分呈固相残留；而当拉斑玄武岩浆分离结晶时，这些矿物是早期结晶分离相。无论何种方式都能够导致安山岩浆的产生，这称为角闪石分离模式。

2）当压力超过25×10^8Pa时，角闪石不稳定。石榴子石、单斜辉石均属液线相或近液相线相。当拉斑玄武岩浆中发生石榴子石等的分离结晶，或发生部分熔融时，残相中含石榴子石的情况下都可生成安山质岩浆。这是榴辉岩残余模式。

3）压力介于$12\times10^8\sim25\times10^8$Pa（$40\sim80$km）时，石榴子石和角闪石伴随辉石是主要的液相线相或近液相线相。

（3）Or、Ab和H_2O的效应

Irvine（1976）证明了体系中$KAlSi_3O_8$的存在可以影响岩浆的分异趋势，提出了安山质岩浆产生的另一种解释。

Irvine指出，Fo-Fa-An-Q体系［图2-22（a）］与含Or的相应体系相比［图2-22（b）］，前者的石英结晶区明显比后者大。在不含Or的体系中X点成分的熔融体开始结晶时，先是结晶出Ol+An，之后为Px+An结晶，更晚时熔体演变至Px、An与Tr（鳞石英）同时结晶，熔体进一步演变时，铁的浓度增大，即熔体中Fa的浓度增高，SiO_2减少，这就是拉斑玄武岩浆分异趋势。当体系中含Or时［图2-22（b）］，Tr+An的结晶区压缩，X点成分的原始熔体发生分离结晶时，熔

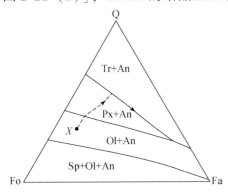 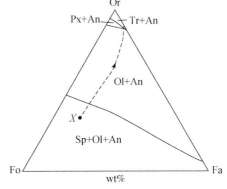

(a)1×10^5Pa压力下Mg_2SiO_4-Fe_2SiO_4-$CaAl_2Si_2O_8$-SiO_2
联结点的钙长石饱和面上的液相线关系

(b)1×10^5Pa压力下Mg_2SiO_4-Fe_2SiO_4-$CaAl_2Si_2O_8$-$KAlSi_3O_8$(56)·SiO_2(44)·(mol%)联结点的钙长石饱和面上的液相线关系

图2-22 Fo-Fa-An-Q体系的相图和增加了Or后的相图（Irvine，1976）

An-钙长石；Fa-铁橄榄石；Fo-镁橄榄石；Ol-橄榄石；Or-正长石；Px-辉石；Q-石英；Sp-尖晶石；Tr-鳞石英

体演变的路线是向着 Or 及 Q 增高的方向发展，这就是钙碱性演变趋势。

按照 Kushiro（1975）指出的液相线边界变化规律，H_2O 及 Ab 的出现也将产生与以上相同的效果。

2.2.2.7 岩浆成分效应

近些年调查结果显示，板块俯冲作用难以导致俯冲板片部分熔融并直接产生岩浆活动（图 2-23），但是，其俯冲脱碳（decarbonization）（图 2-24）、脱水（dehydration）（图 2-25）过程可致使位于板块俯冲带边界上部的地幔楔发生熔融，可能使得辉长质或玄武质岩浆底侵到岛弧下的莫霍面附近，再发生分离结晶，形成钙碱性安山岩，并使得岛弧-海沟体系及活动大陆边缘具有异常强烈的火山活动。

岛弧岩浆中的 CO_2 含量明显高于洋中脊玄武岩和洋岛玄武岩，揭示岛弧岩浆中的 CO_2 有很大部分来自下潜的板片（可能来自俯冲沉积物中的碳酸盐和有机物质发生俯冲脱碳）。再循环的 CO_2 通过岛弧火山作用逸出到大气中，影响大气圈中的 CO_2 平衡，进而导致气候变化。

脱水程度、时空分布和方式则与俯冲带冷、热有别，冷俯冲（cold subduction）一般导致下潜板块脱水少，而热俯冲（hot subduction）会使得下潜板块脱水多。最终，深部过程决定浅部过程，岛弧火山活动喷出的有毒微量金属和气体进入水圈和大气圈，为俯冲再循环过程中的一个重要组成部分。所以，俯冲再循环研究也可以为追踪地球环境变迁、全球变化提供重要背景资料（金性春和于开平，2003）。

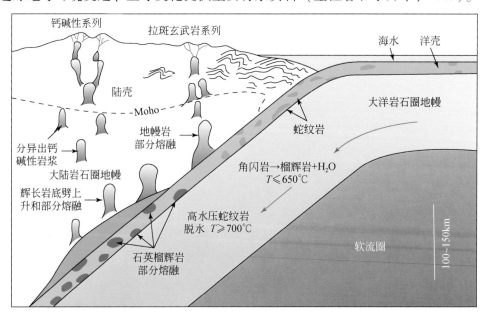

图 2-23 沿板块俯冲边界分布的拉斑玄武岩系列和钙碱性系列岩浆（Ringwood，1974）

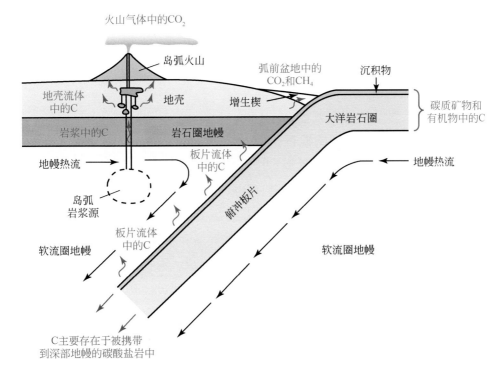

图 2-24　沿板块俯冲边界发生脱碳作用及深部碳循环过程

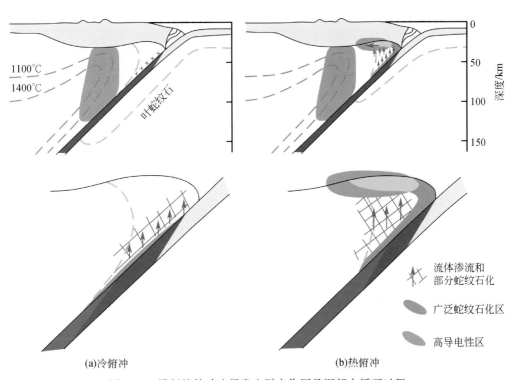

图 2-25　沿板块俯冲边界发生脱水作用及深部水循环过程

与板块俯冲有关的火山活动以中酸性特别是安山质岩浆喷发为主。根据火山岩地球化学组成特别是含钾特征，可将火山岩分为3个共生系列。随着板块构造理论的建立，不同火成岩岩石系列与全球构造的关系引起了地学界的广泛重视。

（1）拉斑玄武岩系列

拉斑玄武岩系列以大量拉斑玄武岩为主，辅以少量安山岩、英安岩和流纹岩。所含的暗色矿物主要是辉石和橄榄石，角闪石和黑云母极少或缺失。SiO_2的含量在48%~63%，Al_2O_3含量高，富铁低钾。拉斑玄武岩系列富含铁，在分异过程中SiO_2含量增加，FeO/MgO值增大，TiO_2及铷（Rb）、锶（Sr）、钡（Ba）、钍（Th）、铀（U）等大离子亲石元素含量极低，如铷含量仅为$1 \times 10^{-6} \sim 30 \times 10^{-6}$。

（2）钙碱性系列

钙碱性系列主要由安山岩、英安岩和流纹岩组成，有时含有高铝玄武岩。其中以安山岩最为常见，其次是英安岩和流纹岩。其化学成分、矿物组合处于拉斑玄武岩和碱性系列之间，SiO_2含量大多在52%~70%，随FeO/MgO值增加，SiO_2含量增加较快，而FeO、TiO_2的含量则下降。K_2O、TiO_2及大离子亲石元素的含量较拉斑玄武岩系列高。钙碱性系列火山岩可与花岗岩、花岗闪长岩等深成岩体相伴生。

（3）碱性系列

碱性系列以含较高的碱金属及有关元素为特征，碱含量总值可达5%~7%，甚至更大，大离子亲石元素的含量极高，如铷含量比拉斑玄武岩系列高一到两个数量级。岩石中的SiO_2不饱和，而且含有典型的碱性长石和副长石，该系列又可分为两组。

1）钠碱组：由碱性橄榄玄武岩、碱性安山岩（富橄榄玄武岩、橄榄粗安岩）、粗面岩和碱性流纹岩等组成。本组中的K_2O/Na_2O值低于1。

2）钾碱组：由橄榄安粗岩、安粗岩与含白榴石的岩石组成。本组中的K_2O/Na_2O值接近1。

3种火山岩系列可出现于不同的构造环境中（表2-2）。由表2-2可见，拉斑玄武岩系列与碱性系列的火山岩可分布于各种构造环境中，而钙碱性系列火山岩则仅分布于岛弧或活动性大陆边缘。所以，以安山岩为特征的钙碱性系列火山岩，可作为岛弧的特征性岩石，它也是识别和鉴别古岛弧的标志。

表2-2　3种火山岩系列在不同构造环境中出现的频率

构造环境 火山岩系列	稳定大陆	造山带			洋岛	洋中脊
		未成熟的强烈活动岛弧	成熟的强烈活动岛弧	活动性较差的岛弧		
拉斑玄武岩系列	++	++	+	+	+	++
钙碱系列		++	++			
碱性系列	++		+	+	++	+

注：+代表频率的大小，+越多代表频率越大。

岛弧火山岩以爆发相为特征，体积上，火山碎屑物质可占整个火山岩体积的80%以上，而洋中脊和大洋岛的占比则要低得多。另外，由火山岩屑、侵入岩屑及变质岩屑构成的砂岩、泥岩经常与火山岩互层，这种互层岩系是识别岛弧火山岩系的重要标志之一。

俯冲带的岩浆活动主要发生在岩浆弧的范围内，距海沟轴150~300km，平行于海沟呈弧形展布。岛弧火山岩以高K_2O、Al_2O_3，低TiO_2含量为特征，不同于其他环境下形成的火山岩；主要岩石系列有岛弧拉斑玄武岩系列、钙碱性系列、岛弧碱性系列（或钾玄岩系列）以及它们之间的过渡类型。

岛弧拉斑玄武岩系列火山岩主要有拉斑玄武岩、安山岩和少量英安岩。它与洋中脊拉斑玄武岩系列的主要区别如下：氧化物成分变化范围较宽，铁镁含量比较高。岛弧钙碱性系列主要有安山岩、英安岩、高铝玄武岩、流纹岩等，与岛弧拉斑系列相比，很少有铁的富集。岛弧碱性系列火山岩以钾玄岩组合为代表，它是成熟岛弧的代表性岩石组合，主要特征为玄武岩硅近饱和，很少出现标准矿物霞辉石（Ne）和石英，含铁量较低。

上述3种火山岩系列的分布具明显的规律性。

1）俯冲带的岩浆岩自海沟向大陆方向常具明显的水平分带性。由洋向陆火山岩系列依次为拉斑玄武岩系列—钙碱性系列—碱性系列，拉斑玄武岩系列出现在邻近海沟的火山前锋地带，钙碱性系列主要分布在火山弧地带，碱性系列则分布在岛弧陆侧靠近大陆地带，前两者之间的分界线称为安山岩线（图2-26）。这种随着与海沟轴的距离和俯冲带深度的增加火山岩成分有规律地变化叫做成分极性，它可指示俯冲带倾斜的方向，即俯冲极性（图2-27）。

2）由洋向陆岩浆系列中的钾含量越来越高。上述的规律性无疑与板块俯冲的深度有关。实验岩石学指出，当大陆板块俯冲至80~100km深度处时，在含水的条件下，洋壳的玄武岩-辉长岩组分被熔化，形成拉斑玄武岩岩浆，其在岛弧的火山前锋附近喷出地表。当大洋板块进一步俯冲至100~150km深度处时，随着压力增大、温度升高，较轻易熔组分被熔化，形成了难熔的榴辉岩和易熔的安山岩质组分，分离出钙碱性岩浆以至碱性岩浆。钙碱性岩浆沿裂隙上升喷发至地表，逐步形成火山弧主体。难熔的榴辉岩沿俯冲带分布于火山弧下部的地幔深处（图2-23）。但是，现代探测发现俯冲带温度较低，俯冲板片自身难以发生熔融。

俯冲带岩浆起源目前达成以下共识。

1）岛弧岩浆岩在形成过程中有俯冲陆源沉积物的贡献。这方面的认识得益于B元素和^{10}Be以及Sr、Nd、Pb、Hf等同位素的研究。现有可靠的地球化学证据证明，^{10}Be为放射性元素，半衰期为15Myr，它来源于大气中氧和氮的衰变，在富黏土的沉积物中富集，因此海洋中最上部沉积物具有较高的^{10}Be含量，其$N(^{10}Be)/N(B)$

值可达 5000×10^{-11}，远高于洋中脊玄武岩（MORB）、洋岛玄武岩（OIB）和大陆地壳中的值（小于 5×10^{-11}）。

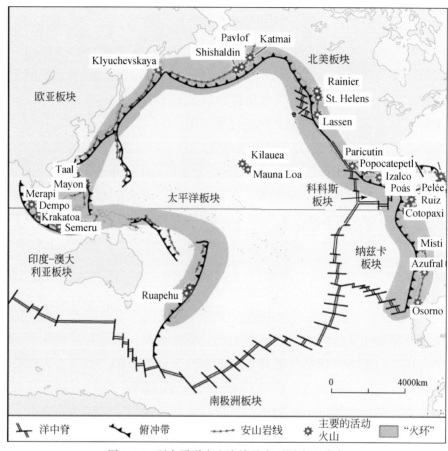

图 2-26　环太平洋安山岩线及主要活火山分布

火山名：Mayon-马荣，Klyuchevskaya-克留切夫斯克，Taal-塔阿尔，Merapi-默拉皮，Dempo-登波，Krakatoa-喀拉喀托，Semeru-鲁火山，Ngauruhoe-鲁阿佩胡，Kilauea-基拉韦厄，Mauna Loa-冒纳罗亚，Osorno-奥索尔诺，Azufral-阿苏夫拉尔，Misti-米斯蒂，Cotopaxi-科托帕克希，Ruiz-鲁伊斯，Pelée-培雷，Poás-波阿斯，Izalco-伊萨尔科，Popocatepetl-波波卡特佩特，Paricutin-帕里库廷，Lassen-拉森，St. Helens-圣海伦，Rainier-雷尼尔，Katmai-卡特迈，Pavlof-巴普洛夫，Shishaldin-希沙尔丁

资料来源：2011 Encyclopaedia Britannica Inc.

　　研究发现，与俯冲成因有关的岛弧岩浆岩的一个重要特点是有相当高的 N（^{10}Be）$/N$（B）值，这暗示俯冲的年轻沉积物曾明显参与了岩浆的形成。B 是与 ^{10}Be（beryllium-10）性质相近的另一个元素，在海洋沉积物和蚀变的洋中脊玄武岩中含量较高。因此，^{10}Be 与 B 的联合运用可明确指示岛弧岩浆岩中沉积物的参与情况。研究还表明，岛弧熔岩明显具有 w（B）$/w$（Be）与 N（^{10}Be）$/N$（Be）呈正相关的特点，且部分岛弧熔岩的 w（B）$/w$（Be）值甚至比俯冲的沉积物还要高，反映有来自更高的 w（B）$/w$（Be）值组分的加入，这种组分既可能是蚀变的洋中脊玄武岩或海洋沉积物，也可能是与沉积物有关的上升流体。

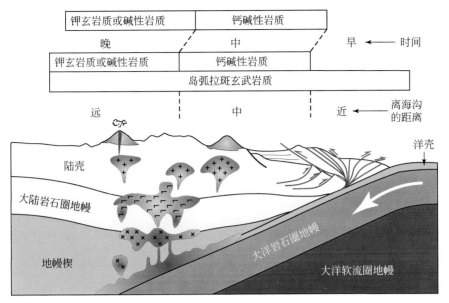

图 2-27　俯冲带火山岩系列的成分极性——空间和时间分布（Wilson，1989）

微量元素及其原子比值或长半衰期的同位素研究结果也得出同样的结论。例如，Hawkesworth 等（1993）研究发现，存在 $w(Ce)/w(Yb)$ 值明显不同的两类岛弧岩套，其中具高 $w(Ce)/w(Yb)$ 值的岩套，具有较高的不相容元素含量、较大的 Sr、Nd 同位素比值范围和较高的 $N(^{207}Pb)/N(^{204}Pb)$ 与 $N(^{208}Pb)/N(^{204}Pb)$ 值，在 Pb-Pb 同位素图上具有较陡的斜率，这些特征都应归因于俯冲海洋沉积物的熔融。

此外，在利用地球化学方法讨论大陆内部和岛弧地区岩浆岩成因时，必须考虑岩浆上升过程中陆壳物质的混入因素，而大洋拉斑玄武岩的成因就避开了这一问题（吴福元，1998）。

2）岛弧火山活动是洋壳板块俯冲作用的结果。随着俯冲作用的发生、发展与演化，岛弧也将经历一个不成熟—半成熟—成熟的演化过程。伴随初始岛弧的产生与演化，火山岩逐渐堆积并达到地壳厚度，火山岩的平均成分逐渐向长英质和富钾方向演化，火山岩逐渐由拉斑系列为主演化为以钙碱性系列为主。随着岛弧的进一步演化，花岗质岩石开始出现，花岗质岩石与蛇绿岩的比值增加，并构成活动大陆边缘造山带，或称俯冲型造山带的主体。

3）岛弧玄武岩与其他环境下的玄武岩等存在巨大差异。玄武岩是洋壳的主要组成部分，是由地幔橄榄岩部分熔融产生的基性喷出岩。玄武质岩浆可以形成于洋中脊、洋岛、岛弧、大陆弧等多种构造环境中，并具有不同的岩石地球化学特征，包括稀土元素和微量元素特征。经过标准化处理的微量元素图解，可以很好地展示出不同构造环境下玄武岩地球化学特征的差异性。

常见的玄武岩多元素标准化图解有：球粒陨石标准化的稀土元素配分图解［图2-28（a）］与原始地幔标准化的微量元素图解（蛛网图）［图2-28（b）］。其中，正常洋中脊玄武岩（N-MORB）由于洋中脊地区长期的岩浆抽取，导致其大离子亲石元素和轻稀土元素亏损，元素曲线整体平坦；而富集型洋中脊玄武岩（E-MORB）相对于N-MORB具有富集大离子亲石元素和轻稀土元素的特征。

洋岛玄武岩的成因虽然存在一定争议，但是在元素地球化学特征上具有明显不同于洋中脊玄武岩和岛弧玄武岩的特征，一般具有轻稀土元素富集、轻/重稀土元素分异明显、大离子亲石元素和高场强元素（特别是具有Nb、Ta正异常）富集的特点（图2-28）。

岛弧环境下形成的玄武岩常具有轻稀土元素富集、轻/重稀土元素分异明显、大离子亲石元素（Rb、Ba、Sr等）富集、高场强元素（特别是Nb、Ta元素的负异常）亏损的特点。岛弧玄武岩亏损Nb、Ta元素主要是因为在岛弧环境下，俯冲大洋板片脱水产生流体交代上覆地幔楔，这种交代流体具有高场强元素（如Nb、Ta、Ti等）亏损的特征，同时这些元素的熔（流）体/岩石分配系数非常小（<<1）。因此，当俯冲交代的地幔楔部分熔融产生岛弧玄武岩时，在微量元素标准化图解上，这些玄武岩的Nb、Ta等高场强元素相对于相邻元素表现出显著的负异常（图2-28）。

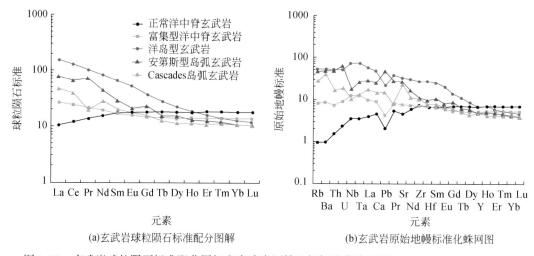

(a)玄武岩球粒陨石标准配分图解　　　　(b)玄武岩原始地幔标准化蛛网图

图2-28　玄武岩球粒陨石标准配分图解和玄武岩原始地幔标准化蛛网图（Kelemen et al.，2003）

球粒陨石标准值据Sun and McDonough（1989）；原始地幔标准值据McDonough and Sun（1995）；洋中脊玄武岩（N-MORB、E-MORB）与洋岛玄武岩（OIB）数据来自Sun and McDonough（1989）；岛弧玄武岩数据来自Kelemen et al.，2003

2.2.2.8　岛弧岩浆岩年龄分带与火山喷发的间隔性

岛弧火山作用在空间上的不连续性也是一个显著特征（图2-29）。火山中心沿着火山弧表现出 70km 左右的间隔性分布。人们对这种间隔解释为，岩浆源区位于俯冲带某个稳定的深度，或多或少是连续的。假如岩浆密度低于围岩，它就会发生重力不稳定性而上升，从而形成规则间隔的上浮底辟。因此，理论上这些间隔取决于岩浆黏度与地幔黏度的比值，以及熔体层的厚度［图 2-29（a）］。一旦一个底辟上升到地表，受热的岩浆通道（岩筒）就始终保持并作为便于岩浆上升的通道，有助于岩浆连续喷发，这就可以说明单个火山中心的长寿命特征。此外，火山口无规律分布位置和分段线性排列（segmented linear arrangement）也可能反映俯冲板片的不规则（irregularity）或间断（break）［图 2-29（b）］。

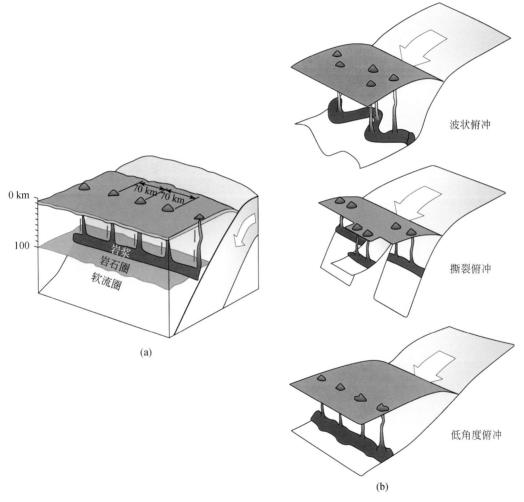

图 2-29　消减边缘沿火山弧火山中心的间隔性分布（Moores and Twiss，1995）

流体动力学模型也有助于解释岛弧侵入活动的幕式特点或周期性，这与洋中脊总体连续的岩浆活动不同。洋中脊磁条带记录表明，洋中脊岩浆活动在千年尺度看是不连续的，但在百万年尺度或磁条带反转期间是连续的。与此不同，汇聚板块边缘的岩浆侵位与变质作用一样表现出幕式特点。

因此，再往岛弧深处看，与俯冲相关的岩浆岩除了成分具有显著特点、成分极性、时空分区分带的分布差异外，其年龄还伴随俯冲过程、俯冲方式不同和变化而在空间上发生分带性和迁移性，因而，可以利用来探讨俯冲启动时间、俯冲过程和俯冲极性。例如，华南地块的相关研究很好地揭示了这种迁移规律（图2-30）（Li Z X and Li X H，2007；Suo et al.，2015）。

Li Z X 和 Li X H（2007）认为，古太平洋向华南大陆边缘俯冲，根据钙碱性I型花岗岩年龄确定，俯冲启动时间介于267~262Ma。随后，俯冲导致华南的印支期造山运动，发生于265~190Ma，导致形成了约1300km宽阔的造山带。图2-30（b）中的265~190Ma的岩浆岩年龄表现出，由海沟向克拉通内部逐渐变年轻并发生侵位空间迁移的规律。为了揭示这个宽阔的向内陆岩浆岩年龄变小的分带和迁移现象，Li Z X 和 Li X H（2007）提出了古太平洋板块的向西平板俯冲模式（flat subduction）［图2-30（c）］。

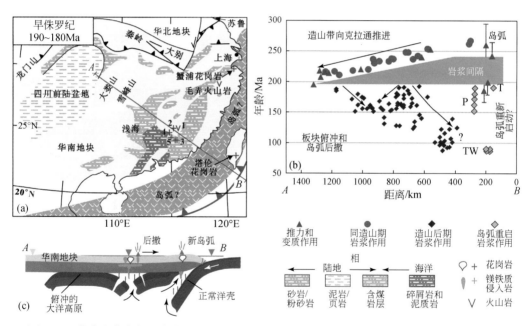

图 2-30　华南岩浆岩年龄分带与平板俯冲模式（Li Z X and Li X H，2007；Suo et al.，2015）

190Ma以后，岩浆岩年龄又表现为向海沟逐渐变年轻的宏观规律［图2-30（b）］，以A型花岗岩的出现为标志，说明其属于造山后岩浆作用过程的产物。但是，在距离古海沟600~800km的部位，可见岩浆岩年龄异常，不符合总体变年轻的趋势，因而，Li Z X 和 Li X H（2007）提出在190~135Ma，这个地带发生了平板式俯冲板片或大洋岩石圈的拆沉及近海沟侧俯冲板片的回卷（rollback）［图2-30（c）］，从而导致了华南东部该地带190~135Ma的浅表形成了浅海相的宽阔拗陷型盆地和

135Ma 以后的盆岭式断陷盆地。

Suo 等（2014，2015）通过东海陆架盆地大量地震剖面解析，同样揭示了东海陆架区新生代以来的岩浆岩年龄分带现象，发现新生代岩浆作用向东迁移的规律。这可能是太平洋板块俯冲后撤所致，俯冲后撤也导致浅部安第斯型大陆边缘向日本型大陆边缘转换，同时出现巨型地形倒转，东海陆架盆地裂陷形成。

这些研究表明，俯冲相关的构造研究必须紧密结合岩浆岩相关研究，因为岩浆岩可以揭示俯冲的深部构造过程，是深部过程和浅部响应紧密结合研究的纽带。

2.2.3 构造变形和变质

2.2.3.1 构造带的单向性

活动型大陆边缘的构造带具有明显的单向特征。环太平洋构造带是中生代以来，特别是印支运动以来形成和发展起来的，是太平洋演化过程中与周围大陆板块相互作用的产物。环太平洋构造带通常分为内带、外带。内带位于大陆侧，主要是中生代构造带；外带位于洋侧，主要是新生代构造带。其构造活动性具有自陆向洋迁移的趋势，西太平洋边缘尤为突出（Li et al.，2012；Suo et al.，2014）。

2.2.3.2 仰冲板片的形变样式

Boillot（1979）提出了一个仰冲板块边缘的变形理论模型（图 2-31）。该模型主要讨论正向俯冲作用的变形效应，其原理是：一个给定的剪切面 C_1 可能与另一个共轭剪切面 C_2 有关，这时，压应力（FF'）沿 C_1 和 C_2 之间锐夹角的平分线发生作用。

（1）正向俯冲变形可以出现两种冲断层

如果将俯冲带（$0 \sim 100$km 深度范围）视作 C_1 剪切面，相应的冲断层即是所谓的同向（synthetic）逆冲断层。而共轭剪切面 C_2 相应的冲断层，因其倾向与俯冲带的倾向相反，则称之为反向（antithetic）逆冲断层。

正向俯冲变形方式可分为以下 3 种。

1）当贝尼奥夫带非常平缓时，同向冲断层倾角也小，C_2 剪切面的规模则受到抑制 [图 2-30（a）]。在这种条件下，仰冲侧反向冲断层的发育受到抑制造成陆侧局部抬升；而同向冲断层则集中发育于海沟附近的增生楔形体中，形成叠瓦状构造、推覆体等，逆掩仰冲方向指向大洋 [图 2-31（a）]，这通常称为洋侧敛合作用。

2）相反，当贝尼奥夫带呈较陡倾斜时，同向冲断层便会呈高角度倾斜；而反向冲断层 C_2 活动范围加大 [图 2-31（b）]。在这种条件下，将导致楔状体加积作

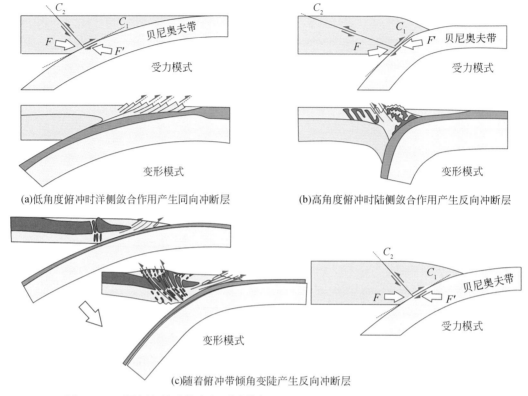

(a)低角度俯冲时洋侧敛合作用产生同向冲断层 　　(b)高角度俯冲时陆侧敛合作用产生反向冲断层

(c)随着俯冲带倾角变陡产生反向冲断层

图 2-31　不同倾角俯冲带产生不同形变（Boillot，1979；Roeder，1973，1975）

用，涉及仰冲板块的广大地区，甚至导致岛弧或陆缘地壳的挤压收缩和该区地壳抬升，逆掩仰冲方向指向内陆，仰冲侧反向逆冲断层广泛发育［图 2-31（b）］，称为陆侧敛合作用。

3）如果板块俯冲带倾角由缓变陡，常与俯冲速度减慢、板片回卷等有关，则上覆岩石圈敛合压缩，在距俯冲带一定距离地段产生反向逆冲断层［图 2-31（c）］，产生一种由俯冲角度变化而产生的综合变形效应。

（2）斜向俯冲变形可出现两种样式

仰冲板块内出现剪应力，从而产生平行海沟轴向的平移断层。由于斜向俯冲（oblique subduction）的方向不同，岛弧或陆缘可出现左旋（sinistral）或右旋（dextral）的平移断层（图 2-32）。当两板块之间的汇聚方向与板块边界的交角小于45°时，更有利于仰冲盘形成平移断层。特别注意的是，走滑断层靠洋侧的板片将与斜向俯冲的大洋板块运动方向一致（图 2-32）。从图 2-32 中可以看出，岩石圈汇聚带的形式在一定程度上取决于贝尼奥夫带的倾斜角度和倾斜方向；大陆边缘块体运动方向与洋侧板块运动方向耦合与否，应视具体情况加以分析。

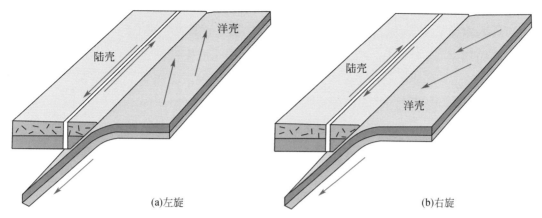

(a)左旋   (b)右旋

图 2-32 斜向俯冲在仰冲板块上产生平移断层（金性春，1984）

2.2.3.3 双变质带

大洋板块向大陆板块俯冲，板块接触地带因温度和压力条件不同，俯冲岩片会发生不同程度的变质作用［图 2-33（a）］。形成的高压低温和高温低压两种紧密共生变质带［图 2-33（b）］，称为双变质带或对变质带（paired metamorphic belts）。双变质带应当具有 3 个基本特征：①大致相同的形成时代，如果有早晚之分，一般高压带比低压带稍早；②常成对出现；③变质作用性质迥异。

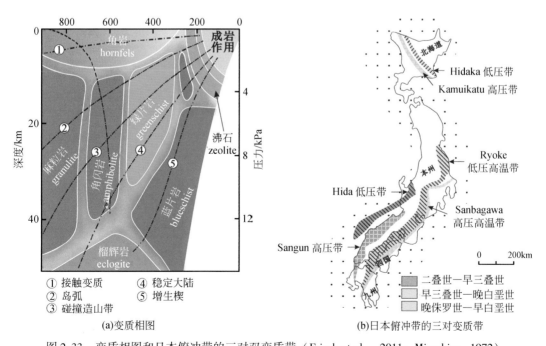

(a)变质相图   (b)日本俯冲带的三对变质带

图 2-33 变质相图和日本俯冲带的三对双变质带（Frisch et al.，2011；Miyashiro，1972）

Hidaka-日高；Kamuikotu-神居古潭；Sangun-三郡；Hida-飞弹；Ryoke-领家；Sanbagawa-三波川

（1）高压低温变质带

高压低温变质带是一狭长的变质岩带，一般位于海沟的陆侧。它的形成温度为 $250\sim400℃$，压力为 $5\times10^{8}\sim7\times10^{8}Pa$。一般随着埋藏或俯冲深度增加，温度压力同时升高，很难达到高压低温条件。但在俯冲开始的海沟地区，热流值低，当板块向下俯冲至 $20\sim30km$ 深处时，上覆岩石圈板块的荷载压力约在 $5\times10^{8}Pa$ 以上，加上板块俯冲作用产生的动压力，此时压力远超 $5\times10^{8}Pa$；在这一深度，温度只有 $200\sim300℃$。这样的压力、温度条件与蓝闪石的形成环境相似，所以，高压低温变质带的特征变质矿物为蓝闪石，变质岩为蓝闪石片岩。而且，挤压、剪切构造十分发育，宽度较窄。

剥露机制：蓝闪石片岩生成于俯冲带向下潜没后的 $20\sim30km$ 深度，按说高压低温变质带应隐伏于海沟之下，为什么蓝片岩相岩石会出露呢？这是因为它在形成后不久便受到抬升剥露作用，如增生楔的构造底侵作用会将其抬升至地表（图1-18）或在冲断作用下其被逆冲折返至高处。另外，在板块俯冲活动减缓或停止时，海沟地带会在地壳均衡补偿作用下向上隆升，经过一定时间的剥蚀，蓝闪石片岩也会露出地表。如果大洋板块俯冲殆尽，大洋闭合，两侧大陆汇聚碰撞，也会使蓝闪岩带抬升并遭到剥蚀，从而出露地表。

（2）高温低压变质带

高温低压变质带位于沟-弧体系的火山弧部位。随着板块进一步向下俯冲至 $150\sim200km$ 深度处时，由于温度随深度增加而升高，加上板块俯冲过程中摩擦所生热量的积聚，下行大洋板块上部可能发生部分熔融，熔融的岩浆上升形成火山弧。

在火山弧下方较深部位处于高温高压环境的岩浆向上运移至较浅部位过程中，因上覆岩石荷载压力减小，过渡为高温低压环境，使得火山弧内的岩浆岩及沉积岩发生变质现象，形成高温低压变质带。

高温低压变质带常与花岗岩、花岗闪长岩及中酸性火山岩相伴。高温低压变质带的变质程度自"热轴"（温度最高的线）向两侧递减，与变质作用大致同时形成的花岗岩带沿"热轴"展布。分布在火山弧下较浅部位的高温低压变质带以含红柱石、夕线石等为特征变质矿物，变质带较宽，带内断块构造较为发育。

出露机制：高温低压条件下的变质作用主要发生在岛弧之下大于 $10km$ 的深度处，它出露于地表是由于岛弧区隆升引起的地表层强烈剥蚀作用。

（3）双变质带的时空关系

在空间分布上，高压低温变质带和高温低压变质带经常平行相伴产生，两者之间可被一条完全未变质的岩带分开，这一未变质的岩带可能相当于火山弧至海沟的距离，如日本北海道和美国加利福尼亚的双变质带（图2-34的13）。也有的双变质带直接接触，如日本领家（Ryoke）高温低压变质带和三波川（Sanbagawa）高压低温变质带 [图2-33（b）]，其原因可能与后期的断裂变动或地块的平移错动有关。

双变质带主要分布于环太平洋地区，其中发育较好的14对变质带见图2-34。多数双变质带形成时代为中生代和古近纪，中新世以来的变质带尚未出露地表。此外，在古造山带中也有大量双变质带被揭示。

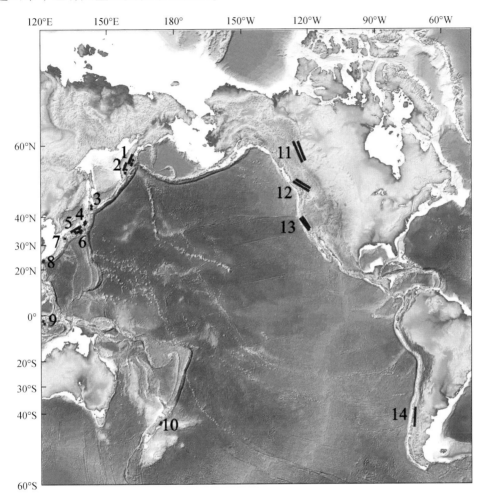

图2-34　太平洋周围发现的14对变质带（Miyashiro，1972）

（4）双变质带类型

Miyashiro（1972）根据双变质带所处的构造位置 ［图2-33（b）和图2-34］，将其分为陆缘双变质带（如南美安第斯陆缘）、正常岛弧双变质带（千岛和日本东北、日本西南的晚古生代和中生代双变质带）和反向岛弧双变质带（如日本北海道和新赫布里底）三类。前两类是高压低温变质带且位于洋侧，高温低压变质带位于陆侧；第三类则较为反常，是高压低温变质带且位于陆侧，低压高温变质带位于洋侧。

（5）双变质带与俯冲极性

双变质带的排列反映了沟-弧体系的位置关系，亦即标示了沟-弧体系的极性，从而可推测古俯冲带的倾向。同时，高压低温变质带还大体标志着古俯冲带出露地表的位置。

双变质带除发现于现代俯冲带外，在大陆内部的造山带也有发现。如我国雅鲁藏布江高压变质带与冈底斯低压变质带，很可能是印度板块与欧亚板块碰撞前特提斯洋（古地中海）向北俯冲时产生的双变质带。它可以用来指示古俯冲带、古板块边界以及俯冲极性。

2.2.4 沉积成藏与岩浆成矿作用

板块构造理论不仅揭示了岩石圈演化的基本规律，而且在满足人类需求的实际应用方面也发挥越来越大的作用。例如，指导预测地震、火山等地质灾害，以及指导寻找矿产资源，特别是当今向第二找矿空间探宝，向深部进军的背景下，理论指导找矿更显得紧迫。这就需要查明各种大地构造环境的成矿作用特点，如大洋地壳的分层与成矿分层（图2-35）、裂谷环境的成矿分带（图2-36）、沟–弧–盆体系矿床的分带性［图2-37（a）］、安第斯型大陆边缘成矿作用的分带性［图2-37（b）］等。

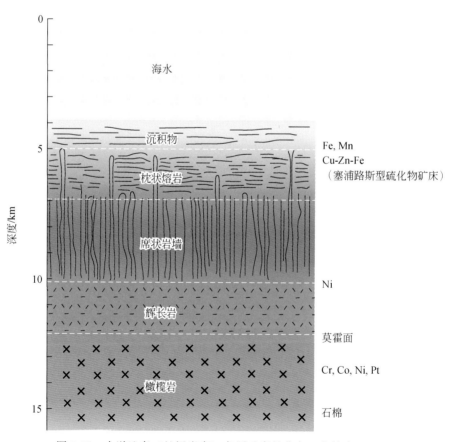

图2-35 大洋地壳（蛇绿岩套）各层矿床的分布（金性春，1984）

首先应立足于研究比较清楚的年轻板块边界或新生代以来的大地构造背景，如中国东南沿海造山带（图2-38）。查明各种大地构造背景与成矿作用的伴生关系，对相应古大地构造环境的矿床分布规律作出预测，或预测沿古贝尼奥夫带的成矿作用的侧向分带性。反过来，确定了某时期成矿作用的侧向分带，又有助于勾画出古板块边界或古大地构造环境的空间分布。成矿作用的侧向分带性，不失为古板块或古大陆再造的一种重要标志（金性春，1984）。

（1）洋壳成矿分层与大陆裂谷成矿对比

洋壳形成于洋中脊，洋中脊不仅是岩浆活动的地带，也是热液活动地区，热液活动造成洋底玄武岩蚀变是普遍现象，热液富含金属元素并上升到海底，就会沉积下来形成矿床，这要求洋壳岩石有高渗透性，总体上看洋中脊的成矿作用并不发育。扩张脊上热液活动可分强弱两种类型，弱热液活动可在玄武岩上形成富锰和富铁两种皮壳，就是海底铁锰结核的来源。强热液活动形成黑烟囱和白烟囱，就是热液在海底的喷口，其中黑烟囱形成硫化物矿化，并以铜和锌矿化为主，这是洋中脊主要成矿活动。洋壳成矿的意义还在于它们可以被俯冲进入大陆成矿带中，另外，洋壳含矿是弧系成矿的重要来源。洋中脊柱状地质剖面由未固结沉积物和上、下洋壳三部分构成，并且横向断裂带发育（潘传楚，1991）。沉积物中富含铁锰矿床。洋中脊附近枕状熔岩上发育有海底热液喷流场，一般成矿场所位于较大的海水深度，成矿温度多在300℃左右至350℃；含矿岩系为蛇绿岩套上段辉绿岩的席状岩墙、枕状拉斑玄武岩和其上的燧石岩、千枚岩等；成矿时代可为从太古代至新生代洋壳增生的各个地质时期，目前发现的此类矿床多属早古生代和中生代；伴生矿床为火山成因的锰矿床，此类矿床以塞浦路斯型硫化物矿床最为典型。橄榄岩中富含铬、钴、镍等矿床类型（图2-34）。

大陆裂谷是地壳拉张运动形成的，大陆裂谷的发展最终使大陆分离，形成洋盆，但这一过程按成矿的差异可分为两个阶段，早期阶段是陆相沉积阶段至浅海沉积阶段，深海沉积阶段为晚期阶段：①大陆裂谷早期阶段构造及成矿特征：大陆裂谷形成早期从陆相红层沉积开始，逐渐转向海相沉积，在此阶段出现广泛的火山活动，为拉斑玄武岩和碱性玄武岩及玄武岩–流纹岩的双峰式组合。裂谷早期广泛的岩浆活动和沉积环境是裂谷成矿的特征条件，沉积型矿床是其主要矿床类型。例如，东非裂谷带处于裂谷早期阶段，裂谷系中分布着高盐度卤水湖，湖底正在形成富含金属的卤泥沉积物，如果海水继续入侵则可形成含铜页岩型铜矿床及铅锌银矿床等（图2-36）。②大陆裂谷晚期成矿：大陆裂谷拉伸到晚期阶段是在裂谷轴部出现拉斑玄武岩或形成洋壳，在成矿特征上是以来源于海底喷流作用形成的块状硫化物矿床，红海盆地发育这类现代成矿作用。同位素地球化学研究表明，红海盆地矿化的形成，是热卤水循环将基底玄武岩中的金属淋滤出来沉积于洼地中，上升的玄武质岩浆提供热源。研究红海盆地成矿特征有助于了解裂谷中海底喷流成矿的形成特点。

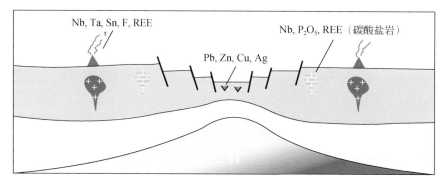

图 2-36　大陆裂谷矿床的分布（金性春，1984）

（2）沟-弧-盆体系矿床的分带性

沟-弧-盆体系的成矿作用表现出一定的侧向分带性〔图 2-37（a）〕，横跨岛弧，从洋侧往陆侧分别为：①海沟内壁的增生楔状体，可含塞浦路斯型硫化物矿床、铬铁矿、镍（Ni）和铂（Pt）等，这些矿床与外来的蛇绿混杂岩碎块有关，实际上不是岛弧自身活动的产物。②弧-沟间隙，缺乏岩浆活动及与其相伴的成矿作用，但可能富含天然气水合物。③岛弧火山活动带，产斑岩型铜矿、含铜黄铁矿及铅（Pb）、锌（Zn）、银（Ag）等多金属矿。④相当于边缘海的陆架拗陷带，在相应岛弧的形成阶段，缺乏内生矿床，如边缘海大洋基底暴露出来，可见到赋存于蛇绿岩套中的矿床。

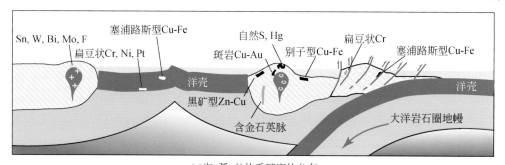

(a)沟-弧-盆体系矿床的分布

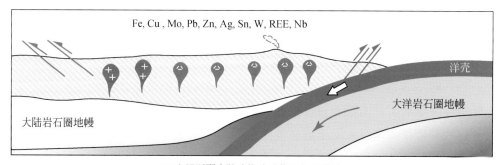

(b)安第斯型大陆边缘成矿作用的分带性

图 2-37　沟-弧-盆体系矿床的分布和安第斯型大陆边缘成矿作用的分带性

（Mitchell and Garson，1976；Sivlitoe，1972）

（3）安第斯型大陆边缘成矿作用的分带性

岛弧火山活动带代表火山弧本体，成矿作用相当复杂，矿床类型十分丰富［图2-37（b）和图2-38］。在一些未成熟岛弧上，有望找到与拉斑玄武岩伴生的块状硫化物矿床。在一般情况下，沿火山弧出现与火山活动有关的有别子型矿床和黑矿型矿床、以浅成和次火山性质为主的斑岩型铜矿。与岛弧发育后期的花岗岩类侵入体有关的是锡（Sn）、钨（W）、钼（Mo）等矿化作用。随着边缘海的张裂，锡、钨等矿床还可见于边缘海后方的陆缘环境。岛弧上还有含金石英脉、汞、自然硫等。

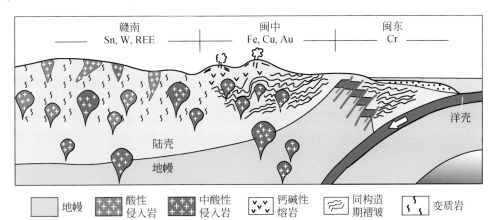

图2-38　华南中生代晚期的内生成矿与板块构造的关系（李春昱等，1981）

别子型硫化物矿床（含铜黄铁矿）中，铅、锌、银、钡的含量较高，常与拉斑玄武质火成岩及火山碎屑岩共生，它是在海底火山斜坡上火山喷出物沉积的过程中形成的，多分布于岛弧靠大洋一侧。黑矿型块状、层状硫化物矿床表面呈黑色，不同于简单的塞浦路斯型硫化物矿床，它具有多金属性质，含锌、铅、铜、铁、金、银等，并有重晶石伴生。黑矿型矿床多产于钙碱性岛弧岩浆活动晚期阶段的长英质和流纹质火山碎屑岩中，其生成与岛弧上的张性或裂谷型构造有关，产于火山弧或弧后一带。别子型和黑矿型矿床的典型产地都在日本，后者产于中新世的绿色凝灰岩带。

斑岩型铜矿是俯冲带环境的重要标志性矿床。Sillitoe（1972）注意到，中生代、新生代的斑岩型矿床基本上产于环太平洋造山带和阿尔卑斯-喜马拉雅造山带（图2-39）。美洲西部斑岩矿带从阿根廷西部、智利、秘鲁，向北经巴拿马、墨西哥和北美西部，直延至阿拉斯加。在西太平洋岛弧地带，斑岩矿带见于中国台湾、菲律宾、加里曼丹、伊里安及所罗门群岛等地区。在阿尔卑斯造山带则沿罗马尼亚、原南斯拉夫、保加利亚、伊朗至巴基斯坦一带展布。Sillitoe指出，斑岩型矿床的形成与俯冲带的钙碱性岩浆活动有关，其所含金属来自大洋岩石圈。当大洋岩石圈潜入到俯冲带，发生部分熔融时，所含金属作为钙碱性岩浆的组分而上升，并可富集于热液中，进而在火成岩及围岩中发生矿化作用，形成斑岩型铜矿（含金或

第2章　俯冲消减系统

钼）及其他矿床。值得注意的是，当富含水的洋壳俯冲潜没时，沿俯冲带的脱水和部分熔融必然析出大量含金属热液和挥发性组分。这一机制有助于认识岛弧和活动陆缘的成矿作用（金性春，1984）。

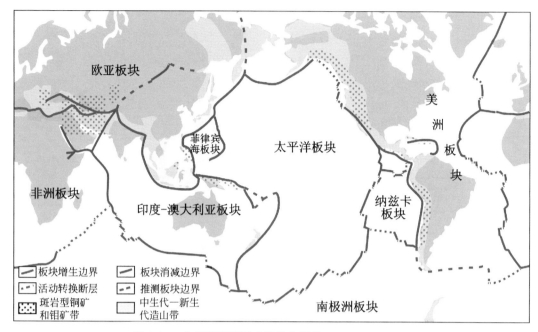

图 2-39 全球斑岩型铜矿的分布规律（Sillitoe，1972）

当一种大地构造背景被另一种环境更替或叠置时，其矿床的带状分布也会彼此叠覆，从而使得各种不同时代的矿床呈现出十分复杂、相互交织的分布格局（图 2-40）（金性春，1984）。不同时代岛弧系的重叠会使矿床分布显得十分繁杂。在岛弧和活动陆缘可识别出一系列成矿时代。据研究，日本可划出下列成矿时代：石炭纪—二叠纪、晚侏罗世—早白垩世、白垩纪—古近纪、新近纪、第四纪。西太平洋的主要成矿时代为三叠纪—早、中侏罗世，晚侏罗世—早白垩世，晚白垩世—古近纪早期（Zonenshain et al.，1974）。

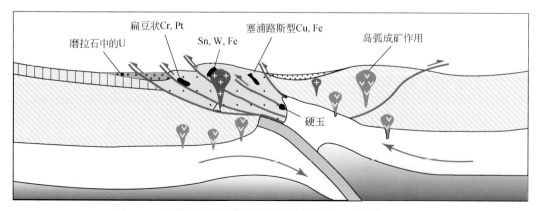

图 2-40 大陆–大陆碰撞造山带的矿床分布（金性春，1984）

（4）俯冲后撤与含油气系统跃迁

国际上对大陆边缘的研究非常重视。综合大洋钻探计划（IODP）和目前最活跃的国际大洋发现计划（IODP）、国际洋中脊计划（Inter-Ridge）、国际大陆边缘计划（Inter-Margins）和地质棱镜计划（GeoPRISMs）几大研究计划都将大陆边缘演化和成因机制作为重要研究主题（Cawood，2005；李家彪，2008；李三忠等，2009a，2009b），并取得了显著成果。例如，俯冲工厂的提出，打破了单一学科的局限，运用系统论的研究方式和方法，特别是对活动大陆边缘的各种复杂地质过程进行了综合分析。同时，大陆边缘也是十分重要的资源聚集场所。据统计，全球80%的石油储量和70%的天然气储量均赋存在大陆边缘附近（蔡乾忠，1999）。边缘海是活动大陆边缘复杂系统的重要组成，75%主要集中在西太平洋活动大陆边缘。中生代以来，西太平洋活动大陆边缘沟-弧-盆体系表现出来的自西向东渐新的演化趋势，以及相关的基础科学问题逐步被高度重视。

中国东部海域是西太平洋活动大陆边缘沟-弧-盆体系的重要组成部分，其形成与演化蕴含着丰富的大陆边缘形成与演化信息，也成为认识西太平洋地区板块相互作用、大陆边缘演化、边缘海动力机制及其资源形成的重要窗口（李家彪，2008）。特别是，从中国大陆到西太平洋大陆边缘的新生代板内盆地、陆架盆地到边缘海盆地具有成因上的紧密联系，是研究洋-陆相互作用的重要场所，因此，中国东部及邻近海域也是中国海洋地质界重要的研究对象，特别是50Ma以来的构造迁移对这些盆地的构造起着决定作用，值得探索。

20世纪90年代姜春发最早提出了构造迁移的概念，构造迁移是盆地发展演化过程中十分普遍的地质现象。它指在一定的地球动力环境中，盆地的构造变形、岩浆活动、沉积作用、生烃历史、油气运移与聚集机制等，随着盆地的演变而遵循一定方向的变化规律（王同和，1988；姜春发，2009）。可见，构造迁移是各种迁移现象的主控因素，根据地质作用不同，构造迁移可划分为变形（作用）迁移、岩浆（作用）迁移、沉积（作用）迁移、变质（作用）迁移和成盆、成藏/成矿（作用）迁移等多种类型，其中，每个类型又包括各种次级迁移现象，如变形迁移包括断裂迁移（拓展）、褶皱迁移、断陷迁移、拗陷迁移等。

姜春发和朱松年（1992）基于中国及邻区的实际资料创立了构造迁移论。构造迁移论提出了构造迁移区、构造迁移期、构造迁移方向等基本概念，并对构造迁移定量研究、地球动力学及热力学研究等进行了详细论述（姜春发和朱松年，1992；环文林等，1982）。构造迁移论被广泛应用于地质学的各个方面（王同和，1986，1990；Oleg et al.，1994；Giacomo et al.，2010），对于探明全球板块的基本运移方向等基础科学问题，以及寻找矿产、油气、天然气水合物等资源的实际运用，具有十分重要的意义。

构造迁移是盆地发展演化过程中十分普遍的地质现象，但西太平洋地区相关研究程度较低，基于对中国东部海域渤海湾盆地、南黄海盆地、东海陆架盆地和南海盆地等所开展的大量研究工作（地震剖面、重磁等资料分析），并综合前人研究成果，索艳慧等（2012）对西太平洋最具有代表性的中国东部及邻近海域的新生代构造迁移特征进行了系统讨论。以东海盆地为例（图 2-41），该盆地是一个中、新生代复合盆地，盆地自西向东依次为闽浙隆起、东海陆架盆地、钓鱼岛隆起、冲绳海槽和琉球岛弧。其中，东海陆架盆地自西向东又进一步分为西部拗陷带、中部隆起带和东部拗陷带，且东海陆架盆地内部构造、岩浆、沉积沉降中心等自陆向洋迁移的规律十分清晰。

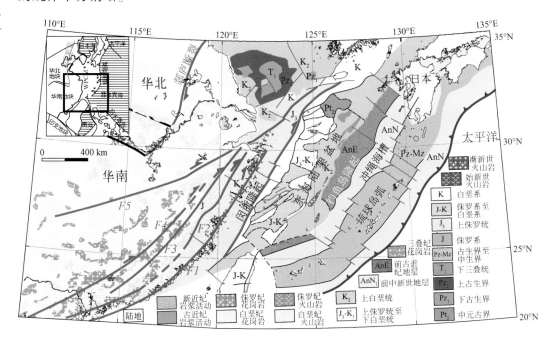

图 2-41　华南及邻区岩浆岩分布（Suo et al.，2015）

1）变形迁移之断裂活动性：根据断裂切割的最高地层层位分析，盆地西部拗陷主控断裂的活动时期为古新世，东部拗陷主控断裂的活动时期为始新世—渐新世和中新世—上新世，主干控盆断裂自北向南拓展生长，断裂活动西早东晚（杨香华和李安春，2003；张远兴等，2009）。

2）变形迁移之反转褶皱：盆地内的反转活动大致可以分为古新世、渐新世和中新世三期。发生在西部拗陷带北部的古新世反转活动导致古新统地层卷入褶皱变形，其南部则表现为渐新世的反转，导致渐新统甚至更老的下伏地层卷入褶皱变形，而东部拗陷带的反转活动发生在中新世，主要表现为中新统地层卷入褶皱变形（张胜利和夏斌，2005；宋岳雄和周铭锋，1995）。反转时间西早东晚。

3）沉积迁移之地层：根据地层的残留分布和残留厚度分析，盆地西部拗陷以较厚的古新统为沉积主体，而东部拗陷以巨厚的始渐新统占主导，新生代地层西老东新。由老到新，整个东海盆地不同时期地层的沉积范围也依次西缩东扩（图2-42）。

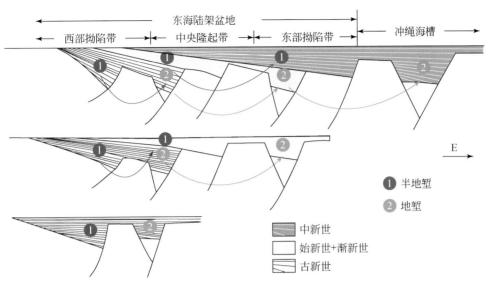

图2-42 东海盆地盆地结构及沉积中心迁移规律（Suo et al.，2015）

4）沉积迁移之沉降–沉积中心的变化：根据不同阶段沉积相分布和残留厚度，盆地的沉降–沉积中心总体表现出自西向东、自北向南的迁移规律（杨香华和李安春，2003；陈斯忠，2003）。

5）岩浆迁移：根据地震剖面揭示的岩浆侵入最高层位和分布及前人资料统计，盆地的岩浆活动自西向东大致可以划分为3个带（图2-41）：古新世、始新世和渐新世—中新世岩浆活动带，岩浆活动西早东晚（李廷栋和莫杰，2002）。

总之，自新生代以来，西太平洋活动大陆边缘位于欧亚、太平洋和印度三大板块的交汇处，占据了全球板块汇聚中心的独特位置，同时，受到印度板块的挤入、太平洋板块的后退式俯冲、台湾造山带的楔入联合作用，形成了宽阔的自西向东后退式的沟–弧–盆体系。中国东部及邻区作为西太平活动大陆边缘的重要组成部分，在这个大地构造背景下，新生代的构造特征总体也表现出自西向东的迁移规律，具体表现在盆地的断裂活动性、沉积作用、断陷的萎缩与消亡等自西向东变新逐步演化（图2-43），新生代的生、储、盖、圈、运、保六大油气成藏要素也表现出西早东晚、自西向东迁移的特征（图2-44）。这种成藏规律的识别对于中国东部油气、天然气水合物勘探具有非常重要的指导意义。从板缘、板内、板下过程和机制综合考虑，盆内和盆间的新生代构造迁移机制，特别是这种构造–岩浆–成盆–成藏等向洋变新迁移和跃迁，是晚中生代以来东亚挤出构造和新生代北西向壳内伸展、印度和欧亚板块碰撞诱发的软流圈向东流动的远程效应及太平洋俯冲带的跃迁式东撤的联合效应。

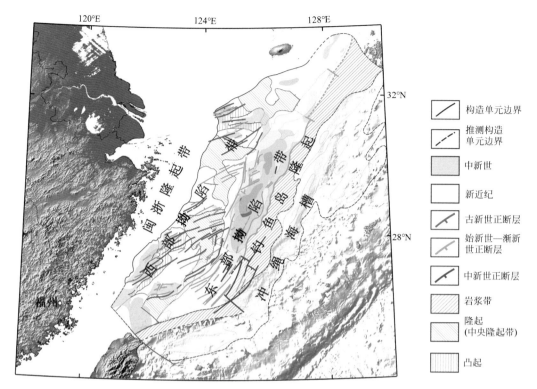

图例：
- 构造单元边界
- 推测构造单元边界
- 中新世
- 新近纪
- 古新世正断层
- 始新世—渐新世正断层
- 中新世正断层
- 岩浆带
- 隆起（中央隆起带）
- 凸起

图 2-43　东海陆架盆地新生代断裂及地层分布特征（Suo et al.，2014）

E₁			E₂		E₃		E₃		N₂	Q	时期＼地区	要素
60.5	57.8	56.5	50.5	38.6	32	23.3		10.4	5.3	2.6 Ma		
											西	生
											东	
											西	储
											东	
											西	盖
											东	
											西	圈
											东	
											西	运
											东	
											西	保
											东	
											西	关键时期
											东	
											西	毁坏
											东	

图 2-44　东海陆架盆地新生代油气成藏规律（Suo et al.，2014）

2.3 弧后盆地

边缘海盆地,也称弧后盆地,它是一种以正常洋壳或初始厚洋壳为基底、以岛弧与大洋相分隔的大陆边缘盆地,是全球构造中一类重要而独特的大地构造单元。现今西太平洋发育的边缘海盆地最为壮观,其形成同青藏高原的崛起一样,同为亚洲新生代地质发展史上影响最为深远的重大地质事件,对亚洲的自然地理景观、地质构造格局、自然资源的形成、自然灾害发生、江河湖泊海流系统演变等与人类生存、社会发展密切相关的众多方面,有着深刻的意义。边缘海的形成演化是洋-陆地壳、上地幔相互作用和洋-陆过渡带(ocean- continent connection zone)深-浅部地质过程的产物。边缘海动力演化历史的研究,是地球系统演化研究不可或缺的重要环节,是当今地球科学的前沿课题,是预测东亚-西太平洋长期环境演化和资源潜力的重要科学基础。

2.3.1 地质地球物理特征

边缘海盆地是西太平洋型大陆边缘沟-弧-盆体系的组成部分,因其位于岛弧后方,故通常也称为弧后盆地,主要分布在西太平洋边缘(图2-45),仅局部出现于印度洋、大西洋边缘。

边缘海盆地概念强调四点:位于大陆边缘、岛弧后、洋壳型基底、年轻(表2-3)。所以,不是所有的弧后盆地都属于边缘海盆地,如马里亚纳海槽,它位于洋内,不属于大陆边缘,但一般仍常归为边缘海盆地;东海陆架盆地和珠江口盆地,它们位于岛弧后,但盆地基底是华夏型陆壳,虽然它们的海水与属于边缘海盆地的冲绳海槽或南海海盆相连,但也不属于地质意义上的边缘海盆地。

大多数边缘海盆地的地壳结构与标准洋壳结构相同或者接近,有些边缘海盆的厚度稍大,这是由其上覆沉积层较厚所致。DSDP和ODP在菲律宾海盆、珊瑚海盆和塔斯曼海盆等处钻遇玄武岩基底,证明这些海盆具有洋壳基底。另有少数海盆地壳厚度较大,但花岗岩层明显减薄,可能属减薄型陆壳或初始厚洋壳。所以,在边缘海盆之下,通常都是 Moho 面变浅,地幔抬升。边缘海盆的洋壳或减薄型陆壳与周围陆壳常以突变形式呈陡崖或断层阶梯状接触,向海盆方向往往有正断层发育。有些盆底也发育有正断层或其他伸展构造。

边缘海盆地的年龄较年轻,除少数边缘海盆外,大多数的年龄比被岛弧分隔的相邻洋盆小得多。DSDP和ODP的成果亦证明,边缘盆地的海底(残留型边缘海盆地除外)都是新生代以来形成的。

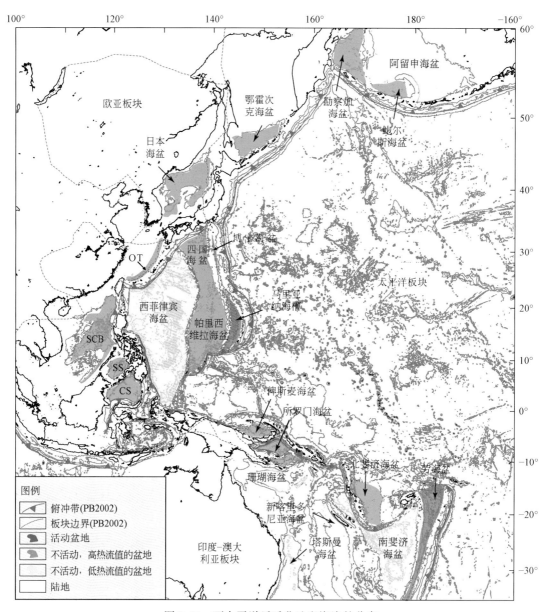

图 2-45　西太平洋弧后盆地和海沟的分布

OT-冲绳海槽；SCB-南海海盆；SS-苏禄海；CS-西里伯斯海

表 2-3　西太平洋边缘海的形成年龄

边缘海名称	形成年龄	参考文献
日本海盆	25~15Ma	Jolivet et al.，1991
四国（Shikoku）海盆	30~15Ma	Honza，1995
帕里西维拉（Parece Vela）海盆	30~17Ma	Honza，1995
西菲律宾海盆	60~35Ma	Hilde and Lee，1984
南海海盆	32~16Ma	Briais et al.，1993
安达曼（Andaman）海盆	13Ma 至最近	Honza，1995
西、东卡罗琳（Caroline）海盆	37~29Ma	Weissel and Anderson，1978
马努斯（Manus）海盆	4Ma 至最近	Hamilton，1979
伍德拉克（Woodlark）海盆	6Ma 至最近	Honza，1995
北斐济海盆	8Ma 至最近	Honza，1995
劳海盆	5.5Ma 至最近	Honza，1995
南斐济海盆	35~28Ma	Honza，1995
珊瑚（Coral）海盆	62~56Ma	Weissel and Watts，1979
塔斯曼海盆	82~60Ma	Weissel and Hayes，1977

　　大部分边缘海盆地都发育有与大洋底类似的磁异常条带，但其磁异常强度偏低，如日本海盆、西菲律宾海盆等，大部分海区约为 300nT，与西太平洋 500~1000nT 的异常值相差甚大，但太平洋也有异常强度为 200nT 的地方。有些边缘海盆地，如塔斯曼海盆、四国海盆、西菲律宾海盆、南海海盆等，其磁异常条带可与地磁极性年表对比；有些却难以与地磁年表对比，如日本海盆、珊瑚海盆等；还有的海盆未发现明显的磁条带，如马里亚纳海槽等。

　　边缘海盆地的热流值一般较高（图 2-46），活动的或较年轻的边缘海盆，平均热流值可高于洋中脊（$84mW/m^2$），如冲绳海槽的平均热流值高达 $695mW/m^2$（李乃胜，1995）；热流分布范围大致与海盆的深水区相吻合。有的边缘海还发现大洋扩张中心常见的热液循环、海底热泉及热液活动堆积物，如冲绳海槽和马里亚纳海槽等。

　　边缘海盆地的布格重力异常比两侧的大陆和岛弧高，大都在 200mGal 以上，这是地壳减薄、地幔抬升的表现；有些正活动的海盆，其自由空间重力异常为 30~80mGal，与洋中脊近似，说明边缘海盆之下有低密度的热地幔物质涌升。地震探测也表明，活动边缘盆地之下有一高频横波强烈衰减（低 Q）的地带。

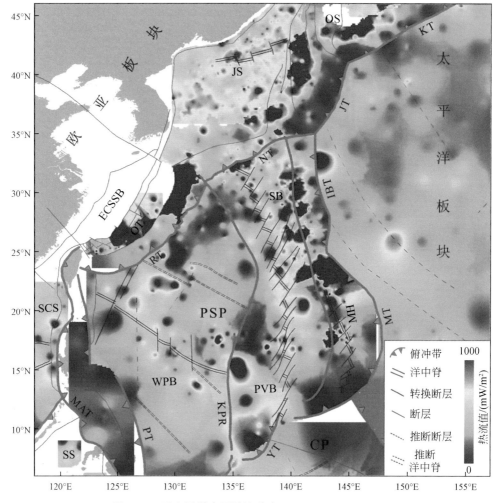

图 2-46　西太平洋表面热流分布（Kong et al.，2016）

PSP-菲律宾海板块；CP-卡罗琳板块；KT-千岛海沟；JT-日本海沟；IBT-伊豆–小笠原海沟；MT-马里亚纳海沟；
YT-雅浦海沟；NT-日本南海海槽；RT-琉球海沟；MAT-马尼拉海沟；PT-菲律宾海沟；ECSSB-东海陆架盆地；
OT-冲绳海槽；MH-马里亚纳海槽；SB-四国海盆；PVB-帕里西维拉海盆；WPB-西菲律宾海盆；JS-日本海；
OS-鄂霍茨克海；SCS-南海；SS-苏禄海；KPR-九州–帕劳海脊。

2.3.2　弧后盆地类型

根据边缘海盆的扩张性质及构造活动性，Karig（1971）曾将其分为活动边缘海盆、高热流非活动海盆和正常热流非活动海盆三种盆地类型。

（1）活动边缘海盆

活动边缘海盆具有正在活动的扩张中心，扩张中心呈轴状隆起地形，一般与海沟–岛弧走向平行。它具有很高的热流（比较分散）和浅源地震活动。由震源机制分析知，其张应力轴方向与扩张方向一致，如劳海盆和马里亚纳海槽。

（2）高热流非活动海盆

高热流非活动海盆有大范围的热流异常，并有以前扩张的证据，有的可能仍在扩张，但没有活动扩张中心所具有的地形、磁异常和地震明显异常特征，扩张作用使海底加宽，对流使盆地之下的广大区域变热。在活动扩张期之后，热效应仍然维持很长时间，形成大范围的热异常区，如日本海盆、千岛海盆、帕里西维拉海盆、北斐济海盆等。

（3）正常热流非活动海盆

正常热流非活动海盆一般都是古近纪早、中期的老盆地，热流值正常或接近正常，如南斐济海盆和西菲律宾海盆。有大量证据表明，它们过去曾经历过扩张，对流和扩张停止后，它的热能随着时间的推移而逐渐消失，热流值重归正常。

随着研究的深入，边缘海盆地类型的划分又有许多不同的方案。Toksoz 和 Bird（1977）根据边缘海盆地的特征和构造演化将其分为未发育型、成熟型、活动型和非活动型四类。其中，活动型和成熟型分别相当于 Karig 的活动型和高热流非活动型，但 Toksoz 和 Bird（1977）将正常热流非活动盆地进一步分为未发育型和不活动型两类。郭令智等（1986）根据弧后盆地的岩石大地构造特征和地球物理特征，将其分为弧后硅铝层断陷盆地、前陆盆地、边缘盆地和弧间盆地，实际上其方案只有后两类属于边缘海盆地。金性春等（1995）将边缘海盆地的演化阶段分为初生期、青年期、壮年期和老年期 4 个阶段或类型（表 2-4）。

李学伦和刘保华（1997）运用板块构造原理，综合分析了各边缘海盆地的大地构造格局和区域构造应力场特征，认为边缘海盆地的形成并不都与大洋岩石圈的俯冲作用有关，可能有多种成因。按边缘海盆地的成因将它们分为残留型边缘海盆地、大西洋型边缘海盆地、陆缘张裂型边缘海盆地和日本岛弧张裂型边缘海盆地四类（表 2-4）。

表 2-4　西太平洋边缘海盆地成因类型与其他分类的对比

盆地名称	形成时间	成因类型	构造活动类型	演化类型	演化类型	大地构造类型
阿留申（白令海）	>100Ma	残留型	非活动（正常热流）	未发育		
千岛（鄂霍茨克海）	30～15Ma	陆缘张裂型	非活动（正常热流）	成熟		边缘海盆地
日本海	28～15Ma	残留型	非活动（正常热流）	成熟	老年期	边缘海盆地
西菲律宾	60～35Ma	陆缘张裂型	非活动（正常热流）	不活动		边缘海盆地
四国–帕里西维拉	30～13Ma	日本岛弧张裂型	非活动（正常热流）	成熟	壮年期	弧间盆地
马里亚纳海槽	6Ma～	日本岛弧张裂型	活动	活动扩张	青年期	弧间盆地
冲绳海槽	上新世–	陆缘张裂型	活动		初生期	

盆地名称	形成时间	成因类型	构造活动类型	演化类型	演化类型	大地构造类型
南海	32~17Ma	陆缘张裂型	非活动（正常热流）	成熟	老年期	边缘海盆地
劳海盆	6Ma （3.5Ma）~	日本岛弧张裂型	活动	活动扩张		弧间盆地
北斐济	上新世–	日本岛弧张裂型	非活动（正常热流）	不活动		
南斐济	30~26Ma	日本岛弧张裂型	非活动（正常热流）	不活动		弧间盆地
塔斯曼	80~60Ma	大西洋型	非活动（正常热流）	不活动		

资料来源：李学伦，1997；Karig，1971；Toksoz and Bird.，1977；金性春等，1995；郭令智，1987。

（1）残留型边缘海盆地

残留型边缘海盆地具有典型的洋壳结构，它是古大洋的残留部分，相当于 Hilde 等（1977）所谓的新俯冲带发育过程中圈闭的海盆，应力场以挤压占主导地位，其年龄一般大于毗邻岛弧。磁异常条带展布方向与俯冲带不一致，如西菲律宾海盆和阿留申海盆，也可称为俘获型边缘海盆（captured marginal basin）。

（2）大西洋型边缘海盆地

大西洋型边缘海盆地是在被动边缘背景上由陆块裂离而成，与大洋板块的俯冲作用无关，本书称其为被动陆缘裂解型边缘海盆地。

（3）陆缘张裂型边缘海盆地

陆缘张裂型边缘海盆地由大洋板块向大陆俯冲所引起的陆缘张裂作用所致，其一般先经历陆壳拉伸减薄、陆壳张裂沉陷和海底扩张沉降，随后进入挤压关闭演化阶段，本书称为安第斯活动陆缘裂解型边缘海盆地。陆缘张裂型边缘海盆地一般由多个拉张轴（或中心）的分散扩张形成，磁异常条带不大，规则也不甚清晰，盆底往往散布着一些拉裂残留的陆壳碎块，盆缘（特别是靠大陆侧）为大面积减薄的陆壳，如日本海盆和千岛海盆。李三忠等（2012）曾提出，南海海盆属于东亚陆缘走滑拉分形成的边缘海盆地，而东亚陆缘的走滑拉分成因与太平洋板块斜向俯冲的动力过程密切相关，与印度–欧亚板块碰撞–挤出过程关系不大。据此，南海海盆成因可能与陆缘张裂型边缘海盆地的成因相同。

（4）日本岛弧张裂型边缘海盆地

日本岛弧张裂型边缘海盆地是由日本型岛弧分裂而成，其形成的区域板块构造背景是俯冲带毗邻洋内弧的洋侧，为低应力型俯冲带，弧后区为张性应力场，在弧后拉张作用下岛弧裂离，进而扩张形成边缘海盆地，如菲律宾海的四国–帕里西维拉海盆等。

与边缘海盆地关系密切的沉积盆地的形成与发育也与板块构造的演化有着十分密切的关系。当把各种类型的沉积盆地纳入板块构造范畴内时，则可将这些沉积盆地归结为四类（表2-5）。俯冲带具有较为复杂的构造特征，与其有关的沉积盆地主要包括：海沟盆地、弧前盆地、弧间盆地和弧后（边缘海）盆地（图2-47）。这些盆地中以富有岛弧型火山岩为特征，并区别于其他类型盆地（赖绍聪等，1998）。

表 2-5　按板块构造环境的沉积盆地分类及其相关岩浆系列

内容	板块内部				离散边缘（大洋脊）	汇聚边缘（俯冲带）	转换带
	大洋	大陆					
		裂谷系	克拉通区	碰撞带			
主要盆地类型	大型大洋盆地	陆内裂谷盆地 陆间裂谷盆地 拗拉谷盆地 大陆边缘裂谷盆地	克拉通盆地 褶皱带盆地（山间盆地、山前盆地、小型断裂盆地）	边缘前陆盆地、残留洋盆地	洋中脊中轴裂谷盆地	海沟盆地 弧前盆地 弧内盆地 弧间盆地 弧后盆地（边缘海盆地） 弧后前陆盆地	横向地堑 转换挤压盆地 转换拉张盆地
主要岩浆系列	拉斑玄武岩 碱性岩（孤立洋岛、火山岛链、海山、海底高原）	双峰火山杂岩 拉斑玄武岩 碱性岩	金伯利岩 碱性岩（高钾系列）高原溢流玄武岩 火成碳酸盐岩	碱性岩 钙碱质系列	拉斑玄武岩（低钾）	岛弧拉斑玄武岩 钙碱性玄武岩（钾质玄武岩系）	拉斑玄武岩（低钾）碱性岩 双峰式（？）

（1）与 A 型俯冲带有关的沉积盆地

边缘前陆盆地：边缘前陆盆地位于毗邻主缝合线的褶皱冲断带与大陆之间的大陆基底之上，并平行于缝合带延伸。这种盆地可能是在地壳碰撞的渐进发展过程中，由于大陆块周边的部分俯冲作用使大陆岩石圈下弯而形成的，因此，初期的边缘前陆盆地是同造山的，如台湾造山带后缘的盆地。随着这种俯冲过程被地壳碰撞所终止，这类盆地将同整个造山带一起上升，而褶皱冲断带的构造负载及沉积负载，又使盆地相对于造山带继续沉降，接受造山后的沉积。

残留洋盆地：陆块之间缝合带的形成通常不是同时的，而是穿时的。因为只有当彼此碰撞的陆块边缘能够相互嵌合，并且引起地壳碰撞的板块运动矢量又恰恰合乎需要时，碰撞才会沿边界同时发生。一般情况下，碰撞总是分段进行的，已经缝合的地段和尚待缝合的地段同时存在，这两个地段之间的构造转变点将随时间而转移。在转变点的前面存在着规模较小的残留洋壳型盆地，一般称其为残留洋盆地，如地中海盆地。

（2）与 B 型俯冲带有关的其他沉积盆地

海沟盆地是大洋岩石圈弹性挠曲，大洋板块俯冲下插到岛弧之下的结果。俯冲板块的下弯和沉降是其主要形成机制。主动大陆边缘的重要边界标志和构造单元之一是海沟，它往往出现在板块正发生俯冲带的深渊地带。

海沟的沉积作用：海沟是海底极深的狭窄地带，通常是大陆架、大陆坡上的陆源碎屑物质和海沟侧斜坡上的滑塌物质的堆积场所。同时，大洋岩石圈俯冲时，被刮削下来的深海沉积物及大洋岩石圈的构造滑脱物质也堆积在海沟底部，形成特殊的沉积类型。在其陆侧内壁为变形强烈的增生楔状体（图 1-17）。海沟沉积物与大洋沉积物的不同之处在于，它含有大量粗碎屑物质（浊流沉积物）、火山物质（如海山）及洋壳超基性物质（如蛇纹岩底辟体）。值得提及的是，在海沟沉积物中很难找到远洋微体生物化石，这可能是因为海沟的深度极大，远洋带来的生物残骸遭到快速分解（徐茂泉和陈友飞，1999）。

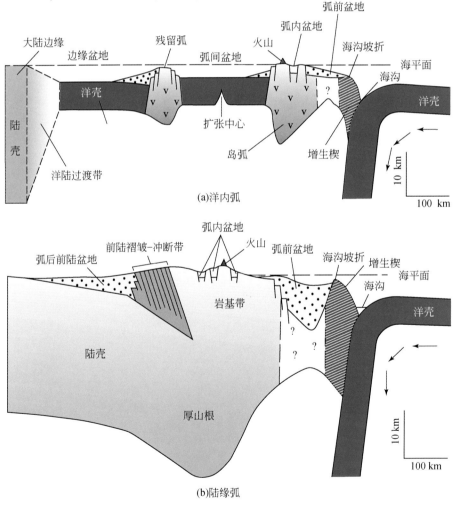

图 2-47　洋内弧与陆缘弧体系沉积盆地示意图（Dikinson，1974）

海沟的构造作用：据人工地震资料和深潜器实地观察，海沟底部沉积层产状由洋侧向陆侧倾斜，且靠近陆侧沉积层产状往往发生紊乱变动，这是海沟底部靠近陆侧遭受挤压作用的反映。人工地震资料还显示，海沟洋侧斜坡上的沟状地形属一系列的正断层错动，这种错动越靠近沟底规模越大，说明沟底和洋侧斜坡受垂直海沟轴向的张应力作用；而海沟陆侧斜坡则表现为逆冲断层，其倾斜角度越靠近大陆越大，证明海沟陆侧曾受到压应力的强烈挤压作用（徐茂泉和陈友飞，1999）。但是也有一些例外，如在中国台湾东部东西向的琉球海沟中，沉积地层水平，这反映了其形成于张性环境。它没有遭受挤压变得混乱的地震反射结构，与局部的走滑拉分作用或斜向俯冲有关。

海沟的变质作用：大洋岩石圈板块从洋中脊产生，然后向两侧运移，经过大洋盆地到达海沟处的俯冲带时，已经"变冷"。因此，当大洋板块向大陆板块下面俯冲潜没时，必然降低俯冲带的地温梯度。因而，大洋板块在俯冲消亡的过程中，在洋侧产生高压低温变质作用，产生的蓝闪石片岩相和部分榴辉岩相，则属高压低温变质相；浅部靠洋侧的变质相为沸石相、葡萄石-绿纤石相、绿片岩相，均属低压低温相代表。在与海沟伴生的岛弧（前弧）一侧，大陆板块的仰冲，使海沟内侧（中弧）产生低压高温变质作用，其变质相为红柱石相、绿片岩相、角闪岩相及低-中压麻粒岩相。同时，上地幔物质局部熔融、上升，使地温梯度增高，可达 25℃/km以上，并且其深部因深熔作用可产生花岗岩类岩石与之共生。

海沟类型：近年来，对海沟进行的连续测深、人工地震、深海钻探工作，特别是 20 世纪 70 年代实施的"地球动力学计划"等一系列国际海洋调查，从许多方面证实海沟的基本构造活动是大洋岩石圈板块向大陆岩石圈板块或另一大洋板块的俯冲。

日本学者上田诚也（1979）在研究俯冲带的构造类型时，把海沟分为两种类型：智利型海沟和马里亚纳型海沟。

1）智利型海沟。也称秘鲁型海沟，其俯冲带两侧的板块发生相对移动，即大洋岩石圈板块向大陆岩石圈板块下面俯冲，大陆岩石圈板块向海沟方向仰冲，两板块间以挤压作用力为主，形成较缓的俯冲角；两板块间摩擦力强，容易发生大地震，海沟中有巨厚沉积层，使其深度变小（如智利-秘鲁海沟深度仅为 6～7km）。由于俯冲，两板块间产生的巨大挤压力，使海沟洋侧斜坡产生张性断层，向陆侧斜坡逐渐过渡为逆断层，其断层面的倾角越靠向大陆角度越大。

2）马里亚纳型海沟。大洋板块沿俯冲带向大陆方向俯冲，且发生后退移动，两板块间以张力作用为主，所形成的俯冲角度很陡。大洋板块在重力拉张作用下，形成地堑-地垒相间的断陷构造。在海沟陆侧壁上没有被刮下来的远洋沉积物，相反，在海沟洋侧斜坡的断陷低洼处，却有远洋沉积物，它可能一直被带到上地幔被削减。这类海沟由于挤压作用微弱，故一般无大地震发生。

郭令智（1986）认为，在沟－弧体系中，除智利型海沟、马里亚纳型海沟外，还有苏门答腊型海沟。上田诚也（1979）认为，日本海沟在中新世时属马里亚纳型海沟，上新世时则转变为智利型海沟。此外，沟－弧体系中的盆地构造十分发育，故通常称为沟－弧－盆体系，目前发现有如下几种盆地类型。

弧前盆地：弧前盆地发生在弧－沟间隙区内，即海沟轴与岩浆弧之间的地段。弧前盆地的基底有的是陆壳或减薄的大陆地壳（或前人称为过渡性地壳），有的是因俯冲增生而圈闭的残留洋壳，或直接跨覆在岩浆弧与俯冲杂岩或岩浆弧、残留洋壳与俯冲杂岩之上。俯冲引起的地幔冷却、俯冲侵蚀（subduction erosion）及沉积负载均衡下降是弧前盆地沉降的主要原因。

弧内盆地：弧内盆地通常平行于弧的走向延伸，是以正断层为界的张裂盆地，基底为陆壳（洋内弧例外），它的形成可能与深部岩浆上升使岛弧地壳隆起产生的拉张构造有关，也可能同火山和构造原因的局部沉降有关，还可能同初期弧间盆地发育有关。

弧间盆地：弧间盆地位于活动岛弧与残留弧之间，通常被认为是通过弧内扩张作用从弧内盆地演变而来。基底为减薄陆壳或初始洋壳。残留弧是从岩浆弧分裂出去的残留地质体。这种拉张作用既可使洋内弧分裂，也可使陆缘弧分裂。由于弧间盆地普遍进行着海底扩张，因而其岩浆活动与弧后盆地有类似之处。深海钻探表明，弧间盆地中常见枕状玄武岩，其成分大多类似于洋中脊拉斑玄武岩，它们与海底扩张有关。

弧间盆地不完全等同于弧后盆地，如当活动岛弧与残留弧之间的盆地向活动岛弧下俯冲时，该盆地实际位于活动岛弧的前缘，而不是后缘，所以不能称其为弧后盆地，但也不能称其为弧前盆地：一是因为弧前盆地已有专门定义；二是弧前盆地基底一般为陆壳或增生楔状体。洋壳向活动岛弧下俯冲，导致活动岛弧分裂，出现的残留弧后盆地进一步演化为洋壳基底的盆地时，该盆地实际位于活动岛弧的后缘，所以称它为弧后盆地。

弧后前陆盆地：弧后前陆盆地位于陆缘山弧或陆缘岛弧后侧紧邻的大陆板块周围地带，基底全部为陆壳。这种盆地可分为三种：对于岩浆弧而言，为岛弧后的陆内前陆盆地，如安第斯型岛弧后缘的盆地；对于台湾西部的盆地，则属于弧－陆碰撞型前陆盆地或海相前陆盆地（许淑梅等，2017）；对于大陆板块碰撞边界上的而言，是陆－陆碰撞型前陆盆地。弧后前陆盆地与边缘海盆地的区别不仅表现在基底地壳不同，还表现在盆地边缘的弧侧有无与弧平行并向弧后（向大陆）逆冲的褶皱冲断带，因此，盆地内的应力状态通常是挤压的或稳定的。盆地的沉降作用，部分是大陆板块边缘沿陆内俯冲带进入到岩浆弧下引起岩石圈挠折的反映，部分是褶皱冲断岩片的构造负载引起均衡沉降的结果。

2.3.3　弧后盆地成因模式

边缘海盆可能有多种成因。但其中某些海盆具有的性质表明，其成因类似于扩张洋中脊形成大洋岩石圈的作用过程。边缘海盆地作为除洋中脊外的另一种产生新洋壳的所在地，其研究对了解造山带的演化和蛇绿岩套的成因非常重要。

（1）形成机制

边缘海盆地的洋壳性质、张性断裂构造、高热流值、重力异常值以及地震低 Q 带等特征表明，大部分边缘海盆是由扩张作用而形成。这一观点是 Karig（1971）最早提出的，他认为边缘海盆地张开是岛弧裂离大陆、向洋侧运移，或岛弧本身裂开的结果，边缘海盆地中可能存在生成新洋壳的次级扩张中心。

在某些边缘海盆识别出的磁异常条带支持了扩张成因说。DSDP 和 ODP 的钻孔资料揭示，绝大部分边缘海盆的年龄不老于新生代，它们显然具有扩张新生性质。从这些海盆中获取的拉斑玄武岩类岩石和地球化学资料表明，它们在成分上的变化范围也与 MORB 部分一致。

最可能的成因是：橄榄质地幔的分离熔融和在缓慢扩张（速率为 1~2cm/a）岩石圈中的侵位。推测边缘海盆地玄武岩化学上的微小变化，受到熔融分离的深度、地幔熔融的范围或随后分离结晶的范围控制。一般来说，这些玄武岩的演化有点像 MORB，其化学成分变化可能与海盆下温度梯度的差异有关。现在，越来越多的人相信，一些活动的边缘海盆也是热地幔物质上涌的地方，在那里也发生着活跃的海底扩张。这就是说，边缘海盆是除洋中脊以外，形成新洋壳的又一构造单元。

当然也不能一概而论，像阿留申海盆也可能是古大洋的残留部分，某些海盆也许是在被动边缘背景上张开的大西洋型小洋盆，有些边缘海盆地基底是深海台地或高原堵塞俯冲带后形成的。

从动力学角度考虑，边缘海盆的形成机制有主动扩张机制和被动扩张机制两种。但是，对于一些在陆缘（大陆地壳）基础上张开的边缘海盆地来说，在海底扩张发生之前，它们还经历过大陆地壳的裂陷作用。在发育了俯冲带的大陆边缘，大洋板块的俯冲作用使陆壳在拉张作用下伸展变薄，拉薄了的地壳又会在均衡作用下陷落。在这种情况下，如果有来自地幔的基性-超基性岩浆上侵，可使拉薄了的陆壳变密加重、陆壳转化为极度薄化的陆壳。随着大洋岩石圈板块的持续俯冲，海底扩张进一步发生，逐渐形成边缘海盆地。

A. 主动扩张机制

主动扩张机制认为边缘海盆的扩张是由上涌的地幔物质引起，强调地幔物质上涌的主动性。有热底辟和次生对流两种模式。

热底辟模式的主要论点是，大洋岩石圈不断向岛弧之下俯冲。在下潜板块与上覆板块之间，由于剪切摩擦生热作用，温度升高，以致可能克服黏滞阻力，导致产生一种高温低密度的异常地幔物质，即热底辟，自俯冲板块上表面浮升。热底辟的膨胀和浮升，可以克服俯冲边界存在的压应力，从而导致弧后区的扩张活动，并在热底辟上涌开始后不久，于地表出现玄武质火山活动和高热流。异常高温的地幔物质在其就位以后，通过传导冷却，使地表拉张活动停止后，很长时间内仍保持着高热流。

次生对流模式的学者认为，岩石圈的俯冲作用在软流圈内引起的次生对流，对边缘海盆的扩张起着重要作用。俯冲的岩石圈把一部分低黏度的软流圈物质向下拖曳，直到黏度或密度增高后流动发生偏转，于是就得到这样一种次生流动型式，热的软流圈物质上升到弧后盆地下面的岩石圈底部。热物质上涌使岩石圈变热，对流运动引起的拉张作用使地壳破裂，最后导致边缘海盆扩张。

B. 被动扩张机制

主动扩张机制似乎可以解释西太平洋边缘海盆的形成，但同样具有俯冲带的东太平洋安第斯型陆缘何以无边缘海盆形成？于是有学者提出了被动扩张机制，这种机制认为地幔物质的上涌是被动的，它受板块之间运动方式的控制。如果上覆板块与岛弧–海沟体系之间为分离运动，这就为弧后扩张提供了空间，可以因降压促使地幔物质熔融上涌，从而引起边缘海盆扩张。

被动扩张机制又分为两派。一派认为深部制约因素是关键，通过深部构造研究提出，西太平洋边缘海盆成因机制也可能是中国西部的软流圈物质东流，强迫太平洋板块俯冲后撤，引起东亚陆缘的裂解（Liu et al.，2004；Li et al.，2012；Kusky et al.，2014）。

另一派强调浅部因素。例如，Molnar 和 Atwater（1978）对同样发育有俯冲带的太平洋东、西两缘的差别进行了解释。他强调浅部洋壳年龄存在差异，太平洋东缘俯冲的板块比较年轻，距东太平洋海隆近，按照大洋岩石圈演化的年龄–厚度关系，其浮力较大，俯冲角度较缓不容易潜入软流圈，于是大陆板块仰冲于俯冲带之上，则形成安第斯型陆缘，而不会形成边缘海盆。然而，太平洋西缘俯冲的板块比较古老，离东太平洋海隆较远，古老而冷的大洋板块较为致密，俯冲作用主要在自重作用下发生，因而俯冲带较陡。当大洋板块在自重作用下俯冲潜没时，会促使海沟–岛弧向海洋方向迁移，所让出的空间有助于边缘海盆张开。同时，沿岛弧的火山活动带也提供了便于边缘海盆张开的薄弱带。

上田诚也（1979）综合研究了俯冲带的热力学问题，分析了边缘海盆地的地磁异常资料，把边缘海盆地的形成机制，归纳为下列三类。

1）洋中脊俯冲作用：具有扩张脊的海底向大陆下面俯冲（参见2.6.4小节），使弧后板块发生扩张作用，形成具有洋壳基底的弧后盆地，不仅热流值高，而且具有从海盆中央向两侧呈对称式分布的磁异常条带，如日本海盆、南斐济海盆等。

2）转换断层的圈闭作用：因转换断层作用或转换断层在后期板块运动方向改变时转变为俯冲带，产生新的岛弧–海沟系统，把一部分洋底圈闭起来，形成弧后盆地。因此，其磁异常条带分布应与原来的大洋底一致，而其热流值却较低，如白令海盆、西菲律宾海盆等。

3）漏缝转换断层作用：由于两个运动的板块间存在巨型剪切作用，并伴随张扭性裂谷产生，即漏缝转换断层，结果形成边缘海盆地。李三忠等（2012）称其为由陆缘走滑拉分作用所致的边缘海盆地，如安达曼海盆、加利福尼亚海盆、南海海盆等。

也有学者认为不存在全球性的地幔对流，软流圈地幔对流可能是因板块运动而产生的被动对流或局部流动。软流圈的这种热运动从全球来看，可以认为是固定的。从这种观点出发，将边缘海盆的成因分为以下4类。

1）板缘拉张型即卡里格的板块俯冲作用导致弧后扩张作用，其特点是边缘海盆地与岛弧、海沟伴生，边缘海盆地有自己的扩张轴，盆地内有对称式分布的磁异常条带，热流值较高，如西太平洋的边缘海盆地。

2）岛弧（或大陆）圈围型包括上田诚也分类中的转换断层圈闭型及转换断层漏缝型，这类边缘海盆的地壳性质与邻近的洋壳有关，一般无拉伸扩张痕迹，它是原有老的洋底被新生岛弧或外来陆块、地体所圈围的结果，如阿留申海盆、加勒比海盆。

3）圈围拉张型边缘海盆既有原来老洋底被圈围部分，又有后期扩张作用产生的新洋壳，如苏拉威西海盆、苏禄海盆、班达海盆等。

4）陆间陆内型边缘海盆指地中海等欧亚大陆与非洲大陆之间的一系列海盆，其特点是热流值高，有扩张作用，但无岛弧分布。

（2）形成模式或扩张方式

边缘海盆地或弧后盆地形成的扩张作用主要动力来源包括板块裂开、地幔物质的上涌和贯入、弧后板块的后退、软流圈流动等。根据现代西太平洋活动大陆边缘弧后盆地的形成机制，将弧后盆地的扩张模式归纳为以下6种类型（图2-48）。

模式A被称为主动张裂模式，是由岛弧底部俯冲板片熔融作用、幔源物质发生上涌而导致弧后扩张。然而，有学者对俯冲板片熔融的可能性提出质疑，原因是其没有得到深反射地震等剖面的证实，但俯冲脱水、脱碳则被普遍认可为地幔楔发生熔融的重要促进因素。

模式B是一种单纯动力机制——弧后大陆边缘盆地发生机械扩张，海沟位置固定，导致地幔楔发生次级对流，使得上覆板片张裂，弧后板块远离海沟运动，发生弧后张裂。

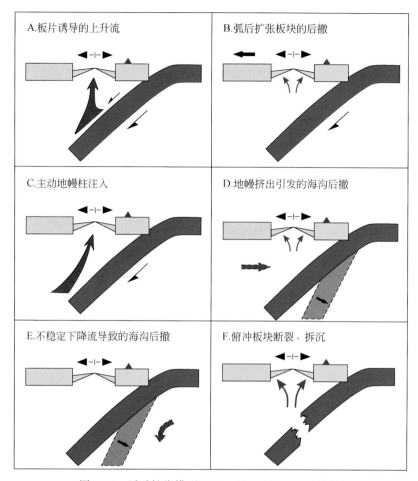

图 2-48　弧后扩张模型（Tamaki and Honza，1991）

模式 C 是由地幔物质主动注入所致，这种地幔物质主动注入或者是由岛弧后热点/热区生成，或起源于外侧对流系统引起的地幔楔内部物质的主动上涌，它们都可能导致弧后主动裂解。

模式 D 是地幔挤出作用导致的海沟后撤，俯冲角度变陡。该模式早先认为，地球自转效应，导致地球外部的岩石圈线速度大于下部相应的软流圈运动的线速度，这必然导致浅表运动快于深部，因而相对岩石圈而言，软流圈流向俯冲带方向，使得俯冲板片挠曲，因而俯冲角度变陡，进而使得地幔楔总体向俯冲带方向流动，且弧后还形成次级地幔对流。但现今有学者认为地球自转效应太弱，因而强调是由印度-欧亚板块碰撞导致的中国西部软流圈受强迫向东流动所致（Li et al.，2012），现今层析成像似乎更支持西太平洋边缘海盆地是这种模式所致。这类弧后盆地一般具有洋壳基底性质，弧后区为深海至半深海环境的小洋盆地，限于边界条件，几乎缺乏陆源输入来源，因此，这里不发育陆源沉积建造，而只发育由岛弧火山来源形成的火山沉积建造，如拉斑玄武岩建造、海相火山碎屑沉积建造、火山复理石建造及碳酸盐复理石建造。

模式 E 是由俯冲板片下部的软流圈流动形成，因为当俯冲盘的软流圈流动下沉或俯冲板片发生相变，密度变大时，俯冲板片相变产生的负浮力或板拉力会导致俯冲大洋板片回卷，引起弧后裂解；或者是当俯冲板片下部软流圈流动较快，特别是对流环上部线速度大于相应对流环下部的线速度时，对流环上部拖动俯冲板片的水平运动距离较下部的大，这也会导致俯冲角度变大。

模式 C~E 皆可以称为被动张裂模式。但是，西太平洋的这些边缘海盆地之间还存在巨大不同，不能简单用俯冲角度变陡或地幔挤出作用说明它们之间的差异。

模式 F 可能适用于早期活动陆缘弧深部因俯冲板片相变为高密度矿物相后，发生板片断离、拆沉，进而诱发上覆板块发生裂解。中国东部中生代安第斯型活动陆缘向日本型活动陆缘转变过程中可能发生了这种深部过程。

（3）活动大陆边缘弧后盆地的岩石圈动力学

当大洋板块向大陆板块下俯冲时，上覆板块的边缘可以有沟-弧-盆体系发育，也可以不发育弧后拉伸盆地。为什么同属上覆板块边缘却以这两种完全不同的体系演化？造成这两种不同演化体系除了与俯冲板片的年龄有关外，还可能主要与俯冲板片的形貌不同所导致的局部地幔对流方式的差异性有关。

由于俯冲的倾角、俯冲达到的最大深度以及俯冲板片在 670km 的上、下地幔过渡带处保存的形态等因素不同，仰冲板块边缘之下软流圈对流方式不一，从而，这决定了岛弧近陆一侧是否会发生岩石圈拉伸的动力学过程。

Uyeda（1983）在论述活动大陆边缘板块构造演化时，首次提出了高应力型（智利型）和低应力型（马里亚纳型）两类岩石圈动力学作用方式不同的活动大陆板块边缘。当活动陆缘以沟-弧-盆体系发育时，较古老的洋壳板块以高角度慢速俯冲引起岛弧后侧地幔上隆，促使岩石圈拉伸。安第斯型活动陆缘则主要是较年轻的洋壳板块，以低角度相对快速俯冲，引起海沟外侧大洋岩石圈隆起（lithospheric buldge），使得陆缘弧区挤压强烈，故不发育拉伸的弧后盆地。

尽管大陆边缘地质和地球物理学研究不断深入，但这一经典的动力学模式尚有许多问题未得到合理的解释。

首先，该模式并没有从根本上说明同属仰冲板块边缘却可以以两种完全不同的板块构造体系演化的真正动力学差异。高应力和低应力只是一种动力大小上的区别，其促使岩石圈变形的力作用方式在本质上是一样的，即均属挤压。因此，高应力和低应力很难说明有或没有弧后拉伸的本质问题。

其次，地幔柱构造（mantle plume tectonics）无疑为岩石圈变形提供了动力

（Fukao and Maruyama，1994），该模式也认识到了俯冲角度差异对地幔对流可能的影响。

在弧后盆地与海沟之间，发育有链状活动火山弧。在成熟岛弧中，火山岩以钙碱性系列为主。与大洋岛弧不同，钙碱性系列火山岩的成因过程如下：俯冲下去的含水洋壳发生局部熔融，产生酸性岩浆，与上地幔发生壳-幔相互作用，形成橄榄辉石岩、辉长岩底辟，经底辟上升、熔融、分异而成。在岛弧与海沟之间，它一般均不发育混杂堆积体或增生楔状体，而岛弧外侧沉积物被刮削俯冲传送到地幔中。

大洋板块向大陆板块下俯冲产生的岩石圈动力学效应，长期以来一直是地球科学研究中的前沿问题。自板块构造理论诞生以来，普遍认为地幔对流是岩石圈板块发生水平运动的动力学来源。然而，由于对对流层边界条件认识的不足，加上对上、下地幔过渡带的物理状态等还存在认识局限，至今对地幔对流方式的认识分歧较大。不论是双层对流还是全地幔对流，均无法合理地解释上述活动大陆边缘板块构造演化体制上存在的差异性。

具高热的地幔因对流而上升形成热幔柱。它在岩石圈中的直接表现是岩石圈热结构发生异常。这在拉伸的弧后盆地区表现最为典型。从弧后区岩石圈热结构来看，活动陆缘虽具明显高于克拉通盆地的热状态，但通常情况下，具拉伸的弧后盆地区比不具拉伸的弧后盆地区，在岛弧内侧具更高的热流分布（表2-6）。这说明弧后盆地内具有类似洋内热幔柱的上升地幔流。那么，什么因素促使弧后盆地内有热地幔上升，并由此造成岩石圈动力学处于拉伸状态呢？目前认为这可能与俯冲板片形貌不一所控制的对流层边界条件不同具有密切的联系。

表2-6　环太平洋区主要弧后盆地内地壳热结构　　（单位：HFU）

盆地名称 热流	马里亚纳	拉乌	斐济	日本海	鄂霍茨克	阿留申
大地热流值	0.1~8.3	0.5~3.8	1.4~10	1.0~4.4	1.5~3.0	0.9~1.3
平均	2.5	2.2	2.9	2.2	2.3	1.1

通过太平洋西岸俯冲带形貌特征的总结，就发育有弧后盆地的活动大陆边缘而言，由俯冲下去的冷而硬的洋壳板块所构成的对流边界十分特殊。它的形态在670km过渡带之上一般均以很高的倾角俯冲，当俯冲达到670km上、下地幔过渡带时，它要么呈膝折状变为水平，要么继续向下地幔深处俯冲。而且，在670km过渡带矿物学相态由尖晶石、富铝辉石、镁铝榴石转变为钙钛铁矿、镁方铁矿等，使界面上下密度相差达$0.61g/cm^3$，黏度也明显增大，压力增大近$100×10^8Pa$。由此，地幔过渡带在一定程度上将阻碍由俯冲诱发的对流向下地幔中进一步扩展。

高角度俯冲时，由摩擦诱发的上地幔对流延伸到670km，它将全部或大部分被折返形成向上的环流（图2-49），并由此造成相应上升回流处上地幔的上隆和岩石圈拉伸。就智利型和马里亚纳型活动陆缘而言，这一深部过程是一致的。

对于马里纳型大陆边缘，由于俯冲倾角大，这一上隆的地幔热幔柱在水平方向上距海沟的距离很小（L很小）。于是，当上升回流产生的力足够大时，它完全可以将介于上隆热地幔与海沟之间的岩石圈板块撕裂，形成弧后盆地［图2-49（a）］。

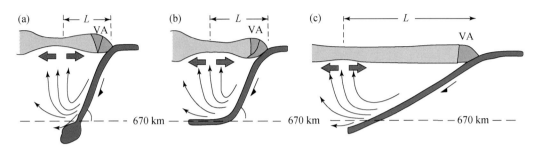

图2-49　俯冲板片形态、地幔对流方式和岩石圈动力学关系

就智利型俯冲带而言，由于俯冲倾角在岩石圈和上地幔中分布十分平缓。在这种情况下，俯冲摩擦也将诱发地幔对流，加之670km地幔过渡带也会使俯冲产生的上地幔下降流发生折返，形成上升回流的热幔柱。但由于上升环流形成的热地幔上隆区距海沟距离很大（L很大），这样即使上涌的地幔流提供了相当的力，但毕竟因距离L太大，也很难将如此巨大的岩石圈板块裂离［图2-49（c）］。从而，当俯冲倾角过小时，将不利于发育拉伸的弧后盆地。可见，因俯冲板片形貌特征不一，它诱发的地幔对流方式也不尽相同，由此控制了活动大陆边缘演化的岩石圈动力学过程。

总之，由地震层析成像提供的俯冲板片形貌分析表明，因俯冲板片形态不一，控制活动大陆边缘上地幔三角楔对流的边界状态不同，由此造成仰冲板块边缘下方局部地幔，上升回流距火山弧间距离差别较大。就马里亚纳型大陆边缘而言，上升地幔流更近于海沟一侧；而就智利型俯冲带而言，上升地幔流更偏离于海沟一侧。这种局部地幔对流的形态和强烈程度的不同，它可能是马里亚纳型和安第斯型活动大陆边缘差异演化的地球动力学本质。

2.4　岛弧体系

2.4.1　岛弧地貌特征及类型

东亚大陆边缘最引人注目的地貌格局就是沟–弧–盆体系。紧邻大陆的海岸线外侧是宽窄不一的大陆架，这些大陆架在构造上多表现为伸展构造，具有被动大陆边缘的性质。大陆架外侧常为边缘海，由北向南，依次有鄂霍茨克海、日本海、东海的冲绳海槽、南海及菲律宾海等（图 2-50）。边缘海的外侧为岛弧，岛弧外侧常为与之平行的深海沟，个别岛弧内侧也有海沟。这种紧密相关的构造地貌格局或地貌单元组合（图 2-51），通常简称为沟-弧-盆体系。

图 2-50　西太平洋的边缘海盆地分布

红色圆圈代表热点或地幔柱：Balleny-巴勒尼，Caroline-卡洛琳，East Australia-东澳大利亚，Erebus-埃里伯斯，Hawaii-夏威夷，Hainan-海南，Heard-赫德，Kerguelen-凯尔盖朗，Lord Howe-豪勋爵，Tasmanid-塔斯马尼亚

　　在海沟外侧或边缘海盆中，还存在一种海底岭脊。这种岭脊一般与岛弧或岛弧性海岭斜交，其高度较低，只有很少部分出露海面。从其物质构成来看，主要为火山成因。过去在研究沟-弧-盆地貌的形成问题时，很少考虑这种海底岭脊的作用，或者它们与这种海底岭脊之间的关系。实际上，从岛弧-海沟系统的弯曲及接触形

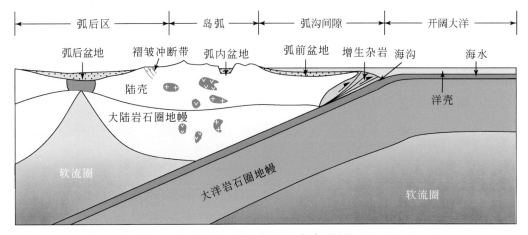

图 2-51　岛弧型活动大陆边缘的构造地貌单元划分（Condie，1982）

式来看，这种岭脊对岛弧、海沟的布局起着重要作用，它们之间密切关联才构成东亚边缘海域完整的地貌格局。

2.4.1.1　沟-弧-盆体系地貌特征

（1）岛弧-海沟体系的不连续性与分段性

由于岛弧和海沟在大陆边缘的地貌格局中的突出特性，以及过去强调大洋板块主动对大陆板块的俯冲作用，人们一般只注意岛弧-海沟系统的连续性，而忽略了岛弧-海沟系统各段的差异及不连续性。例如，将千岛海沟、日本海沟、小笠原海沟和马里亚纳海沟连成一体（图 2-50），作为太平洋板块向亚欧大陆板块俯冲的边界；将西南日本海沟、琉球海沟及菲律宾群岛东侧海沟连成一体，作为菲律宾海板块向亚欧大陆板块俯冲的边界。

仔细观察岛弧和海沟的地形等深线，不难发现，不仅岛弧不是连续的，海沟也常被一些海底高地或海岭分隔为若干不连续段。同时，海沟延伸方向也发生明显转折，如在 145°E、40°N 海平面之下 6000m 深处，存在一高地（襟堂海岭），将千岛海沟和日本海沟分开，千岛海沟南段延伸方向为北东向，而日本海沟北端近南北方向，二者角度相差 45°以上；小笠原海沟南段向南偏西延伸，而马里亚纳海沟北端向北西方向延伸，二者延长线的夹角在 70°以上，其间为一近东西向的马尔库斯内克海岭，高出两侧海沟底 3000～5000m。马里亚纳海沟南段，在 140°E、11°N 附近，海沟发生近 90°的转折，140°E 以东的海沟为近东西方向，以西的海沟为近南北方向，这一转折与卡罗琳海岭有关。菲律宾海板块西侧的海沟也存在明显转折的不同方向段（图 2-50）。其中，一些形态和分段可能是海山俯冲的结果（Zhang et al.，2016）。

（2）岛弧–海沟系统的弯曲形态

东亚岛弧–海沟系统有一个显著的特点，即都呈弧形弯曲。而且，尽管长短不一，延伸方向不同，曲率也不同，但是几乎所有的岛弧–海沟系统弯曲的凸面都朝向海洋，即朝向东或东南方向，弧的端点或与大陆上半岛连接，或与其他岛屿相连，弧与弧的夹角多近似呈直角，有的甚至呈锐角，如千岛弧与阿留申弧的夹角。当前，学者提出了一些新的构造模式并给予了解释，比如弯山构造、对开门构造（见 2.6.3 小节）等。

（3）岛弧–海沟系统与其他海岭的关系

岛弧连同其未出露海面的部分，构成完整的岭脊，在其内侧边缘海盆和外侧的深海沟的衬托下，显得格外突出。另一种海岭分布于边缘海盆地或大洋海盆之中，其两侧没有深海沟，但岭脊高于海盆底部。前者一般称为岛弧，后者称为海岭或海脊。在两个岛弧–海沟体系的交接地段，一般都有海岭将它们分开，特别是海沟，不仅被海岭分隔为不同的段落，而且发生明显的转折（图 2-50）。例如，千岛弧与阿留申弧呈锐角相交，角顶端指向大陆，交角的背面，相当于角平分线的位置，为一海底高地与皇帝海岭相接，海岭高出两侧洋底 3000～4000m，其北端高出海沟底 4000m；西南日本海沟和琉球海沟的交角顶端指向朝鲜半岛，角平分线对应九州–帛琉海岭的北段；台湾–菲律宾岛弧为 NNE 或近南北方向，琉球弧南段为近东西方向，二者相交近直角，角顶点指向中国大陆，角平分线对应为 NW 向的菲律宾海中央盆地海岭；在马里亚纳弧南段明显转折的地方，对应为卡罗琳海岭。在这些海岭指向大陆的一端，岛弧–海沟体系均向大陆弯曲，而在海岭与海岭之间的地段，岛弧海沟系均向大洋方向凸出。

2.4.1.2　沟–弧–盆体系类型

根据俯冲带（岛弧区）岩浆活动构造环境、地壳组成及岩浆成因的差异，可将沟–弧–盆体系进一步划分为两类：洋内弧–洋内弧间盆地–洋内海沟体系（本书简称洋内沟–弧–盆体系）和发育于活动大陆边缘的海沟–陆缘岛弧–弧后盆地（边缘海盆地）体系。

（1）洋内沟–弧–盆体系

洋内弧是指一个大洋岩石圈板块俯冲到另一洋壳板块之下所形成的火山岛弧或岛链。这些洋内岛弧常常因弧后次级海底扩张导致裂解，产生洋内弧间盆地；或者洋内弧形成之初，围捕原来的洋盆，形成小洋盆而与原大洋分隔（图 2-52）。当洋壳板块俯冲时，其上层的海洋沉积物常在弧前区形成一个增生楔。通常认为，洋内岛弧环境的玄武质岩浆活动主要与俯冲板片之上的楔形地幔区的部分熔融有关。

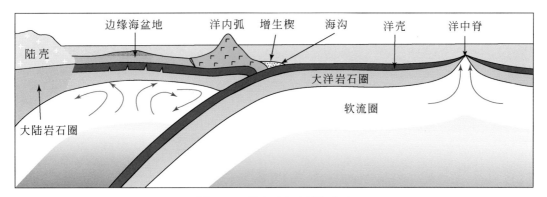

图 2-52　洋内弧和边缘海盆地

（2）活动大陆边缘沟–弧–盆体系

活动大陆边缘与洋内弧环境不同，仰冲在俯冲洋壳之上的不是洋壳板片，而是大陆岩石圈板块（图 2-51）。陆缘弧岩浆活动以钙碱性系列火山岩为主，安山岩是主要的岩石类型。岛弧地带安山岩的形成，一般都要经历复杂的变异过程，包括不同源岩形成的熔浆混合、含 H_2O 流体对上覆地幔楔的交代作用、相对富 SiO_2 的熔体与地幔橄榄岩的反应、在深处形成的富 H_2O 岩浆在上升过程中不可避免的结晶分离作用，以及岩浆与地壳岩石的混染作用等。弧后（边缘）盆地是半封闭的盆地，或处在岛弧体系之间的一系列小海盆。一般认为它们是弧后区次级海底扩张的产物。

2.4.2　岛弧演化与类型转换

（1）老的安第斯型陆缘与岛弧碰撞形成新的安第斯型陆缘

岛弧与老的安第斯型陆缘相互靠拢和碰撞，可以有 3 种形式（图 2-53），最终形成新的安第斯型陆缘。

1）岛弧与活动大陆边缘的背向俯冲–碰撞：碰撞前，两者之间可以是边缘海盆地或大洋盆地，存在着一对倾向相反的俯冲带［图 2-53（a）］，两者之间的洋壳在碰撞前同时相背向大陆边缘和岛弧之下消减，最终导致岛弧与活动陆缘碰撞。

2）活动大陆边缘与岛弧的同向俯冲–碰撞：两者碰撞前，所夹的一般是边缘海盆地，有一对倾向相同的俯冲带［图 2-53（b）］，活动陆缘处的俯冲消亡作用，最终导致边缘海盆地收缩关闭。

3）活动大陆边缘与不活动岛弧之间的单向俯冲–碰撞：不活动岛弧随大洋板块向陆侧推移［图 2-53（c）］，并且大洋板块向大陆边缘之下俯冲消减，最终导致岛弧与活动大陆边缘碰撞；碰撞后，老俯冲带被堵塞，新俯冲带跃迁、转移到原不活动岛弧的洋侧，俯冲带的倾向保持不变。

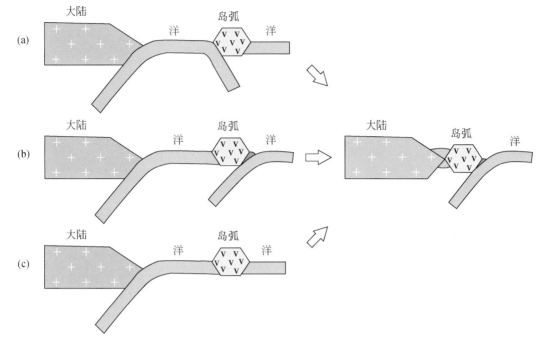

图 2-53　岛弧与大陆碰撞的 3 种形式（金性春，1984）

（2）岛弧亚型大陆边缘的演化

大洋板块的俯冲作用刚开始时，俯冲作用是沿大陆边缘发生的，与安第斯型陆缘的情况类似。如果俯冲作用导致弧后盆地张开，由陆缘山弧裂离的碎块漂离大陆，成为边缘弧（如日本岛弧），但其陆壳结构仍然保留着。由俯冲作用导致的火山–深成岩浆活动，常使陆缘系列岛弧的地壳增厚，如日本岛弧轴部地壳厚约 35km，陆壳向日本海沟及日本海盆方向分别逐渐减薄，以至尖灭。如果弧后盆地在俯冲作用下逐渐关闭，边缘弧重新与大陆汇合，又可转化为裾弧或陆缘山弧。

陆缘系列岛弧多由安山岩和英安质岩石组成，伴生的深成岩体以花岗岩岩基为主，还有陆相火山碎屑岩层以及少量辉长岩和闪长质岩体。其年代一般较老，往往具有较古老的地块核心，周围被新生代和现代活动陆缘型火山–沉积岩的地层环绕，如日本弧（有前寒武纪的变质岩）、琉球弧、菲律宾弧和苏门答腊–爪哇弧等。它们在地质历史上经受多次褶皱、变质和岩浆活动，表现为新老岩浆弧的交切和重叠。此外，岛弧也可能因为存在大陆边缘地体的拼贴过程，进而其演化表现得更为复杂。

2.5 洋内消减系统

全球俯冲带的总长度约为 43 500km,与火山岛弧的总长度大致相同(von Huene and Scholl,1991)。火山岛弧形成于俯冲带上方,而大洋板块俯冲进入地球内部发生再循环,这些现象是板块构造最直观的表现形式,同时也是地球散热的主要机制,即地幔对流。这些火山岛弧大部分坐落于大陆地壳之上,通常情况下,地表会形成大规模的火山,如安第斯、日本、喀斯喀托以及中美洲地区。很多关于俯冲带的研究都聚焦于这些大陆岛弧,这主要是因为这些大陆岛弧易于接近,与金属成矿作用有明显的相关性,同时也与火山及地震灾害相关联。然而,洋内弧(intra-oceanic arcs)却很少被人关注。

洋内弧是最简单的俯冲系统,其俯冲带上的上覆板块(overriding plates)为洋壳,这和大陆边缘俯冲消减系统不同。洋内弧占全球俯冲型板块边缘的 40%(图 2-54)。大约长 17 000km,也就是接近 40% 长度的火山岛弧并不是坐落于大陆板块边缘,而是分布在大洋地壳之上(图 2-54)。最典型的有伊豆–小笠原–马里亚纳弧(Izu-Bonin-Mariana Arc)、汤加–克马德克弧(Tonga Kermadec Arc)和瓦努阿图弧(Vanuatu Arc)、所罗门弧(Solomon Arc)、新不列颠弧(New Britain Arc)、阿留申弧(Aleutian Arc)西段、南桑威奇弧(South Sandwich Arc)和小安的列斯弧(Less Antilles Arc)。这些弧代表了洋壳转换成陆壳的第一个阶段,比大陆弧更少见。洋内弧有着特殊的地壳结构和物质组成,洋内弧喷发的岩浆没有古老硅铝壳的混染,其成分是地幔楔部分熔融过程的准确记录,因而,洋内弧也是中–酸性地壳和火山岩初始形成的场所,可能代表了基性下地壳部分熔融形成安山质陆壳的早期阶段。

洋内弧也是运用地球化学和地球物理方法研究俯冲板片周边地幔流的最佳场所,是热液活动和成矿作用的重要场所。该区热液活动比洋中脊的热液喷口要浅,因此,对环境的冲击效应更大。

洋内弧是洋盆内的岩浆弧,形成于大洋板块地壳之上。这种地壳可能是形成洋中脊或者弧后扩张中心的洋壳、海底高原的部分地壳,也可能是俯冲带弧前大洋沉积物或者更早期的洋内弧物质增生形成的地壳。构成洋内弧基底岩石的多样性也意味着其本身的复杂性,特别是在马里亚纳岛弧上发现的 800Ma 锆石,更是让人琢磨不透其成因,也许可以考虑洋内弧上覆基底地壳包含大陆地壳。事实上,现今活跃的洋内弧中只有中、西阿留申(Aleutian)岛弧的地壳是形成于洋中脊的。洋内弧就相当于硅镁质地壳岛弧(Saunders and Tarney,1984),也就是近似相当于 Wilson(1989)提出的"大洋岛弧"。

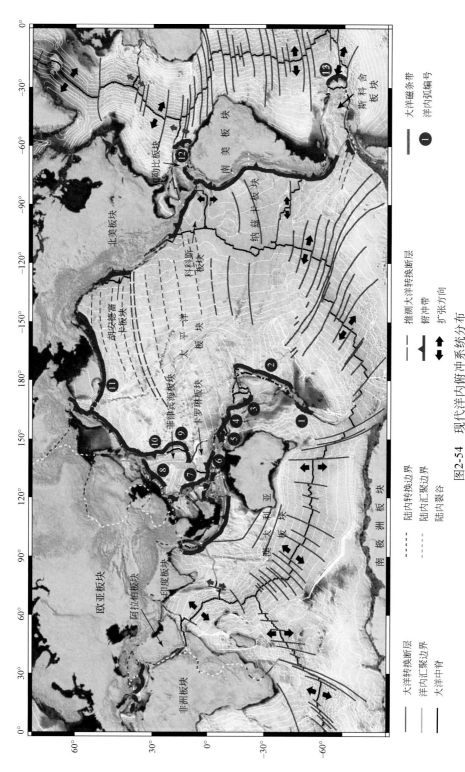

图2-54 现代洋内俯冲系统分布

蓝色箭头曲线表示俯冲带的位置;蓝色细线表示板块边界。1-麦夸瑞(Macquarie);2-汤加-克马德克(Tonga Kermadec);3-瓦努阿图(Vanuatu);4-所罗门(Solomon);5-新不列颠(New Britain);6-哈马黑拉(Halmahera);7-桑义赫(Sangihe);8-琉球(Ryukyu);9-马里亚纳(Mariana);10-小笠原(Bonin);11-阿留申(Aleutian);12-小安的列斯(Less Antilles);13-南桑威奇(South Sandwich)

2.5.1 洋内弧特征

全球洋内弧的主要分布位置如图 2-54 所示。除了北太平洋的阿留申岛弧以及大西洋的小安的列斯（Lesser Antilles）和南桑威奇（South Sandwich）岛弧外，所有的洋内弧都位于西太平洋。不同岛弧的主要物性特征对比见表 2-7，洋内俯冲系统的剖面结构和构造单元组成如图 2-55 所示。

表 2-7　洋内俯冲系统参数

岛弧	汇聚速率/(mm/a)	俯冲板片年龄	沉积厚度/m	沉积类型	增生/非增生	弧后扩张	地壳厚度/km
汤加-克马德克	60~240（自南向北）	>100Ma	70~157	深海黏土,燧石,白陶土,火山碎屑	非增生	帕劳海盆洋壳扩张并发育有热液喷口	
瓦努阿图	103~118	始新世—渐新世	650	火山,火山碎屑,钙质软泥	非增生	北部斐济海盆的洋壳扩张	
所罗门	135（所罗门）97（澳大利亚）	5~0Ma		黏土,火山碎屑,钙质软泥	非增生	无	
新不列颠	80~150	45Ma				马努斯海盆的洋壳扩张并伴有热液喷口的发育	
马里亚纳	>50（南）>70（中）	152Ma	460	硅质软泥,火山碎屑,深海黏土	非增生	马里亚纳海槽的弧后扩张	
小笠原	>47（南）>61（北）	144~127Ma	410	硅质软泥,火山灰,钙质软泥,深海黏土	非增生	有	20
阿留申	66~73（自东向西）	62~42Ma	500	硅质软泥,黏土,泥页岩	增生	无	30
小安的列斯	20	侏罗纪—早白垩纪（南）	410~6000	硅质软泥,深海黏土,钙质软泥,泥页岩	增生		30~35
南桑威奇	67~70	83（北）~27Ma（南）至晚白垩（北）	<200（南）	硅质软泥	非增生	东	<20

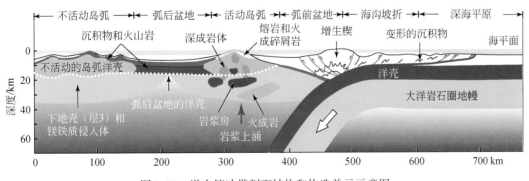

图 2-55　洋内俯冲带剖面结构和构造单元示意图

资料来源：http://www.open.edu/openlearn/science-maths-technology/science/geology/plate-tectorics/content-section-3.5

2.5.1.1 洋内弧岩石组成

马里亚纳岛弧是最典型的洋内弧系统，同时，也是海洋地球物理以及大洋钻探（尤其是 20 世纪 70 年代末 DSDP 的 58 井、59 井和 60 井）等研究最为深入的区域。自西向东马里亚纳岛弧系统包含以下部分（图 2-56）：西菲律宾海盆、九州–帕劳海脊（残留岛弧）、四国–帕里西维拉海盆、西马里亚纳海脊（残留岛弧）、马里亚纳海槽、活动的马里亚纳岛弧、马里亚纳弧前（古老的岛弧组成）、马里亚纳海沟（深达 11km）、俯冲的太平洋板块（洋壳年龄为侏罗纪）。

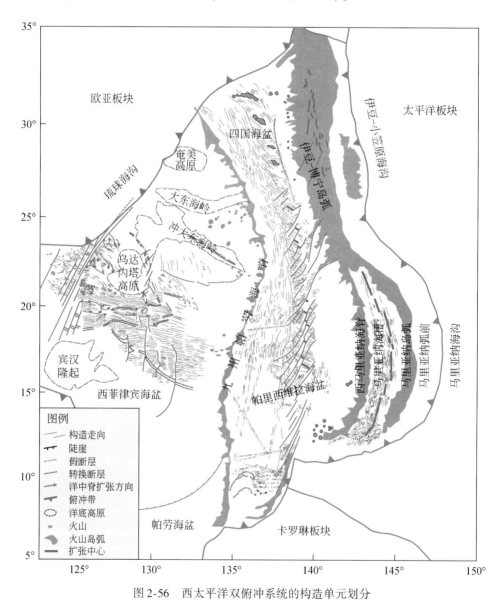

图 2-56　西太平洋双俯冲系统的构造单元划分

西菲律宾海盆：其起源不是很清楚，Honza 和 Fujioka（2004）认为是新特提斯洋向古太平洋板块之下俯冲时弧后扩张形成的洋内弧。它看起来要早于九州–帕劳海脊。其磁异常信息显示古近纪（54～34Ma）存在活跃的海底扩张运动，扩张中心为北西–南东走向的中央裂谷。西菲律宾海北部的冲大东海脊（Oki-Daito Ridge）平行于这一扩张中心，并且被认为是一个古老的残留岛弧。然而，通过冲大东海脊的钻井，获得的岩石为碱性玄武岩，并不是岛弧玄武岩。在西菲律宾海盆处钻取的样品基本是典型的洋中脊玄武岩。菲律宾海盆正向西缓慢俯冲到台湾岛下面，其俯冲速率要远小于太平洋板块向马里亚纳岛弧俯冲的速率。

九州–帕劳海脊：南北向长度超过 2000km，比周围的盆地海床高出近 2km。主要结构组成包括多孔熔岩流、岩墙和岩床，岩层之间由中渐新世软泥以及下覆的火山碎屑角砾岩。岩浆均属于岛弧拉斑玄武岩（IAT）序列，即为典型的最原始岛弧。现在它是一个不活动的残留岛弧，其活跃期在 42～32Ma。

四国–帕里西维拉海盆：磁条带表明在帕里西维拉 30～17Ma 存在弧后扩张运动，而在四国海盆北部弧后扩张的时间为 26～15Ma。靠近基底的主要是玄武质岩床，说明在靠近洋中脊轴区存在较高的扩张速率。玄武岩是多孔状的，类似于洋中脊玄武岩。该海盆整体为四国海盆洋中脊向南拓展，而帕里西维拉海盆洋中脊向北拓展，并与四国海盆洋中脊对接而成。在该小洋盆洋中脊附近也发现了海洋核杂岩。

西马里亚纳海脊：比九州–帕劳海脊更浅、更年轻。在约 1000m 的钻井深度所得到的火山碎屑物质主要包含玄武岩、玄武质安山岩、少量的安山岩以及斜长石斑晶。它们的特征都是钙碱性的，比九州–帕劳海脊具有较高的 Ba 和 Sr 含量。岛弧的活跃期为 17～8Ma，因此它现在也是一个残留岛弧。岛弧形成于四国–帕里西维拉海盆扩张运动停止时期。

马里亚纳海槽：南北向长 1500km，东西向宽 250km。地形起伏不平，高热流。磁条带发育不完善，但是显示弧后扩张运动大概在 6Ma 以前，即西马里亚纳海脊活动停止时期。在西马里亚纳海脊通过钻井发现了变质玄武岩、辉长岩和斜长岩堆晶，是否说明它是分裂岛弧的根部？马里亚纳海槽的玄武岩是洋中脊型，但是带有一些岛弧特征，且扩张运动仍在持续。在北部，硫磺岛海脊存在一个刚开始形成的弧后盆地，即小笠原海槽。

活动的马里亚纳岛弧：由大量小岛屿和海山组成，位于弧前区域的东缘。岩浆成分主要是玄武岩、玄武质安山岩和安山岩。

马里亚纳弧前：弧前区域揭示了基底沉降历史。基底为始新统（类似于九州–帕劳海脊），并包含了 3 种不同的岩浆岩类型。

1）岛弧拉斑玄武岩（特征上类似于九州–帕劳海脊）：这些岩浆岩一般来说可

以很容易地与岛弧系统的钙碱性玄武岩所区分。

2）玻镁安山岩，或者叫高镁安山岩：它们含有较高的 Si、Mg、Ni 和 Cr，被认为是相对难熔的岩石圈在湿的熔融条件下形成。

3）英安岩：基于钻井资料，发现在关岛弧前的海沟区域主要由火山岩组成，不存在深海沉积物，这也意味着所有沉积物都已经遭受了俯冲侵蚀，而弧前本身在俯冲板片摩擦作用下正经历构造侵蚀。

2.5.1.2　洋内板块汇聚速率

在小安的列斯岛弧处，汇聚速率约为 20mm/a；而在汤加岛弧北部，约为 40mm/a，俯冲速率为 50～130mm/a；在阿留申岛弧，岛弧东部的汇聚速率约为 66mm/a，汇聚方向几乎垂直于海沟（Demets et al.，1994）；而岛弧西部的汇聚速率略高，接近 73mm/a。然而，由于岛弧存在一定的曲率，因此汇聚方向越来越向西倾斜。

所罗门岛弧（Solomon Arc）汇聚速率的变化主要是由两个不同的板块俯冲所导致，即被一个活动扩张中心所分割的所罗门海板块和澳大利亚板块。三节点北部的所罗门海–太平洋之间的汇聚速率为 135mm/a，远高于南部澳大利亚–太平洋之间的汇聚速率（97mm/a）（Mann et al.，1998）。汤加–克马德克（Tonga-Kermadec）岛弧汇聚速率的变化主要是与弧后盆地扩张引起的岛弧顺时针旋转有关，在劳海盆（Lau Basin）北部的全扩张速率可以达到 159mm/a（Bevis et al.，1995）。

在某些情况下，弧后拉伸速率的不确定性，使得汇聚速率也存在不确定性，这也妨碍了通过板块运动来计算汇聚速率。马里亚纳海沟处的汇聚速率得不到很好的约束，也主要就是弧后伸展速率的不确定性所致。马里亚纳海槽弧后盆地中南部的打开速率为 30～50mm/a（Martinez and Taylor，2003）。结合 Seno 等（1993）的板块运动模型表明，马里亚纳海沟南部的汇聚速率大于 50mm/a，向北到海沟中部逐渐增加到 70mm/a 以上。

类似的不确定性也存在于伊豆–小笠原岛弧，根据 Seno 等（1993）的板块运动模型，俯冲的太平洋板块向菲律宾海板块的汇聚速率由 47mm/a 向北增加到 61mm/a。考虑到弧内裂解作用影响，海沟处的整体汇聚速率可能要再增加 1～3mm/a（Taylor，1992）。一些岛弧精确的汇聚速率已经通过大地测量全球定位系统（GPS）测得，如汤加–克马德克、瓦努阿图、小安的列斯群岛（Taylor et al.，1995；Bevis et al.，1995；Demets and Traylen.，2000；Perez et al.，2001；Weber et al.，2001）。

2.5.1.3　板块年龄

俯冲板片的年龄最老为晚侏罗世（约 152Ma）（Nakanishi et al.，1989）。例如，太平洋板块俯冲到马里亚纳岛弧之下，这是现今全球正在俯冲的最古老的海底年龄。也有年龄接近于零，如部分所罗门岛弧的年龄。沿着岛弧板片年龄的变化不是很大。对于表2-7中所给出的岛弧，俯冲到汤加-克马德克岛弧之下的板块年龄可能是不确定的。俯冲板片年龄为中-晚白垩世，形成于奥斯本（Osbourn）海槽的快速扩张运动，这一扩张中心现今已经停止活动并且正垂直于海沟进行俯冲。研究表明，奥斯本海槽最年轻的地壳可能有70Ma（Billen and Stock，2000），尽管另外一些研究认为，区域地质活动约束阻碍了奥斯本海槽的扩张，因此只能给出俯冲板片的一个最小年龄。小安的列斯和南桑威奇岛弧是俯冲板片年龄在弧内变化最大的两个区域，分别为侏罗纪或白垩纪（Westbrook et al.，1984）和83～27Ma（Barker and Lawver，1988；Livermore and Woollett，1993）。

2.5.1.4　俯冲板块地形

俯冲板块的地形存在很大变化。一些相对平坦，而另外一些包含海岭和海山，从而影响俯冲和岛弧构造活动。马里亚纳岛弧处俯冲的侏罗纪洋底上覆有白垩纪的碱性玄武岩和大量的海山而持续与海沟发生碰撞。汤加-克马德克海沟处俯冲的路易斯维尔海脊热点链造成弧前凹陷。更为引人注意的是，当特尔卡斯托（D'Entrecasteaux）海脊与瓦努阿图岛弧的碰撞造成了弧前隆起，沿岛弧中部向东插入岛弧后部，发育了一系列近乎垂直于岛弧的走滑断层。类似的，近期的所罗门岛弧的隆升，很可能是科尔曼（Coleman）海山和海沟碰撞的结果。

2.5.1.5　沉积物厚度

沉积物厚度很可能比表2-7所显示的更具有可变性，其中，一些厚度数据来源于深海钻探计划（DSDP）或者大洋钻探计划（ODP）。沉积物盖层通常要薄于基底隆起，此处较薄的沉积序列通常被作为钻探的目标。这在汇总时就可能低估了沉积物厚度。沉积物厚度和组分的变化在岛弧附近或者跨越洋-陆边界时可能是最大的。因此，俯冲板块的沉积物在到达小安的列斯海沟处向南沿着南美大陆边缘急剧增加，从而通过奥里诺科河（Orinoco）形成了一个厚达6km的浊积扇区，其中1km可能被俯冲下去，而剩余的则成为了增生杂岩体（Westbrook et al.，1988）。相反，在岛弧北部的DSDP钻井543则显示，俯冲板块的玄武岩基底上只有厚410m的沉积层覆盖。此处的反射地震剖面显示，上部厚200m的沉积物被剥蚀掉成为了增生杂岩体，而其余沉积物则被俯冲侵蚀了（Westbrook et al.，1984）。在沿着汤加-克马德克岛弧的新西兰大陆，也存在一个类似的陆源输入添加（Gamble et al.，1996）。

2.5.1.6 增生与非增生

现今大部分的洋内弧都是非增生的（图2-57），即弧内几乎没有可形成增生杂岩体的沉积剥蚀物的堆积。换句话说，所有到达海沟的沉积物（在一段时间内）都被俯冲进入了地幔。只有小安的列斯和阿留申岛弧是两个例外，这两个岛弧都有比较高的沉积物输入从而形成增生杂岩体。

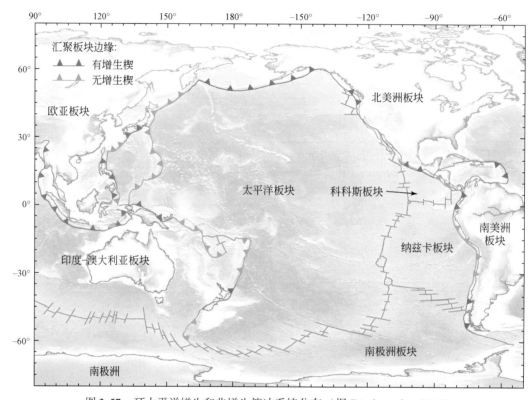

图2-57 环太平洋增生和非增生俯冲系统分布（据Frisch et al.，2011）

2.5.1.7 洋内弧后扩张

表2-8中的大部分洋内弧都与弧后裂解密切相关。只有所罗门和阿留申岛弧是例外，这两个区域没有明显的弧后扩张。在大多数情况下，弧后发生伸展或者说至少部分弧后应表现为有序的海底扩张形式。在某些情况下，这种扩张运动似乎又出现于岛弧拉张和裂解之后。

马里亚纳岛弧：有着非常复杂的形成和弧后扩张历史。它始于一个渐新世火山岛弧在29Ma发生的轴向裂解，同时，弧后区开始发育帕里西维拉海盆（Taylor，1992）；第二期岛弧裂解开始于晚中新世—上新世，此时，西马里亚纳海脊从活动岛弧裂解出去，形成了马里亚纳海槽（Fryer，1996）；现今大部分马里业纳海槽通过海底扩张打开，喷出了大量洋中脊玄武岩类型的岩浆，而在北部则是通过岛弧地壳裂解打开，此处，岛弧岩浆的成分难以分辨（Stolper and Newman，1994；Gribble et al.，1998）。

伊豆-小笠原岛弧：与马里亚纳岛弧有着类似的早期构造活动和岩浆活动历史。一个渐新世岛弧在大约 22Ma 发生裂解，在弧后形成四国盆地。然而，晚上新世以后发生第二期平行岛弧的裂解，导致弧后形成了一系列裂谷盆地，但它并没有发育成海底扩张中心（Taylor，1992）。

东斯科舍洋脊（East Scotia Ridge）：Ishizuka 等（2003）利用新的 Ar-Ar 年代学确定了岛弧和弧后的火山以及伸展活动历史，由 9 个有序的扩张段组成（洋中脊南端的长度不是很确定），中段是裂谷型且有洋中脊玄武岩喷出，而南部似乎在近期由岛弧扩张发育成海底扩张。洋中脊两端的岩浆成分逐渐趋向于岛弧类型，这里靠近岛弧火山前缘。类似的关系在劳海盆弧后和汤加岛弧之间也存在。距离岛弧火山前缘越近，水和其他来源于俯冲板片的化学示踪元素越多。这反过来又控制着弧后的岩浆补给以及地壳厚度。Martinez 和 Taylor（2003）指出，在马努斯海盆和马里亚纳海槽，也存在类似的距火山岛弧前缘距离与地壳厚度和岛弧形成前基底的关系。

岛弧厚度取决于岛弧成熟度、构造伸展或者收缩，以及岛弧形成前的基底厚度。岛弧形成前的基底可变性较大。例如，南桑威奇和伊豆-小笠原岛弧的薄地壳，可能代表了早期岛弧的发育；而小安的列斯和阿留申岛弧的厚地壳，则代表成熟岛弧。阿留申岛弧的中西段形成于白令海白垩纪大洋板块上，这是唯一发育在正常大洋地壳上的洋内弧。南桑威奇岛弧相对复杂一点，它形成于 10Ma 左右在东斯科舍洋中脊弧后的大洋板块之上（Larter et al.，2003）。

现今伊豆-小笠原岛弧是在伸展的始新世—渐新世岛弧地壳上生成的（Taylor，1992）。新不列颠岛弧覆盖在由始新世—中新世洋内弧岩石组成的基底之上（Madsen and Lindley，1994；Woodhead et al.，1998），且这一基底形成于俯冲极性反转之前（Benes et al.，1994）。类似地，新近纪哈马黑拉（Halmahera）岛弧覆盖在由古近纪岛弧火山岩组成的蛇绿岩套基底之上（Hall et al，1991），桑义赫（Sanggihe）岛弧的基底被认为是由前中新世蛇绿岩套或者岛弧地壳组成（Carlile et al.，1990）。

某些岛弧拥有更为复杂的基底组成。所罗门岛弧的基底就是如此，它现今很可能在太平洋板块边缘构成了一个弥散变形的区域。它由几个大洋地块组成，包括部分翁通爪哇（Ontong Java）洋底高原以及部分洋中脊玄武岩（Petterson et al.，1999）。小安的列斯岛弧的基底目前还不清楚，很可能是由中白垩世—古新世岛弧、增生杂岩地壳以及加勒比洋底高原的厚洋壳组成（Macdonald et al.，

2000）。这一岛弧火山岩中存在沉积物熔融来源的岩浆，证实了其普遍存在混染作用。这一混染作用向南逐渐增强，故其基底可能有古老增生杂岩体（Davidson and Harmon，1989；Davidson，1996）。同时，幔源岩浆表明沉积物输入也存在向南逐渐增加的趋势。

2.5.1.8　洋内弧的岩浆来源

现今岩浆弧的深部结构可以通过地球物理和岩石学研究得到，通过经造山运动而出露的部分岛弧的实际地貌资料得到验证。岛弧地壳的碎片比较常见，在大陆造山带也非常普遍。然而，从地幔到火山盖顶完整出露的岛弧地壳很罕见，如巴基斯坦的科伊斯坦弧（Kohistan）（Miller and Christensen，1994）、阿拉斯加的塔尔基特纳弧（Talkeetna）（Debari and Sleep，1991）以及俄勒冈的坎宁山脉（Canyon Mountain）（Pearcye et al.，1990）。它们都被认为是洋内弧。尤其是科伊斯坦弧提供了岛弧地壳的地震学和岩石学结构的关键证据。Debari 和 Sleep（1991）证实，塔尔基特纳弧可以用作物质平衡计算，并确定补给岛弧的幔源岩浆组分，结果表明这种组分是高 Mg（低 Al）的玄武岩。

洋内弧也是利用地球物理和地球化学手段研究地幔对流和俯冲关系的最好地点。洋内弧并没有遭受硅铝质大陆弧的混染。因此大部分上升到地表的岩浆，都可以保持其幔源组分不发生根本改变。目前，普遍认为，火山弧喷发的铁镁质岩浆大多数来源于地幔楔内的橄榄岩部分熔融引起的挥发分，而不是俯冲板片的直接熔融。事实上，板片熔融的特征是众所周知的，它会形成一种独特而罕见的（至少是太古代后的记录）俯冲型岩浆，即埃达克质岩浆（Drummond and Defant，1990）。

地幔部分熔融以及俯冲板片引起的地幔角流的二维模型已经发展的比较成熟。相对于洋中脊玄武岩而言，弧后扩张中心下面流向岛弧的部分熔融作为地幔流体后的萃取作用，降低了岛弧玄武岩中强不相容元素与弱不相容元素的比值（如 Nb/Yb 和 Nb/Ya）。Martinez 和 Taylor（2002，2003）用这类地幔流动模型解释了弧后盆地岩浆供应的差异问题。

日本东北部岛弧下详细的地幔地震层析成像结果以及其他一些资料，为解释地幔从弧后流向弧前提供了证据（Tamura et al.，2002；Tamura，2003）。然而，对汤加岛弧及劳海盆下的地震波各向异性测量显示，地幔流动平行于岛弧难以用俯冲板片的耦合来解释（Smith et al.，2001）。这与地球化学研究所表明的地幔流体来源于俯冲板片北缘周围的萨摩亚（Samoan）地幔柱并进入弧后却是一致的（Rogers et al.，1998）。类似的平行岛弧进入弧后的流体，在南桑威奇岛弧的北缘和南缘也是同样存在。但是，平行于岛弧的地幔流体流动，究竟是如何影响俯冲带岩浆组分和供应，目前依然是个遗留问题。

（1）原始岩浆

岛弧由地幔岩浆供应的主要元素成分，一直以来就是广为争论的话题，尤其是关于原始岩浆的 Mg 和 Al 元素含量。岛弧的基性组分可以包含不同的 MgO 含量，但是最高含量约为 8wt% MgO（少于正常岛弧），含有少量或者不含有高 Mg 的非累积组分。如此，就存在一个问题，即这一临界值是否反映了幔源母岩浆的 MgO 含量，还是说明原本含有更高 MgO 含量（10% MgO）的幔源母岩浆，只是没有喷出到地表。

事实上，这类高 Mg 的初始岩浆已经在很多岛弧被识别出来，只是通常含量非常少。它们存在于很多洋内以及大陆弧，这表明它们是岛弧岩浆作用的母体。由于它们本身的高密度，一般认为它们很难穿透地壳（Smith et al.，1997），尤其是很难穿过地壳进入岩浆房（Leat at al.，2002）。Pichavant 和 Macdonald（2003）检测了镁质岛弧玄武岩的相态关系，并提出只有含水极低的原始岩浆可以穿过地壳而不发生绝热冷却，这也解释了为什么原始岩浆在岛弧很难见到这个事实。但这又引发了新的问题：什么喷发程度的原始岩浆才能代表岛弧处幔源熔体的典型特征。

关于高 Al 玄武岩的来源，也存在许多争论，其 Al_2O_3 超过约 17wt% 的含量是岛弧典型特征的含量。Crawford 等（1987）回顾了前人的论证，并认为斜长石的堆积，是高 Al 丰度的来源。这些争论使得对岛弧岩浆的分馏历史进行模型化的难度更大，即使是在洋内弧，虽然原始岩浆通常不存在，但也会发生斑晶的增加和部分移除。

如果幔源岩浆是富 Mg 的，那么由分离结晶作用引起的原始熔体向低 Mg 玄武质熔体转化的过程必然会生成相当厚度的基性和超基性堆晶。这与某些洋内弧地壳底部存在厚达千米的高速层（P 波速度为 6.9~7.5km/s）的地震学结果是一致的（Suyehiro et al.，1996；Holbrook et al.，1999）。对科伊斯坦岛弧出露的下地壳岩石样品的地震波速测量显示，这些高速的岛弧根是由超基性堆晶岩组成（Miller and Christensen，1994）。

（2）洋内弧中俯冲板片来源的化学成分

俯冲带不仅是不同地壳和地幔储库间元素分馏最重要的场所，而且是地壳物质回返地幔的重要场所，因此，俯冲带对理解地球的化学演化历史极其重要，至少对自太古代以来的地球演化历史来说是这样。因为没有发生古老大陆地壳对岩浆的混染，洋内弧玄武岩的地球化学研究对确定不同储库的化学元素是如何通过地幔楔进行循环尤为重要。

众所周知，在化学组成上，火山岛弧玄武岩与远离俯冲带喷出的玄武岩明显不同。前者通常缺乏某些不相容微量元素，如 Nb、Ta、Zr、Hf、Ti 以及重稀土元素；同时，又富集另外一些不相容元素，如 K、Rb、Ba、Sr、Th、U 以及轻稀土元素。这是将俯冲板片所携带的"俯冲组分"添加到地幔楔起源的玄武岩中的结果（Pearce，1983；Woodhead et al.，1993；Hawkesworth et al.，1994；Pearce and Peate，1995）。

研究表明，俯冲组分可以分解成不同的基本组成部分，其中，最主要的就是沉积物和含水流体。根据俯冲带俯冲板片所携带的沉积物种类，沉积物部分（很可能是沉积物的部分熔融物）的化学组分也不同，其特征是具有高的轻重稀土元素比。在某些情况下，它具有大陆同位素特征，即高的$^{87}Sr/^{86}Sr$ 值和低的$^{143}Nd/^{144}Nd$ 值（Morris et al.，1990）。含水流体成分来源于玄武质板片的脱水作用和沉积物的排水作用，其特征是高 Ba/Th 值、Ba/Nb 值、B/Be 值和 Cs/Rb 值。换言之，其富集的是俯冲板片表面附近的温度条件下含水流体内高度可溶的元素（Brenan et al.，1995；Johnson and Plank，1999）。在某些俯冲带中，玄武质板片部分熔融的产物（埃达克岩），也可能是其中的一小部分（Bédard，1999）。然而，要理解化学元素在流体内的迁移本质还需要进一步研究流体从板片流向地幔楔后导致这些元素在喷出岩浆中的重新分配，其中，^{238}U 和含水流体成分内的其他粒子密切相关，如 Ba/Th。这种非平衡状态是洋内弧的典型特征。利用 U、Th 同位素非平衡状态可以计算板片脱水过程中 U 从 Th 分离的时间。这为确定熔体迁移的时间提供了关键证据。对小安的列斯群岛而言，迁移时间为 90kyr（Turner et al.，1996）；对汤加-克马德克岛弧而言，迁移时间为 50～30kyr（Turner and Hawkesworth，1997）；而马里亚纳和阿留申岛弧的迁移时间约为 30ka（Elliott et al.，1997；Turner et al.，1997）。然而，小安的列斯的长时间尺度很可能包含了 50kyr 岩浆滞留在地壳内的时间，而流体和熔体在地幔内的迁移时间看起来，也基本在 50～30kyr。^{226}Ra 是一种短寿命的同位素（半衰期为 1662a）。就^{235}U 而言，某些岛弧岩浆中含有过剩的^{226}Ra，但是由于其半衰期较短，它们不可能是板片脱水导致 U-Th 不平衡的结果，因此，U-Th 不平衡反映了岩浆分异过程（Hawkesworth et al.，1997）。

（3）玻镁安山岩的形成

玻镁安山岩也称玻安岩，是产出于岩浆弧（特别是洋内弧）的一种比较特殊的高 Mg、高 Si 安山岩（Crawford et al.，1989）。其化学组成表明，这种岩浆主要是由高度亏损的方辉橄榄岩岩石圈地幔经过部分熔融，随后在其运移过程中发生了不相容元素的富集作用而形成。这些不相容元素很可能来源于俯冲板片脱水形成的含水流体，或俯冲沉积物和俯冲洋壳的部分熔融。

形成玻镁质安山岩的确切环境条件目前还存在争论。大部分学者都倾向于是俯冲带的演化过程决定了其形成条件。而 Macpherson 和 Hall（2001）提出，地幔热柱引起的对流热，对始新世伊豆-小笠原-马里亚纳玻镁安山岩的产生至关重要。Descharnps 和 Lallamand（2003）也探讨了太平洋岛弧玻镁安山岩形成的构造背景，并指出一个弧后扩张中心与一个岛弧或者板块转换边界的交汇处是最有利于形成玻镁安山岩的地点。总之，目前对玻安岩的起源有多种认识，包括俯冲板块的部分熔融、早期熔融的 MORB 残余的多阶段熔融和受地幔柱/热点影响的熔融等。

有学者将玻安岩分为高钙玻安岩（高温）和低钙玻安岩（低温）。玻安岩主量、微量元素和放射性同位素的巨大变化，很有可能与源岩历史和成岩过程有关。最基本的成因模型应该考虑玻安岩的以下特征（牛耀龄，2013）：①仅发现于与俯冲带相关的构造环境中；②富水，1 ~ 8wt%；③高 Mg/（Mg+Fe^{2+}），大多 Mg$^#$>0.75；④含高镁橄榄石（Fo>0.90）和高 Cr/（Cr+Al）（一般 Cr$^#$>0.7）尖晶石斑晶；⑤斜方辉石是特征的液相线矿物；⑥贫 Nb、Ta、Zr、Hf、Ti 和大部分稀土元素，大部分有 U 型稀土配分特征；⑦易溶于水的不相容元素（Ba、Rb、Sr 等）相对富集；⑧相对于 MORB 更富集 Sr、Nd、Pb 同位素。

玻安岩的这些地球化学特征都和俯冲板片脱水导致高亏损的方辉橄榄岩部分熔融的实验岩石学结果一致。玻安岩中放射性成因的 Sr、Pb、Nd 同位素含量取决于方辉橄榄岩的地球化学性质和岩浆演化历史、俯冲带流体及俯冲陆源沉积物的贡献，其中起关键作用的是源区方辉橄榄岩的地球化学性质。方辉橄榄岩可能是岛弧之下软流圈的组成部分，或是弧下岩石圈的基底。后者可能是古大陆岩石圈地幔的残余，也可能是亏损且浮力较大的大洋高原的底部（Niu et al.，2003）。

（4）酸性岩浆的来源

洋内弧主要喷出的是基性岩浆（玄武岩和玄武质安山岩）；然而，人们逐渐认识到酸性岩浆在产物中也占据了相当比例。Tamura 和 Tatsumi（2002）指出，伊豆-小笠原岛弧主要是由基性和酸性的双峰式岩石组成，中性安山岩的含量很少，这一地质事实与"岛弧主要是由中性安山岩组成"的传统观点不一致。

对伊豆-小笠原-马里亚纳岛弧弧前和弧后火山灰的研究发现，洋内弧也可以整体发育基性-酸性的双峰式岩石组合。这种地质现象在其他洋内弧中也有发现，如瓦努阿图岛弧、汤加-克马德克岛弧及南桑威奇岛弧。

此外，这些酸性和基性-酸性岩浆与火山口之间存在着一种普遍但是并不常见的关系。火山口的直径一般为 3 ~ 7km，因为其通常被淹没在水中或者被冰所覆盖（南桑威奇群岛），所以很多是最近才被发现的。例如，克马德克岛弧的拉乌尔火山（Raoul），麦考利火山（Macauley）和布拉泽斯火山（Brothers），瓦努阿图岛弧的安布里姆火山（Ambrym）和 Kuwar 火山，伊豆-小笠原岛弧的 Sou Sumisu 和 Myojin Knou 火山以及南桑威奇岛弧的南图勒火山（Smellie et al.，1998）。

传统观点认为，洋内弧酸性岩浆是超基性岩浆通过分异结晶生成。一些学者对这一观点提出了疑问，认为酸性岩石由地壳内的安山质和玄武质火山岩部分熔融生成。这种讨论对于理解岛弧地壳和大陆地壳起源极其关键。这些论点不仅基于地球化学资料，而且基于体积关系。Suyehiro 等（1996）在伊豆-小笠原岛弧识别出了一个厚 6km 的中地壳层，在南桑威奇岛弧也发现了一个稍薄的类似层。Suyehiro 等（1996）和 Larter 等（2001）把这些层解释为中酸性的深成岩（pluton），如日本本州丹泽地区的石英闪长岩-酸性深成杂岩是伊豆-小笠原岛弧 6～6.3km 层的横向延伸。实验岩石学结果显示，石英闪长岩是岛弧下地壳的含水玄武岩经过 59% 的部分熔融生成，这与 Rapp 和 Watson（1995）在实验室证实的酸性岩浆可以通过角闪岩部分熔融生成的结果相一致。

因此，洋内弧的形成往往被认为是大陆地壳形成的最初阶段。

2.5.2　洋内俯冲与大陆起源

大陆地壳的演化机制对理解地球演化历史及其地球化学储库非常关键。通常情况下，火山弧被认为是大陆地壳从基性源区生成的主要地点，尤其是太古代以后，因此将洋内弧作为这一过程的第一阶段的观点得到了进一步支持。人们发现，很多岛弧（尤其是大陆上的）岩浆和火山碎屑堆积物的主要成分是安山岩（Gill，1981）。这类安山岩具有和大多数大陆地壳类似的主量和微量元素组成。

然而，在计算火山弧生成的地壳组分时，火山生成物的组分在很大程度上是不相关的，而最主要的是从地幔添加到地壳的岩浆组分，即通过莫霍面的岩浆流是玄武质而非安山质，而且玄武质岩石很可能是含有 12wt% MgO 的高 Mg 玄武岩。如果大陆地壳是来源于地幔楔内的这种玄武质岩浆，那么地壳的组分就需要进行较大修正。

相对于火山岛弧玄武岩而言，大陆地壳含有高丰度的碱金属和不相容微量元素及低丰度的 Mg，以及高的轻稀土元素和重稀土元素比。以上特征说明玄武质岛弧地壳向大陆地壳的转变过程包括：①玄武岩部分熔融形成中酸性岩浆，随后以深成岩和熔岩形式添加到中上地壳。②部分熔融产生基性和超基性残留物，以及基性岩浆分异结晶导致超基性堆晶岩，通过拆沉等过程返回地幔。③在弧-弧碰撞和弧-陆碰撞期间，岩石圈加厚，石榴子石处于稳定区，碱性和富微量元素的岩浆开始侵入地壳。

精细的地震波速度结构显示，伊豆-小笠原岛弧存在一个 6km 厚的中-酸性中地壳，P 波速度为 6～6.3km/s；和一个 8km 厚的超基性下地壳，P 波速度为 7.1～7.3km/s（Suyehiro et al.，1996）。P 波速度为 6.0～6.3km/s 的中地壳层，在东阿留申岛弧（Fliedner and Klemperer，1999）和南桑威奇岛弧的南部（Larter et al.，

2001）厚度只有 2km，在中阿留申岛弧却不存在，而且其厚下地壳（高达 20km）的 P 波速度比伊豆–小笠原岛弧的要小（Holbrook et al.，1999）。

在某些岛弧，超基性下地壳与地幔的过渡转换是渐变的。Jull 和 Kelemen（2001）计算发现，在压强大于 0.8GPa、温度小于 800℃的条件下，某些岛弧下地壳岩石的密度接近或者大于下覆地幔的密度，这很可能使岛弧地壳的底部易于发生拆沉。然而，对典型岛弧地壳而言，0.8GPa 相当于深度为 28km，该深度要大于现今很多洋内弧的地壳底部深度。

2.5.3　洋内热液活动

洋内弧的弧后扩张中心是热液活动场所，发育热液现象，包括白烟囱和黑烟囱，劳海盆和马努斯海盆还存在成矿作用。热液羽状体（hydrothermal plume）也在东斯科舍洋中脊被识别出来（German et al.，2000），且热液活动和基性–酸性的岩浆活动中心密切相关（Ishibashi and Urabe，1995）。

然而，越来越多证据表明，洋内弧前缘淹没在水中的火山也是重要的热液活动场所。对水下岛弧热液活动的系统调查表明，南克马德克岛弧约 54% 的水下火山都存在热液羽状体。Baker 等（2003）分析了这些热液羽状体分布以及它们的微粒组成成分的详细观测结果。Massoth 等（2003）分析了热液羽状体内气态和液态成分的化学特征，并认为其化学成分变化主要取决于岩浆的贡献。

全球水下岛弧体系热液活动的发生范围和频率数据表明，岛弧地区排放的热液占据了整个地球排放热液总量的相当一部分。而且，岛弧的热液喷口比洋中脊和弧后洋中脊的热液喷口浅得多，这意味着岛弧的热液排放对环境有极大的影响（de Ronde et al.，2001）。

马里亚纳和伊豆–小笠原岛弧的一些前缘火山同样有热液活动，而且正在形成金属矿床。伊豆–小笠原岛弧和克马德克岛弧（Brothers Volcano）的一些热液喷口为酸性的火山喷口，比较容易形成富含金（Au）的金属矿床。这些火山喷口可能是由浅部岩浆房垮塌形成，且岩浆房的热驱动着热液系统。

2.5.4　洋内弧的演化

洋内弧俯冲带发育于离开陆缘一定距离的洋盆内。大洋岩石圈断裂［图 2-58（a）］受洋内运动方向突变、转换断层两侧厚度差异、断裂带两侧水化或密度差异等因素影响，导致一侧大洋岩石圈俯冲到另一侧大洋岩石圈之下，逐渐形成海沟。初始俯冲持续进行，仰冲盘逐渐持续抬升，仰冲侧产生海底火山活动［图 2-58

（b）］，初期以拉斑玄武岩为主。火山作用继续，火山岩堆积并上翘抬升，海底火山露出水面［图2-58（c）］，并逐渐发育起弧沟间隙、海沟坡折等单元。

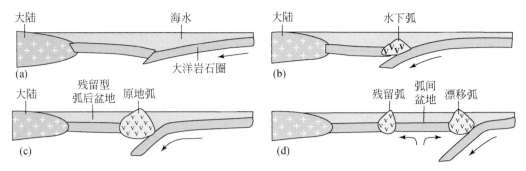

图2-58　洋内岛弧演化示意图（金性春，1984）

这种岛弧位于原始俯冲带上，相对于弧后区并未发生过位移，它一般被称作稳定弧（Dickinson，1974）或原地弧（金性春，1984）。稳定弧将大洋盆地主体与陆缘洋盆分隔开，弧后区成为残留型弧后盆地，如阿留申海盆。若该稳定弧在俯冲作用下发生分裂，其向洋移动的部分演化为漂移弧［图2-58（d）］。漂移弧的后方是新张开的弧间盆地，如马里亚纳岛弧后的马里亚纳海槽和汤加岛弧后的劳海盆等。

稳定弧和漂移弧都发育在洋壳基底上，上覆有大量玄武质火山岩，其发育前期的深成岩体一般很小。随着时间的推移，沿俯冲带发生持续火山喷发和岩浆侵入，地壳逐渐增厚，火山岩趋向钙碱性系列，区域变质作用使岛弧岩石的结晶程度日益增高。最终，岛弧的海洋性地壳过渡为偏陆壳性质，意味着洋内弧趋向成熟。一般会在弧后盆地或弧间盆地的一侧［图2-59（a）］或两侧［图2-59（b）］的碰撞接触带上形成洋内褶皱系，如印度尼西亚的马鲁古海区。如果弧后盆地关闭，岛弧拼贴于大陆边缘，洋内弧就会转化为陆缘弧，进入陆缘弧演化系列。

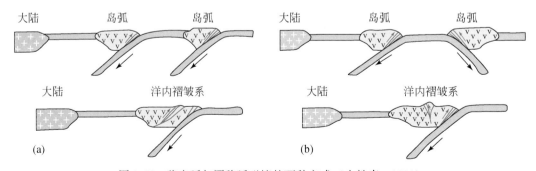

图2-59　稳定弧与漂移弧碰撞的两种方式（金性春，1984）

2.6　俯冲作用和俯冲工厂

2.6.1　俯冲作用

2.6.1.1　俯冲类型及其效应

20 世纪 30 年代，日本学者和达清夫发现自海沟向陆侧存在一个倾斜的地震带，称其为贝尼奥夫带或贝尼奥夫-和达带，后来的研究进一步发现，该区地震具有双层特征（图 2-60）。20 世纪 60 年代后期，板块构造理论问世后，利用地震波对贝尼奥夫带进一步研究证实，它不仅是震源的分布带，而且是岩石圈板块插入地幔中的板块实体，故人们将贝尼奥夫带当作板块的俯冲带（也称消亡带或消减带），这一倾斜的震源带代表了板块俯冲的形迹。

（1）俯冲带的形状、长度和倾角

一般将震源面近似当作俯冲岩石圈板块的顶面来论述俯冲带的形状、长度和倾角等问题。将各俯冲带的深源地震面进行对比，就可以发现，其前端的深度和倾角在各地差异很大。仅就震源面前端的深度而言，就有如阿拉斯加、中美深度不足 100km 的地震；也有如在日本东北部、千岛、马里亚纳、汤加、爪哇等地观测到深度在 500km 以上的地震，这大致可以代表岩石圈俯冲的最大深度。迄今被确认的地震震源深度最深约为 720km。不过，在 720km 以下的深处，由于岩石圈随着俯冲温度升高，可能已被周围地幔同化。

俯冲带长度：通过深源地震确认，在日本东北部，俯冲带前端的深度约为 600km；沿着海沟轴垂向上测定，俯冲带全长超过了 1000km。此处，太平洋板块运动的速度为 8cm/a，如果俯冲速度与此相同，俯冲下去的大洋岩石圈物质一点也没损失完全保存下来，则自日本海沟开始俯冲的时间大约为 12Ma。最近研究也表明，现今残留的深俯冲滞留板块形成时间可能不超过 20Ma（Liu et al.，2017）。假定俯冲板块的端部已被地幔同化，则俯冲的年代还可以更早。更详细的研究发现，俯冲带长度与俯冲速度之间存在着比例关系。例如，从汤加地区向南至新西兰附近，板块俯冲速度明显减小，垂直于海沟-岛弧体系走向的俯冲带长度，从大于 800km 减小到 100km 左右。类似的情况在别处也有发现。这表明，俯冲速度越大，俯冲板块就越长。

俯冲带倾角：世界各地俯冲带的倾角多变，原来认为俯冲带的倾角一般在 45°左右，但地震震源面显示，不仅不同地区的俯冲带倾角变化极大（10°~90°），而

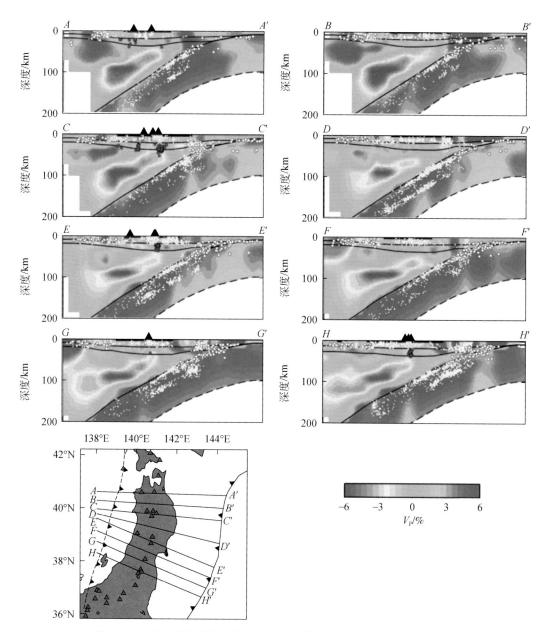

图2-60　日本岛弧北缘俯冲板片与双地震带特征（Huang et al.，2011）

且同一条俯冲带在不同深度上或不同段落之间的倾角也有变化（图2-61）。例如，伊豆、小笠原、马里亚纳等虽然是沿海沟-岛弧体系连在一起，但各自有不同的倾角，在伊豆岛北部倾角约为45°，而在马里亚纳北部（18°N）倾角却近似直立下潜（图2-62）。

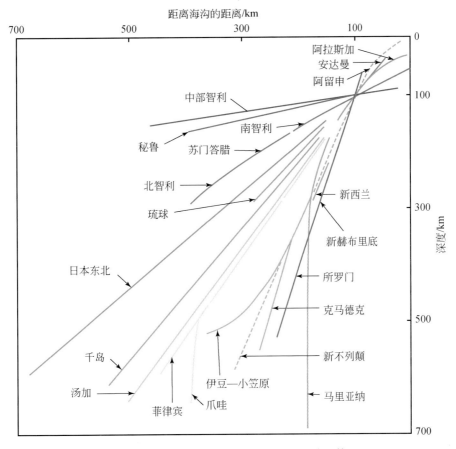

图 2-61 全球各地俯冲带的深度和倾角（上田诚也等，1979）

似存在这样的规律：①岛弧下的俯冲带较陡，俯冲角或俯冲带倾角大都在45°以上。②陆缘弧下的俯冲带比较平缓，倾角一般不超过30°，如秘鲁和智利中部，以10°左右的倾角向大陆岩石圈插入400km以上。③俯冲带倾角往往随着深度的增加而变陡，如马里亚纳北部，开始以缓倾角俯冲150km之后，倾角突然变陡，几乎以垂直角度继续俯冲到700km深处。④俯冲带倾角的大小也与板块俯冲速度有关，俯冲速度越大，其所包含的水平分速度越大，俯冲带的倾角就越小；反之，俯冲板块在自重作用下有下垂趋向，倾角变大，甚至趋于直立。

总之，俯冲带倾角的控制因素大致有4个：①板块相对汇聚速率；②仰冲板块绝对运动的方向和速率；③俯冲板块的年龄；④俯冲板块内是否存在无震海岭、海底高原、大洋岛屿、海山和微大陆等。

俯冲板片形态：自地震层析成像技术和方法获得重大进展以来，用它来进行地球科学研究最活跃的区域是环太平洋俯冲带。最新成果表明，俯冲的大洋板块形态与地幔楔构造特性，在不同的活动陆缘具明显的差别。

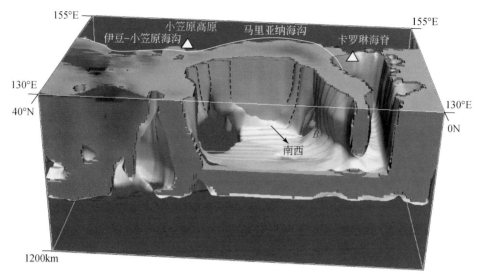

图 2-62　马里亚纳岛弧之下的 P 波模型立体图（孔祥超等，2017）

灰白色界面代表 P 波速度为 8.0km/s 的等值面；黄色或红色块体代表了等值面内 P 波速度为 7.5 ~ 8.0km/s 的数据；黄色三角形代表了地表马里亚纳北部小笠原高原与南部卡罗琳海脊；A 与 B 代表了深部的板片撕裂；黑色箭头代表了深部 410 ~ 660km 不连续界面滞留的太平洋板片南西向与马里亚纳南部俯冲板片相连

A. 千岛–日本–琉球–台湾俯冲带的俯冲板片形态

由于太平洋板块的俯冲，千岛群岛岛弧西侧发育了鄂霍茨克边缘海盆地，其是伸展或海山堵塞成因尚存分歧，并且其基底为厚洋壳或减薄陆壳基底也尚未确定。迄今，用层析成像研究该俯冲带俯冲板片形态，已有较多成果。这些成果均表明，该俯冲带俯冲板片在地壳和上地幔中具有较高的俯冲倾角（图 2-63、图 2-64），倾角均大于 45°。然而，当俯冲板片以这一高倾角俯冲到达 500 ~ 670km 深的地幔过渡带时，它的形态发生了突变，即由高倾角俯冲，转为近水平向地幔过渡带楔入。这一由高倾角转折为近水平的深度，可能在地幔过渡带的底界 670km 处。近水平楔入的冷而硬的洋壳板片，在这一深度分布长度可达近千千米。之后，由于板片前缘不断滞留、增大，引起浮力失稳，使冷板片继续向下地幔中坠入，其最大深度可达 1300km。通过对比，由高角度俯冲突变为近水平，这一转折点大致对应于岩石圈变形所形成的鄂霍茨克海盆地的中央部位。

再往南，日本岛弧是一个十分复杂的火山弧。日本岛弧下俯冲板片形态，除了受控于太平洋板块向日本岛弧下俯冲外，在它的南端，还受控于菲律宾海板块沿琉球–台湾海沟向西的俯冲。大约在 40Ma 前，由于菲律宾海板块向亚洲大陆下俯冲，日本海开始发育。太平洋板块向西的俯冲稍晚，大约在 26Ma 前，并且洋壳以约 9cm/a 的速率向日本岛弧下俯冲，由此发展成了具典型洋壳结构的日本海弧后盆地。

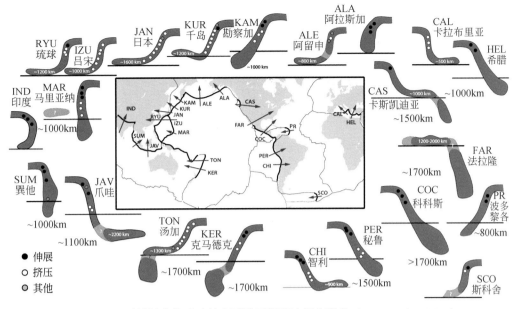

图 2-63　地震层析成像反映的太平洋两岸俯冲板片形态（Goes et al.，2017）

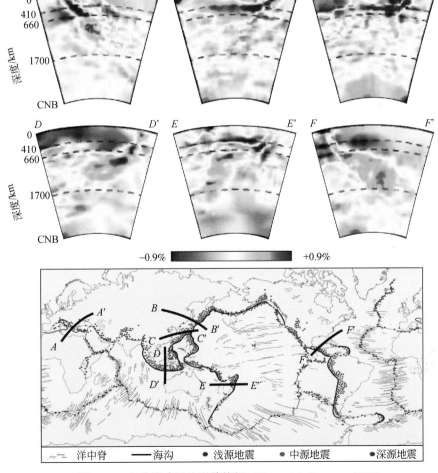

图 2-64　全球俯冲板片形貌特征（Zhou and Clayton，1990）

由于这个沟-弧-盆体系受上述两板块俯冲的共同影响，在日本岛弧的南北两端俯冲板片的形状不尽相同。在南端，俯冲板片的倾角大致为40°，且明显穿越了670km地幔过渡带；之后，俯冲板片转折成水平分布的特征。在日本岛弧的北端，俯冲板片的倾角与南端相似；但从形态上看，它似乎没有穿越670km地幔过渡带（图2-63、图2-64），而是在670km过渡带附近转折成了近水平分布。然而，这种形态与岩石圈变形的对应关系是，不论俯冲板片在670km过渡带的什么部位发生倾角转折成水平，这一转折点在地表的投影均已偏向了中新生代具裂陷性质的华北地块东缘。日本海弧后盆地几乎已完全位于以冷板片为东界的上地幔三角楔之上。

B. 马里亚纳和伊豆-小笠原俯冲带的俯冲板片形态

在60~43Ma，沿着伊豆-小笠原和马里亚纳海沟，太平洋板块向菲律宾海板块下俯冲。俯冲板片的形态在该俯冲带最显著。几乎所有的研究成果均表明，该俯冲带俯冲板片呈80°的高角度俯冲，直达670km上下的地幔过渡带。之后，俯冲板片就转折成近水平，在地幔过渡带延展长达近千千米（图2-63）。

俯冲板片正好位于硫磺岛海岭和马里亚纳海岭到各自俯冲带所相应的海沟之间。近水平分布在上、下地幔过渡带的部位，又正好与地表上四国海盆和帕里西维拉海盆吻合。而且，这些弧后海盆形成的起始时代均略晚于火山岛弧形成的时代。根据现有资料，四国海盆和帕里西维拉海盆大约分别在26Ma和30Ma前才开始发育。因此，这种弧后盆地演化的时序和俯冲洋壳的形态吻合，表现了弧后拉伸与俯冲具密切的动力学联系。

C. 汤加俯冲带俯冲板片形态

汤加海沟是环太平洋西岸发育的沟-弧-盆体系最南端的一条海沟。在34~25Ma，太平洋板块向西俯冲至澳大利亚板块之下，从而发展成汤加海沟、火山岛弧和弧后盆地。俯冲板片的形貌特征与西太平洋区具共同的特征，表现为上地幔中具较大的倾角（图2-64）。Hilst（1995）认为，该俯冲冷板片已穿越了670km的地幔过渡带，进入下地幔中1000~1600km深处，而拉乌盆地正位于俯冲板片构成东界的上地幔三角楔形体之上。

由上可知，当岛弧内侧发育有拉伸的弧后盆地时，俯冲板片的形貌有一定的规律，即在上地幔中均以高角度俯冲，当俯冲到达670km地幔过渡带时，俯冲板片要么发生膝折呈近水平沿地幔过渡带伸展，要么继续以高角度穿越地幔过渡带向下地幔坠沉。

D. 智利型俯冲板片形态

智利型俯冲板片主要分布在环太平洋东海岸。由于有大陆型转换断层的影响，发生在北美西岸的俯冲在30~25Ma时就已终止。但在南美西岸，由于有纳兹卡板块作用，俯冲作用一直持续进行。这一类俯冲带俯冲板片的形貌特征与太平洋西岸相比具明显的区别（图2-64）。

Norabuena 等（1994）通过对秘鲁海沟及邻区三维地震射线追踪，所获得的上地幔中俯冲板片的形态特征是：纳兹卡板块在深约100km的浅部岩石圈内，约以30°倾角俯冲达200～300km；之后，在上地幔软流圈中，近水平俯冲长达300～400km；最终，再以较大的倾角向深部楔入。Engdahl 等（1995）用三维P波走时层析成像研究发现，当俯冲板片继续向深处俯冲时，就以中等倾角一直到达670km地幔过渡带。至于它是否继续楔入670km地幔过渡带或深的部位，现今还有很大争议。Fukao 等（1994）认为，它已经俯冲到达了下地幔上部。但不论怎样，它在上地幔中保存的形态已基本达成了一致观点，即在670km以上俯冲板片以十分平缓的倾角分布在科迪勒拉和安第斯岩石圈变形带之下（图2-65）。

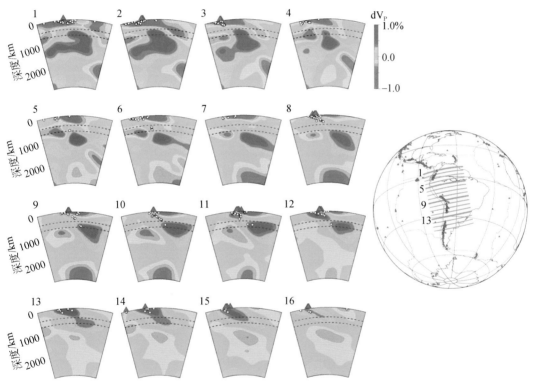

图2-65　太平洋东岸智利海沟俯冲板片形貌特征

（2）板块俯冲类型

如果将俯冲理论模式与现代俯冲带的实际情况进行对比就会发现，在剖面上俯冲板片长度和方向上显示多变的几何形态，这是由于俯冲格局和相接触的两板块边缘性质不同，造成了这种多样的局面。图2-66大致表示洋–洋俯冲、无边缘海的洋–陆俯冲、有边缘海盆的洋–陆俯冲和陆–陆碰撞4种不同类型的俯冲。

1）洋–洋俯冲型：以西南太平洋的俯冲带为代表，是最复杂的俯冲带。在汤加–

克马德克海沟一带,太平洋板块向印度-澳大利亚板块之下俯冲。可是,在斐济群岛以北的新赫布里底群岛,俯冲极性发生逆转,印度洋板块又俯冲到太平洋板块以下,在这里,斐济群岛一带是一条转换断层 [图2-66 (a)]。

2）洋-陆（无边缘海盆）俯冲型：俯冲发生于大陆之下,其典型代表是自智利延续到哥伦比亚的安第斯山脉地带,纳兹卡板块俯冲到南美板块之下。由于俯冲带正好与洋-陆边界吻合,故那里的安山岩（以安第斯山而命名的岩石）火山活动十分强烈,陆壳也是增厚的 [图2-66 (b)]。

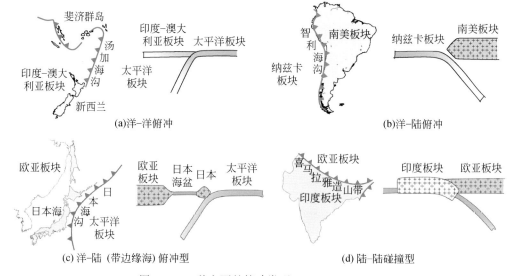

图2-66　4种主要的俯冲类型（Allegre，1987）

左为平面图；右为剖面图

3）洋-陆（有边缘海盆）俯冲型：俯冲作用发生在靠近洋-陆边界的地方,而海沟与大陆之间呈弧形分布的岛弧和边缘海盆,往往构成沟-弧-盆体系。如阿留申、千岛、日本、印度尼西亚、新西兰和新几内亚等岛弧均属这类俯冲带 [图2-66 (c)]。

4）陆-陆碰撞型：喜马拉雅山带存在着以印度板块和欧亚板块两个陆块发生碰撞为表现形式的特殊俯冲类型,通常被人们称作陆-陆碰撞。通过对地震活动性的研究揭示,陆-陆碰撞边界并不发生在喜马拉雅山脉,而是发生在其北部的雅鲁藏布江河谷一线。碰撞发生在50~40Ma,自此,青藏高原进入陆内俯冲演化阶段。为吸收印度板块俯冲-碰撞的大量应变,在亚洲大陆下部,似在俯冲的印度板块和仰冲的欧亚板块之间发育了一条巨型逆冲拆离断裂,造成浅表广泛的陆内逆掩作用和深部局部的板片拆沉。这些作用致使陆壳加厚,并因中部挤压抬起,形成青藏高原南部中段的喜马拉雅山及其高耸的山峰,两侧因挤出逃逸而地势较低 [图2-66 (d)]。

实际上,还存在一种陆-洋俯冲型,如陆壳性质的南沙地块沿南沙海槽俯冲到婆罗洲东部的洋壳之下。

2.6.1.2　俯冲带构造差异

Uyeda 和 Kanamori（1979）特别提出存在两种对比鲜明的俯冲带类型：马里亚纳型和智利型，当然也存在很多中间类型。

（1）东、西太平洋差异对比

马里亚纳型俯冲带以高角度俯冲板片为特征，而智利型俯冲带则以低角度俯冲板片为特征。Dewey（1981）进一步详细介绍了两者不同。

马里亚纳型具有以下特征：①沿深而宽的海沟（深达 11km）、侏罗纪老而冷的洋壳消亡。②贝尼奥夫带非常陡峭。③海沟外侧存在强烈正断层、沉降和构造侵蚀作用。④弧内伸展和弧后扩张普遍。⑤下伏板片比上覆板块有更多地震活动。⑥一个相当薄的基性–中性火山–深成岩地壳。⑦大量的火山活动，主要是玄武质，少量安山质。⑧海沟处存在少量或没有增生。⑨熔岩以宁静的方式喷溢。⑩火山在水下主要以圆锥形分布，周围伴有散布的暗礁。⑪火山碎屑岩带发育不充分。

智利型具有以下特征：①沿相对浅的海沟（最深 6km）俯冲，始新世以来年轻且热的洋壳俯冲。②海沟外围逆冲断层比较常见。③主要的逆冲断层发育于海沟以西 200km 的上覆纳兹卡（Nazca）板块。④在 200km 以上部分，贝尼奥夫带角度很小，更深处角度变陡，并形成一个地震空区。⑤海槽前陆部分存在广泛的弧内挤压和弧后逆冲。⑥上覆板块比下伏板块存在更多高能量的地震。⑦深成作用比火山作用更具主导性。⑧火山岩主要是安山岩–英安岩–流纹岩，玄武岩比较罕见。⑨厚（约 70km）的大陆地壳向海沟方向逐渐减薄至小于 10km。⑩由于挤压作用占主导，因此大陆弧具有很高的隆升速率。⑪强烈喷发高黏性熔岩，火山碎屑喷发带发育广泛。⑫地形地貌较为壮观。

除此之外，二者在地震学特征的不同表现如下：马里亚纳型俯冲带贝尼奥夫带的陡峭倾角，意味着俯冲板片与地幔楔岩石圈的接触面小于 100km，因此没有很大的摩擦阻力。不管存在什么样的构造状态，弧后都是伸展的。而对于智利型俯冲带而言，板片缓倾斜和巨厚的大陆岩石圈，意味着接触面可以达到 400km，所以可能存在相当大的阻力和摩擦，以诱发更强的地震活动。

构造侵蚀和构造增生特征不同：在马里亚纳海沟处，没有深海沉积物的增生；相当大体量的沉积物进入了海沟，且进入海沟的太平洋板块深海沉积物厚度为 0.5km；40Ma 以来的俯冲速率是 10cm/a，而弧前正经历构造侵蚀；大部分的沉积物都被俯冲下去了，只有一小部分再循环进入岛弧火山。沿着智利陆缘沉积物补给则不同，且北部荒漠地区很少，而南部高降雨地区则要大得多。已有研究表明，大陆基底在智利北部可能正遭受侵蚀，而在智利南部通过沉积增生很可能正在生长；在沉积物补给程度高的地区，沉积物可以填充海沟，并溢出超覆到大洋板块，从而使板片光滑，并以一个低角度进入俯冲带。

（2）东、西太平洋边缘差异原因

东、西太平洋边缘的差异不能简单用汇聚速率的不同解释，因为智利、马里亚纳、日本和汤加岛弧都具有 10cm/a 的正向汇聚速率。这些差异一定是板片折返与汇聚速率之间的平衡相关。如果折返速率快于汇聚速率，那么就会造成弧后拉伸，反之，则会造成弧后挤压。

折返速率可以通过俯冲岩石圈的年龄来确定（Molnar and Atwater，1978）。老而冷的岩石圈密度大，从而以更陡的角度俯冲，到达 670km 不连续面，花费的俯冲时间更少。如果它不能穿透不连续面，那么就会斜向折回，从而引起俯冲板片折返，使上覆板块处于伸展构造环境。年轻的热岩石圈板块以低角度俯冲，需要更长的时间到达 670km 不连续面，这会使得受热更充分的板片变得不连贯，从而不容易引起折返效应，所以上覆板块也处于伸展构造环境。另外，大西洋的打开导致在东太平洋的美洲板块推移覆盖到太平洋板块之上也产生了影响，尽管这个速率很小。

如果汇聚板块边缘挤压与拉伸的平衡是和板片的倾角（也就是俯冲岩石圈的年龄）相关，那么这就可解释为什么洋内弧基本上都是在显生宙出现，而在前寒武纪变得很稀少或者消失。前寒武纪高的地热梯度意味着更大的洋中脊长度和更小的板块大小（Hargraves，1986），所以俯冲板块也会更年轻、更热而不太可能以很陡的角度俯冲，因此更不太可能在汇聚板块边界形成伸展构造环境。

（3）大洋板块俯冲的变形效应

俯冲带是具有一定厚度的大洋岩石圈一部分。大洋岩石圈在活动边缘发生弯曲，并俯冲潜没于软流圈深处。

俯冲消减作用是一个板块部分或全部插入到相邻板块之下的构造过程。这个过程会引发一系列的变质、变形、岩浆、流体等作用，不仅涉及壳–幔之间的物质循环，甚至影响大气圈–水圈–岩石圈之间多圈层的相互作用。在一定条件下，洋壳上部沉积物也可以随下伏岩石圈一起消减。俯冲的岩石圈（包括洋壳和沉积物）在俯冲带内的构造消毁过程，称为消减作用。日本、马里亚纳和中美海沟的深钻孔资料表明，可能只在很狭窄的地带存在与消减作用有关的强烈变形。这样狭窄的变形带可能是因巨型冲断带内高孔隙水压或使板块间摩擦力降低的其他润滑机制所限制。在俯冲消减过程中，还将伴随刮削和（构造底侵）增生作用。

重力资料表明，活动边缘和岛弧在地表处于极不均衡状态，俯冲速率（汇聚板块的相对速度）变化，这可能在仰冲板块中造成大幅度的垂直运动。另外，边缘海盆地内新生代岩石圈的老化，使其像其他大洋区一样发生沉陷，残留弧本身将因冷却而下沉，进而仰冲板块也发生横向变形。

2.6.1.3 俯冲作用的岩浆效应

（1）弧岩浆

马里亚纳火山弧的岩浆岩成分，随时间具有明显的变化，其整个火山弧体系几乎完全起源于大洋系统，没有陆壳或大陆岩石圈地幔物质的加入。

该火山弧最早的喷出岩发育于九州–帕劳脊（Kyushu-Palau）和马里亚纳弧前，为岛弧型拉斑玄武岩（IAT）和玻安岩。这些岩石主要产出于洋内弧形成的初期阶段，很少在大陆弧一侧或洋内弧后期演化阶段产出。IAT与洋中脊玄武岩（MORB）相似，均具有较低的稀土元素含量，相对富Fe而贫Cr、Ni元素，并具有非常低的Nb、Ta含量，较高的K含量和K/Rb值。玻安岩具明显的高Mg特征，且具有比典型安山岩更高的Si元素含量，同时高Cr、Ni元素，具有比其他高Mg岩石较低的Ti含量和较高的K、Rb、Sr和Ba含量。因为玻安岩形成于早期火山弧下部难熔富Mg湿地幔楔的熔融，同时，该处地幔楔因含水洋壳俯冲脱水，混杂了K、Rb、Sr和Ba元素。

IAT原始岩浆既可能起源于相对富集的软流圈熔融，并在其上升至地表的过程中经历强烈的结晶分异作用；也可能是由俯冲的玄武质洋壳熔融而成，这种情况只可能发生于俯冲作用刚开始阶段——大洋岩石圈下沉进入热地幔的过程中。

在帕里西维拉弧后扩张盆地形成之后，17Ma前的弧火山活动形成了西马里亚纳海脊，并持续增生至约9Ma前。该处岩浆作用主要形成了钙碱性玄武岩（CAB）和玄武质安山岩，具有较高的Al含量和更高的Sr、Ba含量，同时相对富集轻稀土元素，亏损重稀土元素。这些熔岩更类似于大陆边缘钙碱性熔岩的地球化学特征，主体起源于安山质岩浆，而非玄武安山质岩浆。这些钙碱性玄武岩很可能起源于地幔楔。这意味着该处的地幔楔相对富集Ba、Sr和轻稀土元素等，很可能是由俯冲板块脱水析出的流体携带这些元素进入地幔楔所致。

现今马里亚纳火山弧活跃喷发的熔岩，主要是安山岩或者玄武质安山岩，其地球化学特征介于IAT和CAB之间。已有证据表明，在这些熔岩的岩浆源区，还有少量（约0.5%）的俯冲深海沉积物的加入。

可见，马里亚纳弧最有趣的问题可能是同一个俯冲带至少同时存在三种完全不同的岩浆类型，以及整个弧系统完全形成于大洋环境。

（2）弧后玄武岩

边缘海盆地玄武岩在许多方面类似于正常的洋中脊玄武岩（N-MORB）。在弧后盆地扩张的早期阶段，上升的地幔底辟体侵入火山弧底部，导致火山弧岩石圈地幔熔融，形成玄武质岩浆。这些玄武岩显示出弧火山岩的地球化学特征，即相对富集轻稀土元素，具有较高的 K、Rb、Sr 和 Ba 含量，低的 Nb 和 Ta 含量。它们还具有较高的含水量，同时，板块俯冲脱水导致的流体蒸馏，使得它们普遍发育气孔构造。这些特征是判别蛇绿岩套来自于仰冲的洋壳还是边缘海盆地洋壳的有效判据（Saunders and Tarney，1984）。

2.6.1.4 俯冲带的热相变

俯冲带发生部分熔融的物理化学条件是地质学家、地球物理学家和地球化学家一直争论的关键。因此，很有必要了解俯冲带的热结构状态。洋中脊处，热地幔上升导致岩浆作用很容易被理解；然而对于俯冲带处，冷的板片进入地幔后，导致大量岩浆形成，这一现象却难以解释。上、下两板块间的摩擦力曾经被认为是导致岩浆熔融的主导因素，但计算表明，这显然是不可能的，因为俯冲沉积物中渗出的含水流体完全可以作为润滑剂，使摩擦力减小而不发生熔融。

Ringwood（1974）指出，最初始的岛弧玄武质岩浆可能形成于含水洋壳（角闪岩）俯冲至约 100km 处转变为高密度榴辉岩时的脱水过程。在此阶段，含水流体进入橄榄岩地幔楔，导致其部分熔融（岩浆可以形成于含水的低温环境）。熔融的岩浆缓慢上升至火山弧之上，上升同时分离结晶出富 Mg 橄榄岩和辉石岩，使得岩浆相对越来越富 Fe。玄武质（拉斑玄武质）岩浆的喷出过程相对缓慢。这一过程模式如图 2-67 所示。

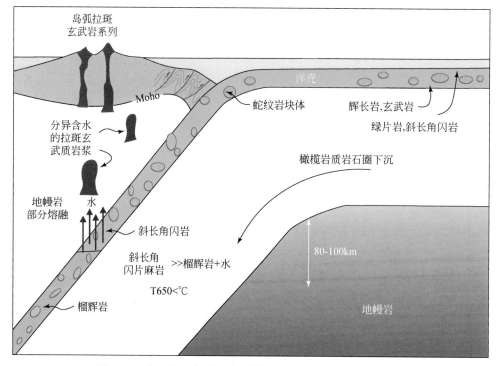

图 2-67 岛弧拉斑玄武岩成因模型（据 Ringwood，1974 改）

Ringwood（1974）依据其在榴辉岩方面的实验工作，认为钙碱性、富硅安山质和英安质岩浆或者弧岩浆，具有不同的形成机制。在富水条件下，源区若存在贫硅石榴子石的残留，榴辉岩则会熔融，生成富硅的英安质岩浆。这些英安质岩浆，在上升过程中，将与地幔楔发生一系列反应，以底辟体形式侵入地幔楔，或者以爆发力很强的含水岩浆形式喷发，如圣海伦火山，就是一个很好的例子。

然而，这些简单的模型还存在很多问题，目前普遍认为，它们的计算结果仅与俯冲带岩浆的少数特征相吻合。例如，马里亚纳火山弧初期拉斑玄武岩，确实是在板块运动变化之后，在新生俯冲带形成初期的弧前底辟作用下所形成。那么俯冲带是如何导致后期岩浆成分变化的呢？显然，这受控于俯冲板块和地幔楔共同作用下的一系列温压条件的改变。

玻安岩（高 Mg 安山岩）：通常形成于岛弧形成的早期阶段。

岛弧拉斑玄武岩（IAT）：一般形成于岛弧形成的初期。

钙碱性玄武岩和安山岩：发育在成熟岛弧和大陆边缘。

埃达克岩：高 Mg 安山岩的一种，但与玻安岩不同，形成于热洋中脊俯冲环境或镁铁质岩浆底侵环境。

橄榄安粗岩：高 Sr 和 Ba 岩浆岩，常常形成于俯冲作用晚期，或者俯冲作用之后。

太古代 TTG 岩系：非常独特的岩石组合，类似于埃达克岩，被认为来源于俯冲洋壳。

问题的关键在于以下几个方面：①俯冲板块在何种条件下发生熔融？②古老洋壳和年轻洋壳的俯冲作用有何不同？③地幔楔处与俯冲带的岩浆起源是否可替代？④地幔楔处的矿物组合是什么？是否发育俯冲带特有的角闪石、金云母和钾碱镁闪石？⑤如何解释初始岛弧火山岩大多为玄武岩，如马里亚纳火山弧；而成熟火山弧较集中喷发安山岩，如安第斯火山弧？

Anderson 等（1978）首次认真考虑了俯冲带的热结构。基于实验岩石学，Wyllie 与其合作者在一系列研究中（Wyllie，1988）试图限定不同富水条件下，何种岩石将发生熔融，以及相对应熔融岩浆的成分。Anderson 和 Bridwell（1980）还提出了一些有用的卡通演化模式，如图 2-68 所示。

值得注意的是：俯冲带处的洋壳是"冷"而"富"水的。到底多冷取决于洋壳远离扩张洋中脊的距离。而洋壳的湿度则由洋中脊脊轴附近的热液蚀变程度所决定。当板块俯冲时，玄武质洋壳的变质程度会逐渐变强，经历一个从绿片岩相、角闪岩相到榴辉岩相的改变（图 2-68），同时，在约 100km 深处，伴随着一系列脱水反应。

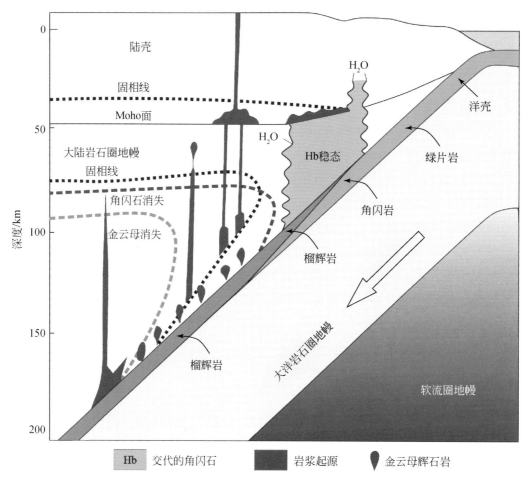

图 2-68　俯冲带热结构模型（据 Anderson and Bridwell，1980 改）

Peacock（1991）及 Davies 和 Bickle（1991）提出了更为合理的俯冲带热模式，开展了相关热数值模拟，发现以下几个方面的热效应。

（1）俯冲洋壳的年龄制约

显然年轻的热洋壳在俯冲时，比老而冷的古老洋壳更容易发生熔融。图 2-69（a）显示了 5 ~ 200Ma 不同俯冲年龄的洋壳，俯冲到 200km 深度过程中，每隔 1Myr 时间尺度上深度–温压的变化曲线。令人惊讶的结果是，在俯冲过程中，只有非常年轻的洋壳有熔化的可能性，如岛弧下温度高达 900℃。所以，当年轻洋壳的俯冲作用持续时间较短，或者老洋壳俯冲时，是不容易发生熔融的。图 2-69（a）中的绿色和蓝色方块显示了折返到地表的俯冲杂岩（如加利福尼亚方济会杂岩）中，榴辉岩和蓝片岩形成的 P-T 条件（温压条件），这与 50Ma 年龄的洋壳俯冲时的深度–温压变化曲线相一致。

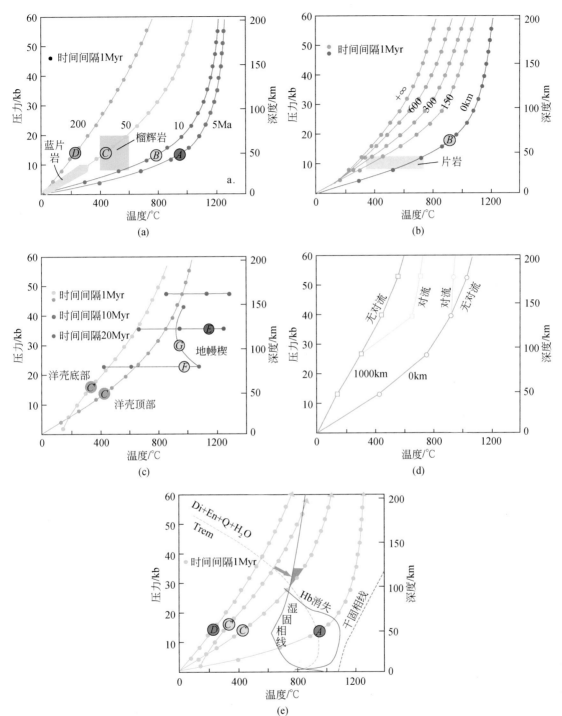

图 2-69　俯冲带热效应（据 Peacock，1991；Davies and Bickle，1991）

Di-透辉石；En-顽火辉石；Q-石英；Hb-角闪石；Trem-透闪石

（2）受俯冲的冷岩石圈总量控制

显然，较多的冷大洋岩石圈俯冲进入上地幔意味着更多的上地幔将被降温。如果以 10cm/a 的俯冲速率俯冲，洋壳每百万年可以俯冲 100km。图 2-69（b）中显示的俯冲速率则相对慢得多，仅为 3cm/a，但在持续俯冲的情况下，其冷却效应也非常强烈，如深度小于 600km 洋壳的俯冲温度小于俯冲洋壳的熔融温度。那么，对地幔楔造成的温度变化是什么样的呢？图 2-69（c）还展示了洋壳顶部和底部的升温方式。最初底部相对比较热，随着地幔楔温度的影响，洋壳顶部的温度比底部的升高要快。

（3）地幔楔岩浆的起源

图 2-69（c）曲线 E 和 F 分别代表了俯冲作用开始后 10Myr 和 20Myr 的地幔楔温度变化，不过，前提是地幔楔中不存在任何对流作用。俯冲板块明显的冷却效应，可以迅速导致地幔楔温度降低到无法熔融或无法产生岩浆的程度。而 G 曲线则显示了地幔楔中诱导对流的影响作用，与 E 曲线相似，但又具有更高的温度。在这种模式下，当地幔楔物质向下对流时，温度会高于 950℃，这将可能导致地幔楔物质含水熔融。图 2-69（c）主要表明，火山弧岩浆可能起源于地幔楔，因为俯冲板块发生熔融的条件非常受限。

（4）诱导的次级对流对板块的影响

图 2-69（d）模型显示了诱导的次级对流可以增强相对老板块的可熔性，而对年轻板块并没有什么影响。

（5）温度和压力对岩浆形成的控制

图 2-69（e）显示了玄武质洋壳熔融过程中水的影响作用。在干燥（无水）情况下，熔融所需温度随着压力的变化相应增加（红色粗线）。然而，在水饱和条件下（红色细线），深 50km 处物质的熔融温度下降了约 400℃。重要的是，蓝色曲线指示，在含水条件下，角闪石是如何起到重要作用矿物的。不过需注意的是，曲线在深 70～80km 处发生了反转，显示该深度往下至 100km 处，地幔中的角闪石转变为压力敏感型。这意味着该深度的角闪石将释放更多的流体，从而促进熔融作用的发生。这就是大多数弧火山岩产生于贝尼奥夫带上 100km 处的原因。

（6）地幔楔中向上和向下的流动（或热流）

在地幔楔中，俯冲作用所引起的对流一直被大家关注。在俯冲带浅部（20～50km）存在大量的水，这可以使地幔楔物质发生水化形成蛇纹岩；这种岩石中含有 12% 以上的水，密度明显低于正常地幔岩，从而这种岩石可以挤压式上升侵入（固态流动）到弧前区域，形成弧火山岩或者增生沉积物。在俯冲带深部，地幔楔本身相对冷却，使得其难以上浮（如密度大），反而被往下拖拽，从而促进角闪石分解，并释放出流体，这将诱导对流作用的发生。俯冲板块和地幔楔之间的软沉积物，将导致二者相互作用的耦合度降低。地幔楔中循环的上升流，将补偿上述因素的影响，其中来自低密度流体和岩浆的影响较强。

2.6.1.5　俯冲增生和俯冲侵蚀

沉积物俯冲指大洋板块上的沉积层逃脱前缘增生和构造底侵作用，并俯冲下潜至超过40～60km地幔深处的过程。根据地震反射剖面，可以粗略地求得某些海沟增生楔形体的体积，增生楔形体的年龄则可利用深海钻探资料加以推断。从洋底沉积层的厚度和俯冲速度不难算出给定时间内输送到海沟及俯冲带的沉积物数量。研究表明，输送的沉积物体积一般远超过增生楔形体的体积。

悬浮于海洋中含钙质和硅质生物软泥、细黏土的缓慢沉积，使得全球大洋板块均被厚0.5～1km（年龄证据）的沉积物所覆盖。此外，在靠近大陆的区域，由于河流三角洲和浊流沉积发育，以及底部强力水流的重新调整，堆积了更厚的陆源碎屑沉积物。这些沉积物最终将在俯冲带随着俯冲而消亡。而这些沉积物具体经历了什么？它们是被刮掉还是被拖拽到俯冲带呢？如果是后者，那么它们是消失在地幔深部，还是重新被熔融转移至岛弧岩浆岩中？无论哪种，物质是不可灭的，其平衡模式如图2-70所示。在俯冲过程中，浅部洋壳因机械摩擦作用产生一系列强烈的剪切破裂，其破裂的洋壳碎片被大量洋底沉积物质所混杂胶结形成构造混杂岩，并以增生楔形式加积于岛弧的外侧。故俯冲带实际上就是与构造混杂岩同时形成的一系列逆断层带。在俯冲带上，大部分洋壳沿着深海沟俯冲并下插到地下不同深度，其中一部分洋壳重熔、上涌形成以钙碱性为主的岛弧火山岩岩浆，另一部分洋壳于更深部重熔，返回到地幔中。

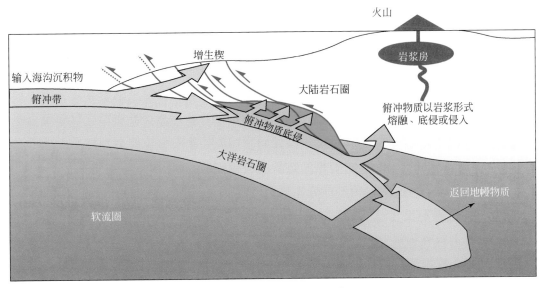

图2-70　俯冲带沉积物分配模型

实际上，活动大陆边缘的俯冲带类似于在强大反作用力下（摩擦力）输送大量松散沉积物的传送带，其上部的一些物质会被刮掉［图2-71（a）］。整个过程中存在许多变量，所以对于不同的构造环境，考虑其物质的量是非常重要的。

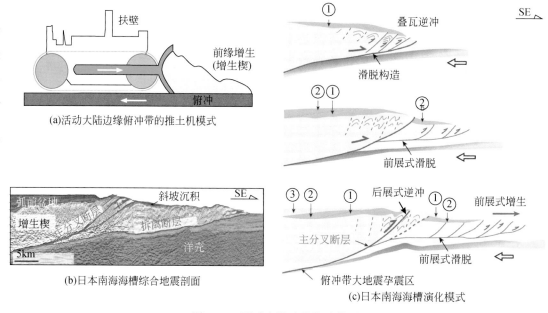

图 2-71　活动大陆边缘构造模型

（1）初始岛弧：无沉积物堆积

洋内弧，如马里亚纳弧，远离大陆，不提供陆源沉积物（陆源物质已沉积于弧后盆地环境），因而，马里亚纳海沟的少量火山灰及到达俯冲带处的大部分沉积物，都具有老洋壳的俯冲板片上所携带的深海软泥和黏土物质（至少厚0.5km）。过去经常认为，这些深海沉积物被刮掉，形成弧前增生楔［图2-71（b）、（c）］。然而，马里亚纳弧前和海沟处的钻探研究显示，海沟处几乎没有沉积物。该处岛弧体系已经存在40Ma，假设以10cm/a的速度俯冲，每千米弧长度上应该有多达40km³的沉积物从俯冲板块上铲刮下来。

通常这些沉积物应该俯冲下去，其具体俯冲过程如下：当俯冲板块弯曲至近乎垂直状态时，地垒和地堑发育［图2-72（a）］。沉积物从地垒被刮到地堑，随后在大洋岩石圈发生变形时被卷入俯冲带。基于这一原因，俯冲带地堑被认为是处置核废料的理想场所。事实上，俯冲洋壳上发育有海山，形状和功能上也可能类似一个巨大的锉刀［图2-72（a）］，导致火山弧–弧前区域逐渐被侵蚀掉；地球化学研究也表明，实际上只有非常少的沉积物会循环进入火山弧岩浆，绝大部分沉积物将被带入深部地幔。据推测，当马里亚纳的俯冲板片拆沉进入下地幔时，该处的沉积物也将被同时带入下地幔。

（2）智利北部：无沉积物俯冲

智利北部由于受干旱气候的影响，该处沉积物供应有限。此处许多起源于安第斯山脉的河流最终没能到达海岸，而且几乎不发生携带泥沙入海的浊流和洪水。同时，在智利常见平行于海岸的主要断裂，这往往阻碍了河流入海，使其形成咸水湖。

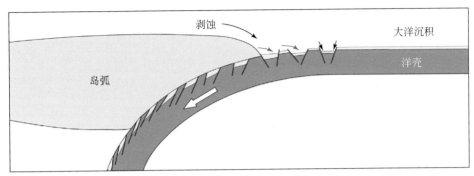

(a) 火山弧-弧前区域绝大部分沉积物将被带入深部地幔

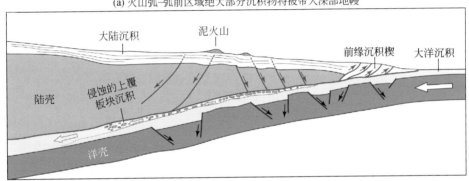

(b) 侵蚀型陆缘

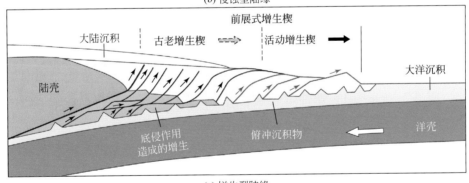

(c) 增生型陆缘

图 2-72　俯冲带的沉积物分配不同模式（Saffer and Tobin，2011）

一些地质学家认为，俯冲板块锉刀式的俯冲作用已经侵蚀了智利北部和秘鲁的大陆边缘［图 2-72（b）］。那么，这是否是安第斯北部火山活动地点，随着时间的推移，不断向东迁移，以及古生代岩基正好在靠近海沟处的海岸带出露（尽管已很难证明当时它已经在那里）的原因所在呢？海沟处一些地带被沉积物充填，其沉积物源区应该是附近地势高处。这些沉积物部分会被刮掉。但是，中美洲海沟钻探结果表明，该处的深海海底沉积物仍在俯冲，软泥充当了润滑剂。

（3）智利南部和阿拉斯加：高速率沉积物堆积

智利南部和阿拉斯加的气候温暖而湿润，发育有大量的河流，其中有些河流起源于冰川，洪水多发，这可以为海洋提供大量的沉积物。在更新世时期，沉积物的供应甚至更高，大量沉积物被带入海沟。海沟很快被填满，随后沉积物越过海沟并开始沉积到俯冲板块上。随着沉积作用的持续，当俯冲板块到达海沟附近时，沉积物的重量实际上压低了俯冲板片的高度，这使得俯冲板片的俯冲角度减小，但在大陆边缘的俯冲角度因均衡会适当增大。

在低角度俯冲下，不会产生地垒和地堑，同时沉积物会被刮掉。这很容易从深部反射资料中得到印证。靠近大陆的位置，低角度逆冲断层开始发育［图 2-72（c）］，沉积物分层将会消失。年轻沉积物的沉积速率很高时（在北部和南部高纬度地区）将加快大陆的侧向增生。这一过程被称为俯冲增生作用，其结构被称为增生楔［图 2-72（c）］。

俯冲增生作用下，大陆的侧向生长主要取决于深海沉积物质的供应和陆源物质的沉积供应。这两个因素可以在很大范围内变化。

1）深海沉积物质供应：大洋板块并不平坦，前古近纪的太平洋板块比新生代形成的太平洋板块粗糙得多，发育有很多海底高原、刚性海脊、岛链和弧。在很大程度上，它们主要由晚白垩世（120～80Ma）贯穿了太平洋板块的地幔柱或板内小尺度对流活动所导致。这些直立于大洋板块上的海山，被许多碳酸盐岩覆盖，主要是因为与正常大洋板块深度相比，它们长期处在碳酸盐补偿深度（CCD）以上。

在活动大陆边缘的俯冲带处，高低不平和垂直大洋板块的海山部分更容易被刮掉。这些被刮掉的物质一般是镁铁质岩石（变质为角闪岩）和厚的石灰岩（变质为大理岩）序列，以及钙质-硅质软泥及燧石。洋底高原和洋内弧等大型海洋地质体很可能"阻塞"（clogged）俯冲带，导致俯冲带发生后撤，弧将以蛇绿岩带的形式残留，如塞浦路斯典型的特罗多斯杂岩体。然而，平坦而冷的正常洋壳可能根本不会发生刮削，这种情况下，经深俯冲转换为榴辉岩，提供给俯冲板片下拉力，因此，这类俯冲过程中，软的钙质-硅质软泥和黏土可能不容易被刮掉。

2）陆源物质供应：主动大陆边缘河流系统可提供大量物质供给。当然，目前没有太多的河流为活动大陆边缘提供物源，反而大多数河流主要发育于大西洋、印度洋、南极洲和澳大利亚附近，为被动大陆边缘提供物源。值得注意的是，在古生代早期和早中生代，南半球的大陆是冈瓦纳大陆的一部分，而且冈瓦纳大陆的周边均为主动大陆边缘（Li et al.，2017）。这些边缘地势平缓起伏，目前较高的安第斯山脉是中新世变形和隆升的结果，当时并不存在。因此，早古生代很可能有大量的河流沉积物堆积到俯冲板块上，随后这些沉积物重新增生到大陆边缘。目前出露的早古生代地质体主要分布在智利南部和新西兰南部岛屿，同时智利南部的地质体出现于晚古生代。这些沉积物也表现为阿拉斯加的古老造山带中的复理石建造。

与从大洋板块上铲刮下来的岩石碎块相比，陆源的物质是松散的碎屑沉积物。但这两种地质体最终会发生构造混杂和强烈变形，因为俯冲作用交接处在十几个百万年内，会发生数千千米的相对运动，远远超过与大陆的碰撞距离。这种情况下，岩石大多会发育很强烈的叶理和线理，最终形成构造混杂岩——在变形的软沉积物中，可见洋壳岩石碎块的透镜体。

软湿沉积物也可能不断底侵到增生楔下部，随后慢慢经历升温，导致沉积物中的水逐渐析出。热水将从沙床中分解出二氧化硅，使其在较高层位沉积，并不断形成横向的石英脉。然而，由于构造底侵作用的持续进行，沉积物和石英脉日益增多并发生强烈变形，几乎全部变为似糜棱岩化构造，层状原始结构构造没有残留。横切石英脉被挤压拉长变成近平行的叶理。许多几十千米甚至上百千米的新地壳将以这种方式侧向增生到大陆边缘。增生楔上部会被剥蚀，形成年轻的沉积物，沉积于弧前盆地的顶部［图 2-72（c）］。这些岩石部分也会发生变形。

总之，俯冲带可以发生增生也可以发生侵蚀，其作用分别称为俯冲增生（subduction accretion）和俯冲侵蚀（subduction erosion），俯冲带也分别称为增生型俯冲带和侵蚀型俯冲带。

（1）俯冲增生

大洋地壳沿俯冲带向下俯冲时，洋盆上沉积的深海相碳酸盐岩、硅质岩或深海软泥以及海沟附近的陆源浊流沉积物，由于固结差，多未成岩，在强烈挤压剪切作用下，容易沿洋壳基底顶面被刮削下来，并强烈混杂和揉皱。其下伏的洋壳熔岩基底也有部分被刮削下来成为洋壳碎片，以大小不一、成分各异的碎块混杂到大洋沉积物质中，构成了具复杂揉皱和断裂的增生楔状体。随着洋壳不断地俯冲，在大陆边缘的增生楔状体或构造混杂岩楔也不断增长，并逐渐向大洋方向拓展，迫使海沟也相应地向大洋方向迁移［图 2-72（c）］。这种俯冲加积体也称加积楔、增生楔、增生柱、增生杂岩体等。

海沟俯冲带于高压-低温的构造环境中，在地热梯度约为 10℃/km 的深海沟内侧，以基性岩为主的洋壳岩石及其上覆的火山碎屑岩、硅质岩、硬砂岩等一起俯冲到压力相当于 25km 的深度和温度不超过 300℃ 的条件下时，形成含有蓝闪石、硬玉等矿物为特征的高压型蓝片岩。它广泛分布于中、新生代构造混杂岩带内。

构造混杂岩楔（增生楔状体）内部结构复杂，增生楔的表面沉积层从洋侧向大陆舒缓延展，在增生楔的陆坡和深海相沉积层中出现一系列向大洋方向的叠瓦状逆冲断层，断面由俯冲带向大陆边缘逐渐变陡，形成的时代依次变老［图 2-72（c）］。因洋壳俯冲，在海沟附近和远洋的沉积物被剥离而推向陆侧前端，犹如推雪和推土一样［图2-71（a）］。所以，增生楔离海沟越远，其年龄也越老。在挤压作用下，逆冲岩席发育鳞片状面理、板状劈理，以致高压变质。增生楔的叠瓦状逆冲断片犹如一系列的楔子，每一个新楔子沿俯冲带往下插时，上面的老楔子就会越抬越高，逆冲断面也逐渐变陡［图2-72（c）］。这种逐步抬高顶举作用的模式使构造混杂岩增生楔升高到水面以上，成为造山带外缘的增生部分。其相对应的板块边缘称为增生边缘（accretionary margin），即发育由刮落和底侵的洋底沉积物组成的增生楔［图2-72（c）］。全球增生边缘总长24 000km（图2-57）。日本以南的南海海槽，新西兰的希库朗伊（Hikurangi）、阿留申中段和东段、阿拉斯加、喀斯喀特（Cascada）中段和南段（华盛顿–俄勒冈州）、中美洲海沟的中段–墨西哥段、智利边缘的中段和南段等是发育中等尺度增生楔的增生边缘，增生楔宽为5~40km，沉积物年龄为10~5Ma；而南海马尼拉海沟东侧、印度尼西亚巽他边缘、巴基斯坦西部的莫克兰（Makran）边缘、喀斯喀特边缘最北段、小安的列斯弧沟系和爱琴海边缘等，是发育大型增生楔的增生边缘，所发育增生楔宽度在40~100km，厚度可达25~30km，沉积物年龄为50~30Ma，这类边缘延伸总长约为8000km，其形成的基本条件是缓慢的正向汇聚速率和快速的洋底沉积速率（Scholl et al.，1987）。

（2）俯冲侵蚀

由于环太平洋海沟是汇聚型板块边界，它理应全部是以构造混杂岩为特征的安第斯型活动大陆边缘。但是事实并非如此，环太平洋海沟普遍不发育增生楔，那里的大陆边缘物质不仅没有含洋壳碎块为特征的增生楔的顶举上升，反而被俯冲的洋壳拖到深部，这导致大陆边缘的崩塌，形成含有以大陆边缘陆壳碎块为特征的重力滑塌堆积。此时海沟向大陆方向迁移，大陆边缘后退，缺失增生楔，这一现象被称为俯冲侵蚀。现今这类大陆边缘占绝大多数（图2-57），其数量与具底侵增生模式的边缘数量相比是6∶1。

俯冲侵蚀作用是指在俯冲过程中将上覆板块物质移走，并输送到壳下或地幔深处的过程。俯冲洋壳板块顶面遭受力学破坏和磨蚀作用，同时引起海沟向大陆侧迁移。俯冲带构造侵蚀可以表现为上覆板块或岛弧的前缘被截切，或贝尼奥夫带之上的大陆岩石圈板块底面遭到侵蚀，并卷入俯冲消减的过程。因此，俯冲侵蚀又分为前缘侵蚀和底面侵蚀，与前述的前缘增生和底侵增生相对应。前缘侵蚀海沟陆侧坡或上覆板块前缘物质遭受破坏，并在俯冲作用下潜入地下。底面侵蚀沿上覆板块底面发生，俯冲板片就像一把巨型的锉刀［图2-27（c）］，这种壳下磨蚀作用，可导致上覆板块地壳变薄，而发生沉降（von Huene and Lallemand，1990）。

1）前缘侵蚀机制：海沟陆侧的坡上物质，在地表侵蚀或重力坍塌作用下，进入海沟并遭受俯冲。俯冲下弯的大洋板块表层常处在引张状态，洋壳表面新生的地堑在推移至海沟陆侧坡基部时，来自海沟陆侧坡的重力坍塌和侵蚀物质可充填于地堑中，然后随板块俯冲至地幔中［图2-72（a）］。前缘侵蚀导致海沟陆侧地质单元削蚀，使海沟轴向陆侧推进。这时，陆壳不仅没有增生，反而受到破坏，以致原火山弧的火山岩或深成岩出现于今日火山前缘外侧的弧前区。俯冲侵蚀导致海沟轴向陆侧推进。

2）底面侵蚀机制：可能与上覆板块底部孔隙和裂隙流体超压及伴随的水压致裂作用有关。此外，年轻的热板块下插至弧前区之下，发生伴随着体积缩小的相变，可导致上覆板块底部物质转移添加到下行板片，也会引起上覆板块地壳变薄（Engebretson and Kirby，1992），弧前区的沉降和海沟轴也向陆侧推进［图2-72（b）］。

侵蚀型俯冲带与增生型俯冲带形成鲜明的对照，前者上覆板块前缘被切蚀而不是加积，大陆被破坏而不是增生，陆壳面积在耗减而不是扩展，弧前区及海沟陆侧坡在下沉而不是抬升，在那里表现为引张而不是挤压。上覆板块前缘和底面受侵蚀过程中地壳变薄，这可能是俯冲带上覆陆壳大规模沉降的原因之一。

侵蚀型俯冲带相对应的板块边缘称为侵蚀型边缘（erosive margin），即无增生楔形成［图2-72（a）］，或仅有少量刮落的洋底沉积物堆积下来，增生楔宽度小于5km［图2-72（b）］。在非增生边缘，刮落增生的沉积物量，远小于可能增生的沉积物量。这类边缘延伸长度可达19 000km，通常发育于沉积物输入比较贫乏的海沟地段，海沟底沉积层厚度小于500m，大洋板块上几乎全部沉积物都能有效地俯冲于上覆板块之下。基于这一条件，非增生边缘主要分布在远离大陆的西太平洋的洋内弧沟系，包括伊豆–小笠原海沟、马里亚纳海沟、汤加–克马德克海沟、千岛海沟等地，也分布在濒临干燥陆区、缺少沉积物来源的边缘，如智利边缘的中段和北段，以及海沟陆侧坡上部发育能有效捕获沉积物的盆地，如琉球海沟，沉积物补给有限的边缘，如中美洲海沟的危地马拉段。

2.6.2　底侵作用

底侵作用和拆沉作用是大洋板块或大陆物质俯冲—再循环过程的两种重要作用，在壳幔相互作用中起着举足轻重的作用。底侵作用分为两种：构造底侵作用和基性岩浆底侵作用。

（1）构造底侵作用

底侵作用（underplating）专指在俯冲造山带前缘，来自俯冲板块的洋底沉积物和来自上覆板块的底面侵蚀物质，进入俯冲带后在上覆板块下的堆垛作用，也称构造底侵作用（tectonic underplating）。发生构造底侵作用的主要对象是海沟区向洋侧的洋底沉积物等［图2-72（c）］。

Rea 等（1996）广泛收集了 DSDP 和 ODP 钻井资料后得出，洋底沉积物的全球平均成分（按固体体积计）为：陆源沉积（包括火山灰）占76%，生物成因碳酸盐沉积占15%，生物成因蛋白石占9%。如果加上沿海沟轴带接受的沉积物，则洋底沉积物的全球平均成分为：陆源沉积（包括火山灰）占93%，生物成因碳酸盐沉积占4%，生物成因蛋白石占3%。火山灰大部分来自汇聚边缘上覆板块的爆发性火山活动。生物成因的碳酸盐、二氧化硅源于海洋生物吸收海水中的盐类，而河流向海洋输送的大量溶解盐是海水盐分的主要来源。可见，进入俯冲带的洋底沉积物，与来自上覆板块的俯冲侵蚀物质一样，均主要来自大洋周边的大陆，因此，可以称其为俯冲再循环中的大陆组分。但是，洋底沉积物中有多大份额能逃脱刮落增生和底侵增生作用？有多少最终俯冲至地幔深处？上覆板块的俯冲侵蚀物质又以怎样的速率输入地幔？这些问题依然值得探索。

海沟沉积物输入俯冲带的速率，等于海沟陆侧坡沟底沉积物、按孔隙度为零换算得出的厚度与垂直于海沟走向的板块汇聚速率的乘积。如沉积厚度以"km"为单位，正交汇聚速率以"km/Myr"为单位，则沉积物固体体积输入速率的单位是"km^3/Myr"（每千米海沟长）。全球俯冲带沉积物输入速率是由全球活动俯冲带各主要地段的输入速率总和计算出来的。据估计，在新生代晚期，每年大约有$1.9km^3$的洋底沉积物（以固体体积计）和$2.6km^3$的流体进入总长为43 000km的俯冲带。

对增生边缘而言，刮落增生沉积物量在输入沉积物的总量或可能增生的沉积物总量中所占的比例，称为刮落效率（E）（efficiency of offscraping），可用下式计算：

$$E = MAB/H \times CR \times T \tag{2-4}$$

式中，MAB是增生楔体积；H是海沟底沉积层的厚度；CR是垂直于海沟的正向板块汇聚速率；T是增生楔生长所经历的时间。增生楔体积和海沟底沉积层的厚度均指当孔隙度为零时的固体体积和厚度。

式（2-4）中，较难确定的是增生楔的体积及增生楔生长的时间。为此，需要获得增生楔的高分辨率地震反射成像资料，包括增生楔后障壁（backstop）的成像资料。增生楔的宽度和厚度由后障壁向海沟方向测量。利用增生楔精确的地震波速度，结合增生楔的钻探资料，可以测定其平均孔隙率，从而在确定增生楔的固体体积的过程中将误差降低到±10%的范围。至于增生楔的岩性以及生长年龄和历史，目前大洋钻探是获得这些资料的唯一手段。

（2）岩浆底侵作用

俯冲作用常导致俯冲板块上部的地幔楔发生熔融，形成岩浆。岩浆穿过Moho面底辟上侵到岛弧（图2-66），或在Moho面附近积累并扩展，进而导致地壳裂解、弧后盆地形成。这种来自上地幔部分熔融产生的基性岩浆（玄武质熔体），侵入或添加到下地壳底部的过程或作用，也包含下地壳岩石部分熔融（主要由基性岩浆侵入提供大量热和CO_2流体诱发熔融）形成的岩浆，向中上地壳侵位的添加过程，称为岩浆底侵作用（magmatic underplating）（金振民和高山，1996；吴福元，1998）。当然这一概念在20世纪70年代就已出现，直到80年代才对它的内涵给予较为确切的限定，即岩浆底侵作用是指幔源基性岩浆垫托在下陆壳底部的一种过程，很显然它不包括本书所述的构造底侵作用。而且，岩浆底侵作用发生的范围不只是下陆壳，也包括洋壳底部。

2.6.2.1 岩浆底侵作用发生的背景

同位素定年结果显示，岩浆底侵作用主要发生在显生宙期间，相对而言，稳定克拉通区岩浆底侵作用相对较弱。但这不能构成年代越新、岩浆底侵作用越强的推论，因为拆沉作用可能已将早期底侵的物质拆沉返回地幔。

岩浆底侵作用一般在下列4种构造背景中发生：①大陆碰撞、地壳加厚，引起岩浆底侵作用；②活动大陆边缘俯冲过程产生岩浆底侵作用和花岗岩；③大陆裂谷镁铁质岩浆底侵作用（图2-73）；④与热点或地幔柱有关的岩浆底侵作用（图2-73），如大陆溢流玄武岩和夏威夷大洋热点玄武岩。

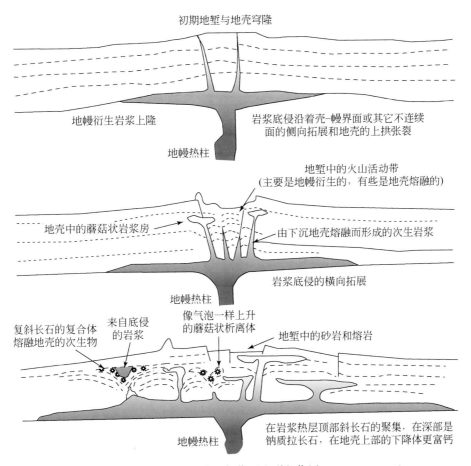

图 2-73　热幔柱有关的岩浆底侵作用和裂谷作用（Kröner，1982）

2.6.2.2 岩浆底侵作用的地质效应

岩浆底侵可以发生在多种环境：大陆碰撞带、活动陆缘俯冲带、大陆裂谷带、热点区或热幔柱上方（图2-73）、被动陆缘及稳定克拉通等。不同的环境、过程必将有不同的底侵样式，不同的样式也必将对地壳不同层次、不同演化阶段产生不同的成分效应、温度效应和压力效应等。反之，根据地壳内记录的岩石、矿物、元素及同位素共生组合及其时空特点，可反推包括底侵在内的一系列深部地质作用过程，从而揭示多层圈相互作用的本质。岩浆底侵作用是地壳生长和弧后扩张的一种重要机制，有助于认识弧后地壳深部的壳-幔相互作用、成矿作用、扩张方式等。总体上，岩浆底侵作用的地球动力学意义有以下几方面。

（1）岩浆底侵作用是大陆垂直增生和发展的一种重要方式

地壳物质由下向上垂直生长代表了地幔物质向壳内的移迁和加积过程，它与大陆边缘地壳水平侧向增生作用同等重要。底侵作用引起地壳加厚，会使物质向两侧拓展迁移，使浅部发生伸展崩塌作用，也导致下地壳内物质组构向水平方向发展，或者使Moho面逐渐变得平坦。如果将岩浆底侵作用作为地壳生长的一种重要机制，那么岩浆底侵作用导致下地壳年龄总体上偏新，而出露的地表岩石较老，所以对地表岩石研究并不能完全反映地壳的演化历史，特别是后期演化历史的记录缺乏。同时，有必要重新考虑先前有关地壳总体成分的估算（吴福元，1998）。例如，在意大利Iveria地区，由晚古生代玄武质岩浆底侵作用形成的地壳厚度约为6km，约占地壳总厚度（35km）的17%。在大陆裂谷地区，来自上地幔的底侵物质可以使地壳厚度增加10~25km，美国北部大湖（Great Lake）地区裂谷作用之后的玄武质岩浆底侵，使原来Moho面向下延深了10~14km。

（2）岩浆底侵作用为下地壳提供大量热源，使高温麻粒岩和花岗质岩浆产出

来自上地幔含有大量CO_2的流体进入下地壳可以降低水活度，使含斜方辉石类矿物组合变得稳定，引起大离子亲石元素和产热元素不同程度亏损。产生这些现象原因一方面与下地壳脱水有关，另一方面与深熔作用产生的花岗质岩浆上升侵位有关。

（3）岩浆底侵作用促使壳-幔物质交换和再循环

岩浆底侵作用造成层状基性麻粒岩和基性岩石的深熔作用、多期变形变质作用叠加，使原有Moho面更加复杂化，形成"壳-幔混合层"或"壳-幔过渡带"，这种现象和特征已被大量深地震反射剖面成果所证实。

（4）岩浆底侵作用直接影响下地壳热和流变学状态

底侵的基性岩浆侵入，一方面使岩石圈产生热弱化（thermal weakening），另一方面高强度基性物质加入也使岩石圈局部流变硬化（rheological hardening）。下地壳岩石在高温低黏度（10^{19}~10^{22}Pa·S）下大型水平韧性剪切流动和岩石硬化断裂过程是上述

两种过程交替竞争（competing processes）结果。同时，底侵对下地壳结构也有重要的影响。

（5）岩浆底侵作用与大陆裂谷系岩浆作用和成矿作用密切相关

不同形态（如对称和非对称）的底侵体，会导致地壳上部产生不同几何样式的伸展盆地，并决定盆地的沉积体系时空格架。底侵不仅导致地壳上部沉积层序格架不同，也导致地壳内热结构分异，从而决定盆地内不同空间上变质作用类型的差异。采用系列 P-T-t 轨迹研究，可揭示这种裂谷盆地中初始热结构的空间变异（李三忠等，2003）。

2.6.3 对开门与弧后盆地打开

活动大陆边缘并不总是以挤压逆冲构造为特征，弧后盆地广泛的伸展构造也普遍存在。对开门或双开门（Double-Saloon-Door）构造模型是一个弧后盆地开裂的新模式，它建立在平行弧的两个同期镜向裂谷基础上，这两个裂谷是弧后海底扩张及俯冲回卷期间从初始中心位置朝相反的方向拓展而成。最终几何学结果是，两个地块同时发生顺时针或逆时针旋转，这如同对开门围绕门的合页运动一样（图 2-74）。随着运动的持续发生及上述两个相邻地块的旋转，其间形成了一个间隙，形成了第三支裂谷，并朝俯冲回卷方向的相反方向拓展。

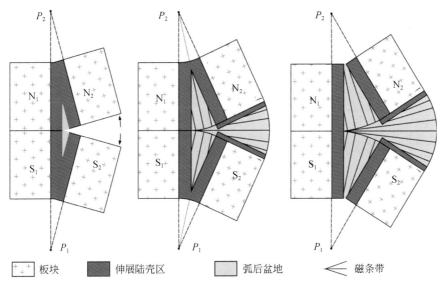

图 2-74　弧后盆地开裂的对开门模式（Martin，2007）

俯冲自西向东回卷，板块 S_2 围绕旋转极 P_1 顺时针旋转；板块 N_2 围绕旋转极 P_2 逆时针旋转

西地中海渐新世到近代、喀尔巴阡山脉与爱琴海中新世到近代、加勒比海渐新世到近代的地质观察表明，这些地区都有两个发展阶段。最初，由先存的弧后褶皱–

逆冲断层带和岩浆弧组成的一对地块绕极点旋转，并增生到邻近的大陆上；其次，第二阶段始于块体拼贴，这减小了俯冲带宽度，导致俯冲作用向走滑作用的转换，顺时针旋转的地体经历了右旋走滑，而逆时针旋转的地体则经历了左旋走滑。后者驱动力可能是一对旋转扭矩，使板片下沉和弯曲的俯冲枢纽发生回卷。但是，值得注意的是，一些弧后盆地打开不一定是俯冲的结果，它们可能同时是更高层次的统一动力学机制下不同的产物，也就是说，俯冲回卷和弧后盆地是同级关系，不是父子关系。

依据对开门模型（图2-74），利用可用数据修订建立了一个早侏罗世—早白垩世冈瓦纳古陆的裂解模型（Martin，2007）。在这个模型中，3个板块总是在威德尔海地区的同一个三联点分离（图2-75）。

（1）阶段Ⅰ：初始裂解——190～175Ma

富兰克群岛（FI）地块和埃尔斯沃思惠特莫尔地块（EWT）各自的顺时针和逆时针运动发生在190～175Ma。古地磁证据表明，在175～155Ma，西南极半岛（WAP）发生了顺时针旋转。具体情况是，175Ma的极点是基于测定178Ma和174Ma的岩石确定的，并假定这个运动在190～175Ma的时间内开始。此外，南巴塔哥尼亚沿着Gastre断层（GF）及其近平行的右行压扭断层向右运动，相对于北巴

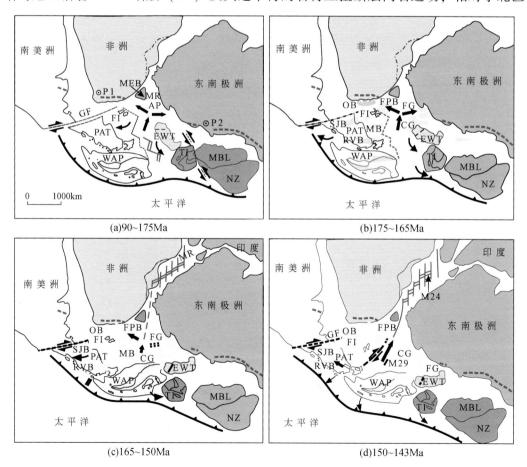

(a)90~175Ma

(b)175~165Ma

(c)165~150Ma

(d)150~143Ma

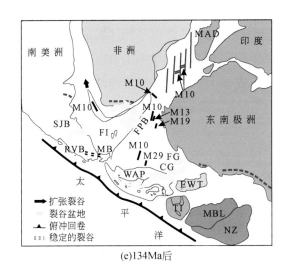

图中标注：

南美洲　非洲　MAD　印度

M10　M10

M10　M10　M13

SJB　FPB　M19　东南极洲

FI

RVB　MB　M10

M29 FG

WAP　CG

太　EWT

平　TI

洋　MBL

NZ

(e)134Ma后

图例：
→ 扩张裂谷
裂谷盆地
▲ 俯冲回卷
⋯⋯ 稳定的裂谷

AP 厄加勒斯高原	MBL 玛丽伯德大陆
CG 中央地堑	MR 莫桑比克洋中脊
	NZ 新西兰
EWT 埃尔斯沃思惠特莫尔地块	OB 奥特尼夸盆地
FG 菲尔希纳地堑	PAT 巴塔哥尼亚
FI 福克兰群岛	RVB 若卡斯弗尔德斯盆地
FPB 福克兰高原盆地	SJB 圣豪尔赫盆地
MAD 马达加斯加岛	TI 瑟斯顿岛
MB 马尔维纳斯盆地	WAP 西南极洲半岛
GF Gastre断层	

图 2-75　早侏罗世—早白垩世冈瓦纳古陆裂解模型

（a）冈瓦纳古陆裂解的第一阶段（190～175Ma）＝普林斯巴赫阶-托尔顿阶。富兰克群岛/西巴塔哥尼亚/西南极洲半岛联合地块绕极点 P_1 顺时针旋转。埃尔斯沃思惠特莫尔和瑟斯顿岛联合地块绕极点 P_2 逆时针旋转，板块向太平洋俯冲回卷以调节弧后板块旋转。富兰克群岛和非洲/Maurice Ewing Bank（MEB）之间，以及埃尔斯沃思惠特莫尔地块和东南极洲之间出现了扩张的裂谷。第三条裂谷的位置现在还不能确定，但暂时认为它与西南极洲半岛与瑟斯顿岛以及威德尔海区的中央地堑之间的埃文斯地堑相连。（b）冈瓦纳古陆裂解的第二阶段（175～165Ma）＝阿连阶—巴通阶。富兰克群岛、西巴塔哥尼亚和西南极洲半岛联合地块进一步顺时针旋转，埃尔斯沃思惠特莫尔地块快速旋转。图（b）即为它向东南极洲拼合的最后位置。拼贴在第一阶段晚期或第二阶段早期结束，瑟斯顿岛在埃尔斯沃思惠特莫尔地块拼贴后仍然继续旋转。非洲南部的福克兰高原盆地和奥特尼夸盆地之间出现裂谷盆地。它们位于东南极洲和埃尔斯沃思惠特莫尔地块之间的威德尔海。阴影地区代表由重磁资料推断的地堑，位于菲尔希纳地堑和埃尔斯沃思惠特莫尔地块之间，西南极洲半岛上的断陷盆地是与内滨带上的 Latady 组和 Botany Bay 组以及外滨带上的黑海岸盆地相关的。西南极洲半岛与南巴塔哥尼亚平行而并非重叠，将避免西南极洲半岛和瑟斯顿岛之间产生空隙。（c）冈瓦纳古陆裂解的第三阶段（165～150Ma）＝卡洛夫阶—基默里奇阶，对应 M39～M22 磁异常。东南极洲及其附属的印度和马达加斯加岛已经开始向相对于非洲板块南南东方向移动，同时，早期的洋壳出现。扩张的洋中脊，图中表示为断裂带的两条水平断错线，代替了看似稳定的裂谷菲尔希纳地堑。菲尔希纳地堑继续向埃尔斯沃思惠特莫尔地块拼合。箭头指示威德尔海的裂谷向北北东方向扩展，与早期识别的洋壳相重叠～M29 异常，威德尔海的不规则地震反射线和现存在于正在扩张的裂谷。古地磁资料表明瑟斯顿岛和西南极洲半岛相对于东南极洲逆时针旋转，而巴塔哥尼亚和福克兰群岛联合地块继续顺时针旋转，这就暗示了西南极洲半岛和巴塔哥尼亚分离，但是并不知道这是否发生在扩张的洋中脊上（双线上仍有疑问）。福克兰高原盆地和奥特尼夸盆地联合地块继续扩张表现为一个扩张的裂谷，如果这条裂谷到达洋壳增生的地方，那么扩张的洋中脊与威德尔海在 RRT 三节点处相遇。（d）冈瓦纳古陆裂解的第四阶段（150～143Ma）＝提通阶—早欧特里沃阶，对应磁异常 M22～M10。东南极洲/马达加斯加岛/印度板块继续向非洲板块南南东方向运动，伴随着莫桑比克盆地的扩张脊微弱的 M24 异常。使联合地块 FPB/OB 张开的裂谷是一个稳定的裂谷，它被 150～138Ma 从南巴塔哥尼亚向北西方向扩展的若卡斯弗尔德斯盆地大洋裂谷所替代。威德尔海区的扩张裂谷叠加在 M22 插入的位置上。这个裂谷与现在若卡斯弗尔德斯盆地是如何连接的现在还不确定，有人怀疑他们在威德尔海区的一个 RTT 三节点上通过一条转换断层相连。（e）冈瓦纳古陆裂解的第五阶段（134Ma 后），M10 磁异常之后＝早欧特里沃阶之后。阿根廷盆地 Maurice Ewing Bank 末端的 M10 异常重叠在南大西洋开普敦盆地和非洲东南部沿岸的同期物上。同样，东南极洲和莫桑比克沿岸的 M10 异常也能相匹配。威德尔海的主异常据 Ghidella 等（2002）和 Jokat 等（2003）。这些图像说明一条裂谷正在向东扩展，而以前描述的南南极洲和 Maurice Ewing Bank 的裂谷向北北东方向扩展。这些裂谷被厄加勒斯-福克兰断裂带错断，它们一起代替了稳定的若卡斯弗尔德斯盆地盆地。威德尔海区扩张的裂谷向近 Maurice Ewing Bank 末端的方向扩张，并通过一个三节点与其相连。板块的俯冲回卷结束于西南极洲 113～103Ma 的 Palmer Land 事件以及若卡斯弗尔德斯盆地和巴塔哥尼亚的麦哲伦盆地的倒转

塔哥尼亚向北运动，这些断层活动于晚三叠世—晚侏罗世［图2-74（5）］。以上各点表明，一个复合地块卷入了旋转，这个复合地块由南巴塔哥尼亚、西南极半岛和富兰克群岛地块组成。为了调节这种顺时针旋转作用，在南巴塔哥尼亚和西南极半岛西侧的增生楔/俯冲带出现了挤压收缩。

　　瑟斯顿岛（TI）在230～130Ma发生了逆时针旋转，瑟斯顿岛同埃尔斯沃思惠特莫尔地块形成一个复合地块。为了调节这种逆时针旋转作用，在瑟斯顿岛太平洋

边缘与岩浆弧相关的增生楔/俯冲带发生了挤压收缩。尽管地球物理的证据并不十分明确，但仍可用其来解释埃尔斯沃思惠特莫尔地块相对于东南极洲的左行走滑运动。根据这个模型，预测菲尔希纳地堑（FG）地区发生了裂谷作用和扩张作用，而走滑则既可能发生在瑟斯顿岛和东南极洲之间，也可能发生在瑟斯顿岛和 Pine 岛地区的玛丽伯德大陆（MBL）之间 [图 2-75（a）]。

对开门模型中，第三条裂谷应垂直于俯冲带 [图 2-75（b）]。该条裂谷的形成正好可以解释西南极洲和瑟斯顿岛向北沿富兰克群岛地块和埃尔斯沃思惠特莫尔地块的裂离过程。虽然露头条件较差，但西南极洲和瑟斯顿岛仍可确定在埃文斯冰流下存在一个分离的地堑。该地堑向北东方向延伸，表现为低的布格重力异常、自由空气重力异常和磁异常，可解释为中央地堑（CG）[图 2-75（b）]。对比分析黑海岸盆地和菲尔希纳地堑（FG）的展布方向，中央地堑可能是在三节点处形成的一支废弃裂谷，三节点获得的测年数据为 170Ma。威德尔海扩张脊，在Ⅲ～Ⅴ阶段 [图 2-75（c）~（e）]，垂直于俯冲带发展，复合的埃文斯陆架/中央地堑，可能为死亡的威德尔海扩张脊的前身。

在破裂前的古构造格局中，相对于非洲而言，南部莫桑比克洋中脊（MR）位于目前位置的左侧，厄加勒斯高原（AP）与它并列，陆块表现出洋壳亲缘性。尽管较好地限定了福克兰高原白垩纪的运动，但是没有确切的海底异常能确定莫桑比克洋中脊（MR）南部和厄加勒斯高原的古地理位置。莫桑比克洋中脊的古地理位置可能是在莫桑比克和东南极洲之间较北的地方，表现为纳塔尔峡谷北部年龄是 M11～M2 已消亡的扩张中心。

注意，阶段Ⅰ期间正是卡鲁、费抗尔和全艾克特大火成岩省（LIPs）第一阶段的爆发期（时间分别是 184～179Ma、184～180Ma 和 188～178Ma）。西南极洲半岛南部的弧后沉积，也开始于 183Ma 以后。

（2）阶段Ⅱ：从埃尔斯沃思惠特莫尔地块的拼贴到非洲和东南极洲之间最早的海底扩张——175～165Ma

阶段Ⅱ是从 175Ma 埃尔斯沃思惠特莫尔地块的拼贴或之后不久，直到非洲和东南极洲之间 165Ma 的最初海底扩张。

福克兰群岛地块从它裂解前的位置移到了南大西洋裂开前的位置，福克兰高原盆地（FPB）开始形成，并堆积了卡洛夫阶前（165Ma 以前）的大规模沉积序列。南非的奥特尼夸盆地（OB）与福克兰高原盆地相关 [图 2-75（b）]，因为它们有相似的地层学和匹配的古地理位置。奥特尼夸盆地最早的沉积物形成于牛津阶（161～156Ma），并与 162Ma 发生的祖尔贝格火山作用有关。

Ben-Avraham 等（1993）建议，将南非南部边缘的一个点，视作福克兰群岛地块的旋转极。如果旋转极位于较远的西北方向（图 2-75），那么相连的奥特尼夸/福克兰高原盆地，可能是随着福克兰群岛地块向南西方向旋转而形成的一个弧后盆地

（图 2-75）。地壳厚度在福克兰高原盆地中心处最小，为 12 ~ 16km，在奥特尼夸盆地的滨外增厚至 20 ~ 25km，在开普褶皱带内山间的陆上伸展区下面厚度达到了 30 ~ 40km。结合盆地几何形态上向北西方向变窄及福克兰高原盆地里更早的沉积物，意味着一条向北西方向拓展的裂谷正在形成。

向南东拓展的次级裂谷不明显，然而菲尔希纳地堑是一个可能［图 2-75（b）］。据估算，菲尔希纳地堑厚 27 ~ 29km 的陆壳的热年代学结果为 230 ~ 165Ma，这表明发生了一次地壳变薄的裂谷作用。菲尔希纳地堑的陆壳与东南极洲对面的埃尔斯沃思惠特莫尔地块拟合较好，埃尔斯沃思山脉与对应的横贯南极洲的山脉之间的拟合一般。因此，可以认为，当埃尔斯沃思惠特莫尔地块在早、中侏罗世从东南极洲分裂时，菲尔希纳地堑形成［图 2-75（b）、（c）］。

阶段Ⅱ期间，裂谷作用和扩张普遍存在［图 2-75（b）］。扩张和酸性岩浆活动在巴塔哥尼亚南部和西南极洲持续发生，伴随 172 ~ 162Ma 全艾克特大火成岩省的第二次爆发。阶段Ⅱ也包括了巴塔哥尼亚的火山碎屑物，甚至富有机的 Tobifera 组裂谷充填物的早期部分，其 U-Pb 测年为 178Ma、177Ma 和 149Ma。Latady 组和 Botany Bay 组的弧后裂谷层序横贯西南极洲分布。在广泛的伸展区域，对开门模型中的第三条裂谷位于西南极洲和埃尔斯沃思惠特莫尔地块之间。没有证据表明三条扩张裂谷的任何一条［图 2-75（b）］卷入更早的陆壳伸展阶段。如果卷入了，那么它们可能就保留了更老的洋壳，而不是目前已在太平洋测定了的最老的海底扩张异常（M41，167Ma）。

注意，图 2-75（a）中在西南极半岛和埃尔斯沃思惠特莫尔地块之间的间隙，比目前的中央地堑或埃文斯地堑更为宽阔。这是重建巴塔哥尼亚和西南极半岛的一个假象。在图 2-75（b）中，埃尔斯沃思惠特莫尔地块在拼贴时发生了逆时针旋转，这是相对于东南极洲的最终位置，如图 2-75（c）所示。瑟斯顿岛在与埃尔斯沃思惠特莫尔地块拼贴之后继续旋转。加勒比海提供了类似的环境：伊斯帕尼奥拉岛向巴哈马群岛台地增生；而波多黎各则继续同加勒比海板块一起运动，加勒比海板块位于左旋走滑和逆时针旋转区域内。持续的板片回卷与一个由地块增生形成的断块相邻，这证明存在一个旋转扭矩，旋转扭矩导致埃尔斯沃思惠特莫尔地块快速逆时针旋转。

（3）阶段Ⅲ：东南极洲和非洲早期的分离——165 ~ 150Ma

伴随着埃尔斯沃思惠特莫尔地块在阶段Ⅰ末期或阶段Ⅱ期间的拼贴，菲尔希纳地堑停止了运动［图 2-75（c）］，并被非洲和东南极洲的分离替代。在莫桑比克和东南极洲之间，最早的磁异常（M21 ~ M24）年龄是 147 ~ 152Ma。通过利用扩张速率来推断的大陆边缘位置得出，与东南极洲相关的洋壳年龄最早为 168 ~ 163Ma。类似的推断表明，非洲和马达加斯加岛/东南极洲之间的索马里盆地内的洋壳年龄最早为 168 ~ 162Ma。

除了 Kovacs（2002）的解释外，东西向的海底扩张异常，已被威德尔海"人"

字形地磁资料所证实，时间为 M25～M29（157～154Ma）。这表明威德尔海裂谷向洋壳增生这一阶段演化，其异常垂直于重建的俯冲带［图 2-75（c）～（e）］。而且，M19n～M13n 的一系列异常紧邻东南极洲外的大陆边缘［图 2-75（e）］，表明裂谷发育时间为 146～138Ma。这种几何学结构和图 2-74 中的模型一致。

Martin 和 Hartnady（1986）批判了那些将威德尔海磁异常追溯回到 M29 的观点，认为最早的异常是 M10，并假定三节点的第三条裂谷与南大西洋 M10 时的裂开有关。然而，图 2-75 表明一个三板块体系自冈瓦纳古陆最初的裂解开始就已存在，并且第三条裂谷将福克兰群岛地块分离出了西冈瓦纳（即南美洲和非洲部分）。这样一个方案与威德尔海最早的异常形成于 M29 甚至更早是一致的。在阶段Ⅰ和阶段Ⅱ早期，卷入运动的 3 个板块是冈瓦纳、南巴塔哥尼亚/西南极半岛/福克兰群岛复合地块、埃尔斯沃思惠特莫尔地块/瑟斯顿岛复合地块。

在阶段Ⅱ晚期和阶段Ⅲ，随着埃尔斯沃思惠特莫尔地块的拼贴，这 3 个板块演变为西冈瓦纳、东冈瓦纳（即印度、南极洲和澳大利亚）和继续进行顺时针旋转的南巴塔哥尼亚/福克兰群岛复合地块。古地磁工作证明，相对于东南极洲运动的西南极半岛/瑟斯顿岛类似的逆时针旋转，发生在 155～130Ma［图 2-75（d）］，并说明西南极半岛/瑟斯顿岛在阶段Ⅲ晚期开始从南巴塔哥尼亚/福克兰群岛分离［图 2-75（e）］。南巴塔哥尼亚/福克兰群岛作为第四个板块，可能在一个扩张脊处分离。若果真如此，那么这个扩张脊将会向西南方向的太平洋另一个三节点扩张。因此，通过平行弧的扩张和张扭性走滑断层顺时针和逆时针旋转的地块发生分离，但还没有诱发海底扩张。这一情况可在直布罗陀海峡、喀尔巴阡山脉和希腊岛弧处见到。

注意阶段Ⅲ正是全艾克特火山活动的第三阶段，即 157～153Ma。

（4）阶段Ⅳ：150～134Ma 若卡斯弗尔德斯盆地（RVB）发生的弧后海底扩张——洋中脊朝俯冲带跃迁

第一，阶段Ⅳ是从若卡斯弗尔德斯盆地最早的 MORB 岩浆活动开始，直到南大西洋裂开的结束。类似 MORB 的枕状熔岩爆发和辉长岩研究表明，若卡斯弗尔德斯弧后盆地到达了洋壳增生阶段。向北的洋壳增生扩展的 U-Pb 测年为 150～138Ma。

第二，阶段Ⅰ～Ⅲ期间，顺时针旋转的富兰克群岛地块东面的裂谷，跃迁到了福克兰群岛地块的西侧［图 2-75（d）］。因此，在阶段Ⅳ中，卷入了运动的 3 个板块是东冈瓦纳、西冈瓦纳以及若卡斯弗尔德斯盆地西部的南巴塔哥尼亚板块。西冈瓦纳板块包括非洲、南美和富兰克群岛地块。西南极洲和南巴塔哥尼亚的持续分离可能发生在海底扩张脊处，或者通过增生楔/岩浆弧内地块旋转进行。

第三，正如西地中海处发生的一样，海底扩张脊自富兰克群岛地块东部，向若卡斯弗尔德斯盆地跃迁，也即是向着增生楔/俯冲带运动［图 2-75（d）］。通过对西地中海进行的类推，强有力的证明，在冈瓦纳古陆裂解期间，俯冲带向太平洋发生了回卷。

阶段Ⅲ～Ⅳ期间的板块间相互作用的变化，可能是由微板块的旋转与拼贴引起。南巴塔哥尼亚西部和北部的相关运动，以及 Gastre 断层自晚三叠—侏罗纪的左行压扭运动，造成了南、北巴塔哥尼亚的拼贴和碰撞。在 38°S～44°S，Gastre 断层切断了巴塔哥尼亚，而若卡斯弗尔德斯盆地仅扩张到了 51°S。这表明，在拼贴过程中，俯冲回卷带的范围，被限制在若卡斯弗尔德斯盆地最北端的南部。

绕如图 2-75 所示的旋转极旋转，富兰克群岛地块到达它在南大西洋裂开前的位置，需旋转 80°［图 2-75（d）］，而其他数据表明福克兰地块旋转了 105°。当地块拼贴并增生到相邻的大陆时，地块被破坏为一个个次级地块，晚期的旋转极形成。南巴塔哥尼亚/富兰克群岛地块开始破裂，并且可能绕晚期的旋转极旋转。这一过程导致了富兰克群岛地块最后的旋转，使若卡斯弗尔德斯盆地西部的南巴塔哥尼亚次级地块的形成，达到了顶点［图 2-75（d）］。

（5）阶段Ⅴ：134Ma 以前南大西洋的裂开

南大西洋最初的海底扩张是 M10（134Ma），在若卡斯弗尔德斯盆地 138Ma 的 MORB 型岩浆的最后活动之后。俯冲回卷在巴塔哥尼亚停止，这是因为在 138～94Ma，若卡斯弗尔德斯/麦哲伦弧后盆地发生反转，并变为弧后前陆盆地。同样，在西南极半岛，任何潜在的弧后扩张，都在 113～103Ma 发生的 Palmer Land 事件中结束了。

在非洲和南美洲最初的分离期间［图 2-75（e）］，南大西洋的一条裂谷，自 M10 开始向北北西方向拓展。同样，一条裂谷在 M10～M8 沿着 Maurice Ewing Bank（MEB）向北西扩张。南美和新形成的福克兰高原（与 MEB 相连），作为一个单一的刚性板块运动。Agulhas 破碎带（AFZ）北侧和南侧的海底扩张的磁异常吻合较好，福克兰高原盆地（FPB）在 M10～M0 停止裂开。

磁异常的图像［图 2-75（e）］表明，在 M10，威德尔海已向 MEB 顶端扩张了 1650km，在 MEB 的顶端处形成了一个 RRR 三节点。这表明从 M29～M10 总的扩张速率为 7.17cm/a，而在 M19～M17 为 6.3cm/a。通过比较可知，岩浆活动向太平洋迁移的速率是 2.7～5.3cm/a，这个速率是通过全艾克特 175～160Ma 的火山活动估测出。如果岩浆活动与俯冲回卷同时发生，这些速率对长近 4000km 的俯冲带而言是合理的。

通过该实例表明，对开门裂谷作用和海底扩张作用具有以下 6 个特征。

1）最早的运动分别包括富兰克群岛地块的顺时针旋转和埃尔斯沃思高地、惠特莫尔地块的逆时针旋转。

2）地块是由一个先存的、拼接于一个增生楔/岩浆弧的弧后褶皱-逆冲断裂带（形成于二叠纪—三叠纪的冈瓦纳造山运动），组成富兰克群岛地块，最初附属于南巴塔哥尼亚/西南极半岛，而埃尔斯沃思高地、惠特莫尔地块则与瑟斯顿岛地块相连。

3）古地理学表明，弧后环境的裂谷作用和扩张作用与同时发生了地壳收缩的太平洋边缘俯冲带/增生楔有关；洋中脊从富兰克群岛东部的俯冲带向若卡斯弗尔德斯盆地跃迁，表明曾发生过俯冲回卷。

4）洋中脊的跃迁与弧后扩张共同隔离形成了一块较厚的大陆地壳——富兰克群岛地块。

5）威德尔海东西方向的海底扩张异常地垂直于俯冲带，并朝俯冲回卷的反方向发展。

6）右旋走滑的 Gastre 断层和一系列与之近似平行的断层形成了冈瓦纳俯冲回卷的一个边界，而其他边界可能形成于相连的瑟斯顿岛/埃尔斯沃思惠特莫尔地块与玛利伯德高地/南极洲东部之间相关的左旋走滑运动。总之，对开门裂谷作用和海底扩张作用的地球动力学不仅提供了边缘海打开的新模式，还提出了一个新的大陆裂解驱动机制。

2.6.4　板片窗

斜向俯冲作用是自然界中的洋壳或洋盆消亡的常见方式，沿海沟，洋中脊、转换断层及活动大陆边缘三者相互作用；同时，沿俯冲隧道，俯冲洋壳在穿越不同层次地幔时，洋壳与地幔楔也发生相互作用，一些板片撕裂为小块体拆沉。这些过程不仅控制了大陆边缘火山活动的规律，也涉及俯冲与扩张同步的洋中脊与俯冲带的相互作用。最初这个问题的提出是在探讨美国西部的东太平洋海隆之上北美板块的造山运动，至 20 世纪 70 年代中期，洋中脊–海沟相互作用的研究逐渐变得活跃起来。Dickinson 和 Snyder（1979）发展了这些俯冲与扩张同步的洋中脊之上的构造、岩浆和热效应的思想，同时并指明正向俯冲的洋中脊持续扩张，将会使该洋中脊两侧的洋壳板片之间形成一个持续加宽的间隙，这个间隙称为板片窗（slab window）（Thorkelson，1996）。

2.6.4.1　板片窗的形成背景

板块构造理论认为，洋壳形成于扩张脊，消减于俯冲带。两个过程普遍共存于同一洋盆，如太平洋、地中海和印度洋。板块生长总体是对称的，然而洋底的消减往往发生在与生长轴呈一定角度相交的地带，并引起大洋盆地的不对称消减。而且，消减过程一般导致扩张脊进入俯冲带。

大洋岩石圈的年龄、厚度和密度向扩张脊的方向降低。当一个扩张脊到达海沟时，消减板片的浮力增加。相对软流圈而言，年龄大于 10Ma 的大洋岩石圈，具有负浮力，自然可以消减；年龄小于 10Ma 的大洋岩石圈，具正浮力。扩张脊周围的上浮岩石圈的宽度依赖于扩张率。例如，一个半扩张率为 25km/Ma 的扩张脊，将可能产生宽约 250km 的上浮岩石圈。该岩石圈除年龄小于 2Ma 且宽度约为 50km 的年轻部分之外，在俯冲期间，因递进变质达角闪岩相或榴辉岩相将下沉并产生板拉力

（slab pull）（Thorkelson，1996）。

实验和理论研究表明，随着越来越年轻的岩石圈的俯冲，俯冲角也变小，俯冲速率也降低。在某些情况下，在洋中脊与海沟相交之前，俯冲作用可能终止，并可能导致海底扩张停止。在古近纪中期，太平洋海隆的某些部分到达北美时这种情况沿东太平洋海隆发生过，加利福尼亚和墨西哥岸外的洋壳内保存了石化扩张脊（fossil spreading ridges）。这些石化扩张脊表明，洋中脊-海沟相互作用在那些地区并未发生；相反，扩张终止，消减板块的浮起部分向上破裂并进入具统一运动的未消减的微板块。然而，也有反例，俯冲未终止，甚至较年轻的洋壳板块也被拖入海沟。这就是常指的"洋中脊俯冲"。

离散大洋板块的新生板块后缘俯冲进入软流圈。若这种情况发生，脊推（ridge push）和板拉的合力必然超过近洋中脊侧的板块浮力。此外，板块强度也可能大到足以使板片不发生裂解的俯冲。显然，沿北美、智利、太西洋半岛、所罗门群岛和日本的海岸，这些地方可见几条新生代洋中脊与海沟相遇（Thorkelson，1996）。

2.6.4.2　板片窗的形成机制

（1）离散板块边界的分离

洋中脊和海沟相遇时，离散洋壳板块的后缘随俯冲进入热地幔，并被热地幔包绕。即使俯冲接近水平，如晚白垩世美国西部地区，俯冲板片也可能由一楔形软流圈与上覆板块分割。虽然岩浆可以在离散的板块间不断形成，但它将不会冷凝固结而形成俯冲板片后缘的边，而是变热并开始熔融。当然，形成的所有岩浆将上升，并穿过俯冲板片后缘边界之间的软流圈，累积在上覆板块之下或侵入到上覆板块内。因此，沿俯冲板片后缘的板块生长终止，并且一个间隙或板片窗将在它们之间形成。在这个无生长的环境下板片分离导致洋中脊-转换型板块边界逐步拉开。

（2）板片窗的影响因素

假定板块俯冲连续进行，且板块的连续性不被打破，模拟结果表明在这种条件下，板片形态依赖于3个主要因素：板块的相对运动、俯冲前的洋中脊-转换断层组合样式、俯冲角度。

此外，板片窗大小和形态常因热侵蚀而有所改变，板片窗的变形可以由球壳应力和板片倾角在侧向或倾向方向的变化引起。在这些因素中，热侵蚀（板片窗边缘的熔融和同化作用）可能最为重要，并导致板片窗随深度而逐渐加宽。但球壳应变的结果是，随深度的增加其体积变小，因而又使得板片窗有变窄的趋势，可能抵消了部分热侵蚀效应。

球壳应变平衡热侵蚀的程度取决于离散速率（快速离散有利于热侵蚀）、汇聚速率（缓慢的汇聚有利于热侵蚀）、洋中脊-海沟的交角；大的交角俯冲有利于诱发球壳更明显的变窄作用和陡的板片倾角（下降板片的陡倾角，可能与较大的球壳应变一致）。由于板片形成板片窗边缘的部分是年轻的、热的并具上浮性，同时可能向上弯曲，因而可导致板片的侧向和下倾方向发生变化。

图2-76为板片窗的几何形态的两类图解，左下为板块的平面图（平面空间），简称板块图；右上为速度空间由矢量表达的板块相对运动，简称速度图。这些图展现了由简到繁的几何形态（Thorkelson，1996），包括一种"常见情况"的板片窗（图2-76），即海底扩张是对称的，板块运动是均一的，窗体边缘的热侵蚀、球壳应变和向上弯卷都未给予考虑。

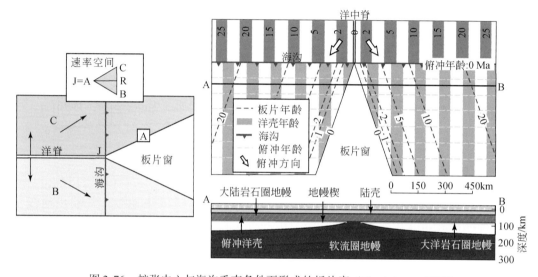

图 2-76　扩张中心与海沟垂直条件下形成的板片窗（Thorkelson，1996）

左图：两个分离的板块（B 和 C）水平俯冲于上覆板块（A）之下。板块 B 和 C 上的箭头代表相对板块 A 的汇聚速率，板块 B 和 C 的已俯冲段投影在上覆板块的表面。速度图（插图）提供了板块 A、B 和 C 的相对运动、扩张脊（R）和三节点（J）。三节点位于平行海沟并经过 A 点的直线与垂直速度矢量 BC 并含 R 点的直线的交点。矢量 AB 和 AC 为平面图上的汇聚矢量。带阴影的三角形 JBC 与板片窗的形态相似。右图：洋壳、俯冲年龄、板片窗年龄关系。上图为平面图、下图为沿 AB 的剖面图

2.6.4.3　洋中脊–转换断层组合、俯冲角与板片窗形态

（1）水平俯冲板片的板片窗

俯冲是水平的，即每个板片的倾角为0°，目的是展示板片窗形态如何受板块相对运动和洋中脊–转换断层样式控制。在"平板"式俯冲期间，板片窗的边缘与三节点（J）和洋壳板块（B 和 C）之间的矢量平行，上覆板块为 A。因此，预测的板片窗形态与矢量图上的顶点为 J、B 和 C 的阴影三角区相似（图2-77）。当俯冲近于水平时，这些图可运用于浅俯冲期间形成的板片窗形态预测，如推断的美国西部下面的晚白垩世库拉–法拉隆板片窗。

如果三节点不迁移，即在速度空间中 A＝J，那么，板片窗边缘将平行汇聚矢量

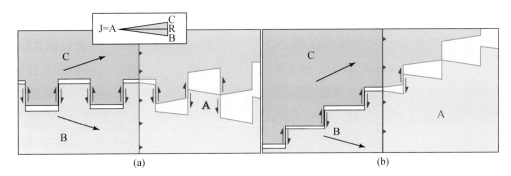

图 2-77　分段的洋中脊–转换断层系统垂直海沟俯冲条件下形成的板片窗（Thorkelson，1996）
相对图 2-77，板块汇聚矢量（AB 和 AC）之间的交角限定了相对窄的板片窗。（a）中洋中脊被左阶和
右阶交替的转换断层分段；（b）中转换断层一致的右阶。两种情况下，板片窗都形成于海沟处，随后
扩展，并与先形成的窗体合并成复合板片窗

（图 2-77）。在板块图中，洋中脊和海沟是垂直的，汇聚角相对洋中脊是对称的，板块 B 和 C 的消减部分被垂直投影到地表。消减板片的后缘平行速度图中的矢量 AB 和 AC 在消减板片边缘之间的 "V" 型区域就是板片窗，即一个被软流圈地幔占据的间隙，板片窗之所以是这种形态，是因为当消减板片 B、C 在板块 A 之下运动时从三节点发生分离。消减板片间的离散（矢量 BC）伴随着软流圈流入板片窗中。

图 2-77 中，扩张脊被转换断层分为多段，形成了一个参差不齐的窗缘。在速度空间中，三节点 J 与板块 A 一致，意味着洋中脊–海沟交接点将不发生迁移。在每段洋中脊俯冲期间，三节点均保持固定在海沟的某个位置，当后续转换断层与海沟相交时，三节点便沿海沟 "跳跃" 到下一个洋中脊–海沟交接点。

图 2-77（a）中，洋中脊被左阶和右阶交替的转换断层错切，而图 2-77（b）中转换断层为一致的右阶。当一个洋中脊段潜没时，便形成一个板片窗，它的边缘平行于汇聚板块矢量。当这些转换断层逐条消减时，一个新的三角形板片窗便从新的三节点处开始形成，转换断层消减后维持它们的方位，并持续活动直到板片分离量超过转换断层的长度。随着板片分离，被转换断分割的板片窗联合，导致一个锯齿状边界的复合板片窗逐渐扩大。

如果三节点迁移，即在速度空间的 A 点与 J 点不同，那么，板片窗边缘就不是简单地受汇聚角度控制（图 2-78）。当然，板片窗形态反映了板块汇聚和三节点迁移的同时性。并且，窗缘将与速度矢量 JB 和 JC 平行。洋中脊与海沟呈 45° 角相交，三节点沿板块 A 按矢量 AJ 向南运动 [图 2-78（a）]，窗体几何形态在板块图上，按矢量和两个时间增量重建 [图 2-78（b）、（c）]。图 2-78（d）中表明，板片窗为指向南西渐尖的 "V" 型，并在上覆板块下南移。

当与海沟不平行的转换断层消减时，在长度上会发生变化（图 2-79），离散板块被右阶洋中脊–左阶转换断层系统分割。正如图 2-78 所示，消减转换断层长度在

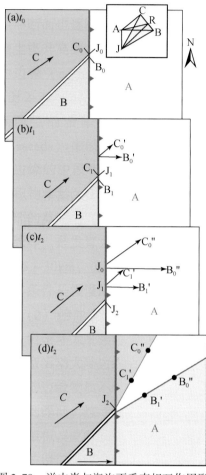

图 2-78　洋中脊与海沟不垂直相互作用形成的板片窗重建（Thorkelson，1996）

窗体形态取决于三节点与俯冲板块之间的速度矢量（JB 和 JC）。板片正水平俯冲。图（a）中时间为 t_0，洋中脊-海沟相互作用位于位置 J_0。图（b）中时间为 t_1，三节点迁移至 J_1 点，位于三节点 J_0 处的板块 B 和 C 部分（B_0 和 C_0）已经俯冲到板块 A 的下部的 B'_0 和 C'_0 点。图（c）中时间为 t_2，三节点迁移至 J_2 点，B_0 和 C_0 已经俯冲到板块 A 的下部更远的 B''_0 和 C''_0 新位置。位于三节点 J_1 处的板块 B 和 C 部分（B_1 和 C_1）已经俯冲到板块 A 的下部的 B'_1 和 C'_1。此时，窗体边缘由窗体初始生长的 J_2 点与俯冲板块 B 后缘的 B'_0 和 B'_1 及俯冲板片 C 后缘的 C'_0 和 C'_1 连接而成。图（d）重建上述过程，展示了一个向南西逐渐变细、被软流圈地幔充填的板片窗

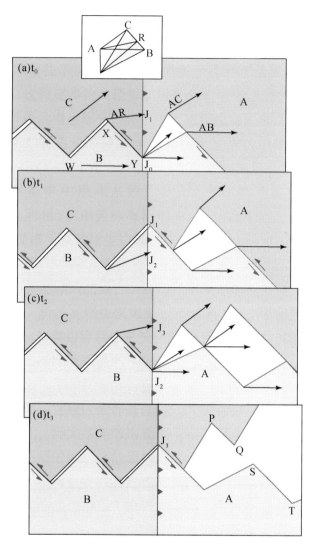

图 2-79　分段的洋中脊-转换断层系统与海沟非正向俯冲条件下形成的板片窗重建（Thorkelson，1996）

随着转换断层的俯冲，它们在反向的板片窗边缘步长不等。图（a）~（d），展示了 3 个时间段的板片窗演化过程。每个图中的矢量都用来重建后续框图中板片窗体的几何形态。在图（a）中，时间为 t_0，一个三角形板片窗随着长的转换断层及随后洋中脊段的俯冲形成了。在速度图中，板片窗的边缘与速度矢量 JB 和 JC 平行。随后将俯冲的离散板块边界为转换断层 XY。图（b）（$t=t_1$）为转换断层 XY 俯冲后的情形。在 t_0 到 t_1 之间，板块 B 与 C 上的点在三节点处分别以速度 AB 和 AC 运动，并以矢量 BC 相当的速度彼此分离。随着板块 B 与 C 的分离，板块 C 的消减部分移向下一个将消减的洋中脊段 WX，而板块 B 的消减部分移离下一个将消减的洋中脊段 WX。因此，转换断层 XY 的消减使得板块 C 的边缘长度缩短，而板块 B 的边缘长度反向增长，板块 C 的边缘缩短长度与板块 B 的边缘增长长度相等，并与该时间段的半扩张量一致。收缩和增长量的总和为窗体的膨胀量，并与给定的矢量 BC 的全扩张量一致。图（c）（$t=t_2$）第一个窗体已经扩张，第二个窗体在 WX 段洋中脊俯冲时形成。图（d）（$t=t_3$）前两个窗体已经合并为一个复合窗体，转换断层 XY 的俯冲形成的窗体边缘的步长，在板片 C 上和在板片 B 上分别表现为不等长的 PQ 段和 ST 段

一个板块上的长度缩小，而在另一板块上增大，相应形成板片窗缘的不等长阶步，长的阶步常形成在洋中脊与海沟平角为锐角的那个板块上（板块 B）。

俯冲期间转换边界的生长或收缩量，取决于转换断层消减所需的时间长度。在长度上与海沟高角度相交的转换断层比与海沟低角度相交的变化要大得多。在一条转换断层平行海沟的地方，整个断层消减发生在某一时刻，在长度上不会发生变化。如果离散板块之一（C）平行海沟运动（图 2-80），那么板片窗的形成便与走滑型板块边界（AC）伴生。图 2-80 也表明了，多个板片窗可以因分段洋中脊而同时消减形成。当板块 B 的后缘，被拖到板块 A 之下时，多个三角形板片窗，便在每个交点处形成。随着消减进行，这些板片窗扩大，并且突发性地联合为一个单一的复合板片窗，且下伏于板块 A 的后缘。这些板片窗最可能出现在洋中脊与海沟近于平行的地方，并且转换断层向海沟方向后退。

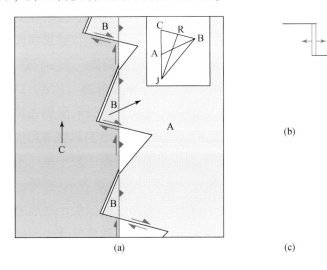

图 2-80　海沟与高度分段的洋中脊–转换断层系统之间的低角度汇聚
形成的孪生板片窗（Thorkelson，1996）

（a）板块 C 相对板块 A 的运动方向与海沟平行。随着每段洋中脊俯冲，板块 A 与 C 之间的海沟递变为走滑断层，并且板片窗形成于滑向板块 A 下部的板块 B 后缘；（b）和（c）引自 Cande et al.，1987

如果洋中脊与海沟近于平行，如智利南部，由于大面积新生大洋岩石圈同时到达海沟，板片窗形状就可能偏离预测的板片窗几何形态。当洋中脊到达海沟时，正汇聚的板块内新生的岩石圈逐渐变得难以消减，进而可能裂解成具独立运动学特征的微板块，形成更复杂的板片窗形态。在转换断层逐步靠近海沟的地方（图 2-80），板块碎裂和"旋转消减"作用可能最显著，就如在北美与东太平洋海隆相遇时 [图 2-80（b）]。在转换断层持续远离海沟的地方，板块碎裂作用很弱，如南极洲与菲尼克斯相遇、南美–智利海隆碰撞的情形 [图 2-80（c）]。具后退式转换断层的板块经受热侵蚀，将显著地改变板片窗的形态和大小。如果消减停滞且扩张脊不消减，则在离散板块之间形成一个间隙。如果到达海沟的第二个洋壳板块，以上覆板块为参照系，有一个离散分量，那么，第二个洋壳板块可以经历"次级扩张"，并可能与原扩张轴有一交角。另外，上覆板块也可能发生伸展。

（2）倾伏板片之间的板片窗

图 2-81 和图 2-82 说明了板片倾角对板片窗几何形态的影响。板片窗的地表投影由 0°～75°的倾角表示，组成板片窗边缘的板缘上的点，随板片倾角的增加，其投影向海沟方向迁移。对于倾角一致的板片，板片上一点离海沟的投影距离如下：倾伏俯冲板片距离＝水平俯冲板片距离×Cos（板片倾角）。

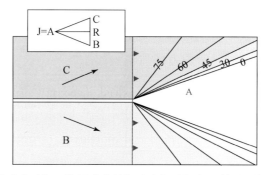

图 2-81 洋中脊与海沟垂直时相互作用形成的板片窗板片倾角及其平面投影（Thorkelson，1996）
随板片倾角增加，窗体边缘向海沟后退，并逐渐变宽。倾角为 30°时，向海沟方向的
调整量约 13%，而倾角为 60°时，向海沟方向的调整量约 50%

如图 2-81 和图 2-82 所示，在板片倾角为 30°时，板片窗边缘的位置应向海沟方向调整 13%；60°时，调整 50%；75°时，调整 74%。图 2-82 中板块样式和运动特征，与图 2-79 的一致；这样，板片在倾角为 0°时的形态，与图 2-79 的相同；随着板片倾角变陡，板片窗边缘的点逐渐向海沟靠拢，形成更为宽大的板片窗平面投影。图 2-82 中，板片窗的投影面积则随倾角变大，而逐渐变小。

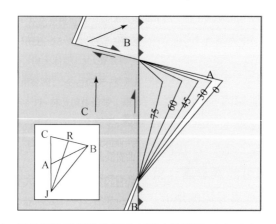

图 2-82 板片倾角对窗体几何形态影响的图解（Thorkelson，1996）
离散板块之一（板块 C）平行海沟移动，另外一板块俯冲。随板片倾角增加，窗体的平面投影范围逐渐变小

板片窗形态将受板片不同倾角的影响（图 2-83）。图 2-83（a）中一个右阶洋中脊–左阶转换断层系统的水平消减，可导致一个复合板片窗的形成。板片窗随时间不断从每个新的洋中脊–海沟–海沟（RRR）三节点处形成，且与早先形成的板片窗联合，并不断南移。图 2-83（b）中，消减的板片以不同的角度，下沉到软流圈中。板块 B（"前缘板块"）以 25°下沉，而板块 C（"后缘板块"）以更慢、也不垂直海沟的方向俯冲，板片窗在地表的投影比图 2-83（a）所示的更宽且对称性更差。图 2-83（b）中的板片窗是"常见情形"的板片窗，可形成于：①洋中脊与海沟斜向汇聚处；②洋中脊被转换断层分为多段的地方；③板片中一者比另一者的倾角陡的地方；④岛弧火山作用的轨迹和宽度与对应侧板片窗的火山作用的不同。

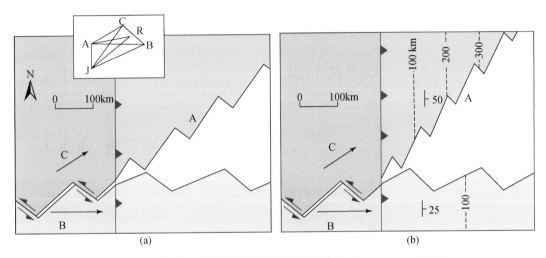

图 2-83　不同板片倾角的板片窗平面投影对比（Thorkelson，1996）

图（a）中，板片水平俯冲，而图（b）中板片 B 以 25°俯冲，板片 C 以 50°俯冲。图（b）中，板片 B 的窗体边缘点相对图（a）中的向海沟调整了 9%；而板片 C 的窗体边缘点相对图（a）中的向海沟调整了 36%。板片上表面的 100km 间隔等深线以短虚线表示

图 2-84 为类似图 2-82（b）的板片窗的立体图，展示了一个左阶和右阶交替的洋中脊–转换断层非正向的消减。离散板片正以不同速率和不同倾角消减。一个小三角板片窗与扩张脊相连，并以一条消减的转换断层和一个大的复式板片窗相分离。它消减后，这条转换断层便变为斜滑断层，伴随板片离散和俯冲角度差异，引起差异倾斜。图 2-85 为在板片–下地幔相互作用背景下，等倾角的板片之间类似的板片窗模型。板片窗由一直延伸到或沿约 670km 深处的高黏度下地幔顶部的板片所围限。板片以 5～10cm/a 的速度俯冲，在 10～20Myr 便可到达该深度。

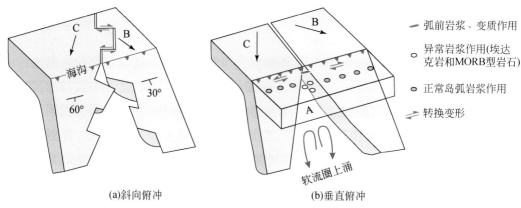

图2-84 左阶和右阶交替分段的转换断层–洋中脊系统在斜向俯冲条件下（a）

及单一洋中脊系统垂直俯冲带条件下（b）形成的板片窗立体形态对比

（Thorkelson，1996；Groome and Thorkelson，2009）

（a）图中，洋中脊与海沟交角为60°。海底的汇聚矢量表明，板块B俯冲速度明显快于板块C。板块B的倾角为30°，而板块C的倾角大于60°。当转换断层俯冲时，为适应离散作用的差异倾斜作用，而从走滑断层转变为斜滑断层。由于板块B的洋中脊与海沟之间为锐角，所以，在板片B上的窗体边缘先前的转换部分，比板片C上的窗体边缘先前的转换部分长

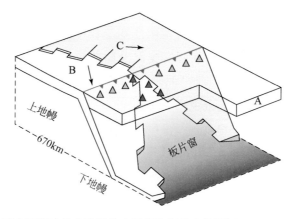

图2-85 两个正俯冲的大洋板块之间板片窗的立体图解（Thorkelson，1996）

被左阶和右阶交替分段的转换断层分割的洋中脊正以75°的角度与海沟汇聚。由于板块B的洋中脊与海沟之间为锐角，所以，板片B的窗体边缘被转换断层错断的错距比板片C上的长。板片正以45°俯冲角沉入上地幔，然后沿下地幔顶部滑动。大洋板块B和C按照汇聚板块速度矢量（箭头）相聚。板块B比板块C更为正向汇聚和更为快速俯冲，并先到达670km不连续面。上覆板块A上，钙碱性火山（绿色）构成火山弧，而拉斑质到碱性火山（红色）一般形成于板片窗的正上方。图解为直角坐标系，忽略了可能的球壳应变、热侵蚀和变化的板片倾角

2.6.4.4 板片窗的地质效应

（1）岩浆效应

板片窗的形成影响了地幔和上覆板块的岩浆作用。俯冲板片之上的地幔楔软流圈向冷的下沉板片传热而冷却，同时俯冲板片的变质作用达榴辉岩相而释放大量的水，导致其上覆地幔楔软流圈水化。板片之下的软流圈则很少受到这两种过程的影响，仍

相对较热和干燥，因而，板片上部软流圈与板片下部软流圈直接接触。在这个板片窗以上的软流圈中，水化作用停止，热流从较热的板片下的地幔（sub-slab mantle）上升到板片上的地幔（supra-slab mantle）储库中。

岛弧火山作用是俯冲的正常结果，主要形成于地幔楔的水化作用。岛弧火山岩特征的钙碱性成分反映了这个水化的源区。板片窗之上减弱的水化作用，使正常的岛弧火山作用减弱或停止。与板片窗相关的岩浆作用，可以由不同的过程诱发，包括地幔流、地幔楔的加热作用，板片上下地幔储库的混合作用，板块后缘的部分熔融和上覆板片的拉张作用。

俯冲板片的离散导致上覆板块之下岩石圈体积亏损及地幔流补充。在弧前区域，板片直接被弧前岩石圈覆盖，补偿流可能只是来自俯冲板片下的软流圈。当该软流圈向上流入狭窄的近海沟板片窗时，发生降压熔融，在紧邻海沟处，产生近似洋中脊玄武岩的熔体，在近弧前的下部形成偏基性的岩浆（如马里亚纳弧前）。

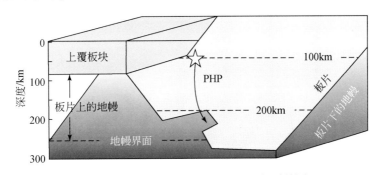

(a)临近板片窗边缘的下降板片上方的部分水化橄榄岩(PHP)
可能经历的路径(只在一个板片上表示了)

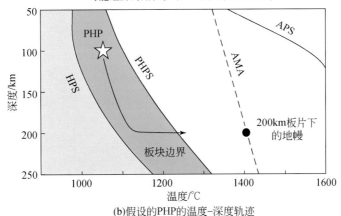

(b)假设的PHP的温度-深度轨迹

图2-86　板片窗的立体图及其温度–深度曲线（表示玄武质岩浆形成的一个可能机制）

(李三忠等，2004)

图（a）中橄榄岩从100km向200km深处运动，并跨过先前的转换断层边界，进入板片窗，与越来越热和越来越干的板片下地幔接触。为了表示清楚，上覆板片的大部分被去除了。图（b）中星形PHP代表地幔，它部分被正俯冲的板片水化和冷却。橘黄色区为该地幔成分的亚固相区。随地幔沿板片顶部下降，其温度绝热增高。当其经过板块边缘进入板片窗时，它被板片下的地幔加热并位于部分水化的橄榄岩固熔线（PHPS）上，板片下的地幔温度位于平均地幔绝热线（AMA：1300℃）以上，HPS为水化的橄榄岩固熔线，APS为无水橄榄岩固熔线弧前楔形区的大量同化和深熔作用可导致基性岩浆的"喷火"作用，引起中性或酸性岩浆的侵位。这些过程对古近纪花岗质岩石的侵位、金矿床成脉作用和变质作用及加利福尼亚北部新近纪流纹质弧前火山作用有贡献。

原则上，软流圈的上升流可导致减压熔融。板下地幔如果强烈上升到135km以上，则可能是近于无水的，并可能发生部分熔融。板片下和板片上储库的混合物部分可能被水化。因而，熔融偏向于板片下上升流熔融程度低，且熔融深度变大。

即使在无地幔上升流发生的情况下，板片上的地幔底部也可以发生熔融。例如，一个固熔点为1100℃的板片上部地幔橄榄岩，在100km深处常常被冷却和水化，温度为1050℃时，则仍为固态（图2-86）。假如这个地幔区，被板片下沉诱发的绝热角流循环拖至200km深时，它将获得1100℃的高温，但其固熔点为1250℃。假如这个地幔在该深度进入板片窗，并与1450℃（正常潜在温度）的板片下的软流圈并置，部分水化橄榄岩便可能被加热至熔点（图2-86），岩浆的化学成分可从碱性至拉斑质和钙碱性变化，这与板片窗上部火山岩成分的变化一致。这种成分取决于特定的物理、化学和热历史，包括卷入的冷却作用、水化作用、加热作用和可能的板片之上和之下地幔的混合作用和上涌等（图2-87）。

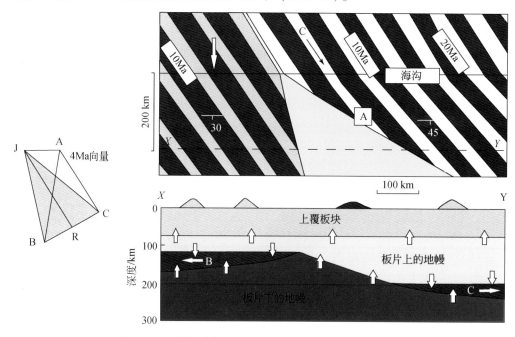

图2-87 不同倾角板片之间的窗体（Thorkelson，1996）

板块B和C分别以30°和45°下降。俯冲板片垂直投影在上伏板块A的平面上。板块B和C上的条带代表2Myr的扩张量。速度图中矢量长度为过去4Myr的。底部图为远离海沟200km的XY线的剖面图。上覆热岩石圈的厚度为80km；板片厚度在假设俯冲后无热侵蚀时依据Crough（1975）的热模型获得。板片下和板片上的地幔储库在无地幔上涌和下降的情况下在板片窗内共面。短箭头代表进入上覆岩石圈和俯冲岩石圈中的热流。热损失除了出现在板片窗以外，还表现为从地幔向俯冲板片中传热。俯冲板片上的地幔，甚至上覆板块的热异常可预测出现在板片窗地区。图中灰色和黑色分别代表可能的弧火山和板片窗火山稀土和同位素地球化学研究表明，在英属哥伦比亚、南加州和南极洲半岛，侵入到板片窗以上的基性火山岩，大部分源于板片下或"洋壳下"的软流圈。这表明来自板片下的软流圈储库上升作用，至少在某些局部地区是个主导地幔过程。Farrar和Dixon（1993）认为洋中脊消减后的几百万年后，由海底扩张引起的地幔上升流在上覆板块下依然存在。同时，他们指出，上升流能否长期存在，且数量是否足够引发板片窗上的上百千米宽的玄武质火山作用仍是个谜（Thorkelson，1996）。

板片上的地幔对板片窗，尤其是它的边缘岩浆作用，可能起重要作用。地幔储库或起源于它们的岩浆混合作用，这清晰表现了从不列颠哥伦比亚板片窗北缘Wrangell的岛弧型火山岩带到南缘Alert湾非岛弧型火山岩带的变化。板片窗边缘的部分熔融也是火山作用的一个源区（Thorkelson，1996）。

研究证实，年轻的俯冲岩石圈，如板片窗边缘的板片末端可以发生部分熔融。高镁安山岩和闪长质岩石——"埃达克岩"（adakite）等，可能是板片窗缘熔融的产物。其中，埃达克岩是具有特定地球化学特征的一套中酸性火山岩和侵入岩组合。埃达克岩的地球化学特征类似于太古宙的高铝TTG岩套。据现有资料，埃达克岩主要出露在太平洋及其周边地区，它通常被解释为是年轻的（<25Ma）、热俯冲的MORB在75~85km深处部分熔融的产物，少数是底侵玄武岩部分熔融的产物。

埃达克岩（adakite）最早由Defant和Drummond（1990）提出，指年龄小于或等于25Ma的热洋壳俯冲形成的一套岩浆岩组合。现定义为形成于岛弧环境下的高Al高Sr而贫重稀土的一种特殊类型岩石组合。埃达克岩应具有如下特征（吴福元等，2001）。

1）埃达克岩为一套火山岩和侵入岩岩石组合，而并非只是一种岩石类型。

2）埃达克岩的岩相特征变化较大，其主要矿物组合为斜长石和角闪石，可以出现黑云母、辉石和不透明矿物；成分上主要由安山质–英安质–流纹质岩石组成。

3）埃达克岩很少与玄武岩或玄武质安山岩共生，如果共生，该玄武质岩石也具有较高的大离子亲石元素，表现出与橄榄粒玄岩（absarokite）和橄榄安粗岩（shoshonite）相似的稀土或微量元素分布形式。

4）元素地球化学特征上，埃达克岩表现为：$w(SiO_2) \geqslant 56\%$、$w(Al_2O_3) \geqslant 15\%$（很少有低于该值的）和$w(MgO)$通常小于3%（极少大于6%），原始定义中对$K_2O$和$Na_2O$未界定判别标准；Y和重稀土元素含量较安山质–英安质–流纹质岩石（ADR）要低，如$w(Y) < 18 \times 10^{-6}$和$w(Yb) \leqslant 1.9 \times 10^{-6}$，但$w(Sr)$较岛弧安山岩–英安岩–流纹岩要高，很少小于$400 \times 10^{-6}$；和大多数岛弧安山岩–英安岩–流纹岩相似，其高场强元素（HFSE）含量较低。

5）同位素$^{87}Sr/^{86}Sr < 0.7040$。

6）主要分布于环太平洋大陆边缘地带，即岛弧地区，与俯冲的且$\leqslant 25Ma$的热洋壳熔融有关。

图 2-88 展示了上覆板块 A 在 900km×350km 范围，板片窗迁移产生的一系列可能的岩浆效应。板片消减处，洋壳板片 B 倾角为 25°，且板片 C 汇聚速度偏小，倾角为 50°，三节点和相应的板片窗以 100km/Ma 的速度，按速度空间矢量 AJ 所示的方向快速南移。这种情况与智利板片窗的构造环境很相似。

最初，三节点（J）位于海沟北部，并且上覆板块 A 大部分覆盖于板块 B 的缓倾消减部分之上 [图 2-88（a）]。在上覆板块 A 上，钙碱性火山弧活动范围对应着板片 B 上表面的 100~150km 等深线。3.5Myr 以后 [图 2-88（b）]，三节点和板片窗向南迁移约 350km，导致岩浆形成机制重大变化。该火山弧北部（原始位置在板片 B 上）位于无消减板片的上部，并且钙碱性火山作用被碱性或拉斑质火山活动取代。这种火山活动统称为板片窗火山作用（slab window volcanism），比岛弧型火山作用更为普遍，并可从弧前一直展布到弧后。

伸展或横张断裂作用及伴随的抬升局部控制了板片窗火山作用的展布。若板片窗岩浆作用很强，板块受力适当，上覆板块可以弱化变薄，直到发生裂解和弧后盆地形成。随着三节点的南移，洋中脊冠部的消减，在前弧可产生不同的收缩、横压、抬升和沉降。

随着板片窗南移，板片 C 逐渐取代板片 B，成为俯冲板片。因此，一个新的岩浆弧形成于板块 A 的北部。由于板片 C 比板片 B 以更陡的角度俯冲，因而，这个新火山弧要窄，且更靠近海沟。在板片 C 上部，岛弧的新生部分，可以继承某些"裂谷"或其他异常化学特征，它们是由板片窗通道产生的滞后岩浆所致。但是，随着板片窗向南更远处迁移，这些岛弧火山岩应具有典型的岛弧地球化学特征。因此，板片窗南移伴随着板片 B 的火山弧的逐渐消失和板片 C 上火山弧同时向南的增长。由板片 B 和板片 C 引发的弧火山作用，朝海沟方向的穿时转换，时间上与板片窗岩浆活动向南的移动有关。

再过 12Myr 以后 [图 2-88（c）]，板片窗向南移出研究区，并且板片 C 正向消减，在板块 A 上，便出现了 3 个阶段的火山活动叠加。最老的火山岩是板块 B 俯冲时产生的火山弧的产物；其次，零星覆盖在这些先存岛弧上的是板片窗岩浆作用产生的更年轻的火山岩。这些火山，尤其是紧邻海沟的火山，在板片窗移过去后不再活动，或可能作弧后火山，再持续活动几个百万年，尤其是在上覆板块处，在张性背景下，更是如此。假如板片窗火山作用事件终止，最年轻的火山岩便是由板片 C 的消减作用引发，板片 C 更陡的俯冲倾角，导致岛弧火山作用轴部朝海沟方向跃迁。如果弧火山岩中碱度随着远离海沟而增高，那么整个岛弧杂岩由死亡的和正活动的火山弧火山岩组成，应当表现出跨弧的碱度趋势重现。

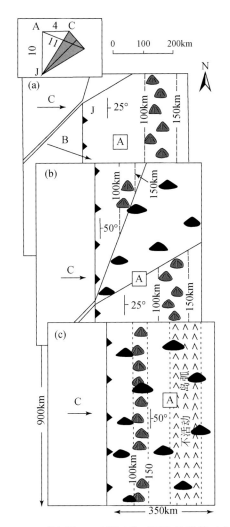

图 2-88　板片窗在一个 350km×900km 的板块 A 下部迁移时可能的岩浆时空分布效应（Thorkelson，1996）

速度图中，板块 B 正以倾角 30°快速（11cm/a）正向汇聚。而板块 C 正以缓慢的速度（4cm/a）正向汇聚。图（a）中，一个板片窗出现在该区的北部下方。洋中脊方位和板块运动要求三节点和板片窗向南迁移。板块 A 区的大部分位于板块 B 的俯冲部分之上，这里板块 B 以倾角 25°沉入软流圈中。在板块 A 上的火山弧活动对应在俯冲板片的 100～150km 等深线。图（b）中，板片窗向南迁移，主体位于板块 A 的下部。拉斑质到碱性火山（黑色）形成于窗体正上方。50°倾角的板块 C 现在位于板块 A 的北部区主体，导致靠近海沟形成一个窄弧。图（c）中，板片窗向南迁移，板块 A 上记录了一个三阶段岩浆史。先前在板块 B 正上方形成的岛弧型火山岩［（a）和（b）中的红色，（c）中的"∧"型］和随后出现"板片窗"火山岩（黑色）变为死亡或正衰弱，并且，取而代之为形成于正俯冲的板片 C 之上的钙碱性活动岛弧（红色）

（2）变质效应

Iwamori（2000）为了解俯冲洋壳和上覆岛弧的变质与重熔的时间和程度，在洋中脊俯冲的过程中，对温度和水在俯冲带的分布进行了多次调查。假定洋中脊俯冲后两个板块一起运动，而没有形成新的板片窗。结果表明，当板片的年龄小于 10Ma

时，温度沿着消减板片开始上升，消减洋中脊顶部出现快速的温度响应，随后为一个温度扩展阶段。虽然板片窗的形成需要更长时间，但在洋中脊消减后的30Myr内，板片界面几十千米的范围内，温度会不断上升。

在低 P/T 变质条件下，板片开始熔融，并在小于40km的深度，产生巨量的花岗质岩浆；洋中脊消减前10Myr，或者洋中脊消减后20Myr内，在俯冲带附近，也会出现明显有流体参与的高 P/T 变质作用。因而，低 P/T 和高 P/T 变质作用都可伴随有巨量花岗岩出现，并在时空上与洋中脊的消减作用密切相关。这样可以解释所观察到的花岗岩基和双变质带的特征。此后，岛弧和大陆可以在幕式洋中脊消减作用发生的较短时间内增生。因此，在岛弧双变质带的研究中还要考虑板片窗的影响。

（3）化学效应

板块重建模型揭示了库拉-法拉隆扩张脊的俯冲，并且暗示库拉-法拉隆板片窗于晚白垩世到中始新世，形成于北美西部。然而，海底磁异常很难对俯冲洋中脊的形态和板片窗位置提供约束。Breitsprecher 等（2003）利用始新世火山岩的地球化学资料，估计出板片窗存在于距今50Ma。始新世 Challis-Kamloops 火山带熔岩的微量元素（K_2O/SiO_2、Rb/Zr、Ta/Ce）比率等值线显示，这些元素有明显向南富集的趋势。这一趋势与板片窗位于太平洋西北部一致。加拿大-美国边境线附近所出现的埃达克岩（板片熔体）被认为是洋中脊俯冲产物，约51Ma的弧前侵入体和温哥华（Vancouver）岛中出现的火山岩支持了这一观点。不同时期板片窗几何形态的重建结果表明，用化学方法所确定的板片窗位置在运动学上可靠。因此，可以利用板片窗的化学效应，来厘定板片窗的几何形态和时空迁移规律。

（4）成矿效应

Ar^{40}/Ar^{39} 地质年代学揭示，南阿拉斯加增生楔状体的浊积岩中金沉淀物与海沟附近深成岩体的年代为同一期。这些古近纪深成岩体和金矿脉在洋中脊俯冲过程中，形成于板片窗之上。洋中脊俯冲形成金矿脉，在以前是一种不被认知的构造过程（Haeussler et al.，1995），类似的矿床还有斑岩型铜矿等。可见板片窗也可以导致金等矿床独特的空间分布规律。

2.6.5　拆沉作用

拆沉作用（delamination）的概念，是针对陆壳的研究提出来的，最早是由 Bird（1978）从碰撞造山过程的热源着手提出。随后，Arndt 和 Goldstein（1989）提出拆沉作用主要是指：①当来自地幔的苦橄质岩浆，被圈闭到陆壳底部时，通过一系列成岩过程，形成了上部为辉长岩层、下部由橄榄石+辉石组成的堆晶岩层；上部富不相容元素的辉长岩层，由于其低密度而参与陆壳旋回，而下部的超镁铁质堆晶岩，则因其高密度而沉入地幔。②壳内熔融，产生花岗质岩浆之后，残留体也可以因密度高而沉入地幔。据此，它们可用以解释大陆的增生和破坏、大陆岩石圈的富集作用和洋岛玄武岩源区的形成过程等。

后来，这一思想得到了推广。按照现有文献，拆沉作用泛指各种作用导致的岩石圈地幔、大陆下地壳或大洋地壳沉入软流圈或下伏地幔的过程（高山和金振民，1997；吴福元，1998）。在讨论大洋板块的拆沉时，有学者也专门称其为板片断离作用（slab breakoff）。

（1）拆沉作用类型

拆沉作用的研究最早用于解释大陆造山带山根消失过程及高原隆升。目前，拆沉作用研究已经拓展到大陆边缘构造研究中。板块构造理论认为，洋壳板块在海沟处消亡，部分仰冲而残留于大陆边缘，并用地体构造理论解释了大陆边缘浅部构造的复杂性。

但板块构造理论早期，从未进一步追究绝大多数俯冲进入软流圈或更深处的巨量大洋岩石圈板块的形态、行为及后果。20世纪90年代以来，随着地震层析成像技术的发展和分辨率的提高，人们才有能力对地幔深部构造进行揭示和研究，对大陆边缘深部消减的大洋岩石圈去向有了系统调查。于是，在大陆边缘构造研究中，对大陆边缘深部构造的拆沉过程，不断给予了高度重视。

拆沉也有多种方式，如板片脆性断离、岩石圈地幔对流减薄、底侵引起的岩石圈地幔拆沉、壳下地幔旋卷式拆沉、单剪型或纯剪型板片拆沉等（图2-89）。不同的拆沉方式，对拆沉上方的地壳也会产生不同的物理和化学效应。

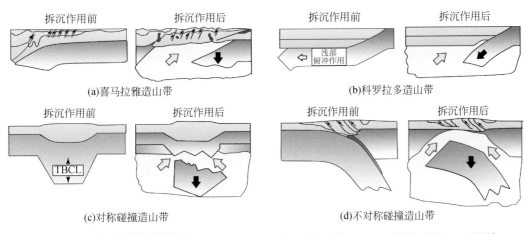

图2-89　4种不同的拆沉模式（Bird，1978；Bird，1984；Houseman，1981；Nelson，1991）

（2）拆沉作用的地质效应

拆沉作用的研究加深了对许多地质过程的认识。拆沉作用的地质效应是多方面的。

1）从地球物理角度讲，被拆沉地区较拆沉前密度大大降低，地震波 V_p 值减小，重力异常偏负，热流值升高。

2）从地质的角度看，其直接结果是地壳的快速隆升和随后伸展垮塌，岩石圈减薄及下地壳被迅速加热。在某些拆沉作用情况下，软流圈将直接与陆壳接触，这样，陆壳在受到下部热量作用的影响下，势必发生一系列变质与岩浆作用。特别是，下陆壳的部分熔融将产生就位于上陆壳的花岗质岩浆，向上陆壳的侵入过程，同时加剧地壳的隆升，形成高原和山脉。其结果是将造成山脉的重力势能急剧增加，软流圈发生流动，最终岩石圈伸展减薄、造山带垮塌和盆地形成。这个过程构成了一个完整的由山脉向盆地的发展过程。

倘若是由俯冲引发的拆沉，上部板片由于突然释重，而弹性回撤，并把一些较深部位的变质核杂岩和高压超高压变质岩石剥露至地表。另外，古老造山带根消失、莫霍面变平也可能是下地壳拆沉的直接表现。

3）从地球化学的角度讲，拆沉作用对大陆地壳演化最重要的启示是，它将原来陆壳中高密度较偏基性的物质返回地幔，从而使整个陆壳向长英质方向演化，这可能是解释陆壳总体成分变化的一个合理方案（吴福元，1998）。也可能是，下地壳拆沉的直接地球化学结果使大陆地壳总体成分向着长英质的方向发展，并同时使过渡金属元素（Cr、Ni、Co、V、Ti）相对亏损。由榴辉岩或镁铁质麻粒岩构成的下地壳拆沉将导致大陆下地壳向 Eu 负异常的方向演化，使 Sr 和 Sr/Nd、Cr/Nd、Ni/Nd、Co/Nd、V/Nd、Sc/Nd、Ti/Nd 值降低。总而言之，拆沉作用的最大贡献就是，促进了壳幔物质的再循环（冯涛和谢静，2000）。

4）从深部地幔动力学和物质循环角度分析，大洋板片潜入地幔深部之后，进一步往何处去？地震层析成像技术已难以回答这个问题。广布于大洋盆地中的洋岛玄武岩（OIB），通常是上涌的地幔柱喷出地表的产物。本书的洋岛指，除俯冲带岛弧以外，发育于洋壳上的火山岛，它位于大洋板内或洋中脊的特定部位。洋岛玄武岩不相容元素的含量远大于洋中脊玄武岩（MORB），且在成分上，尤其是同位素组分上，有很大的变化。这种成分上的多样性可以利用地球全局性的俯冲再循环模式予以解释。

俯冲洋壳可通过拆沉作用潜入地幔深部，可能积聚于核幔边界上；积聚的洋壳受热获得浮力，促使形成上涌的地幔柱；后者成为洋岛玄武岩的源地（Hofmann and White，1982）。总的来说，俯冲洋壳及其上覆洋底沉积物的俯冲再循环，进入地幔柱，造成了热点型洋岛玄武岩地幔源区成分上的不均一性。

洋壳和岩石圈的产生和俯冲，一起构成了一个大规模的地球化学循环过程，因此，这也是出现在地球上的最大分异过程。洋岛玄武岩（OIB）的化学不均一性，很可能反映了这个再循环过程。这是一个比较合理的解释，但还不是唯一的解释。

对 EMⅡ型洋岛玄武岩的 Nb/U 和 Ce/Pb 值与 $^{87}Sr/^{86}Sr$ 值之间的相关性研究揭示，EMⅡ型洋岛玄武岩含有深海沉积物俯冲再循环的大陆地壳信息；EMⅡ型源区混入的大陆物质除用俯冲沉积物解释外，还可以用大陆岩石圈的拆沉作用来解释。复合的 MORB-OIB 储库产生了比平均大陆地壳年轻的同位素模式年龄，这指示了由地幔对流和海底扩张引发的连续再混合和再分异。对洋中脊玄武岩地幔和上部大陆地壳的 Th-U-Pb 同位素演化研究指示，铀的迁移方向和时间对亏损地幔和上部地壳是相互补偿的，即铀经过热液蚀变洋壳的俯冲，循环返回到上地幔中。

汇聚板块边缘火山作用和现代海洋沉积物的地球化学研究，已经能够确定这种沉积物俯冲和再循环在地幔演化与岛弧岩浆成因中所起的作用。另外，大陆壳-幔边界可能是开放的，地幔部分熔融物质可以通过底侵作用，成为陆壳的组成部分；俯冲地壳的拆沉，也可再循环进入地幔。对大陆地壳化学成分的研究发现，进入地壳的原始地壳增生物质主要是玄武质的，而现今大陆地壳的总体成分是安山质的。这种成分上的显著差异表明，壳-幔之间的物质交换是双向的，即不仅有地幔物质通过岩浆作用加入地壳，而且地壳物质也以某种机制返回地幔，如大陆板块俯冲和下地壳拆沉作用的结果引起大陆地壳增生和地幔化学不均一性。进而，通过研究壳-幔双向物质交换机制和质量迁移量，有助于回答下列基本问题。

1）地幔是如何通过部分融熔作用形成地壳？

2）地壳物质是如何通过再循环过程返回地幔？

3）地壳形成和演化机制在地质历史上是否发生过明显变化？

所以，无论是大陆岩石圈还是大洋岩石圈的拆沉作用研究，都将有助于认识地幔的不均一性和解释大洋中岩浆岩地球化学特征的复杂性。

2.6.6 俯冲工厂

俯冲工厂（Subduction Factory）是指板块汇聚边缘的俯冲消减系统，包括大洋地幔、洋壳和沉积物俯冲时伴随的地球化学过程，俯冲带所发生的脱水、变质和熔融等过程，地幔楔深部过程，以及岛弧-弧后地表系统响应过程，是地球上岩石圈、水圈、大气圈、地幔之间相互作用最活跃的场所以及各圈层物质和能量交换循环的焦点地区。这一概念强调了俯冲带内物质流和能量流的交换及其对汇聚板块边界、地幔深部、水及大气的改造作用。

这些物质包括海底沉积物、洋壳和岩石圈地幔，并在深海海沟处被送入俯冲工

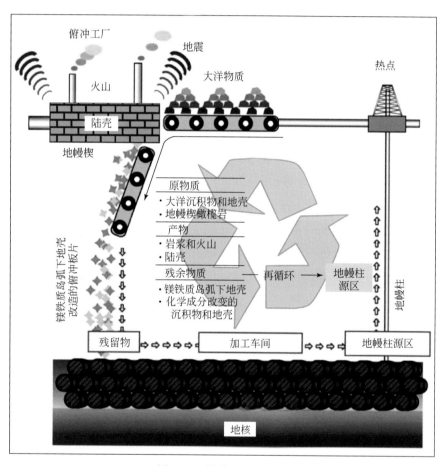

厂。在俯冲过程中，俯冲物质受压熔融，释放出大量富含水溶性化学物质的流体。这些流体向上运移，进入到俯冲带之上的地幔楔中，改变了地幔的物质成分，甚至导致地幔熔融。

俯冲工厂的产物，包括熔融物质（岩浆及喷出物、熔岩、熔体等）、流体、金属矿床、蛇纹质泥火山、新生陆壳、气体、有机质，以及来自俯冲工厂上覆板块的弧后盆地出露的洋壳。

俯冲工厂中的残余物质，将下沉汇入地幔，也可能进入地幔柱（图 2-90）。俯冲工厂作用强烈但不易发现，可以分辨原物质及其产物，但其复杂多样的作用机制尚不清楚。

图 2-90 俯冲工厂示意图

俯冲工厂实验是美国国家科学基金会 Margins 计划的一部分，主要通过研究俯冲带上的流体作用，解答如下 3 个基本科学问题。

1）俯冲工厂中的岩浆和流体，如何控制板块汇聚速率和沉积厚度的变化？

2）H_2O 和 CO_2 的挥发周期，如何影响从海沟到深部地幔的化学、物理和生物过程?

3）是什么机制调节了俯冲工厂的化学组分和物质平衡（图 2-91），物质平衡如何影响大陆地壳的生长和演化?

俯冲工厂实验通过集结陆地界和海洋界的地质学家和地球物理学家，利用全美的计算机和化学实验室，重点研究正在活动的俯冲带。该计划用大量的野外调查和实验研究数据，在各个量级上，与俯冲工厂的物理化学模型进行对比、整合。其他一些国家也考虑过推出"俯冲工厂"实验计划。

地球上的汇聚型板块边缘和洋内俯冲带，总长度超过 43 000km，因此，非常有必要了解这两个系统的俯冲工厂机制。该计划以中美洲和伊豆-小笠原-马里亚纳俯冲系统为俯冲工厂实验研究的目标区。

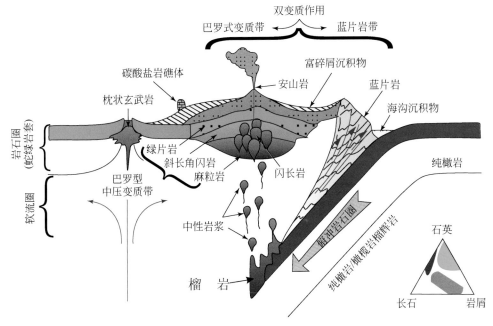

图 2-91　俯冲消减系统的地质过程与物质循环

2.6.6.1　俯冲隧道

俯冲隧道（subduction channel）是指汇聚板块边缘下伏俯冲板片与上覆板块之间的自由空间及其中发生运动的物质，强调的是板块界面相互作用的产物（郑永飞等，2013）。俯冲隧道的概念，最先针对洋-陆俯冲带提出（Cloos and Shreve，1998，Cloos et al.，1998），后被扩展到陆-陆俯冲带（Zheng，2012）、陆-洋俯冲带和洋-洋俯冲带。

在空间上，俯冲隧道包括了下伏俯冲板片和上覆板块的部分物质，其宽度也存在变化，其中大洋俯冲隧道的宽度较小，一般为 1～10km；大陆俯冲隧道的宽度较大，一般为 5～30km（郑永飞等，2013）。

俯冲隧道是在板片俯冲过程中形成，是实现地球表层与内部之间物质和能量交换的纽带，其内部发生着复杂的物理过程和化学反应。其中，物理过程主要包括从下伏板片和上覆板块刮削下来的块体运动（向下的俯冲、向上的折返及块体的旋转）、变形及块体间的机械混合。化学反应则主要包括俯冲隧道内的物质在不同深度发生变质脱水、脱碳、相变、部分熔融及地幔交代作用等（图 2-92）。

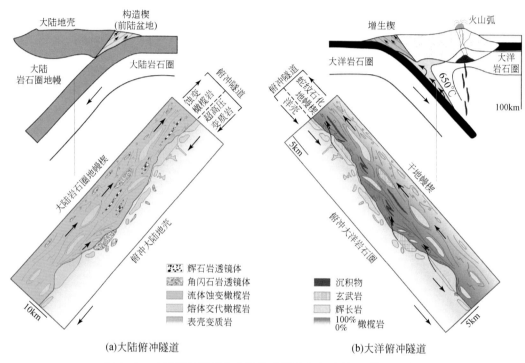

(a)大陆俯冲隧道　　　　　　　　(b)大洋俯冲隧道

图 2-92　大陆俯冲隧道和大洋俯冲隧道中壳–幔相互作用示意图

图（a）当大陆地壳（结晶基底和沉积盖层）俯冲到地幔深度时，变质脱水和部分熔融所释放的富水流体和含水熔体交代上覆的大陆岩石圈地幔楔橄榄岩，形成富集不相容元素的地幔交代体。图（b）蛇纹石化俯冲隧道在干的（刚性的）俯冲大洋岩石圈和干的（刚性的）地幔楔之间形成了一个约长 60km（从 40～100km）的软隧道。它由含水大洋岩石圈和地幔楔水化形成的蛇纹岩所组成的混杂岩构成，并包含外来的洋壳变质玄武岩、变质沉积岩和变质辉长岩等

1）物理过程：在大洋俯冲带，俯冲大洋岩石圈板片的上地壳物质（海底沉积物和洋壳玄武岩），由于受地幔楔隧道壁的机械刮削作用，而拆离成不同大小的碎块，进入俯冲隧道深部；而在大陆俯冲带，除了俯冲大陆岩石圈上地壳物质（沉积盖层和陆壳基底），不同大小的地幔岩石碎块也会从地幔楔底部被刮削下来进入俯冲隧道（郑永飞等，2013）。这些不同来源的物质（碎块），在俯冲隧道内发生机械混合，既可以伴随着俯冲过程向下运移，也可以伴随着折返过程向上运移，在这些过程中，还可以发生复杂的旋转、变形（郑永飞等，2013）。其中，在俯冲过程中，

被刮削下来的壳源物质之间及这些壳源物质与地幔楔底部刮削下来的橄榄岩碎块之间在地幔深度发生混合，形成超高压变质混杂岩。这些混杂岩折返至地壳深度，部分可能与没有深俯冲的低级变质岩发生机械混合，形成出露于地表的、反映不同变质温压条件且岩石属性不一的构造混杂岩（郑永飞等，2013）。

2）化学反应：大洋俯冲带岩石圈地幔楔温度较高，海底沉积物和玄武岩在俯冲过程中变质脱碳或脱水，导致上覆地幔楔发生部分干化或熔融作用，形成同俯冲大洋弧型岩浆作用（Bebout，2007）。同时，海底沉积物脱水后，形成高压低温变质岩；低密度的玄武质洋壳脱水后，则形成高密度的榴辉岩，使大洋岩石圈俯冲至地幔过渡带底部甚至核幔边界。而由于大陆岩石圈与大洋岩石圈在物质组成和状态上存在显著差异，其深部化学过程及壳幔相互作用的产物也出现一系列差异。其中，主要区别是大陆俯冲隧道中地幔楔的温度显著低于大洋俯冲隧道，且具有高黏滞度和低水活度等特点，因而在俯冲过程中，难以发生显著的脱水和熔融过程，没有出现同俯冲大陆弧型岩浆作用（图2-92）。尽管如此，在大陆俯冲过程中，拆离的地壳碎块和岩片，在俯冲隧道内受到构造剪切作用，促使其变质脱水和部分熔融，大陆岩石圈地幔楔橄榄岩，在俯冲隧道界面会被这些富水流体和含水熔体所交代，形成富化、富集的岩石圈地幔交代体（郑永飞等，2013）。此外，在等温或升温折返过程中，含水矿物的脱水分解、名义上无水矿物羟基出溶及外来流体的渗透等，也有利于大陆俯冲隧道中超高压岩石的部分熔融，这些过程中形成的富水流体和含水熔体可以沿板片-地幔界面流动，并上升进入上覆地幔楔，与地幔楔橄榄岩发生交代作用（章军锋等，2015）。

3）动力来源：俯冲隧道中，由于角流方向的影响，壳源和幔源碎块可以发生不同方向的运动。其中，一些碎块会在俯冲过程中，伴随着进变质作用向下运移，埋藏得更深，如高压变质岩随向下运动的板片继续俯冲，形成超高压变质岩；另一些碎块则在折返过程中，伴随着退变质作用向上运移，如高压-超高压变质岩片的差异性折返（郑永飞等，2013）。其中，高压和超高压岩石的折返，是俯冲隧道中一个不可缺少的部分，这种折返需要俯冲带的弱化，及折返板片与残留板片之间的拆离脱耦。大洋俯冲隧道中，高压变沉积岩的折返过程缓慢且持续时间长，折返速率为1~5mm/a；大陆俯冲隧道中，陆壳起源的超高压岩石折返速度则很快，折返速率可达40mm/a，但存在时间很短（郑永飞等，2013）。

4）折返机制：俯冲隧道中发生过强烈的物质循环和岩石折返，如全球榴辉岩从大于100km深部折返到地表的剥露过程得到很好研究，揭示了俯冲隧道在全球物质循环和转换过程中的重要性。图2-93展示了含有柯石英和金刚石榴辉岩超高压岩区的分布与变质时代。超高压变质作用常与陆壳和洋壳的大规模俯冲作用密切相关，主要标志是在榴辉岩、硬玉石英岩、文石大理岩等变质岩中出现柯石英、金刚石等超高压变质矿物，它们的形成压力在 25~35GPa 以上，深度在 80~120km 以上。超高压变质岩带记录了造山过程中强烈的俯冲作用和地壳缩短。超高压变质岩的原岩可以是陆壳组分或洋壳组分。柯石英或金刚石的出现是鉴别超高压变质岩的必要条件。全球绝大部分已报道的超高压变质岩的原岩均来自陆壳，少部分是来自洋壳，如欧洲阿尔卑斯部分超高压变质带、中国西南天山超高压变质带和印度尼西亚（图 2-93）。

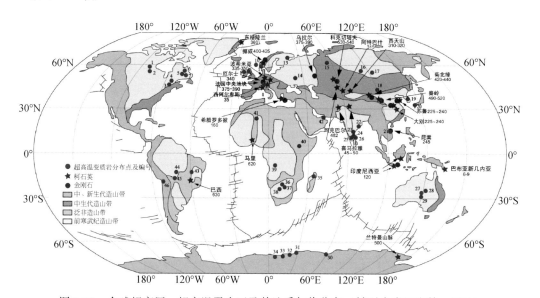

图 2-93　全球超高压、超高温露头区及其地质年代分布（转引自李江海等，2014）

地质年代数据单位为 Ma（变质年龄）。超高温变质露头区名称与所处国家/地区：1-托尔森岩浆区，加拿大；2-锡皮韦斯克湖，加拿大；3-圣莫里斯地区，魁北克，加拿大；4-皮克斯基尔，纽约，美国；5-威尔逊湖，布拉多，加拿大；6-内恩杂岩，拉布拉多，加拿大；7-沙山大塘杂岩，拉布拉多，加拿大；8-刘易斯杂岩，南哈里斯，苏格兰；9-刘易斯杂岩，斯科里和巴德科尔湾，苏格兰；10-罗加兰斜长石杂岩，挪威；11-班布勒区，挪威；12-格鲁夫杂岩，意大利；13-科拉半岛，俄罗斯；14-沃罗涅什结晶岩块，俄罗斯；15-坎斯卡娅组，俄罗斯；16-阿纳巴尔地块，俄罗斯；17-阿尔丹地盾，俄罗斯；18-华北克拉通，中国；19-奥德桑地区，韩国；20-Higo 变质岩体，日本；21-昆嵩地块，约旦；22-东高止构造区，印度；23-巴尔卡德–高韦里河构造区，印度；24-南部麻粒岩区，印度；25-喀拉拉邦孔兹岩带，印度；26-海兰杂岩，斯里兰卡；27-沃然皮构造区，澳大利亚；28-斯特兰韦斯山脉，澳大利亚；29-盖勒克拉通，澳大利亚；30-劳尔群，普吕茨海湾，南极洲；31-奥加德群岛，南极洲；32-纳皮尔杂岩，南极洲；33-食指点，南极洲；34-吕佐夫–霍尔姆海湾，南极洲；35-安德里亚曼纳镁铁质单元，马达加斯加；36-卡普瓦尔克拉通，南非；37-林波波构造带，南非；38-纳马夸兰，南非；39-埃普帕杂岩，纳米比亚；40-拉布沃山，乌干达；41-因加热，霍加，阿尔及利亚；42-塞迈尔蛇绿岩套，阿拉伯联合酋长国；43-巴伊亚地区，巴西；44-上巴鲁杂岩，巴西；45-阿纳波利斯–伊陶苏杂岩，巴西；46-莫延多–卡马纳地块，秘鲁

全球超高压变质带大都形成于古生代以后，巴西产出前寒武纪超高压变质岩。在中亚造山带，超高压变质岩广泛出露于哈萨克斯坦科克切塔夫、中国西南天山和吉尔吉斯斯坦阿特巴什。在中国柴达木北缘造山带、秦岭造山带以及苏鲁–大别造

山带，保留了丰富的超高压变质岩，西欧阿尔卑斯造山带中的超高压变质带最为密集，记录了阿尔卑斯造山带形成过程中强烈的大陆深俯冲作用。超高压变质作用常与微陆块之间的俯冲–碰撞相关。超高温变质作用的变质温度超过900℃，地温梯度大于20℃/km。目前全球已发现的超高温变质岩区已超过40个（图2-93），主要分布于古老克拉通和新元古代末期—早古生代造山带内。超高温变质作用最常在富镁铝的变泥质岩中记录，典型的超高温矿物组合包括假蓝宝石+石英、斜方辉石+夕线石+石英、大隅石+石榴子石、刚玉+石英、高氟的黑云母和钙镁闪石等。其退变质的 P-T 轨迹可以分为两类：近等温降压和近等压降温，分别代表快速抬升和一定深度上的逐渐冷却。

从时代上看，超高温变质作用多发生在前寒武纪，主要分布在新太古代、古元古代、中元古代及新元古代晚期，与地质历史时期几个主要超大陆的形成时代一致，暗示超高温变质作用发生所需的热源可能与超大陆的形成有关；对于显生宙以来尤其是晚古生代的超高温变质作用，目前的报道较少，仅在越南 Kontum 杂岩带和中国广西十万大山地区有发现。中国也陆续报道了一些超高温变质岩的出露，主要有华北克拉通北部孔兹岩带超高温麻粒岩、新疆阿尔泰造山带超高温麻粒岩、南阿尔金变质带含假蓝宝石高压麻粒岩以及广西十万大山花岗岩带中超高温麻粒岩。

俯冲隧道内高压和超高压岩石的折返过程也非常复杂，首先需要有一个机械上弱化的俯冲隧道，其由沉积物、含水橄榄岩或部分熔融体组成。影响折返的因素包括浮力、隧道流、板片的构造底侵、俯冲板块后撤及俯冲角度等。其中，浮力和隧道流是大陆俯冲隧道中岩石折返的主要力源，而板片底侵则是大洋俯冲隧道岩石折返的主要因素（Guillot et al.，2009）。目前，关于大陆俯冲隧道中超高压地体从地幔深度折返至地壳深度的机理主要有：①板片断离引起折返，假设大洋板片与大陆板片在过渡带发生断离，大陆岩石圈整体后退折返；②首先是俯冲地壳在不同深度发生拆离，沿俯冲隧道依次差异性折返，然后大陆岩石圈与大洋岩石圈在过渡带发生断离，俯冲隧道整体折返；③俯冲带后撤引起俯冲隧道空间增大，超高压岩片在浮力驱动下得以折返（郑永飞等，2013）。

迄今，俯冲隧道研究依然处于起步阶段，针对不同的俯冲隧道类型开展深入研究非常必要。现今的俯冲带中，因俯冲深度和被海水覆盖，难以直接获得样品开展其内部过程的研究，但是现今陆地上存在很多消失的大洋板片，被称为蛇绿岩带。对这些蛇绿岩带的研究，可以揭示俯冲隧道中的精细构造过程和物质变化过程。俯冲隧道根据上覆板块和俯冲板片的性质不同，可以划分为陆–陆型俯冲隧道、洋–陆型俯冲隧道和洋–洋型俯冲隧道，这些俯冲隧道之间存在巨大差别，不同类型的俯冲隧道中发生了什么，需要今后开展系统研究。

2.6.6.2　洋壳俯冲与俯冲再循环

与洋中脊拉张型板块边缘不同，俯冲型大洋板块边缘的俯冲系统可以比拟为一个俯冲工厂（subduction factory）。俯冲的大洋板块，包括海底沉积物、火成岩洋壳和大洋岩石圈地幔部分是输入工厂的原料；从弧前区逸出的水流体、气体及蛇纹岩底辟，从岛弧与弧后区喷出的岩浆，以及形成的矿床和建造的陆壳物质等，是工厂的产品；俯冲带所发生的脱水、变质和熔融等过程，则是这个工厂的内部流程（金性春和于开平，2003）。

俯冲工厂的关键过程是俯冲再循环（subduction recycling），也称俯冲带再循环、地壳再循环（简称再循环）。进入俯冲带的大洋板块，其上覆的陆源和生物源沉积物，连同其中所含的流体和水化、蚀变产物，来自大陆、水圈和大气圈；俯冲的火成岩洋壳则来自地幔。当然，从根本上说，大陆、水圈和大气圈也都来自地幔，是地幔岩浆作用和排气作用的产物。

俯冲的大洋板片随着温度、压力升高，释放出水和其他挥发份，部分水流体和气体返回水圈和大气圈，部分流体和沉积物则加入火山弧下的岩浆源区，并作为弧火成岩返回大陆。俯冲再循环过程中释放出的水和挥发份，在导致爆发型岛弧火山活动中起着重要作用，所以，再循环研究有助于理解有关灾害的形成机制和背景。

另外，俯冲板片释放出的元素和流体可参与矿床的形成过程，在俯冲带上方形成富含金、银的热液矿床，许多太古代的金矿床与此很相似。在俯冲工厂的最浅部，水和碳通量则影响到天然气水合物的形成和破坏，并为海底下的深部生物圈以及弧前区流体渗出口的化能合成生物群提供营养。

经过俯冲工厂加工后，残留的大洋板片下潜返回地幔深处。这样，来自陆地、大气圈、水圈和地幔的物质，通过俯冲工厂的运作再循环返回陆地、大气圈、水圈和地幔。这一再循环过程改造了俯冲板片和上覆板块，联系着地表和地球内部，几乎涉及地球的所有圈层。

俯冲再循环强调研究俯冲物质的各种组分，如沉积物、流体，通过俯冲工厂再循环的过程、行为、归宿和效应，各种再循环组分的通量及物质平衡问题（图2-90）。俯冲再循环的两个基本研究领域如下：①再循环过程，即岩石、沉积物和流体，通过俯冲带所涉及的物理、热力、矿物学和地球化学的过程；②再循环通量，即固体、流体、元素和溶解物质，通过俯冲带的通量和途径。

图2-94中的等式表示俯冲再循环中物质的整体平衡。等式左面为输入物，包括俯冲的沉积物、流体和水化地壳，加上前缘俯冲侵蚀和底面俯冲侵蚀产生的物质（主要是大陆物质或地幔楔物质）；等式右面为输出物，包括弧前输出物（流体等）、

增生楔、底侵物质、俯冲带释出的流体、沿火山弧及弧后的输出物、返回地幔深处的洋壳板片。输入和输出二者应总体平衡（金性春和于开平，2003）。

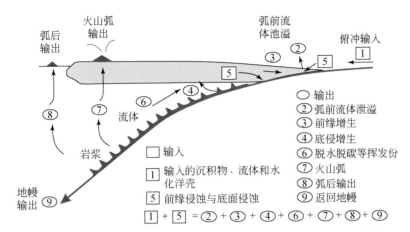

图2-94 俯冲再循环中的物质平衡（箭头表示运移的方向）（金性春和于开平，2003）

可以看出，与早期对俯冲带的地震、岩浆活动、变质作用等现象分门别类的孤立研究不同，俯冲工厂和再循环研究强调对俯冲再循环各种组分的行为、去向的追踪和定量分析，立足于对俯冲全过程，进行跨学科综合研究。

目前，所能见到的仅仅是俯冲工厂的原料和产品，而对于深达数十千米至100km以上的工厂内部核心部分，则是难以直接观测。利用地球物理层析成像技术和对输入、输出物的地球化学示踪研究，结合较深的大陆钻井和洋底钻井，可望逐步了解工厂内部的运作过程，以最终解决俯冲再循环涉及的种种问题。

大洋岩石圈沿俯冲带进入地球内部，因此，作为俯冲工厂的俯冲带对固体地球的演化做出了重大贡献。俯冲工厂的原料，如海底沉积物、洋壳和岩石圈地幔，与下行板片一起俯冲到俯冲工厂中。在原料的运输和加工过程中，俯冲工厂会产生诸如地震等。在俯冲工厂内，这些原材料与地幔混合，并加工成各种输出产物，最终作为岩浆、含水流体、含金沉积物、蛇纹石化地幔、火山、陆壳、气体和弧后海底出现在上覆板块上。残余物质（残余板片和相关地幔）坠入深部地幔，甚至可能沉入到核幔边界，并将进入地幔柱重新复活。

俯冲工厂的主要产物是岩浆弧及相应的固体产物，最终为新生陆壳。俯冲带制造了大于20%的当前陆地上岩浆产物总量，在地球历史上，形成了$7.35×10^9 km^3$的安第斯型地壳。

总之，俯冲工厂是固体地球与其表面之间的物质和能量交换的动态场所。俯冲工厂从根本上影响了大陆地壳的生长、地幔的化学演化以及大气和海洋的组成。俯冲工厂的重要意义，包括如下几方面。

1）俯冲带物理学：岩石圈地幔的俯冲提供了驱动板运动所需的大部分力，是地幔对流的主要模式。

2）俯冲带地球化学：冷的物质进入俯冲带，将水释放到上覆地幔楔中，导致地幔楔熔融，上地幔与深地幔组分分馏，产生岛弧和陆壳。

3）俯冲带生物学：由于俯冲带是地球内部最冷的部分，而生物在温度大于150°C 时不能存活，俯冲带几乎与最深（最高压力）的生物圈相关。

4）地球混合器：俯冲带包括了上覆沉积物、洋壳和大洋岩石圈地幔，并将其与上覆板块的地幔混合以产生流体，形成钙碱性系列熔岩或侵入体、矿床和新生陆壳。

为此，科学家越来越多地提及"俯冲工厂"，反过来俯冲带也用间歇的和粗暴的地震及海啸提醒着科学家俯冲再循环研究具有深远的科学价值和社会意义。再循环释放的流体进入海洋，影响海洋化学成分的收支平衡。释出的气体和微量元素进入大气圈，对大气圈的成分也产生重要影响。源于下插板片的水等流体，导致上覆地幔楔部分熔融，年轻的俯冲板片本身也可以部分熔融，之后经冷却或喷出，形成埃达克岩等，由此产生的岛弧岩浆活动形成了新的陆壳。经俯冲工厂加工改造后的大洋板片下潜至地幔深处，甚至抵达地幔–地核边界，并且部分通过深部循环加入上涌的地幔柱中。下潜的板片连同残存的挥发份及生热元素，对地幔的流变性质、氧逸度和对流造成深刻的影响。

总之，俯冲再循环驱使地球表面和地球内部之间的大规模相互作用。俯冲工厂是地球上大气圈、水圈、岩石圈、生物圈乃至下地幔之间相互作用最活跃的场所，也是这些圈层之间物质交换和能量交换的焦点地区。可以认为，俯冲工厂在地球系统的运行和演变中占据着中心位置（金性春和于开平，2003）。

2.6.6.3 俯冲造山带的类型和结构

全球造山带总体可以分为三大类：碰撞造山带、陆内造山带和增生造山带或俯冲造山带（Windley，1995；Li et al.，2005）。其中，中生代以来的造山带，除阿尔卑斯–喜马拉雅造山带之外，主要为俯冲型造山带（图 2-95）。

板块构造理论发展早期，Dewey 和 Bird（1970）将俯冲型造山带划分为两类：有弧后盆地发育的西太平洋型（或岛弧型）和无弧后盆地发育的安第斯型。Sëngor（1991）将造山带按"科""属""种"体系划为 20 个类型，并把俯冲型造山带划分为海沟前进的挤压 I 型（安第斯型）、海沟后退的拉张型（马里亚纳型）和中型（莫克兰型，海沟位置不变）。这种分类将弧后有无分裂，完全归因于海沟的前进和后退，实际情况可能并不完全如此。

基于造山带类型的划分，进一步对俯冲型造山带进行构造岩相带划分，多数情况是为了研究 20 世纪 80 年代提出的陆内造山带，这是板块构造理论难以解释的一

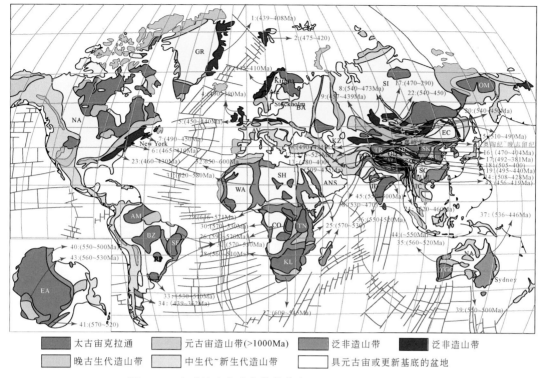

图2-95 全球显生宙造山带的分布（Smith et al.，1981）

加里东造山带或地体名称：1-东格陵兰造山带：439～408Ma；2-Svalbard加里东造山带：475～420Ma；3-斯堪的纳维亚加里东造山带：445～410Ma；4-苏格兰加里东造山带：490～390Ma；5-中欧缝合带（德国–波兰加里东造山带）：450～440Ma；6-中阿帕拉契亚造山带：465～410Ma；7-北阿帕拉契亚造山带：490～450Ma；8-阿尔泰造山带：540～473Ma；9-南天山造山带：457～439Ma；10-西天山造山带：490～421Ma；11-南阿尔金：509～475Ma；12-北阿尔金缝合带：575～524Ma；13-西昆仑造山带（库地–其曼于特，蒙古包–普守，康西瓦–塔格蛇绿混杂岩）：480～400Ma；14-东昆仑北部：508～428Ma；15-中国东北早古生代造山带：510～490Ma；16-北祁连造山带：470～404Ma；17-南祁连造山带：492～381Ma；18-北秦岭造山带：505～400Ma；19-柴达木北缘：495～440Ma；20-科布多–戈壁阿尔泰造山带：540～450Ma；21-华北克拉通北缘弧–陆碰撞带：510～490Ma；22-萨拉伊尔造山带：540～450Ma；23-南阿帕拉契亚造山带：460～430Ma。泛非造山带名称：24-滇西早古生代造山带：520～460Ma；25-东非造山带：570～530Ma；26-Ubendian造山带：590～520Ma；27-Saldanian造山带：600～545Ma；28-Damara造山带：560～510Ma；29-Qubanguide造山带：646～571Ma；30-Brasiliano造山带：570～530Ma；31-Trans-Sahara造山带：620～580Ma；32-环西非克拉通缝合带：650～600Ma；33-Panpean造山带：530～510Ma；34-Patagonia造山带：439～362Ma；35-Pinjarra造山带：560～520Ma；36-印度南部麻粒岩地体：550～520Ma；37-塔斯曼造山带：536～446Ma；38-Bhimphedian造山带：530～470Ma；39-Delamerian造山带：550～500Ma；40-Ross造山带：550～500Ma；41-Dronning Maud造山带：570～520Ma；42-华南陆内造山带：456～419Ma；43-Kuunga造山带：560～530Ma；44-斯里兰卡：～550Ma；45-东高止造山带：550～500Ma；46-狮泉河–申扎东段早古生代俯冲带东段：524～510Ma；47-龙木错–双湖早古生代缝合带：486～481Ma，427～422Ma。主要的陆块、微陆块或克拉通：AM. 亚马孙克拉通；ANS. Arabian-Nubian（阿拉伯–努比亚）地盾；AV. Avalonia（阿瓦隆尼亚）微陆块；BA. 波罗的陆块；BZ. Brazil（巴西）克拉通；CO. 刚果克拉通；EC. 中国东北微陆块群；EA. 东南极克拉通；GR. 格陵兰地盾；ID. 印度克拉通；IC. 印支地块；KL. Kalahari（卡拉哈里）克拉通；KZ. 哈萨克斯坦陆块；LS. 拉萨地块；OM. 奥莫隆–科罗马克拉通；PB. 皮尔巴拉克拉通；QD. 柴达木地块；QL. 祁连地块；QT. 羌塘地块；RP. Rio de la plata（拉普拉塔）克拉通；NA. 北美克拉通；NAC. 北澳大利亚克拉通；SC. 华南地块；SG. 松潘–甘孜地块（若尔盖）；SI. 西伯利亚克拉通；SF. 圣弗朗斯斯科克拉通；SK. 中朝克拉通；TN. 坦桑尼亚克拉通；TU-P. 图瓦–帕米尔微陆块；TR. 塔里木微陆块；WA. 西非克拉通；YGC. 伊尔冈克拉通类造山带。在构造岩相带这一角度仍然有学者认为，西太平洋型和安第斯型是俯冲造山带的两个基本类型，并根据构造特征将其归并为五大类（车自成等，2002）。

1）日本岛弧型，表现为海沟不断后退，岛弧不断增长，不同时代的俯冲杂岩体由内而外，平行成带展布。

2）新西兰北岛型，主要特点是无海沟情况下的俯冲消减，或因走滑成因和斜向俯冲引起，但弧前弧后体系却类似于日本岛弧，只是没有表现出定向迁移。

3）科迪勒拉型，是一个复合型俯冲带，晚期俯冲带叠加在早期碰撞带之上，弧前体系发育，既有发育的俯冲杂岩，如弗朗西斯科杂岩，又有弧前盆地，如大峡谷系，但弧后表现为隆起背景下的伸展断陷，如盆-岭地区，以及逆冲推覆，如落基山带。

4）安第斯型，是低角度俯冲的代表，弧前体系不发育，岛弧地块逼近海沟，弧后不是伸展而主要表现为岛弧向克拉通地块之上的反向逆冲而隆起，可能是这一体制下的强大挤压力所致。

5）莫克兰型，是无扩张脊的残余洋盆发生俯冲作用的代表，可作为板块对接或软碰撞的一个典型实例。

2.6.6.4　俯冲工厂类型

侏罗纪时期的太平洋板块自新近纪以来（Liu et al.，2017）不断向西俯冲到欧亚板块之下，使得从日本到东亚之下超过2000km距离内的地幔过渡带形成了滞留板片。因此，东亚大陆边缘之下存在着由太平洋板块和菲律宾海板块俯冲形成的滞留板片（图2-96）。在滞留板片之上被定义为大地幔楔（BMW）（Zhao，2004，2007）。

图2-96展示了全球层析成像模型下西太平洋和东亚之下的8条P波速度图像的垂直剖面（Zhao，2004）。除了初动P波数据，pP、PP、PcP及Pdiff等后续震相数据及莫霍面和410km及670km不连续面的深度变化也在反演中得到使用（Zhao，2004）。在上地幔中，俯冲的太平洋板块被描绘得非常清楚，地震发生在板块内，并延伸到约600km深度处（图2-96）。在东北亚之下，俯冲的太平洋板块在地幔过渡带发生停滞。在下地幔中，滞留板片之下存在有高速异常带。这说明俯冲板片在进入670km不连续面时遇到了强烈的阻力，板片发生弯曲，并在一段相当长的时间内（100～140Myr或30Myr左右）在这个位置发生聚积，之后主要的矿物相变导致了非常大的重力不稳定性，从而使滞留板片发生垮塌，以团块状落到核-幔边界之上（Maruyama et al.，2007）。例如，在五大连池和长白山等板内活火山之下的上地幔中及滞留板片之上，存在有低速异常带。局部和区域的层析成像研究也获得了相似的结果（Zhao，2004，2009；Huang and Zhao，2006）。

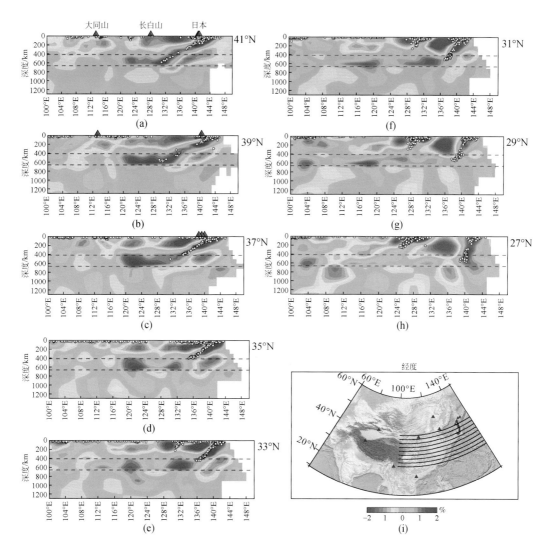

图2-96 东亚东西向P波垂向剖面揭示的地幔深部结构（Huang and Zhao，2006；Zhao，2009）

红色为低速体；蓝色为高速体；白色点代表地震；虚线分别为410km和670km不连续面

BMW的顶部是岩浆工厂（Tatsumi，1989），是岛弧岩浆产生的区域。地幔楔的底部则为变质交代工厂。因此，一般将与俯冲带有关的上地幔，定义为3个明显的构造区（图2-97）。

1）变质交代工厂（MMF）。MMF应包括俯冲隧道和岛弧深部变质层位两部分，MMF的俯冲隧道内的对流样式是逆时针的，它由俯冲的太平洋板块所驱动，被脱水反应形成的富水流体所控制，并富含促使变质作用发生的大离子亲石元素（LILE）。MMF中的主要过程是由板块俯冲所驱动。由于俯冲板块内发生脱水反应，富含大离子亲石元素（如K、Rb、Na），以及其他不相容元素的含水流体析出并注入地幔楔中，导致地幔楔中富含流体，进而发生变质反应。此外，在俯冲过程中被拖曳下来

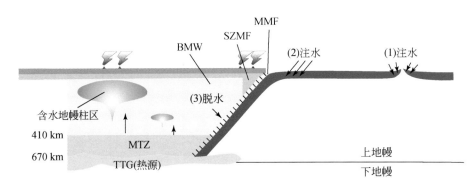

图 2-97　水从洋中脊，经过俯冲带到达地幔转换带的循环示意图

该图展示了变质交代工厂（MMF）、俯冲带岩浆工厂（SZMF）和大地幔楔（BMW）的相对位置。值得注意的是，在西太平洋到东亚大陆之下的地幔不连续面（MTZ）底部 TTG 类岩石的存在，这可能导致了俯冲板片滞留在该区域

的沉积物的广泛重结晶，导致区域变质作用的发生，如低温高压变质作用，如果有足够的条件，它们会沿俯冲隧道折返被剥露至地表。在上覆板块的深部发生的变质作用与地幔楔中形成流体和岩浆密切相关，常见产物为巴罗式递增变质带、高温低压变质带和接触变质作用等（图 2-91）。

2）俯冲带岩浆工厂（SZMF）。SZMF 为一个小的三角楔，位于地幔楔前端，其对流和 BMW 区域内的对流样式一样都是顺时针的。SZMF 是位于 MMF 和 BMW 区域之间的一个带，在该区域内，地幔楔中由于角流的存在，发生部分熔融，从而产生新的陆壳。在深约 200km 处形成的较大含水地幔导致 SZMF 黏性大幅度减小，而在深 60～200km 的小尺度含水地幔也使 SZMF 黏性减小。由于角流的存在，较多且温度更高的橄榄岩被带入该区域。该区域与火山前缘斜交，并沿着俯冲板片一直延伸到地幔深部。

3）大地幔楔（BMW）。基于图 2-96 的层析结果，Zhao 等（2004，2007）提出了"大地幔楔模型"来强调滞留的太平洋板片及其之上的大地幔楔，在东亚板内火山的形成和地幔动力学中的作用。与岛弧下正常（小的）地幔楔相似，BMW 中可能存在复杂的动力学过程，如角流和深部板块脱水，这可能导致了热的软流圈物质的上涌，并引起了东亚岩石圈的破坏和减薄（Menzies et al.，2007）。东亚地区广泛存在的大范围裂谷系统和断层可能是 BMW 和地幔不连续面中动力学过程在浅部的表现。现今的岩石学和地球化学研究也支持这个 BMW 模型（Chen et al.，2007；Zou et al.，2008）。BMW 是西太平洋俯冲系统上地幔的主要部分，除去其东侧靠近海沟的部分，在其内部存在顺时针的大尺度对流循环。在约 410km 深处零星含水地幔的形成及海沟附近的幕式流动，导致了弧后扩张。BMW 内的热源可能来自聚积在地幔过渡带底部的 TTG 地壳。花岗质地壳被不断的运输到地幔过渡带中，这一过程的证据除了来自太平洋板块和菲律宾海板块在俯冲过程中将沉积物带入俯冲带中之外，还有菲律宾海板块之上的 5 个洋内弧俯冲到欧亚大陆之下的现象。BMW 的底部深度估计为 410km，在这个深度，含水的 β 相橄榄石转化成 γ 相橄榄石和水（Ando et al.，2006）。该带之下，高密度的 β 相橄榄石、含水硅酸盐矿物及含水的 γ 相橄榄石是稳定的。这个区域是一个巨大的水容器，估计该区域内高密度的含水硅酸盐矿物中的含水量是地球表面大洋的 5 倍（Murakami et al.，2002；Maruyama and Liou，2005）。在 670km 不连续面之上，很可能存在由 TTG 组成的花岗质地壳，其作为热源促使了在地幔过渡带之上含水地幔域的形成。

图 2-96 展示了详细的 P 波层析成像，证明了几个与热点和火山有明显联系的含水地幔域的存在。在海沟的外侧，含水流体沿由板块弯曲所形成的正断层进入到俯冲太平洋板片的中深部。除了在洋中脊处注入太平洋板块中的水之外，推测这些流体是形成 MMF、SZMF 以及 BMW 的主要驱动力。

MMF、SZMF 及 BMW 区域现今的动力学受俯冲带倾控制。西南日本之下较宽阔的 MMF 带是由菲律宾海板块的低角度俯冲所致；马里亚纳海沟处较狭窄 MMF 区域，则是由太平洋板块的高角度俯冲引起；而东北日本和四国地区的 MMF 区，则介于这二者之间。

表 2-8 比较了这 3 个区域（MMF、SZMF、BMW）的温度、黏度、机制和驱动力。温度从 MMF 到 SZMF 再到 BMW 逐渐升高。

表 2-8　变质交代工厂和大地幔楔的主要物理化学特征

类别	温度	岩浆	黏度	流体（变质作用）	驱动力
岩浆工厂	低（<600 ℃）	无	低	富集	板块俯冲，角流，流体循环
岩浆工厂	中（1050～1200 ℃）	+++	中	中等	上升流，角流
大地幔楔	高（1200 ℃）	+	高	较少	浮力/流体驱动的地幔柱（下伏 TTG 的加热）

注：加号代表量的多少，一个加号代表少量，加号越多代表量越大。

在 SZMF 内沿毕尼奥夫带可能存在多个尺度小的含水地幔域，200km 深处这个主要的含水地幔域确定了 BMW 和 SZMF 之间的界线。该界线受 200km 深处双层地震面汇聚所形成的最大规模脱水反应所控制。由于矿物之间孔隙流体的出现，岩浆工厂是含水的并且是黏性的，这个工厂能在火山前线之下产生岛弧岩浆。为了补偿板块俯冲形成的对流，BMW 中更多的刚性物质被带到 BMW 和 SZMF 之间边界的底部附近。另外，岛弧岩浆释放后的高温残留块体，被下降流拖曳到俯冲的太平洋板片之上。为了保持稳定的岩浆活动，从 BMW 向 SZMF 中输入物质是非常重要的。

BMW 在西太平洋地幔楔中占据了最大的比例，很可能超过了 90%。然而，这个带中的岩浆产量很小。这个区域的驱动因素是少量由脱水反应生成的流体，并很可能源自地幔过渡带底部所存在的热源。TTG 俯冲到地幔过渡带中并发生了聚积，在其底部保持滞留状态，不会向下运动也不会向上运动。因此，这个带在地幔过渡带中就像第二个陆壳一样，它的体积可能是地球表面陆壳的 10 倍之多。这个第二个陆壳将作为控制 BMW 动力学过程的一个主要热源。

第 3 章

伸展裂解系统

伸展裂解系统包括裂谷体系（rift system）和被动陆缘（passive continental margin），应包括洋脊增生系统（但本书另列一章）。它包括大陆伸展裂解过程中一系列的构造单元类型，记录了地壳伸展裂解出现裂谷，并进一步演化出洋陆转换带，最终形成洋壳盆地、被动大陆边缘的演化历史。其中，被动陆缘以大西洋两岸最为典型，因而也称大西洋型大陆边缘（Atlantic type continental margin），简称被动陆缘，即通常所说的稳定大陆边缘。被动陆缘指构造上长期处于相对稳定状态的大陆边缘，但依然属于板块内部构造，因而以往不认为是板块边界。实际上，其构造活动性也不是稳定而无构造变形的，相反，构造变形特别丰富，是研究洋、陆转换的关键地带，其地壳是洋壳到陆壳的过渡，即由典型的陆壳转变为减薄的陆壳，出现厚洋壳，再逐渐过渡为典型正常洋壳。传统上认为，该区的大陆和海洋始终位于同一刚性岩石圈板块内。本书将其作为一个统一构造系统进行阐述，由于本书侧重海底构造，所以裂谷体系不予重点专门阐述，而是夹于相关节、段中介绍。

3.1 被动陆缘基本特征

3.1.1 地球物理特征

3.1.1.1 重力异常

稳定大陆边缘或被动陆缘往往存在着明显的重力异常和磁力异常特征。自由空气重力异常表现清晰，大陆架外缘重力高，而大陆隆地区出现重力低，在远离大陆的大洋盆地区则为正值，尽管宽广的大洋盆地有明显的质量亏损。对于这种现象，Wegener（1922）指出，这种质量亏损一定是由深部质量过剩而得到了充分补偿。由此，Wegener 提出在大洋盆地中完全缺失大陆地壳，这是大陆和大洋本质不同的根源。

大洋与大陆的差别将产生巨大的压力差，它将驱使大陆区物质被挤出或蠕散并向大洋推进，进入大洋区，同时，陆壳蠕散伸展，产生如大西洋大陆边缘上所见的阶梯状正断层。但是，这种差异也被用来解释被动陆缘是如何被挤压逆冲。例如，牛耀龄（2013）讨论被动陆缘是如何发生初始俯冲时强调，大陆和大洋的密度差是导致俯冲启动的根源。

被动陆缘的边缘效应，如在北美东岸大陆边缘陆架外缘坡折处的自由空气重力异常急剧升高（Emery et al.，1970；Rabinowitz，1974）（图3-1），这可能与密度不同的洋壳与陆壳接触所引起的边缘效应（Worzel，1968）和地震纵波速度圈定的位于大陆架海侧边缘的基底高有关（Drake et al.，1959）。

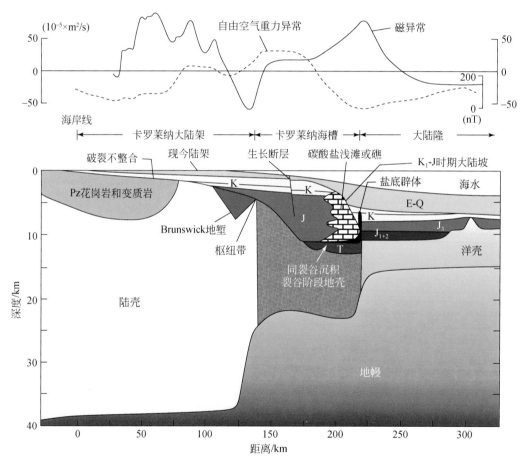

图3-1　北美东岸横穿卡罗莱纳海槽的地貌单元及地质地球物理剖面（Schlee et al.，1976）
在水深2000～4000m处，可以看到大陆台阶状的分布状况。陆壳与洋壳的衔接线正好在东岸磁异常和自由空气重力异常发生突变的地方，相当于大陆基底与三叠系衔接带的反射面，尽管不精确，但尚能反映出联合古陆分裂初期的裂谷遗迹

然而，在西非的加蓬–刚果海区、Agulhas-Falkland海区也出现了重力均衡异常的升高，但它不是由单纯边缘效应引起，一般认为是由衔接在大陆边缘的海洋基底

中存在的隆起构造造成（Rabinowitz，1974）。

3.1.1.2 地磁异常带

北美东岸大陆边缘存在着大体平行于海岸线的两条地磁异常带：一条沿着北美东岸的大陆架外缘分布，称为东岸地磁异常；另一条是紧挨其东侧的地磁低缓异常带。这类地磁异常带分布于大西洋两侧的大陆边缘，距洋中脊2000～2500km。低缓磁异常又分为内、外两部分。

Rabinowitz（1974）认为，具有非常和缓磁场特征的低缓磁异常内带对应沉降的大陆基底；相反，具有粗糙异常小振幅的低缓磁异常外带对应以正磁极性为主的Newark期间（三叠纪）形成的大洋基底（Burek，1970）。而Emery（1970）认为这个平缓磁异常带相当于二叠纪Kiaman地磁极性反向期（270～220Ma），对应联合古陆开裂时期。根据Larson和Hilde（1975）的中生代地磁条带，低缓带相当于比155Ma（侏罗纪）的M25号异常还要老的海底。Barrett和Keen（1976）认为低缓带中存在着扩张速度为1.74cm/a的M26～M28号地磁条带。如果该观点是正确的，那么东岸地磁异常带的年龄应为180～170 Ma。因此，与其说低缓磁异常带是边缘带的特征，还不如说它是在古陆分裂初期由于出现较长的地磁极性正向期所形成的异常。不过，裂离（drift）年代更晚的澳大利亚南部陆缘也存在低缓磁异常带，所以不可否认低缓磁异常带是大陆边缘特有的特征（König and Talwani，1977）。

3.1.1.3 地震剖面特征

从反射和折射地震综合剖面（图3-1）可清晰地揭示这类大陆边缘的地质特征：①反射和折射地震资料与东岸磁异常一样，反映出向海侧是典型的洋壳；②陆侧基底深度大于洋侧基底深度；③陆壳向洋逐渐变薄；④陆壳受正断层强烈切割破碎，形成一系列地垒、地堑和半地堑，呈阶梯状逐级下降，并过渡到洋壳基底；⑤大陆架盆地和大陆隆盆地发育，并充填着巨厚的沉积物。

3.1.2 构造特征

被动陆缘没有海沟俯冲带，早期裂解（rift）阶段位于板块内部，随后被动地随着裂开的板块而移动，故无强烈地震、火山和造山运动；它以形成稳定的巨厚浅海相沉积建造、微弱岩浆活动和地层基本上未遭受变形等为特征，与活动大陆边缘形成鲜明对照。

被动陆缘由宽阔的大陆架、较缓的大陆坡以及平坦的大陆隆组成。通常年轻的被动陆缘具有较窄的大陆架，而发育成熟的被动陆缘具有广阔的大陆架。一般被动陆缘大陆架下界（陆架坡折，slope break）的平均深度约为130m。大陆坡的坡度相对大陆架的变大，世界大陆坡的平均坡度为4°17′，这比大陆架的平均坡度大20倍左右。大陆坡地形十分崎岖，常被海底峡谷切割。陆架坡折随着构造运动、海底滑坡、海平面变化等因素不断演化。被动陆缘研究对于广泛发育于大陆坡或大陆隆部位的天然气水合物成藏及其稳定性、全球变化与碳埋藏（碳汇）过程研究极为关键。

3.1.2.1　物质组成和沉积建造

根据地震反射层与钻孔地质和古生物等资料对比，可确定被动陆缘地层的年代及其展布。北美东岸大陆边缘的海槽很宽，推测洋壳与陆壳交界处可能是中生代的礁体，盆地内充填三叠纪红层、蒸发岩和火山岩，以及白垩纪海相陆源碎屑沉积（图3-1）。同时，地震资料还表明，东岸磁异常与深度约为12km的边缘基底的地形有关。这一地形特征可能包括碳酸盐浅滩或礁、底辟穿刺构造、火山脊或基底隆起。沿北美东岸大陆边缘前侏罗纪陆壳之上的主要浅水台地，为同裂谷和裂谷后沉积盆地，它们呈镶边构造格局。

大陆隆是大陆坡与深海平原之间的过渡区，坡度十分平缓，由巨厚的浊流、等深流和滑塌沉积物组成，可形成许多复合海底扇，是伸展体制下大陆岩石圈减薄和大幅度沉陷形成的活动性微弱的大陆边缘。

非洲陆缘（北部除外）、澳大利亚西部陆缘和印度半岛的南部陆缘等属于被动陆缘。北美东侧的大西洋沿岸是现代依然在发育的被动陆缘，它始于美洲与非洲分裂后的晚三叠世。其空间上呈一系列与大陆边缘相平行的长条形盆地，由两部分地层组成：下部地堑型盆地充填了晚三叠世陆相粗碎屑堆积和火山岩，分布于靠内陆一侧；上部为拗陷成因的厚7~12km大致呈水平产状的侏罗纪—新近纪的海相沉积。它们呈向海倾的加厚楔形体（SDR），叠置在下伏厚度减薄的陆壳或部分较厚的洋壳之上。有些被动陆缘发育巨厚泥岩或盐岩，经常可见广泛发育的泥底辟或盐底辟构造（图3-2）。

被动陆缘的形成源于岩石圈拉伸导致的岩浆或上地幔物质上涌，减薄的地壳通过铲状正断层作用（图3-3）在地表形成复杂的地堑系或箕状断陷；来自上地幔的熔岩沿裂隙上升，铺满新出现的海底，最终扩张形成正常厚度的洋壳。破裂不整合（breakup unconformity）标志着陆壳断离（breakup）的时间，它将被动陆缘沉积建造分为上、下两部分：下部分裂陷系（rifting sequence），下部为漂离系（drifting sequence）。随着洋盆扩大，其外侧的陆壳逐渐远离以洋中脊为代表的热流中心，它的冷却沉陷造就了其上巨厚的被动陆缘沉积岩系。巨厚的被动陆缘沉积岩系记录了被动陆缘长期缓慢的地壳沉降运动。

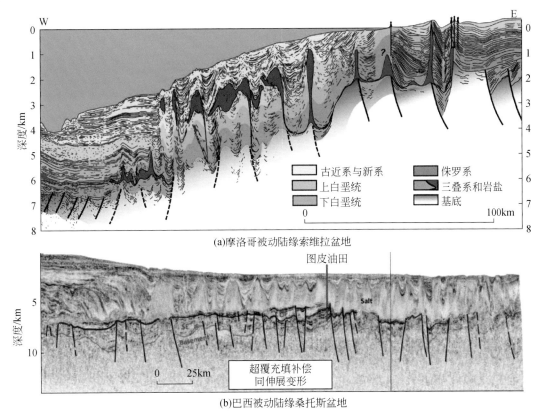

(a)摩洛哥被动陆缘索维拉盆地

(b)巴西被动陆缘桑托斯盆地

图 3-2　共轭被动陆缘的盐底劈构造（Pichel et al.，2017）

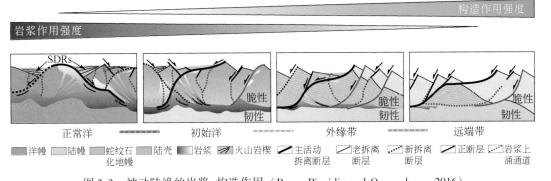

图 3-3　被动陆缘的岩浆–构造作用（Peron-Pinvidic and Osmundsen，2016）

3.1.2.2　构造变形

　　稳定陆缘因为其现今很少或几乎没有明显的地震和火山活动而获得命名，但不等于其在演化过程中是没有构造活动的稳定地带，反而普遍发育有张性断裂事件，且随着被动陆缘演化程度不断成熟，断裂作用也随其发生时空迁移和类型转换（图 3-3）。被动大陆边缘主要是在引张作用下大陆发生伸展离散，因而也称为离散型大陆边缘。陆缘形成后，仍可受板块运动拖曳和大陆沉陷作用的影响，进一步发育张性断裂。断层以倾角上陡、下缓的犁式断层为典型特征。断裂往往成组出现，下部的平缓断面常常在深部收敛或聚敛，甚至最终成为同一平缓断面（常称为拆离断层，detachment fault），而上部断面则呈扇形。被这些断裂切割的断块活动，导致断块翘倾而形成一系列地堑（graben）、半地堑（half graben）和地垒（horst）组合，有的断块被彻底拉断，使得大陆岩石圈地幔直接剥露海底，而进入后期，进一步发育形成洋壳，一些破碎的陆壳块体因拆离滑脱作用，甚至孤立出现在深海。

此外，大型横向构造往往垂直大陆边缘发育，这是稳定边缘的局部性特征，包括火山成因或构造成因的无震海岭以及转换断层（transform fault）的延伸——破碎带，甚至走滑断层（strike-slip fault）、变换断层（transfer fault）、变换带（tranfer zone）、应变调节带（strain accommodation zone）等。火山成因的无震海岭以连续的海底隆起或海山链的形式出现。它们可与被动陆缘相接于一点，在那里发生火山活动。构造成因的海岭很可能起源于破碎带，破碎带是一种非常重要的横向构造带，在它们与被动陆缘相交处，大陆边缘往往被错动。例如，南大西洋的 Folkland-Agulhae 破碎带，长达 1200km，通过裂谷的切割和边缘断块的错动，可以形成边缘高地和微陆块。转换断层也是横穿大陆边缘的横向构造。大陆边缘的沉降幅度在大陆古裂谷的地堑处最大，朝大陆方向逐渐减小。在裂谷两侧板块漂移（drift）并产生新的大洋之前，初始断裂的形状严格控制着该大洋边缘上沉降带的分布。当裂谷被变换带等横向切穿时，大陆边缘上与此相应的沉降带必将被变换带等以同样的方式错动。这就能解释为什么被动陆缘的构造与沉积演化不仅取决于与洋陆边缘（即老裂谷轴）平行的正断层，也取决于变换带等，并限定某些沉积盆地的横向构造位移，进而决定被动陆缘含油气系统及其成藏要素的时空迁移。

3.1.2.3　Moho 面特征

自陆向洋地壳减薄是被动陆缘普遍存在的现象。地震折射和重力反演结果也表明，从具有厚地壳的大陆块过渡到具有薄洋壳的大洋盆地，Moho 面呈逐渐升高的趋势。Moho 面的抬升意味着地壳的减薄（图 3-1）。

3.1.2.4　火山活动

被动陆缘的地壳中，常见有岩墙侵入和局部火山作用。引张作用常伴有强弱不同的火山活动和深部岩浆活动（图 3-3）。根据岩石地球化学研究，岩浆源位于地壳之下，其反映了上地幔（主要是异常上地幔）部分熔融作用和分异结晶作用的玄武质岩浆演化，主要产生碱性岩类，并且可形成自玄武岩（占绝对优势）到流纹岩的连续系列。例如，新生代南海北部陆缘、古生代扬子地块北缘的大巴山弧形构造带内的基性岩墙群（图 3-4）。

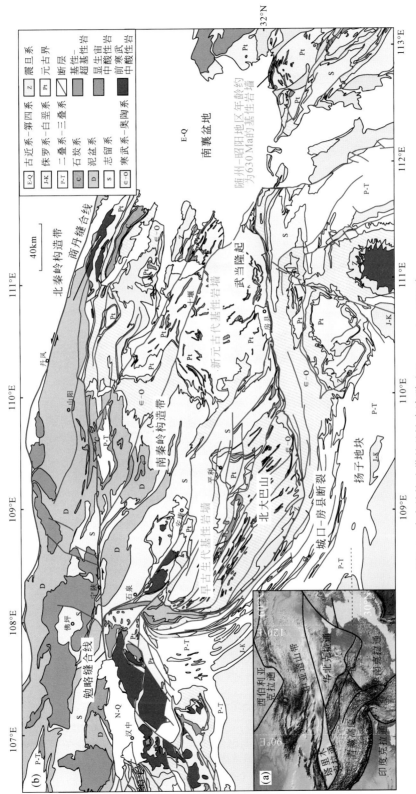

图3-4　南秦岭构造带的基性岩墙群（Wang et al.，2017）

3.2 被动陆缘类型与展布

根据对被动陆缘地质和地球物理特征的研究，特别是根据 DSDP 钻孔提供的信息，发现不同大洋或同一大洋不同区段的被动陆缘，在构造上存在着很大差异。就目前的研究，可以把被动陆缘大致分为火山型、非火山型和张裂–转换型三种不同的亚类型（图 3-5）。

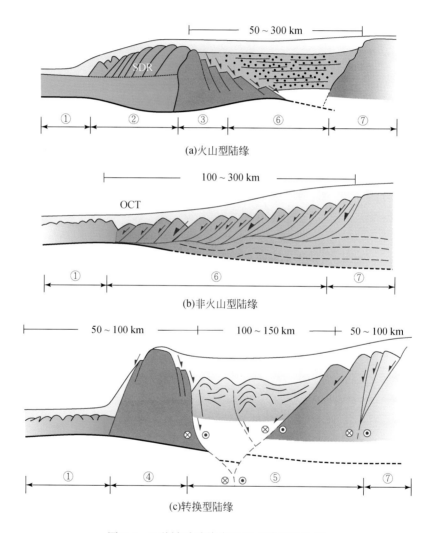

图 3-5 3 种被动陆缘类型组成单元的比较

数字表示稳定边缘有各构成单元：①正常厚度洋壳；②火山亚型陆缘陆–洋边界处的巨厚火成地壳，上部为向洋倾斜的火山岩单元；③陆壳上的构造高地，通常与巨厚火成地壳相邻；④陆缘断裂和转换脊；⑤变薄地壳上的拉分盆地；⑥变薄、沉陷的陆壳；⑦未受拉伸变形的地壳。点线部分代表大陆破裂时的地层层位，SDR-海倾火山岩层，OCT-洋–陆转换带

3.2.1　火山型被动陆缘

火山型被动陆缘也称火山型张裂边缘，其最大特点是：陆壳拉伸变薄作用有限，岩浆活动占主导地位。因为热易于导致应变局部化，故其宽度比较狭窄，在陆壳与正常洋壳之间有巨厚的火成岩地壳。据地震资料推测，其上为地震反射剖面揭示的向海倾斜的火山岩层或海倾反射体（seaward dipping reflector，SDR）［图 3-5（a）］。ODP 104 航次在挪威岸外的沃林海台陆缘以及 152 航次在东格陵兰陆缘进行的钻探，证实了这种推断，从而表明它们属于典型的火山型被动陆缘。

由于 ODP 钻孔资料已经实证了巨厚火成地壳之上存在着向海倾斜的火山岩层，这样就有可能应用地震资料圈定火山型被动陆缘的分布范围。北大西洋火山型被动缘沿格陵兰东缘延伸达 2000km，而另一侧与其共轭的挪威西海岸和苏格兰附近，也有将近 2000km。此外，毗邻里奥·格兰德海岭和维尔沃斯海岭的南美东缘和非洲西缘，以及印度西海岸、澳大利亚西海岸、美国东海岸和南极洲等地的部分陆缘（图 3-6），也都属于火山型被动陆缘。

3.2.2　非火山型被动陆缘

非火山型被动陆缘，以岩石圈的伸展作用占主导，岩浆活动所起的作用有限。在这种类型的大陆边缘上，脆性断裂、断块作用、下地壳–上地幔的上下层位不均匀的塑性伸展变形往往出现于宽 100～300km 的宽广地带内［图 3-5（b）］；而岩浆活动一般只局限在岩石圈深部，地壳上部仅有少量火山活动。ODP 103 航次和 149 航次在伊比利亚陆缘的钻孔几乎钻穿了全部同裂谷和裂谷后沉积物，证明了被动陆缘下存在着一系列掀斜断块，并经历过快速的沉陷过程。与强烈拉张作用伴生的构造剥露，使橄榄岩出露于被动陆缘根部，称其为洋–陆转换带（ocean-continent transition zone）。但这里的火山活动极其微弱，这是典型的非火山型被动陆缘特征。

根据沉积物厚薄，非火山型被动陆缘，又有"丰腴"和"贫瘠"之分。丰腴边缘是由大陆架前缘连续发生沉积物堆积，并向外海延伸的"前积"作用生成，如美国东部沿乔治滩陆缘，就是沉积层较厚的"丰腴"陆缘。如果陆架前沿的"前积"作用缓慢或中止，沉积物输入较少，则发育为"贫瘠"型陆缘，如红海两缘、伊比利亚半岛西缘和北比斯开陆缘等。

3.2.3 转换型陆缘

地壳拉伸变形过程中，因不同段落的拉伸速度存在差异而伴生有由横向剪切滑动，进而形成转换型稳定大陆边缘。它是一种从厚陆壳向薄洋壳快速转换的剪切边缘，以一个窄的、陡的洋-陆过渡带为特征，大洋转换断层与大陆边缘呈近似平行发育，具有地质结构突变和堆积沉积物较薄等地质特征［图3-5（c）］。

其具体地质结构表现为：盆缘陆架窄、陆坡陡，基底断裂多为高角度张剪性断层，可形成断块、"雁列状"褶皱、"花状构造"；转换断层靠陆端缘常形成深海台地和转换脊，这可能是大陆裂解初期斜向张扭阶段形成的构造调节带或先存构造古地貌后期沉降所致，向深海，沉积逐渐增厚；但转换断层靠海侧边缘沉积相对其他地区明显减薄：强烈剪切作用及热隆起效应导致沉积物保留少，同时边缘转换脊也具有一定的阻挡物源供给作用。

当多条大洋转换断层相对集中延伸至大陆边缘，且区域剪切应力同时作用于某一地区时，在转换断层之间或末端边缘所形成的早期具有拉分盆地性质、后期具有叠加被动陆缘盆地性质的盆地（群）与纯裂谷型或纯剪切型被动陆缘盆地（群）的特征均有差异，称其为转换型被动陆缘盆地，即受转换断层限定并被其强烈控制的被动陆缘盆地。严格说这类陆缘不属于被动陆缘。

3.2.4 空间分布

被动陆缘位于板块内部，被动地随着板块移动，缺乏深海沟或俯冲带，故无强烈的地震、火山活动和构造运动。但是，其曾遭受过显著的沉陷和张裂活动，发育有巨厚的沉积物，板块构造学说提出之前，许多学者把它当做现代的地槽区。被动陆缘主要分布在北冰洋沿岸、大西洋和印度洋（巽他岛弧除外）边缘，以及南极大陆（斯科舍弧除外）周缘（图3-6）。

地球上被动陆缘的总长度大约为105 000km，比俯冲带和洋中脊的长度长得多。全球众多的被动陆缘均存在类似的洋-陆转换带（图3-6），如南大西洋、北-中大西洋、红海-亚丁湾、印度大陆边缘和澳大利亚大陆边缘等。在阿尔卑斯造山带还发现了由于新生代挤压造山作用而出露地表的中生代特提斯洋被动陆缘的洋-陆转换带露头（任建业等，2015）。至此，许多学者意识到，洋-陆转换带作为伸展陆壳和正常洋壳之间重要的过渡和衔接，是被动陆缘普遍发育的一个具有特殊结构的构造单元，蕴含有丰富的地壳岩石圈伸展破裂过程的信息。

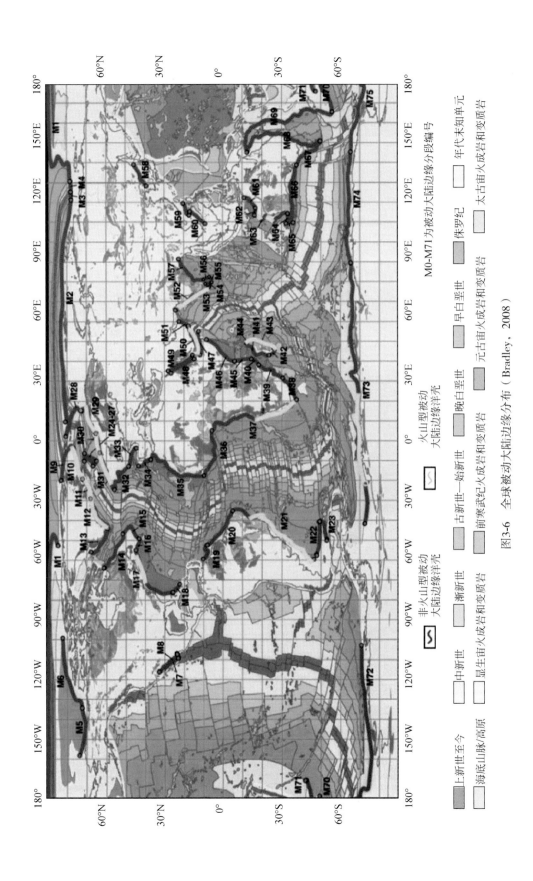

图3-6 全球被动大陆边缘分布（Bradley，2008）

3.3　被动陆缘形成与演化

3.3.1　大陆裂解和海底扩张

被动陆缘的形成和发展演化，与超大陆裂解或大陆岩石圈的分裂和扩张作用密切相关（图3-7）。大陆岩石圈在引张作用下减薄（tectonic thinning）、裂解（rifting）、裂离（breakup），随着裂解地块的漂移（drifting）和新海底的扩张（seafloor spreading），形成新的大陆边缘。与此同时，大陆边缘通过沉陷和沉积作用，逐渐塑造成被动陆缘。其形成与演化大致经过"大陆裂谷阶段""红海阶段""窄大洋阶段"（或"内海"）和"大西洋阶段"4个连续阶段（图3-8），它们与大洋张开的连续阶段相对应。

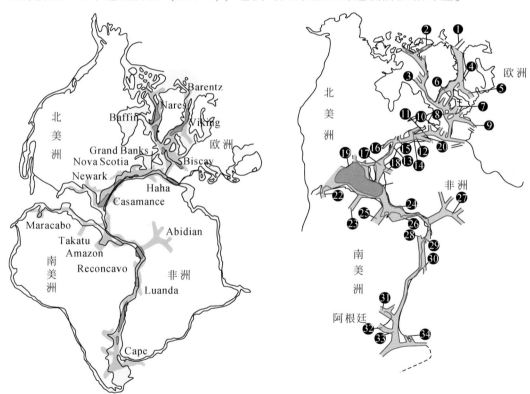

图3-7　大西洋裂解前的超大陆Pangea（Burke，1976；Frisch et al.，2011）

1-Barentz海槽；2-Nares海槽；3-Baffin海槽；4-Viking海槽；5-Central North Sea（中央北海）海槽；6-Rockall海槽；7-Celtic Sea海槽；8-Southwest Approach盆地；9-Biscay海槽；10-Grand Banks海槽；11-Scotia shelf盆地；12-Georges Bank盆地；13-Baltincore Canyon海槽；14-Nova Scotia盆地；15-Connecticut盆地；16-Newark盆地；17-Blake plateau盆地；18-South Florida Bahamas盆地；19-墨西哥北部湾（North Gulf of Mexico）盆地；20-Haha盆地；21-Casamance盆地；22-Maracaibo盆地；23-Takatu海槽；24-Abidian盆地；25-Amazon盆地；26-Sao Luis盆地；27-Benue海槽；28-Reconcavo盆地；29-Gabon盆地；30-Luanda盆地；31-Rio Salads海槽；32-Colorade海槽；33-Orange盆地；34-Cape盆地。右图绿色填充部分为侏罗纪盐岩层沉积之前、开始发生海底扩张的地区。11~13、29和33为平行被动陆缘发育的裂谷带

3.3.1.1 大陆裂谷阶段

大陆裂谷阶段是被动陆缘发育的初始阶段。当大陆岩石圈受到上涌的热地幔物质作用时，会发生区域性穹状隆起，岩石圈伸展减薄。在张应力作用下，穹隆上产生张性裂隙，进而发育成正断层［图3-8（a）］，并伴有碱性和双峰式系列的岩浆活动。

随着岩石圈的进一步拉伸减薄，穹隆顶部断陷，形成地堑系［图3-8（b）］，各穹隆的地堑系彼此连接成地堑裂谷带，长达数百千米乃至数千千米，宽几十千米至上百千米。裂谷轴部地堑相对于两翼裂谷肩部的脊峰，沉降深度可达5km甚至更厚，发育成狭长谷地或湖泊。在大陆裂谷中央的地堑或半地堑中主要为陆相沉积物，沉积作用发生于封闭环境。因此，该阶段内有机质得以保存，并且有时还伴有腐殖质和油母质。在沉积层系中还可见到熔岩流和火山碎屑夹层，表明该阶段曾发生过火山喷溢活动。地堑中堆积的沉积物厚度可达数千米。

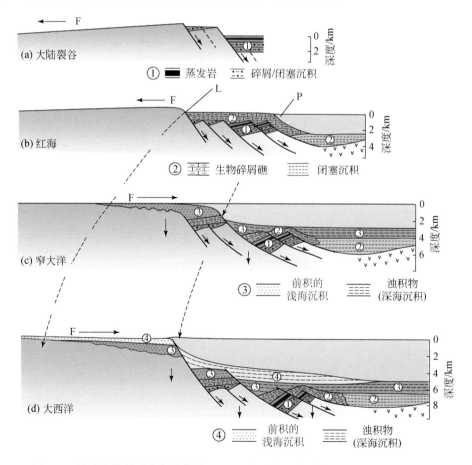

图 3-8　被动陆缘的形成与演化阶段（以欧洲大西洋边缘为例）（Boillot，1979）

F-碎屑流；L-海岸线；P-陆坡坡折

由地堑连接成的裂谷往往一分为二，东非大裂谷即为典型实例。在演化过程中如果裂谷变成了大洋张开的地带，则其中的一个地堑就会"夭折"，形成拗拉槽或拗拉谷（aulacogen），而另一地堑就成为两个板块的分离边界。因此，这样产生的大陆边缘在新生大洋两侧是不同的。简单的一侧具有半地堑构造，而较复杂的一侧则包含着被海相沉积物掩埋的"夭折"地堑（图 3-9）。

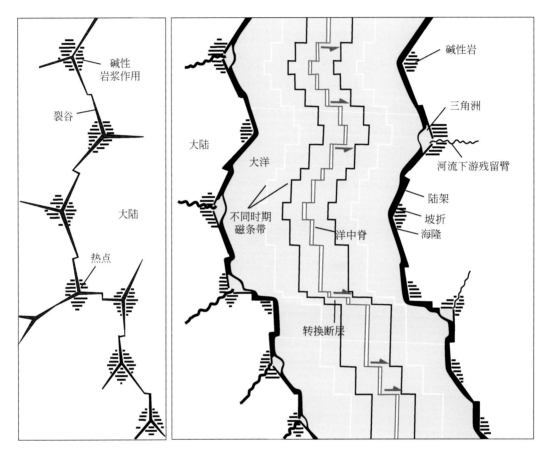

图 3-9　裂谷–裂谷–裂谷三节点串联的被动陆缘形成模式（Dewey and Burke，1974）

总之，大陆裂谷与岩石圈受到有限引张作用的地区相一致，地壳要减薄数千米，出现断槽，并堆积巨厚的陆源沉积物及火山物质。一旦裂谷转化成海底扩张，其构造及沉积物即分别归属于相对稳定的两个被动陆缘。

3.3.1.2　红海阶段

红海阶段又称新生大陆边缘阶段 ［图 3-8（b）］。随着大陆岩石圈的开裂离散，新洋盆生成，随之形成新生的大陆边缘。海水入侵到盆地轴部，但由于盆地呈狭长形，故与并阔大洋之间仍不畅通。新生大陆边缘的大陆架较窄，大陆坡也较陡。

其毗邻的大陆一侧，初始裂谷侧缘岭脊依然存在，水系及侵蚀产物排往裂谷外缘，来自东非的碎屑沉积不是堆积在红海，而是堆积在尼罗河的河谷里。不过，侧缘分水岭将随着侵蚀作用逐渐后退，远离中央裂谷，在盆地两侧边缘形成的初始大陆架上逐渐接受沉积。现代红海大陆架由于地处热带环境，多钙质生物碎屑和大陆架边缘生长的珊瑚礁，形成了礁灰岩堤。于是，通过碳酸盐补偿深度的逐渐下沉，造礁作用形成了大陆坡。新生大陆边缘坡度较陡，沉积物在自重作用下可发生崩塌或滑坡，有时浊流可将部分沉积物带往深水区。但在该阶段，大陆隆尚不发育。

在水深超过1km的深水地带，由于盆地狭窄，与开阔大洋之间水体交换困难，所以水体滞流不通畅，成为封闭的还原型沉积环境，这有利于保存从生物活动频繁的表层水中沉降下来的有机物质，从而形成腐殖泥和黑色页岩。

海水被蒸发且无淡水补偿的情况下，盐分不断增高，有时会形成密度很大的卤水，滞留在盆地的底部。卤水直接沉淀的可能性不大，但若与大洋的交流一旦中断，孤立隔绝的海水便可完全蒸发而形成蒸发岩。

海盆扩张往往导致海底的热液活动，热液活动使沉积物的金属盐含量增高。金属盐主要以硫化物的形式发生沉淀，从而可能形成一些具有重要经济价值的金属矿床。

红海阶段发生大幅度的沉降。由于其接近大洋增生带，大陆岩石圈虽然还没有开始收缩，但是，由大陆裂谷阶段开始的引张作用却已得到大大加强。地壳断块沿着下部接近水平的拆离断层发生旋转。地表珊瑚礁建造补偿了地壳断块的运动［图3-8（b）］，断块活动导致直接充填有沉积物的半地堑形成。

被动陆缘红海阶段的演化对烃类的形成极为重要。腐殖泥特别是富含有机质的碳质页岩均为生油岩；而夹在巨厚沉积物中的钙质浊积物和大陆架上的碳酸盐岩，则形成了很好的储油层。该边缘的继发性沉降有助于沉积物的深埋，使其具备有机质转化为油气所必需的压力和温度条件，即生烃门限。最后，由于巨厚沉积物的负荷，蒸发岩在被动陆缘整个发育过程中发生活化，形成有利于烃类富集的底辟构造。

对于这个演化阶段有关陆块之间裂离的时代，可通过以下一些标志来确定。

1）火成活动，主要是熔岩喷发、基性岩墙和碱性杂岩的侵入。这些岩石可以留存于扩张大洋周缘的大陆边缘。大陆的开裂多发生在岩浆活动顶峰或之后，约比岩浆活动期晚25Myr。

2）根据海底扩张资料确定最老的洋壳年龄，因为新生洋壳出现是进入红海阶段的标志。

3）沿大陆边缘首次出现的海相沉积物的年龄。

4）陆缘蒸发岩的时代，代表大陆破裂或裂开后的初始洋盆阶段。

5）两侧大陆生物群亲缘性消失和差异性形成的时代。

6）有关大陆古地磁极移曲线发生分歧的时代。

7）也可根据洋底磁条带及转换断层等资料，在确切重塑各大洋的扩张史和各大陆板块的漂移史之后，确定古陆的分离时间。

8）碎屑锆石年龄谱揭示的不再存在双向物源供给的层位，其形成时代即为两侧陆块裂离的时间。

9）确定裂陷系和漂离系之间的破裂不整合年代，该年代代表大陆岩石圈裂离、新生洋壳开始增生的时间。

上述标志若相互协调，则得出的破裂（breakup）年代比较可靠；若彼此颇有出入，需进行缜密的对比和鉴定，才能得出合理的结论（金性春，1984）。

3.3.1.3 窄大洋阶段

窄大洋阶段又称内海阶段［图3-8（c）］。区别窄大洋阶段与红海阶段的地貌标志为：大陆裂谷边缘构成的地貌堤（即裂谷肩部）消失。这是大陆边缘远离大洋增生带，大陆地壳逐渐冷却，并收缩下沉造成的。海水溢过老裂谷的两翼，侵入红海阶段乃至仍是陆内环境的裂谷之中。

这一阶段，碎屑沉积物主要因边缘隆起消失，而排入海盆，深水地带逐渐被含有深海沉积的浊积物夹层所掩埋，但这种海域对于形成大洋环流来说太狭窄，所以沉积环境依然较封闭，堆积下来的有机颗粒仍得以保存。但这些有机质被输入的碎屑物稀释，故沉积物的生烃潜力一般要低于红海阶段。有时，当来自大陆的碎屑流本身含有丰富的陆源植物碎屑时，保存下来的有机物成分就会大大增加，并会重新形成黑色页岩（实际上是黑色浊流沉积物）。但其成因和堆积条件与先前的沉积物有所不同。

在窄大洋阶段的最早期，当裂谷两翼被海水淹没时，可能还有陆架蒸发岩层系堆积在上超层的底部。这些地层可与红海阶段性质相似的地层明显区分开来。较老的地层保存在被动陆缘盆地的深部，而形成较晚的地层，则成为大陆架覆盖层的底部。

继蒸发岩堆积之后，大陆架基本上以"前积"方式逐渐形成。随着在大陆裂谷和红海两个阶段遭受侵蚀的大陆边缘不断沉降，浅海沉积物形成了向外海逐渐增厚的楔状体。开始时增厚速度较快，当沉降减弱时，增厚速度渐趋缓慢。最终出现了一种具有单斜构造的沉积盖层。在大洋一侧受到比大陆一侧幅度更大的地壳沉降控制。

在一些地方，如大西洋东侧大陆边缘，红海阶段大陆架的有机沉积建造在窄大洋阶段遭受到了破坏，这也许是一些碎屑沉积过程对其不利所致。此时，碳酸盐岩建造也不再补偿沉降，初始的大陆架下沉并掩埋在浊积物之下［图3-8（c）］。这一演化结果造成大陆架外部塌陷，大陆坡发生后退，而且引张沉降作用，伴有断块下沉和旋转。

另外，如美国大西洋陆缘的"窄大洋"阶段则仍发育有珊瑚礁建造，它构成了一种礁堤，堤后堆积了巨厚的陆源碎屑沉积物。

自窄大洋阶段以后，海水加深和沉积物重力荷载使先前堆积的蒸发岩发生活化，形成波及大陆边缘深部的第一批底辟变形。

3.3.1.4 大西洋阶段

大西洋阶段也称成熟被动大陆边缘阶段［图3-8（d）］。随着海底的扩张运动，扩张中心的中央裂谷已完全远离大陆边缘，大陆边缘的岩浆活动和影响也渐趋平息。因而，这时的大陆边缘已不属板块边界范围，但它仍标志着原先的离散型板块边缘。

在大西洋阶段，大西洋陆缘地形显得开阔、宽缓，出现大陆架（包括海岸平原）-大陆坡-大陆隆的地形组合。在沉积物自重作用下，张裂和塌陷作用仍可发生。海底扩张持续进行，其广度足以使大西洋两岸气候彼此完全不同。由于开阔大洋的形成，沟通了两极地区的冷水源，有助于形成大洋循环，彻底改变了沉积环境。低温、高密度并更加氧化的冷水更新了深部水体，这容易导致埋藏的有机质因氧化而破坏。另外，深部洋流可能携带沉积颗粒，并把它们搬运到很远的距离。于是，一些地方受到侵蚀，先前的沉积物再次被搬动，或在很长一段时间内没有接受沉积物的输入。

与此相反，在水流变缓的海区，沉积速率大大增加。大陆隆堆积的沉积物较多［图3-8（d）］，不仅堆积了浊流沉积物，而且还有许多等深流（contourite flow）所携带的固体颗粒物质，从而形成"等深流沉积"的沉积纹层。

被动陆缘发展到这个阶段，沉降速度大大减慢，从此，基底几乎不能再沉降的大陆架仅受到海平面升降引起的海进和海退影响，侵蚀期与海洋沉积期交替进行。在大陆架区因环境不同，可接受复杂的陆源沉积，特别是三角洲沉积，热带和温带可见生物碳酸盐沉积，而寒带可见硅藻土沉积，还有少量海绿石、磷钙石等自生沉积矿物。在大陆坡上，浊流和滑塌作用往往把大部分陆源物质或滑塌物输送至大陆坡脚，可能有少部分滞留在大陆坡上。因而，大陆坡上接受的沉积主要是浊水层带来的细粒物质；在大陆隆上，除浊流沉积和滑塌沉积外，还发育有分选良好的细粒等深流沉积。

总之，被动陆缘的形成与演化是在以大陆分离为基础、以海底扩张为主导运动的背景下进行。同时，还在沉积作用占优势的环境下，由各种营力对其进行了塑造。在一些被动陆缘的沉积剖面上，底部往往是以大陆裂谷环境的湖相沉积、砂岩为主的粗碎屑沉积或红层，并常见玄武质火山岩夹层，向上出现代表红海环境的黑色页岩、蒸发岩等闭塞海湾相沉积，再过渡为相当于毗邻开阔大洋环境的大陆架-大陆坡-大陆隆沉积相组合。剖面底部，碎屑沉积的成熟度极低，向上逐渐升高。这种沉积序列表明了大陆裂离，并逐渐发育成被动陆缘的演化过程。

3.3.2　被动陆缘层序地层

被动大陆边缘是地球表面沉积作用的主要场所，沉积建造规模巨大，地质记录相对比较完整，因而不仅是油气、水合物勘探的主战场，而后也是研究全球海平面变化、古海洋、古气候等古地球环境以及源-汇效应的重要场所。特别是，深水油气勘探是当前全球油气和水合物勘探的热点和最具发展潜力的新领域，研究被动陆缘深水盆地的构造演化过程和层序地层特征，无疑具有重要的理论和经济价值。Vail（1987）提出的层序地层学（sequence stratigraphy）概念及其有关沉积模式，也是以海洋环境为背景的，是针对被动陆缘提出的，其在油气勘探领域得到巨大发展。

层序地层学基本原理的产生可以追溯到 100 多年前，但是"层序"的提出更早，在 18 世纪就已经提出，而"地层层序"的提出是在 20 世纪 40 年代末（Sloss，1949）。Sloss 提出的地层层序概念，主要源于他对美国蒙大拿州克拉通盆地的研究，他将北美克拉通盆地晚前寒武纪至全新世的沉积地层，以区域不整合面为界，划分出六大套地层，并称其为"层序"，他认为层序是"实用的作图单元"，是以主要的区域不整合面为边界的地层集合体。

Sloss 和 Moritz（1951）等将层序定义为"大构造旋回的岩石记录"，因此，Chamberlin（1975）将 Sloss 等定义的层序称为"构造层"。1977 年，Vail 提出全球海平面变化是层序形成演化的主要驱动机制。20 世纪 80 年代以来，Haq 等（1988）发表了全球海平面变化图表，这成为分析层序地层与海平面变化关系的基础，由此层序地层学进入了蓬勃发展时期。这一时期最重要的进展首先发生在石油地质学界，随后迅速波及所有与沉积岩及沉积学有关的地学分支学科，层序地层学成为当代地学界最热门的研究领域之一，被誉为"地质学中的一场革命"（Vail and Wornardt，1991）。

层序地层学是研究等时年代地层格架内岩石关系的学科，是地震地层学的新发展，属于成因地层学的范畴。层序地层学概括了地震地层学的基本概念和方法，并综合了生物地层学、同位素地层学、磁性地层学、沉积学和构造地质学的最新成果。它综合利用钻井测井曲线、地震剖面及地表露头 3 种资料对盆地的沉积体系域及各岩相进行立体解释，将其概括为具有三维空间立体概念的沉积模式。因此，可以说，地震地层学已经进入了一个以层序概念为代表的层序地层学新阶段，如今正朝 4 维层序地层定量化重建和预测方向快速发展。

3.3.2.1　层序地层学基本概念

层序地层学的诞生衍生了一系列新概念（龚一鸣和张克信，2007）。依照这些新概念，几乎一切与沉积地质学有关的学科，都要接受重新检验和研究。

地震层序是地震地层的基本地层单元，其划分对比的关键是确定地震层序的顶、底界面，这种顶、底界面标志，在地震剖面上，表现为反射面终止类型及相互组合关系，地震层序上部边界的反射面终止类型有削截（chipping 或 truncation）、顶超（toplap）和整合（concordance），下部边界的反射面终止类型有上超（onlap）、下超（downlap）和整一（图 3-10）。

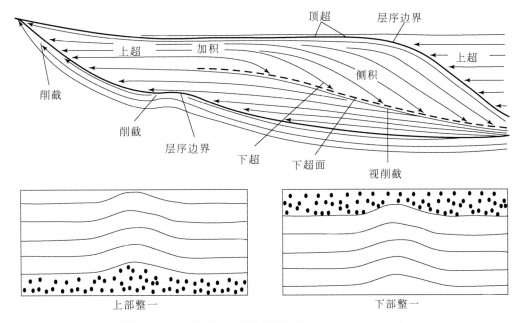

图 3-10 地震层序界面的反射类型（Cataneanu，2002）

削截是因侵蚀作用引起的地层侧向终止，反映了地层经过抬升而切割侵蚀。

上超指水平沉积层逆沉积斜坡向上超覆。它是沉积间断的标志，在陆相沉积中分为湖岸、浅水区的上超和深水洼地的上超，分别称为湖岸上超和深水上超（张万选，1993）。湖岸上超一般分布在湖盆边缘，反映了湖平面的相对上升，是地震层序底界面的可靠标示；深水上超则多见于湖盆中心，通常是浊积扇或深湖泥岩充填洼地，或深湖泥岩披盖浊积扇或近岸水下扇顶面的结果。

下超指新沉积层沿沉积斜坡向下超覆。它也是沉积间断的标志，通常出现在地震层序底部，有时也小范围地出现在地震层序内部。

顶超指沿倾斜地层的无沉积顶面被新沉积层所超覆。在陆相地层中，顶超同样有浅水、深水两种类型。浅水顶超是浅水区形成的，一般为三角洲前积作用的产物。它有时与层序顶面一致，有时出现在层序内部，其位置受水平产状的三角洲平原顶积层发育程度的影响。深水顶超一般与浊流沉积有关，其沉积基准面受深水地形控制，与层序界面无确定的关系。

整一指上下反射面互相平行，无反射终止现象。根据其在地震层序中的位置又分为上部整一和下部整一（图3-10），在陆相地震层序中，作为地震层序界面的整一反射层是常见的。整一的反射界面通常分布在凹陷中心，向凹陷边缘可追索到不整一反射面。

层序（sequence）为以不整合面及其与之相对应的整合面为顶底界，且在成因上有联系的相对整合的地层序列，它由一系列体系域组成。一般认为，它是在全球海平面曲线下降的拐点之间沉积。

副层序（或小层序，或准层序，parasequence）是指成因上有联系的、连续整一的地层（尤指层或层组）序列，它由海泛面或者与之对比的地层界面限定。

副层序组（parasequence set）是由在成因上相关联的一套副层序构成的具有特征叠置方式的一组地层序列。副层序组的边界为重要的海泛面和与之可比的面或层序界面。

不整合面（unconformity）为一将新老地层分开的面，沿该面有指示重要沉积间断的陆上剥蚀截切，且在某些地区有相应的水下剥蚀，或者见有地表暴露的证据，其间存在沉积的中断和地层的缺失。一般将不整合面和与之相对应的整合界面作为层序界面。

沉积体系（depositional system）是指在实际的（现代的）和推断的（古代的）作用与环境（如三角洲、河流、障壁岛等）方面有成因联系的岩相三维组合。

沉积体系域（depositional systems tract）是指在海水进退的一定时期内所形成的同期沉积体系的组合，每一个体系域都与特定的海平面升降曲线段有关（图3-11）。层序地层学理论体系中共有4种体系域，即低水位体系域（LST）、海侵体系域（TST）、高水位体系域（HST）和陆架边缘体系域（SMST）。

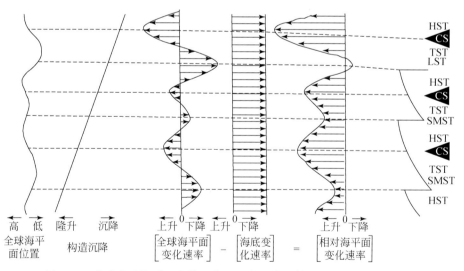

图3-11　作为全球海平面变化和盆地基底沉降函数的海平面相对变化及其对可容纳空间的影响（Loutit，1988）

LST-低水位体系域；HST-高水位体系域；TST-海侵体系域；SMST-陆架边缘体系域；CS-密集段

海泛面（marine flooding surface）是指有证据表明水深突然增加的新老地层间的界面，该界面通常是平整的，仅有米级的地形起伏。

初次海泛面（first flooding surface）是指层序内部初次跨越陆架的海泛面，即响应首次越过陆棚的第一个滨岸上超对应的界面。

最大海泛面（maximum flooding surface）是指一个层序内最大海侵时形成的界面，是海侵体系域顶的界面，并为高水位体系域下超。最大海泛面通常以凝缩段为典型沉积或与凝缩段共生。

凝缩段（condensed section）是指以沉积速率极低为特征的、非常薄的海相或湖相层段。以薄层黑色页岩、硅质岩、灰岩为主，其沉积速率一般小于 1 ~ 10mm/ka。

可容纳空间（accommodation）是指可供沉积物堆积的空间，也称作容纳空间，同沉积期形成的空间也称新可容纳空间。

平衡点（equilibrium point）是指沉积剖面上的一个全球海平面变化速率与基底下降/上升速率相等的点，它是相对海平面上升和下降的分界点。

沉积平衡剖面（equilibrium profile）为均衡河流的剖面或一个仅能使河流搬运其沉积物负载的坡度平缓的纵向剖面。通常被认为是一个平缓的、凹面向上的抛物线，近河口处较平缓而源头变陡。

沉积岸线坡折或沉积滨线坡折（depositional coastal break）是位于海岸或滨海平原与海盆斜坡过渡的地带。在该处，朝陆方向的沉积位于或接近基准面（即海平面），向海方向的沉积低于基准面，该位置与三角洲河口沙坝的向海端或海滩的上部滨面近于一致。

陆架坡折（shelf break）为大陆架坡度改变的标志。从该处向陆侧倾角平缓，其坡度通常小于 1∶1000，向海一侧坡度较陡，一般为 1∶40。

3.3.2.2　层序地层学基本论点

层序地层学的基本原理如下：构造运动、全球绝对海平面的变化和沉积物供应速度的综合作用，产生了地层记录，这些记录反映了上述作用的规模、强弱、持续时间和影响范围，其中，构造作用与海平面变化的结合，引起了全球性相对海平面变化，海平面变化控制了沉积物形成的潜在空间。因而，层序地层学进展首先表现在对沉积层序的定义和解释上，Mitchum 等（1977）把层序的定义修改为一组由不整合面或与之相对应的整合面为顶、底界面，且相对整合连续、成因上相关的地层序列组成的地层单位（图3-12）。

层序地层学的基本论点如下：地层单元的三维几何形态及岩性（层序界面、层序内部构成和空间展布）受海平面升降、构造沉降、沉积物供给和气候四大参量（因素）控制。其中，全球海平面升降速度、构造沉降速度和沉积物供给速度三者

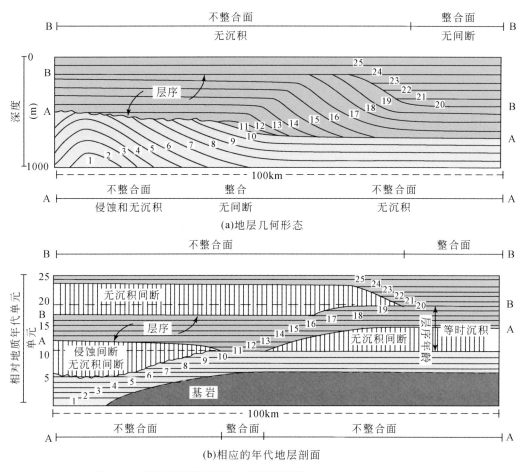

(a)地层几何形态

(b)相应的年代地层剖面

图 3-12　被不整合面划分的 3 种沉积层序（Mitchum et al.，1977）

控制了沉积盆地的几何形态。这三种因素互相影响、互为因果关系，共同影响某一地区海平面相对于该区大陆架边缘的相对变化速度及沉积体系域的发生、发展和变化。构造沉降控制了可供沉积物沉积的可容纳空间，全球海平面升降变化控制了地层和岩相的分布形式，沉积物供应则控制了沉积物充填过程和盆地古水深变化，气候主要控制沉积物类型和沉积物供给量。Vail（1987）认为，全球海平面变化是控制地层叠置样式的最基本因素，沉积层序及其顶底界线的形成直接受全球海平面变化影响。

　　层序地层学的核心研究内容是：揭示全球海平面升降变化对沉积作用的控制，包括对大陆边缘碎屑沉积作用的控制和对大陆边缘碳酸盐沉积作用的控制。层序及其内部组成的体系域，是全球海平面升降、地壳沉降以及沉积物供给之间相互作用的产物。它是全球海平面升降和构造沉降共同作用而引起海平面相对变化的结果（图 3-11）。在全球海平面升降的控制下，海平面的相对变化速度是碎屑沉积地层形式和岩相分布的主要控制因素；在长期构造运动的背景下，海平面的相对变化控制碳酸盐沉积地层形式和岩相分布。

根据上述这些相互作用可以建立沉积模式，用以检验人们的认识以及预测沉积地层关系和岩相，进行全球不同地域、不同时代地层间的对比。因此，层序地层学是从四维时空上来认识沉积记录，并将其与全球海平面的周期性变化联系起来，认为沉积记录是全球海平面变化与地壳沉降和沉积物供给的函数，它增强了全球不同地域、不同时代地层间的可对比性和沉积相的可预测性，将沉积学和地层学推向了一个新的发展阶段。

当海平面上升引起海水穿过陆架时，形成了海进体系域；随着海平面升高、上升速度减慢，在沉积物供给速率维持原速率时，滨线向盆地方向推进，形成了高水位海退体系域沉积；若海平面急剧下降并且下降速度大于构造沉降速度，在陆架边缘之下沉积了低水位体系域。当海平面缓慢下降，内陆架暴露形成侵蚀面，仅在外陆架出现缓慢沉积，构成了陆架边缘体系域。区分组成层序体系域的关键部位是陆架坡折点（或陆架边角、陆架边缘），通过分析沉积物分布于该点之上或之下，将其划分为低水位体系域、海进体系域和高水位体系域。

构造作用与气候变化的结合，控制了沉积物的类型和沉积体量，以及可容纳空间中被沉积物充填的比例。而河流和海洋环境中的沉积作用，又因水流与地形和水深间的相互影响出现不同的岩相分布。

上述作用按其规模可以分为 5 级（表 3-1）

表 3-1　海平面变化周期、成因及其与层序关系

周期级别	周期持续时间/Myr	周期的成因	层序
I	>100	超大陆的形成与裂解	巨层序
II	10～100	全球性板块运动或洋中脊体积变化	超层序
III	1～10	全球性大陆冰盖生长和消亡，洋中脊变化，构造挤压或板内应力调整	层序
IV	0.1～1	全球性大陆冰盖生长和消亡或天文驱动力	体系域，副层序组
V	0.01～0.1	米兰科维奇旋回或天文驱动力	副层序

资料来源：Vail，1987；龚一鸣和张克信，2007。

一般认为，海平面的升降是全球性的，而构造活动是区域性的。尽管后者的强度通常大于前者，但是构造活动只能增强或削弱层序的边界不整合面和层序内部的沉积间断面，但不能形成这些面。

层序地层学研究程序是：①主要根据露头、测井、地震资料和高分辨率的生物地层学断代资料，进行沉积层序分析，解释层序、体系域、准层序，建立年代地层框架；②根据层序边界编制构造沉降和总沉降曲线，并解释盆地的地质历史；③将板块碰撞或离散事件、重大海进-海退旋回、岩浆活动、重大不整合面等构造事件，与地层特征联系起来，进行构造-地层综合分析，划分构造-地层单元、编制相应图件，以及利用计算机模拟它们的发展历史；④研究层序内部的不同级次地层单位，

包括沉积体系域、沉积体系、准层序组和准层序；⑤确定其地层分布模式和相带分布；⑥编制年代地层框图、海面升降曲线、古地理图件、岩相图件等，以进行综合解释；⑦圈定有利生油和有利于形成油藏的地段，提出可供勘探的井位，圈定有利于形成其他矿产，如煤、铁、磷灰石等沉积矿床的地段，提出可供勘探的靶区。

3.3.2.3 被动陆缘层序格架

（1）层序识别标志与层序界面

根据层序的定义，层序边界是不整合及与之对应的整合面，层序边界应该在平面上广泛连续分布，并覆盖整个盆地。尽管盆地不同部位不整合面上、下地层之间地层缺失量不同，但这个不整合面和与之对应的整合面确实可将上、下的新老地层分开，构成了具有年代地层意义的一个界面。层序边界在露头、钻井、测井和地震资料上均有不同程度的响应，在识别层序边界时，应该利用多种资料进行综合判断。根据综合判断结果，可识别出Ⅰ、Ⅱ型两种层序。

A. Ⅰ型层序的识别标志

1）广泛出露地表的陆上侵蚀不整合面可分布于整个陆棚地区，也可分布于盆地缓坡，甚至还可分布于整个盆地［图3-13（a）］。不整合之上可存在成分和结构成熟度均较高、厚几十厘米的底砾岩，也可存在厚几厘米至几十厘米的含褐铁矿、铝土矿的古土壤和根土层；不整合面波状起伏，在平面上可长距离追踪；不整合面上、下地层产状可明显不同。

2）层序界面上、下地层颜色、岩性以及沉积相的垂向不连续或错位，如杂色泥岩与上覆灰色砂岩接触。沉积相的垂向错位意味着浅水沉积间断性地上覆在较深水的沉积之上，如煤层上覆在外陆棚泥岩之上；也可以是上临滨亚相直接上覆在下临滨亚相之上，中间缺失中临滨亚相。相的垂向错位往往使沉积物粒度突然增大，这反映了海平面的相对下降和陆上不整合的发育。相序错位多出现在高位体系域的前积层处和顶积层向盆地一侧［图3-13（b）］。

3）伴随海平面相对下降，由河流回返作用形成的深切谷是层序边界的典型标志。深切谷充填物与其下伏沉积层存在明显的沉积相错位。当海平面发生相对下降时，由于侵蚀到陆棚地区的河流数量、河流规模不同，因而形成了具有不同特征的深切谷充填物。若侵蚀到陆棚区的河流规模大或河流数量多，形成的深切谷充填物以砂岩分布最为广泛，河间古土壤或根土层不太发育；反之，深切谷充填物中的砂岩不太发育，而河间古土壤层较发育。深切谷规模较大，宽可达数千米或几十千米，长达几十千米，深达数十米。深切谷中可充填砂岩，也可充填砾岩和泥岩，这取决于后来的海平面相对上升速率和沉积物供给情况。另外，可根据深切谷的规模和深切谷的垂向序列错位把它与分支河道区分开来。

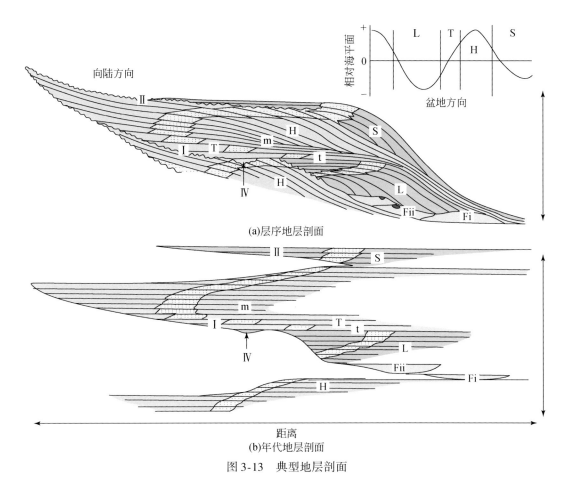

图 3-13　典型地层剖面

Fi-低位域盆地海底扇，Fii-低位域斜坡扇，L-低水位体系域，T-海进体系域，H-高位体系域，S-陆架边缘体系域。
边界：1-类型Ⅰ层序边界，t-海进面，m-最大湖泛面；2-类型Ⅱ层序边界。其他：Ⅳ-下切谷。黄色区域表示砂质海
岸沉积。相对海平面变化曲线指示了不同体系域的沉积时期

4）层序界面处的古生物化石断带或绝灭。

5）在层序界面处具有明显的测井曲线的突变响应，如自然电位和自然伽马值的突变、地层倾角测井反映的地层产状突变等。

6）层序界面上、下体系域类型或小层序类型的突变，如层序界面之下，为高位体系域沉积；层序界面之上，为海侵体系域沉积；其间缺少低位体系域。这种体系域的垂向突变在测井曲线上也有良好的响应。

7）伴随着沉积相向盆地方向的迁移，在地震剖面上，识别出一个层序的顶部海岸上超的向下迁移现象和一个层序下部层序界面之上的海岸上超向陆迁移现象，它们与地震剖面上的地震反射终止关系构成层序边界的识别标志（图3-13）。

另外，层序边界上、下地层的地球化学微量元素类型、含量，以及古地磁极性，也有明显变化。大多数硅质碎屑岩的层序边界为Ⅰ型层序边界。并非在盆地任何地方都能找到上述层序识别标志，它取决于观察点的位置，以及盆地沉积物供给

速率与海平面相对变化速率之间的关系。

B. Ⅱ型层序的识别标志

由于地质历史时期形成的Ⅱ型层序界面难以保存，现今对Ⅱ型层序边界研究也较少，Ⅱ型层序的识别标志相对少一些。

1）层序上倾方向为沉积滨线坡折带向陆一侧，陆上暴露及其不整合分布范围相对较小［图3-13（a）］。由于沉积滨线坡折带处未发生海平面相对下降，所以Ⅱ型层序边界之上未发生河流回返侵蚀作用，同时也不发育海底扇沉积。

2）海岸上超向下迁移至沉积滨线坡折带向陆一侧，并形成由进积到加积准层序构成的陆楔边缘体系域。若井网较密，可通过钻井、测井资料的陆楔边缘体系域的研究来确定Ⅱ型层序边界。在一个盆地中，由于构造沉降作用的差异，Ⅱ型层序边界可以横向变为Ⅰ型层序边界。

（2）不同类型层序的特点

A. Ⅰ型层序边界和Ⅰ型层序

Ⅰ型层序边界以河流复活下切作用、岩相向盆地方向转移、海岸上超的向下转移、上覆地层的上超伴生的陆上暴露及同时发生的陆上侵蚀作用为特征。作为岩相向盆地方向迁移的结果，非海相或浅海相地层，如辫状河道或河口湾砂岩，可能直接盖在界面以下的深海相地层之上。

Ⅰ型层序由低位、海侵和高位体系域组成，下界由一个Ⅰ型不整合及与其对应的整合面所限定，其顶部以Ⅰ型或Ⅱ型层序边界为界（图3-14）。这与盆地中层序

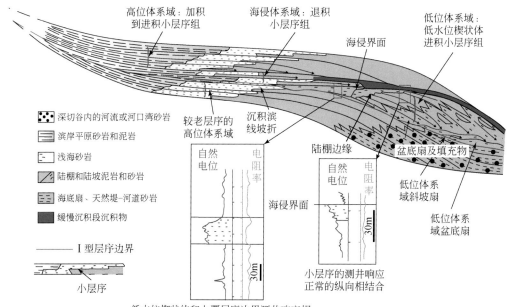

图3-14 沉积于具陆架坡折盆地的Ⅰ型层序的地层格架（von Wagoner et al.，1990）

观察的位置有关，因此，由于剥蚀和无沉积作用，并不是所有的体系域都出现 I 型层序。这类层序被解释为当全球海平面下降速率超过沉积滨线坡折下沉速率时，在沉积区海平面相对下降期形成（von Wagoner et al.，1987）。

B. II 型层序边界和 II 型层序

II 型层序边界的特征是，沉积滨线坡折带朝陆地方向的水上暴露以及海岸上超的向下迁移（von Wagoner et al.，1988），但它既没有与河道回返作用伴生的陆上侵蚀，也没有岩相向盆地方向的迁移。另外，沉积滨线坡折朝陆地方向上覆地层的上超也是 II 型层序边界的特征（图 3-15）。II 型层序边界是因全球海平面下降速度小于沉积滨线坡折带处盆地沉降速度而形成。

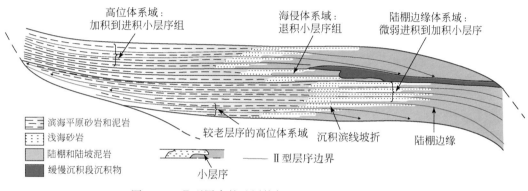

图 3-15　II 型层序的地层格架（von Wagoner，1990）

II 型层序底部以 II 型层序边界为界，顶部以 I 型或 II 型层序边界为界，它由底部的陆架边缘体系域、中部的海侵体系域和上部的高位体系域组成（图 3-15）。由小层序和组成层序的次级单元（一个或多个小层序组）形成的同期沉积体系联合体，称为沉积体系域。被确认的有低水位体系域、海侵体系域和高水位体系域。体系域的解释是建立在小层序堆叠形式、与层序的位置关系和层序边界类型的基础上，而不是根据海平面旋回的推测关系来定义（Brown and Fisher，1977）。

a. 低位体系域

低位体系域（LST）是在海平面缓慢下降，然后又开始缓慢上升阶段的沉积。在不同的盆地边缘，发育不同的低位体系域。在有不连续的陆架盆地中，低位体系域由不同时的上、下两部分组成：下部为低水位扇或盆底扇，上部为低水位楔。若盆地没有不连续的陆架边缘，而为缓坡边缘，低位体系域则由两部分楔形体组成：第一部分形成于海平面缓慢下降期间，此时河流复活，沉积物越过海岸平原和陆架，在沉积滨岸坡折以下的深水部分沉积，形成颗粒相对较粗的局限盆地；第二部分形成于海平面开始缓慢上升时，其导致深切谷被充填以及缓慢的滨岸进积和加积。

盆底扇、斜坡扇和低水位楔是低位体系域的 3 个独立单位。

1）盆底扇：盆底扇是在低的斜坡和盆底沉积的以海底扇为特征的低位体系域的一部分。扇的形成与峡谷侵蚀到斜坡和河谷下切至大陆架有关。硅质碎屑沉积物通过河谷和峡谷穿过斜坡和大陆架，形成盆底扇。尽管盆底扇的出现远离峡谷口，或者峡谷口不明显，但是盆底扇依然可能形成于峡谷口。盆底扇的底面（与低位体系域的底面一致）是Ⅰ型层序界面，扇顶则是下超面。

2）斜坡扇：斜坡扇是由浊积有堤水道和越岸沉积物组成的扇状体，盖在盆底扇上且被上覆的低水位楔下超。

3）低水位楔：是由一个和多个前积层序组组成的楔状体，它主要位于陆棚坡折处向海一侧并上超于前一层序的斜坡上。楔状体的近源部分由陆架或陆坡上部的深切谷充填及其相关的低位岸线沉积组成，远源部分由厚层富泥的楔状体前积单元组成。而在其早期沉积物中可能包含有互层的薄层浊积岩。楔状体之末端部分由一个厚的、以泥为主的楔状体单元组成，其下超在斜坡扇上（王华和甘华军，2015）。

b. 陆架（棚）边缘体系域

陆架（棚）边缘体系域（SMST）是Ⅱ型层序最下部的体系域，即为Ⅱ型层序界面之上的第一个体系域，它由一个或多个微小进积至加积的小层序或小层序组组成。在沉积滨岸线坡折的向海一侧，该体系域下超在Ⅱ型层序界面之上。在沉积滨线坡折的向陆方向，由于海平面迅速下降，河流沉积作用停止，因而陆架边缘体系域底部表现为海岸上超的向下迁移，或上超在层序界面上。大陆架边缘体系域沉积期间，随着海退的不断进展，陆架虽有暴露，但其大部分可暂时被半咸水淹没，因此，大陆架边缘体系域顶部附近，可有广泛的煤系分布。一般陆架（棚）边缘体系域内部沉积相的叠置特征是自下而上海相沉积逐渐增多，与上覆的海进体系域的分界面为海进面。

c. 海进（海侵）体系域

海进（海侵）体系域（TST）是Ⅰ型和Ⅱ型层序的中部体系域，其下界面为海进面，下伏体系域为LST或SMST。海进体系域是海平面上升期间的沉积，因此它由一个至多个退积小层序组成。不同类型的层序中海进体系域发育程度不尽相同，比较而言，Ⅱ型层序中的TST更为发育。在发育Ⅰ型层序界面的情况下，海进早期阶段的沉积局限于深切谷内，而且LST沉积之后，海平面仍在陆架之下，广大的陆架地区没有海进沉积。只有在海平面开始迅速上升之后，陆架才逐渐被水覆盖，并最终被淹没，沉积中心也逐渐向陆迁移，此时才有较为广泛的海进沉积。在发育Ⅱ型层序界面的情况下，由于没有深切谷，而且陆架也未全部露出水面，因而海进一开始便有沉积的广阔空间，所以，Ⅱ型层序中的海进体系域更为发育和广泛。

d. 高位体系域

高位体系域（HST）是层序最上部的体系域，是海平面高位期的沉积。在海进体系域形成之后，海平面上升已非常缓慢，在其上升到最高水位的这段时期内沉积的 HST 以加积小层序为特色，为早期 HST。此后，海平面开始缓慢下降，该阶段形成的 HST 则以进积小层序为主，为晚期 HST 内的小层序在向陆方向可上超在层序界面上，向盆地方向则下超在海进体系域或低位体系域之上。

3.4 被动陆缘构造成因模式

被动大陆边缘结构、构造演化和变形机制研究是认识大陆岩石圈破裂、海底初始扩张、洋陆转换过程，乃至超大陆裂解过程和机制的重要内容之一，是国际Margins 计划和 GeoPRISMs（地质棱镜）计划的核心内容。

被动陆缘的真实几何结构概括如图 3-16（a）所示，这是大西洋东侧大量大陆架剖面的典型样式，基于重磁和少量深反射地震剖面资料，可向下延拓到深 30km处，该剖面也结合了陆地地质资料和一些钻孔资料。但是，一些被动陆缘在强烈伸展过程中，也可能将破碎的陆块，通过拆离断层运移到洋壳内部 [图 3-16（b）]。

被动陆缘的关键特征如下：巨厚的中生代和古近纪沉积物可厚达 15km，有些剖面甚至更厚。地层柱的底部是红层、火山岩和火山–沉积岩及蒸发岩，它们最有可能形成于浅水环境。另外，还存在大量碳酸盐礁体构造，推测这是浅水环境产物，意味着被动陆缘巨厚沉积是由浅水沉积作用逐渐而且缓慢与沉降过程保持同步的产物。此外，在美国东岸的大陆架剖面上（图 3-16），也可见平行海岸的磁异常，推测为侵入体，但年龄不详。

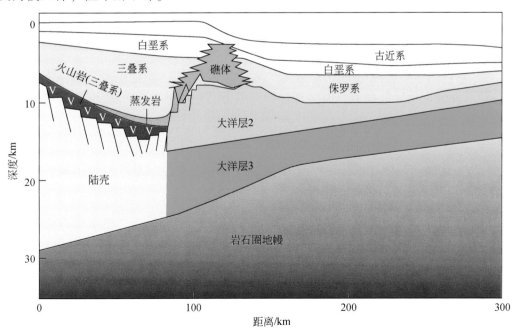

(a)北美东岸大西洋典型被动陆缘的深部结构剖面

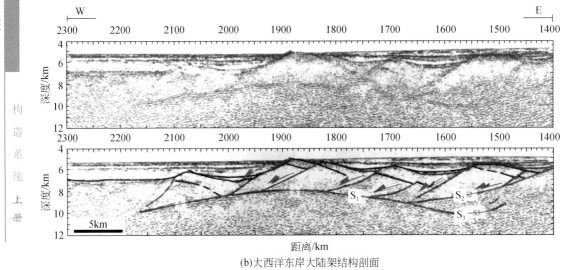

(b)大西洋东岸大陆架结构剖面

图 3-16　被动陆缘结构

图（b）中，S 反射面表现为一平滑上凸构造，在炮点 1800 ~ 1650 缓慢向东倾，并分裂为 3 个反射强度相同的分支反射层，其中一支（S_1）以铲形正断层切割至海底，另外两支（S_2 和 S_3）可能为拆离断层的不同分支

从较大区域分析，大洋盆地打开时，大陆架上发生了巨大的沉降，并且不只是局限于中等程度裂解的陆缘，如南大西洋初始出现时的状况就是一个很好的实例。

3.4.1　地壳裂解模式

典型的被动陆缘断陷构造发育可分为 4 个主要阶段。

1）裂谷阶段，涉及大陆分离之前早期地堑的形成。这个阶段可能与热地幔物质抬升引发的穹状隆起有关，但是这种抬升并非普遍存在，它可能也和热点或地幔柱有关系［图 3-17（a）和（b）］，如东非大裂谷。

2）早期阶段，在海底扩张开始之后，其持续时间大约为 5Myr，但在该阶段仍主要是热效应。这个阶段的特点是：大陆架外缘和大陆坡区域性快速沉降，部分地堑可能会持续形成［图 3-17（c）］，如红海。

3）成熟阶段，在该阶段，更和缓的区域性沉降持续发生，如现今大西洋大陆边缘的大部分［图 3-17（e）］。

4）断裂阶段，发生在被动陆缘开始俯冲和终止的过程［图 3-17（g）和（h）］。

第一阶段，东非大裂谷是该阶段最典型的例子，但也有的裂谷在第一阶段断裂从未出现，如苏格兰中部大谷、莱茵地堑和奥斯陆地堑。与这些裂谷相关的火山岩通常表现为强碱性且二氧化硅不饱和。

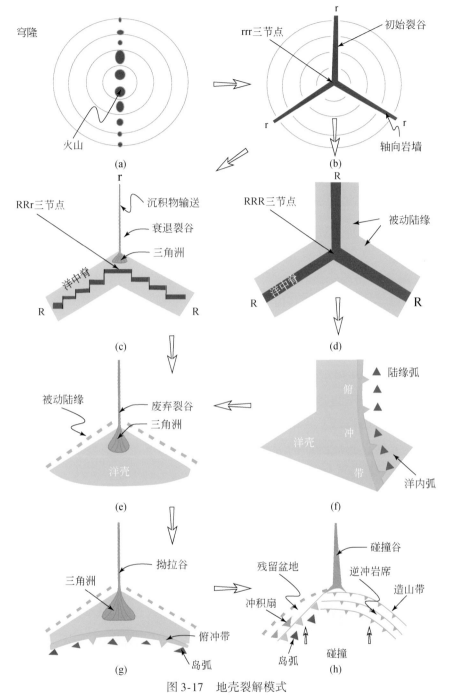

图 3-17　地壳裂解模式

（a）地幔柱穹隆作用，伴随火山作用；（b）rrr 型三节点处开始裂解；（c）裂谷（rift，r）中的两支进一步形成洋中脊（Ridge，R），第三支形成拗拉谷；（d）极少数情况下三支裂谷都形成大洋；（e）拗拉谷形成并给被动陆缘提供物源的大型河流系统；（f）在一个有限空间的地球上大洋的扩张也是有限的，因此某时某地必然存在板块俯冲；（g）大洋封闭导致俯冲带和岛弧形成；（h）持续的封闭导致碰撞形成大型褶皱逆冲带，拗拉谷通常被保存下来或转变为碰撞谷

资料来源：http：//www.le.uc.uklglart/gl209/Lecture 3/lecture 3. html/.

　　裂谷成因机制始终存在争论。有学者将裂谷阶段的地壳隆起归因于其正好位于热点上方。当然相比其他部分，东非大裂谷隆起部分显得非常高，地壳隆起反映存在一种潜在的热的、低密度的地幔柱。另外，地球物理资料也揭示，软流圈地幔上升到裂谷下部相对较高的层位。然而，在没有广泛隆起的情况下，裂谷也能够产生，在岩石圈不规则底部的边缘对流（edge convection）过程也会造成伸展扩张，如贝加尔湖、汾渭地堑。裂谷作用要将大陆分开，需要各种可能连接在一起的热点（图 3-9）。Morgan（1981，1983）曾认为，大陆地壳缓慢在热点群上移过时，热点群减缓板块运动，并且使弱化的板块成为大陆裂谷的一部分。

继上涌隆起假说，Burke 和 Whiteman（1973）认为：在这些隆起的区域，会生成三支裂谷（r），形成 rrr 三节点。尽管所有的三支裂谷（RRR 三节点，R 表示洋中脊）都可能会发展成大洋，但是其中的两支裂谷（RRr 三节点）更有可能会发展成大洋，剩下的一支就会逐渐消退为拗拉谷（图 3-17）。该裂谷最终会因热异常衰退而陷落，并成为主要的沉积盆地，或是主要的河道和三角洲发育地带。尼日利亚的贝努埃海槽就是大西洋南端开口处拗拉谷的一个典型。当大洋最终闭合时，可能把拗拉谷当作走向垂直于碰撞带的沉积盆地-碰撞谷。但多数碰撞挤压盆地是和山脉平行排列，又被称为"拗陷盆地"。

图 3-18 和图 3-19 展示了大陆，如冈瓦纳古陆，在 Wilson 旋回早期阶段裂解的一些简单概念。上升的地幔柱引起地壳因下伏岩浆房顶托作用而形成穹隆（doming）。随着伸展持续，一个洋盆形成，巨厚的沉积序列随着河流将沉积物倾泻到大陆边缘深水区，形成巨厚的沉积层序，但真实情况可能更复杂。

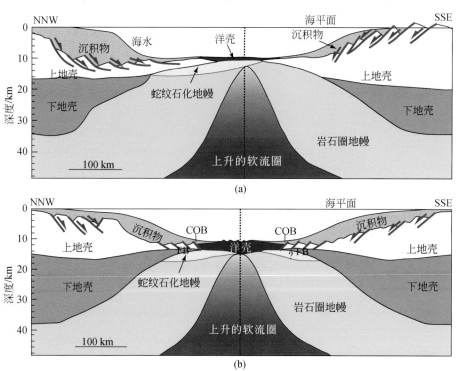

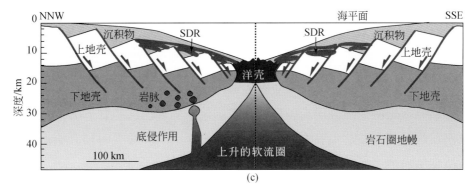

图 3-18　裂谷发展过程的概念模型（据 Louden et al.，2003 改）

以非洲裂谷系为基底，在此处有明显的裂谷型岩浆活动。在图中至少有 50km 的伸展量，同时地壳隆起或者是更具塑性的地幔抬升，特别是软流圈上涌。地壳，尤其是上地壳，被认为是以脆性活动方式为主。图中缩写为：COB-洋陆边界（continent-ocean boundary）；FB-断块（faulted blocks）；SDR-海倾反射体（Seaward Dipping Reflector）

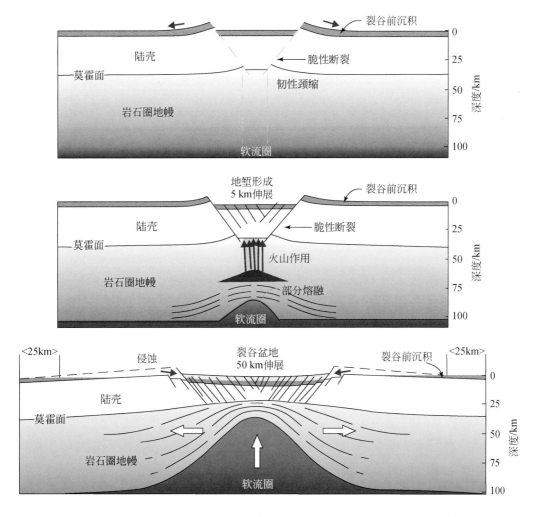

图 3-19　岩石圈和陆壳伸展（伸展量大约 50km）形成的裂谷（据 Mckenzie，1978 改）

第一阶段假定地堑式断层组合开始在脆性地壳中形成，底层软流圈的上升与下降导致岩浆形成，地壳容易发生脆性断陷。早期裂谷沉积物沉积于正在形成的裂谷（地堑）中，侵蚀发生在裂谷两侧肩部。

第二阶段，岩石圈的伸展和软流圈底辟上升是同步的，与后者相关的部分减压造成地幔熔融，熔融的部分成为碱性玄武质岩浆，先存的沉积物下沉到地堑底部。

第三阶段，伴随着岩石圈的伸展与软流圈抬升，软流圈的抬升引起地壳的隆起。由于地堑两侧肩部抬升侵蚀，新沉积物会沉积在地堑中。因此，在发育的裂谷中，会同时存在前裂谷相和同裂谷相，但是两侧的沉积物会被逐步侵蚀再沉积，裂谷本身发育为复杂的正断层系统（图3-19）。

第四阶段（图3-20）为大陆裂离分开的过程，该阶段软流圈进一步抬升，并伴随着压力减小和大量熔融，形成新的玄武质洋壳。

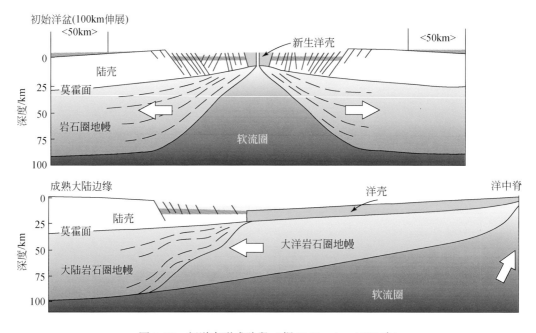

图 3-20　新洋壳形成阶段（据 McKenzie，1978 改）

最终，洋盆扩大，海底扩张，裂谷相沉积物被年轻的海洋沉积物覆盖（图3-20）。

注意图3-19中显示的陆缘沉积物并不是很厚。这是因为模型建立的依据是东非大裂谷系，没有裂谷相大量沉降。但是，其他裂谷大陆边缘层序拥有巨厚的沉积层序。

3.4.2　沉积荷载模式

图3-21简明表达了一个被动陆缘，表现为超过10km厚的浅水沉积缓慢沉降

的过程，其形成机制是一个长期争论的问题。被动陆缘不同于俯冲活动相关的活动大陆边缘。大西洋两岸为典型的被动陆缘，然而，它们在大陆边缘地形上有着巨大的不同，其原因并不完全了解（White and McKenzie, 1989），但对其成因的研究有助于评估该构造背景的油气资源，近二十多年来在这方面取得了明显进展。

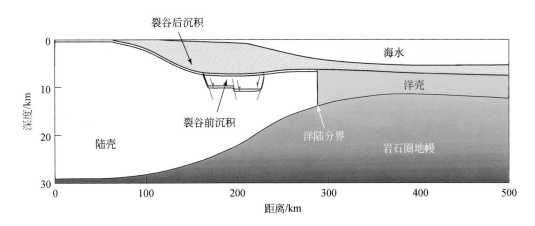

图 3-21   被动陆缘浅水盆地理想剖面之一（Bott, 1978）

令人迷惑的一个特征：极浅水环境下形成的沉积序列非常厚，如北大西洋大陆边缘具有厚 15km 的中生界和新生代沉积物。它们是如何逐渐递进沉降而成？多年来，为了解释这个特征研究人员提出了众多模式（Bott and Kusznir, 1979; Bott, 1982）。

重力荷载假说（Gravity Loading Hypothesis）：基于均衡（isostacy）理论，沉降是由沉积物重力荷载所致，即致密的沉积物替代海水，沉降量取决于海水密度（1.03g/cm³）与沉积物密度（2.15～2.55g/cm³）和下伏地幔密度（3.3g/cm³）的差。如果海洋被沉积物充填，那么，理论上沉积厚度等于初始水深度的两倍。事实上，至初始斜坡面，沉积总厚度达 14km。如果把岩石圈当作弹性体，那么，局部荷载可使得沉积范围宽达 150km（图3-22）。问题是：这种机制不易形成浅水沉积的巨厚沉积层序，它只在初始是深水沉积背景下才起作用。如果初始水深小于 200m，那么沉积荷载效应就可以忽略，因此，该模式难以解释 14km 的沉积层厚。

热假说（Thermal Hypothesis）：假设大陆岩石圈的初始被动陆缘在大陆裂解期间受热，降低了岩石圈密度，并使得弹性抬升。随后，随着洋盆加宽，大约 50Myr 后，岩石圈冷却，并在原始位置发生热衰减而沉降。然而，如果抬升期间发生侵蚀作用，实际沉降作用因沉积荷载而加强。问题是：即使强烈的初始抬升量达 2km，其沉积荷载的沉降量也不会大于 2km。因此，热假说模式不能解释超过 5km 的沉积序列（图3-23）。

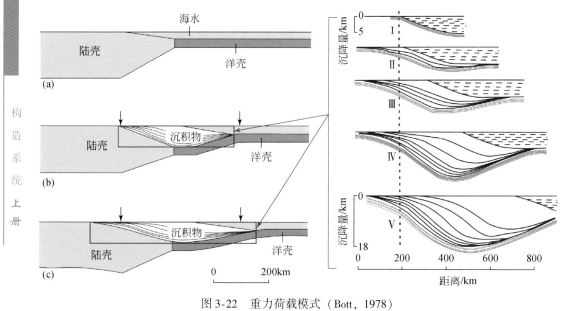

图 3-22　重力荷载模式（Bott，1978）

右侧为挠曲沉降过程的沉积堆积形式；右侧为局部沉积地层结构放大

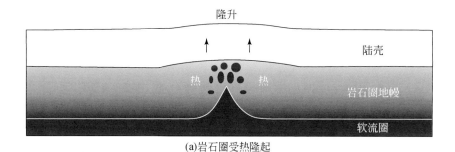

(a)岩石圈受热隆起

(b)隆起陆壳遭受侵蚀,新的大洋开始扩张

(c)岩石圈冷却,大陆边缘沉降

图 3-23　热假说模式（Sleep and Toksöz，1971）

热沉降假说（Thermal Subsidence Hypothesis）：该假说首次认识到地幔柱等的增温作用可能产生大幅度地壳抬升和侵蚀，随后该区发生热沉降。其替代模式为岩浆底侵的热衰减模式，如基性岩浆底侵热事件将附近地壳基底转变成麻粒岩相矿物组合，会引起下地壳密度增加 0.2g/cm³，那么，沉积物最大沉积厚度也只能在 3m 至 4km（图 3-24）。因此，不足以说明被动陆缘的巨厚沉积。问题是：这些模式可以预测从裂解启动到初始海相沉积的几个百万年内的状态，但实际观测并没有见到。

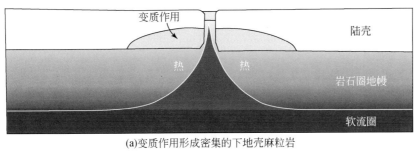

(a)变质作用形成密集的下地壳麻粒岩

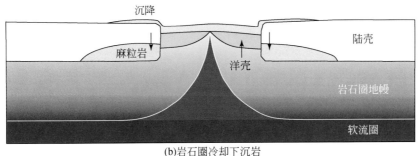

(b)岩石圈冷却下沉岩

图 3-24　热沉降模式（Falvey，1974）

地壳减薄假说（Crustal Thinning Hypothesis）：大陆地壳或岩石圈存在一个上部脆性层（厚 20km），上覆在一个更软弱的以韧性流变为特征的变形层上，因此，中下地壳向大洋上地幔下部的递进蠕变可使地壳减薄。争论的要点是这个模式会导致非稳态的沉降作用。

地壳流动假说（Crustal Flow Hypothesis of Bott）：初始裂解作用发生后，塑性流动引起下地壳变形，关键是洋壳的下部能流动吗？另一个替代假说表明，在塑性缩颈作用形成的裂谷中，大陆地壳可能强烈减薄，那么，裂解盆地形成被动陆缘将是逐步沉降的（图 3-25）。关键是大陆地壳能发生缩颈作用吗？大陆壳缩颈模式（necking of continental crust）（Bott，1978）的问题是：典型裂谷一般宽约 50km，因此，大陆边缘过渡带宽可能只有 25km，这和观测到的大陆边缘层序宽度大于 25km 的事实不一致。

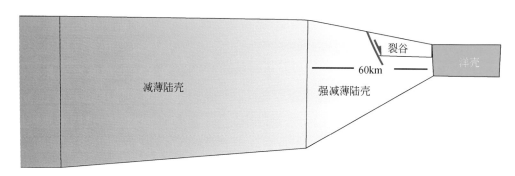

图 3-25　颈缩模式（Bott，1978）

3.4.3　正断层模式

早期假说认为，地堑（graben）的形成需要一个宽约60km的楔形地壳，在一对内倾（inward-dipping）的正断层之间，发生均衡沉降。当上部地壳因楔形沉降形成地堑时，韧性下地壳可能由塑性流动的下地壳补偿（图3-26）。关键是正断层作用能否导致韧性地幔以流动方式发生位移？计算表明，大约5km的沉降可以解释初始宽20km的海槽，虽然还不够宽，但已接近了。

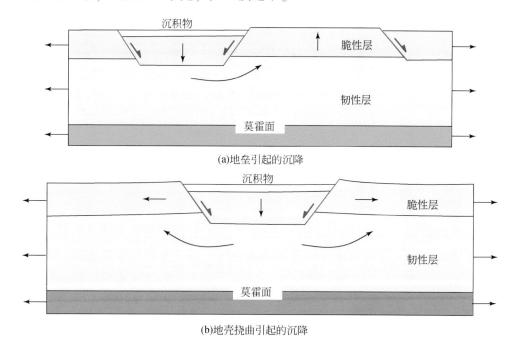

图 3-26　楔形沉降形成地堑（Bott，1978）

当正断层伴随大洋岩石圈的冷却而向下生长时，在洋-陆结合部位的正断层作用允许有限的沉降（图3-27）。大洋岩石圈在50Myr内沉降与浅水沉积物的范围一致。然而，沉降带还是太窄。那么，是否正断层以图 3-27（b）中的形式出现在大陆边缘呢？

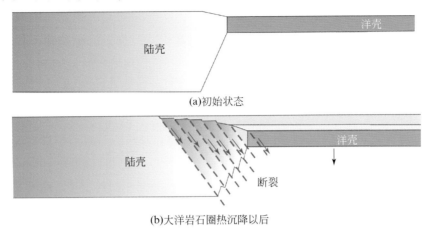

(a)初始状态

(b)大洋岩石圈热沉降以后

图 3-27　大陆坡的下拉荷载（Bott，1978）

上述机制，无论是独立的还是联合的，都无法解释被动陆缘观测到的 Wilson 旋回初期的沉积厚度和被动陆缘现今的宽度。

3.4.4　纯剪模式

由 COCORP 深反射地震剖面显示，许多陡倾正断层（不是大多数）实际上是弯曲凹向上的，并呈浅部弯曲、深部水平的状态，这些断层被称为铲状断层。它们随着大陆岩石圈伸展过程而被拉伸，更深处的韧性地壳受到剪切而变薄，上地壳被分割，并通过铲状断层随着下伏韧性层的变形而拉开，在地表形成具有地堑的外观。这是麦肯齐型盆地形成的本质。由于拉伸造成大陆岩石圈地幔被热的软流圈所取代而变薄，并在 50～100Myr 的时间尺度内冷却。冷却后它变得更致密，其上的浅盆地逐渐消退或逐渐被浅水沉积物充填。沉降量将取决于初始拉伸量，这可以用拉伸系数或 "β" 因子估算。参数 β 是以 b/a 定义的，其中 a 为初始宽度，b 为拉伸宽度。β 因子为 1.2 时，将产生约 3km 的沉降。若整个裂谷形成洋壳和洋盆时，说明 β 就接近无穷大。

需要注意的是，在沉积盆地的演化过程中，沉降发生在两个阶段：①构造伸展的结果——很短的时间尺度，约 10Myr。②热沉降的结果——长时间尺度，为 50～100Myr。

大量钻井和地震资料揭示了北海盆地的沉降过程。北部维金（Viking）地堑式裂谷遭受了两期断裂作用，即中二叠世—三叠纪和侏罗纪，在此期间盆地逐步扩大。在二叠纪—三叠纪拉伸因子相当小（β 为 1.1～1.3），而在晚侏罗世则较大（$\beta \geq 1.6$）。每次断裂之后，盆地便发生更大幅度的热沉降。在维金地堑的中心部分（约 10km 之内）的沉积物是由第一期断裂作用之后而堆积。第二期断裂阶段结束于 140Myr 以后，至少 90% 沉积物因热松弛而沉积。而在断陷期间，正断层往往往是铲状断层，这些正断层伴随热沉降而变得平缓。

除沉降作用外，纯剪模式的重要意义如下：盆地的初始沉积物将随着软流圈在底层的小幅增热而变热，这对于油气运聚至关重要。但是，沉积盆地不仅对油藏重要，对这些盆地含金属热液成矿的发育也同样重要。因此，如果遇到合适的原岩，可以形成有价值的矿藏。一些重要的沉积矿产就是这种机制下形成的。

被动陆缘形成于大陆裂谷作用和海底扩张过程，其中，非火山型被动陆缘（non-volcanic）也称为贫岩浆型（magma-poor）被动陆缘，还可以划分为两种亚型——类型Ⅰ和类型Ⅱ（图3-28）。类型Ⅰ，如伊比利亚—纽芬兰（Iberia-Newfoundland）共轭陆缘，通常起始于弥散的伸展，最后伸展集中在一个局部应变带。

类型Ⅰ伸展区的典型特征包括7个［图3-28（a）和图3-29］：①主控盆断裂（basin-forming faults）或剪切带穿透了地壳，地壳突然减薄的区域狭窄，宽度通常小于100km；②显著不对称的几何形态，且裂谷侧翼（rift flanks）抬升；③地壳破裂早于岩石圈地幔的破裂；④洋–陆转换带蛇纹石化大陆岩石圈地幔剥露；⑤裂解期间岩浆作用有限，导致一种贫岩浆型的陆缘（magma-poor margin）；⑥大洋扩张中心的形成滞后；⑦正常大洋地壳的形成。

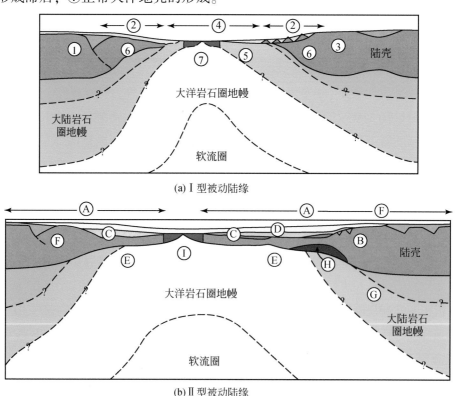

(a) Ⅰ型被动陆缘

(b) Ⅱ型被动陆缘

图3-28　Ⅰ和Ⅱ型非火山型被动陆缘的特征（Huismans and Beaumont，2011）

类型Ⅰ和类型Ⅱ裂解型陆缘，分别基于对 Iberia-Newfoundland 共轭陆缘和南大西洋中段的观测结果；图中标注数字和字母见正文解释

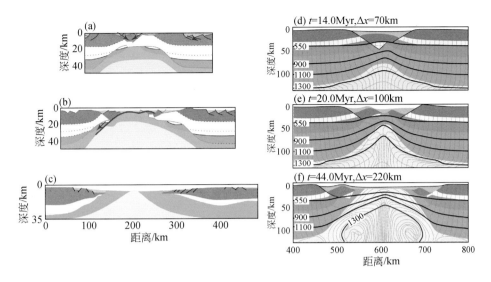

图 3-29 类型 I 被动陆缘模型（Huismans and Beaumont，2011）

（a）、（b）为共轭大陆边缘（conjugate margins）重建模式；（c）为恢复到晚 Aptian 期的观察结果；（d）~
（f）为模型 I 的模拟结果。t 为伸展启动后的时间；Δx 为 0.5cm/a 的均一伸展速率。等值线为等温线，单位
为℃。灰色为沉积物；橘黄色为上地壳和中地壳；白色为下地壳；暗绿色为摩擦弹性体的大陆岩石圈地幔；
绿色为黏性体的大陆岩石圈地幔；淡黄色为大洋岩石圈；黄色为软流圈

相反，类型 II 的被动陆缘［图 3-28（b）］，如南大西洋（图 3-30），具有不同的特征：A 具有薄的大陆地壳和宽阔（>350km）的裂解区域；B 早期同裂谷断陷沉积盆地；C 同裂谷晚期沉积物未变形；D 同裂谷凹陷盆地中发育浅海或河湖相沉积；E 大陆岩石圈地幔被热的大洋岩石圈或软流圈置换，引起了有限的同裂谷沉降（subsidence）；F 没有同裂谷的侧翼抬升；G 没有出露岩石圈地幔的明显证据；H 有限的同裂谷岩浆作用，下地壳具有和岩浆底侵作用（magma underplating）成因的岩体一致的地震速度；I 地壳破裂后不久形成正常洋中脊和洋壳系统。

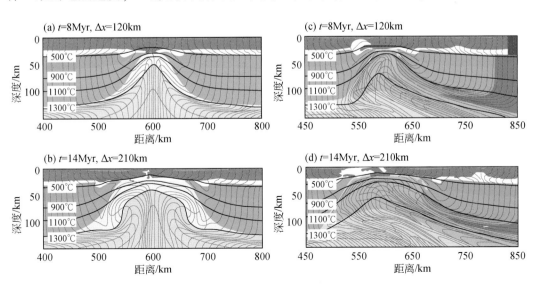

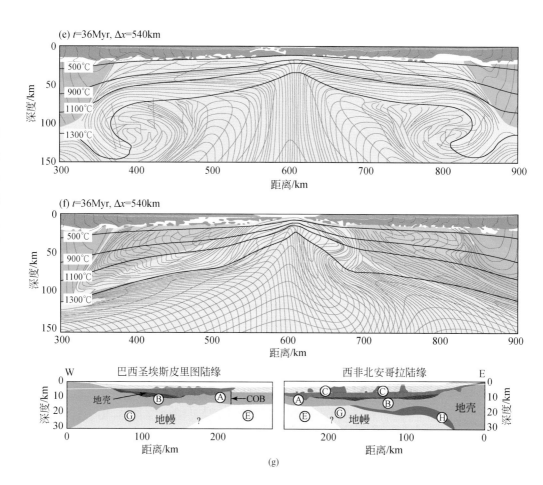

图 3-30　类型 II 被动陆缘模型（Huismans and Beaumont，2011）

（a）、（b）和（e）为模型 II-A；（c）、（d）和（f）为模型 II-C。（g）为南大西洋被动陆缘观测结果的解释。模型样式和色彩标注同图 3-29。桃红色为盐构造；暗灰色为早期的同裂谷沉积；中等灰色为同裂谷沉积；红色为可能的底侵岩浆；浅绿色为克拉通岩石圈地幔；棕色为克拉通地壳或洋壳；亮黄色为大洋岩石圈地幔；COB-洋–陆边界

　　类型 I 的被动陆缘 [图 3-28（a）] 可由模型 I 来解释（图 3-29），该模型证明了伸展样式随深度而不同，地壳和岩石圈地幔比较强并且紧密耦合。它有双层流变结构，即上部岩石圈经历了弹性（脆性）变形，而下部岩石圈为黏性（韧性）幂律流动（power-law flow）变形。

　　裂谷形成经历了 3 个阶段：第一阶段，由于摩擦–塑性共轭断层和剪切作用，地壳对称地发生台阶状沉降，岩石圈下部因韧性缩颈也导致沉降 [图 3-29（d）]；第二阶段，简单剪切的非对称性伸展；第三阶段，地壳破裂，并继续伸展、缩颈、折返和岩石圈下部剥露。微小的条件变化会使非对称性或多或少变得更加明显。

　　将类型 I 陆缘和模型 I 进行比较，得出相同的特性，类型 I 陆缘的主要特征是前 6 个（①～⑥）[图 3-28（a）]。特别是，①主要盆地的共轭断裂和剪切，至少深切下地壳；②狭小的过渡区域，宽度小于 100km，地壳变薄 [图 3-29（b），（c）]；

③非对称性［图3-29（b），（c）］；⑤大陆岩石圈地幔的剥露隆起。模型 I 的结果解释了 Iberia-Newfoundland 共轭边缘令人疑惑的地方，即共轭叠加了剪切拉张分量，使其达到极限值，地壳随之变薄。

类型II-A陆缘的特征和模型II-A 一致［图3-30（a）］，其中，软流圈的流入是一致的。该模型是在岩石圈上、下部之间解耦，致使伸展随深度变化，并涉及下地壳变形。弱化的下地壳作为水平解耦层（图3-30），由此，岩石圈的上、下层存在颈缩差。模型II-A演化分为两个阶段：第一阶段包含上地壳和中地壳大范围的早期扩张，并伴随岩石圈地幔的局部收缩。随着大陆裂解距离的增大，地壳逐渐变薄，区域性伸展和变薄最后逐渐消失。第一阶段以岩石圈的破裂为结束标志［图3-30（a）］。第二阶段岩石圈地幔发生水平流动，而陆壳不随板块运动发生进一步变形，软流圈热物质上涌，上涌物质迅速冷却，底侵形成岩石圈［图3-30（b）］。这种模型的特征是，由于热物质和弱化的下地壳向裂谷系驱动，同时也在裂谷轴部出露［图3-30（e）］。最重要的是下地壳解耦有利于地壳长久伸展，伴随的地壳破裂发生延迟，形成超宽的陆缘。

虽然中南大西洋陆缘有所不同，但是可以发现：一些超宽的大陆边缘和模型II-A（图3-30）存在相似的特性。相似的特征包括：①超宽地壳出现沉降［图3-30（a）］；②大范围拗陷盆地沉降［图3-30（d）］，甚至上地壳伸展迹象不明显地区的拗陷盆地也沉降；③由于热的大洋岩石圈冷却［图3-30（e）］和小型非对称裂谷两侧的抬升［图3-30（f）］，大型裂谷晚期的沉降和模型的沉降总体一致。然而，并没有足够的证据支持或反对：地壳是否会向裂谷轴挤出流动。

在超宽的中南大西洋陆缘观察到：同裂谷晚期/裂谷后早期沉降盆地处于湖泊和浅海环境。这也是盐床持续沉积的过程。这个过程需要一种密度相对较低的壳下物质来达到静态均衡，这种物质比上涌的软流圈物质更轻。这种物质是热量消耗更低的克拉通岩石圈物质。模型 II-C（克拉通逆流模式）展示了这种机制。它是模型 II-A 的变体，在这种变体中，裂谷邻近克拉通。例如，南大西洋附近的刚果克拉通和埃克斯茅斯高原附近的皮尔巴拉克拉通。更加轻的克拉通岩石圈优先底侵流入到裂谷带，随后板块分离［图3-30（c）］。在模型II-C中，底侵的物质在高度亏损、高黏性强度的地幔和软流圈中起到中间调节作用，可导致克拉通下部部分破坏，其密度为15kg/m³，低于软流圈的密度，并且黏度系数 $f \geqslant 3$。模型 II-C［图3-30（f）］可解释以下观察事实。

1）高地震横波速度层，被认为是大陆岩石圈变形带，处于西非洋壳外侧，局部在南大西洋中部。

2）这个岩石圈变形带和刚果克拉通有关联。

3）这个区域大陆壳和岩石圈地幔相关的证据来自地幔岩浆。

4）南大西洋陆缘相对来说岩浆较贫乏，这是因为克拉通的流入，压制了软流圈减压熔融。

5）埃克斯茅斯高原提供了相似的证据，大西洋之下存在克拉通岩石圈地幔已经被证实，而且可用同裂谷铲状断层和地壳脱耦来解释，已经存在的克拉通岩石圈地幔向下延伸到大洋之下。这种解释可能与初始拟合的大陆重建不兼容，大陆边缘的同裂谷沉降程度增强，沉降并没有减少。因此，研究结果更倾向于横向流动这种解释。

对于模型Ⅱ-C，一系列因素可以导致类似的底侵流动，像增加 f（如 $f=5$）时要达到均衡，就需要较大的密度损耗异常（$-30kg/m^3$）来驱动。大陆边缘的水深也取决于克拉通底板的厚度和密度，这也就解释了同裂谷水深的深浅。局部静态均衡计算表明，厚60km的克拉通底板和密度为$-15kg/m^3$的耗损异常降低（与模型Ⅱ-C相比），分别相当于无克拉通底板的391m（水层）或者273m（真空）充水或真空填充的沉降（与模型Ⅱ-A相比较）。Ⅱ-A和Ⅱ-C两种模型都预测到裂谷轴部浅而裂谷侧缘深，这是地壳伸展变薄和软流圈或克拉通底板浮力的复合效果，但是克拉通底板也只是简单降低了水深。然而，密度损耗异常为$-50kg/m^3$的底板，分别相当于减少了1304m（水）或910m（真空）的充水或真空填充的沉降，沉降部位保留在第一个20Myr的裂谷轴部。

模型Ⅱ-A陆缘不能模拟出大陆岩石圈的剥露过程，因为岩石圈的大部分边缘下潜到软流圈之下（模型Ⅱ-A）［图3-30（e）］。然而，如果克拉通岩石圈地幔持续逆流（counterflow）流向裂谷轴，并且剥露，就会使得地壳破裂，这样模型Ⅱ-C中的剥露过程就有可能发生。南大西洋中央地区的地震反射图像与地幔剥露过程一致，但不知道岩石圈地幔是属于大陆还是大洋。在模型中［图3-30（e）］，显生宙大陆岩石圈地幔没有发生这样的侧向流动，原因可能是大陆岩石圈地幔被耗尽。

因此，Ⅰ型和Ⅱ型陆缘是由各自的岩石圈流变性质决定的，这导致横向伸展随深度变化而变化。通过对比层状物质的伸展和颈缩作用，这种模式的概念就很容易理解了（图3-31）。

类型Ⅰ岩石圈是一种强黏结的摩擦–塑性到黏性（近似脆性–韧性）的夹层结构，仅在其底部附近较弱［图3-31（a）］。在伸展期间，岩石圈上部发生断裂，使得该层破裂，而岩石圈下部仍然黏性缩颈［图3-31（b），（d）］。这种模式在模型Ⅰ中通过早期下地壳和上地幔顶部的错移实现，其中，上地壳和中地壳的变形块体可直接与岩石圈地幔中部和下部接触，这是因为它被拉伸、回卷、折返和剥露［图3-29（d）］。最后是岩石圈地幔破裂和海底扩张启动。最初的伸展与深度相关，其中，岩石圈上层早于岩石圈下层发生破裂，这解释了观察到的大陆岩石圈地幔的剥露。

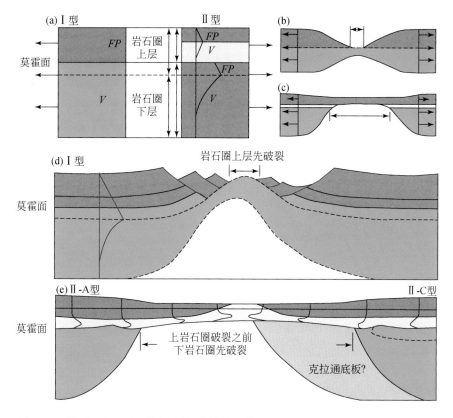

图 3-31 类型Ⅰ和Ⅱ岩石圈不同深度的伸展模型（Huismans and Beaumont，2011）

（a）代表这两种类型的流变学属性。F、P 是摩擦、塑性参数；V 是黏性参数；淡黄色代表低黏度地壳。

（b）、（c）层状缩颈模式表示各自的地壳和岩石圈地幔早期破裂。根据地壳均衡说；（d）表示模型Ⅰ；

（e）表示模型Ⅱ-A 型和模型Ⅱ-C，软流圈（左）和克拉通（右）底板。对于嵌入式的

克拉通岩石圈，（e）右侧部分表示强干的 FP 地壳（橙色）、低黏度的下地壳

（淡黄色），岩石圈地幔（绿色）和克拉通底板（浅绿色）

　　模型Ⅱ岩石圈是一种夹层结构，在两个强干层之间具有弱的下地壳黏性夹层 ［图 3-31（a）］。伸展期间，岩石圈上部在较宽的区域与岩石圈下部发生脱耦。岩石圈下部以类似于Ⅰ型裂开的方式缩颈 ［图 3-31（b），（d）］。然而，当其破裂时，岩石圈上部仅变薄了一小部分，因为其伸展发生在较宽的区域上 ［图 3-31（c），（e）］。地壳的破裂出现得很晚，在它被弯曲拉伸之后，形成被岩石圈下部熔融物分隔的宽而薄的层 ［图 3-31（e）］。这种模型不受克拉通底板的影响 ［图 3-30（e）和图 3-31（e）左侧］。

　　综上所述，如图 3-29 所示的Ⅰ型和Ⅱ型断陷陆缘的特征并没有解释岩石圈的均匀伸展，但是却解释了深度上的伸展差异。岩石圈上部、下部分离时间的不同，直接受控于两种不同情况下岩石圈上部的缩颈长度。因此，两次断裂作用和大洋地壳的增生作用，只发生在Ⅱ型陆缘中。在Ⅰ型中，首先在岩石圈上部（地壳）

破裂，而岩石圈下部仍然缩颈；在Ⅱ型中，发生的情况与Ⅰ型相反。均匀伸展对应的两个层以相同方式伸展并同时发生破裂。此外，还可以解释在Ⅱ型陆缘处的浅水拗陷盆地晚期无断层发育的同裂谷沉积。地壳伸展期间，沉积物向裂谷轴方向迁移堆积（模型Ⅱ-A和模型Ⅱ-C），使得同裂谷晚期沉积层不发生断裂作用，并且陆缘的沉降程度随克拉通底板密度降低而减小。模型和相关概念与南大西洋陆缘及其相关沉积盆地的特征一致。与均匀伸展模型的重要差别是岩石圈的微小缩颈，可导致双层两阶段裂解，还可能导致除软流圈底板之外的克拉通底板的破裂。

3.4.5 单剪模式

Wernicke（1985）和Lister等（1986）提出了岩石圈单剪伸展模式（图3-32）。其关键是：识别低角度拆离断层。低角度拆离断层首次发现于美国西部的盆岭地区。低角度拆离断层可出现在下地壳或上地幔底部。与纯剪伸展的McKenzie型模型相比，单剪模式主要会引发几何不对称性，这可能会使得热沉降阶段相关的盆地偏离初始裂解相关的较薄盆地，从软流圈上升的岩浆可能也会偏离主沉积盆地。由于这种不对称性，大洋两侧的大陆边缘可能有不同的几何结构，进而导致各种其他复杂情况。

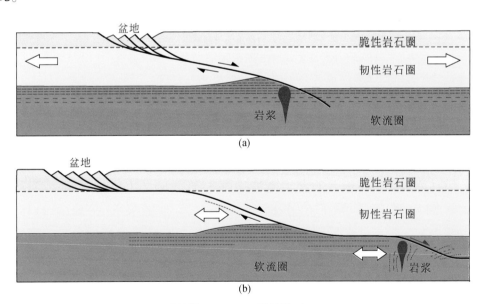

图3-32　Wernicke单剪模型和Lister单剪模型（Lister et al.，1986）

现在已经认识到至少有3种类型的陆缘：火山型陆缘、非火山型陆缘和裂谷转换型陆缘。

1）火山型陆缘：火山型陆缘趋向于狭窄，在陆壳和正常洋壳之间具有厚的火山岩。典型的火山型陆缘具有海倾反射体（SDR）的厚区域（3～5km）。通常用上涌软流圈的对流循环或者下部软流层较通常情况下更热，来解释这些火山活动，如沃林高原、西部罗卡尔屿、东格陵兰（White et al.，1987）。

White 和 McKenzie（1989）则采用单剪模型，定量地将大陆边缘产生火山岩的体积与下伏地幔温度相关联。如果下伏地幔温度比正常高100°C，岩浆体积将大增（图3-33），这进一步解释了拉伸程度和地幔温度之间的关系，并可预测裂谷边缘将上升到海平面以上还是低于它。当裂谷作用发生在热幔柱上方时，通常伴随有大量的岩浆产生。

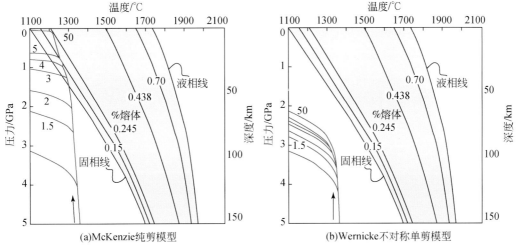

图 3-33　McKenzie 纯剪模型和 Wernicke 不对称单剪模型的不同热结果

对于纯剪模型，上升软流圈的温度超过地幔的固相线并熔融；对于单剪模型，
上升软流圈的温度不会到达固相线，因此不发生熔融

2）非火山型陆缘：非火山型陆缘的变形，主要由许多板状断层和铲状断层组成，形成了宽阔的伸展区域（100～300km），沉积物或沉积缺乏，如美国东部陆缘。

3）裂谷转换型陆缘：在诸如非洲和巴西、福克兰高原和加利福尼亚湾之间的区域裂解期间，伴随走滑剪切分量的伸展应变，裂谷沿转换边界生长。

这些不同类型的陆缘可能具有非常巨大的成藏潜力。需要注意：北海的重要石油储集层位于"拗拉谷"中，它是在大西洋自未打开扩张直到最终打开的长期过程中形成。

另外值得关注的问题是：为什么玄武质岩浆活动与这些盆地相关联，而不与其他盆地相关联？Latin 和 White（1990）认为，在纯剪模型中，由于软流圈热物质易于集中上涌，所以在 McKenzie 纯剪模型中，比在 Wernicke 不对称单剪模型中，岩浆作用更有可能发生。比较 McKenzie 纯剪模型和 Wernicke 纯剪模型的伸展沉积盆地不同热结果

（图 3-33）可知，单剪模型的减压，难以满足火山型陆缘形成大量岩浆的条件。

3.4.5.1 单剪模式类型

Lister 等（1991）综合考虑了拆离断层几何学、缓倾韧性剪切带和拆离断层（或拆离带）之下的地壳或上地幔的纯剪切变形，提出了岩石圈伸展的 5 种拆离模式（图 3-34）（任建业，2008）。

（1）岩石圈楔（Wernicke）模式

沿单一拆离带发生大规模运移导致岩石圈伸展。当拆离断层下盘从上盘之下被拉伸剥露到地表时，下盘发生上隆［图 3-34（a）］。

（2）分层拆离模式

垂向剖面上，由地表向下，岩石圈的强度交替变化。强度最大部位位于中地壳层次和壳幔边界上，它作为应力导层（stress guides）的高强度水平层系，控制了穿越岩石圈的拆离断层。当拆离断层分别穿过软、硬层系时，将表现为类似于逆冲断层缓、陡交替的断坪、断坡几何形态。图 3-34（b）表示在中地壳应力导层之下，拆离断层水平延伸相当大的距离后，会变陡向下穿越到下地壳，当延伸到壳幔边界层次时，又呈水平状态产出。阶梯状拆离断层的断坡部位，上盘往往发育断坡向斜或断坡盆地。

（3）伸展区分离的拆离+纯剪模式

伸展区分离的拆离+纯剪模式的主要特征是，在中地壳剪切带之下，岩石圈发生了韧性纯剪伸展作用。拆离断层向下消失于韧性剪切带中。在拆离断层和韧性剪切带之下的地壳和上地幔，遭受共轴伸展作用。在这个模式中，拆离断层上盘伸展区和对应的深部岩石圈伸展区之间有较大规模的水平侧向偏离［图 3-34（c）］。

（4）伸展区对应的拆离+纯剪模式

伸展区对应的拆离+纯剪模式的构造特征同伸展区分离的拆离+纯剪模式基本一致［图 3-34（d）］。不同之处是拆离断层伸展区和深部岩石圈伸展区之间侧向分离较小。

（5）分层拆离+纯剪切模式

分层拆离+纯剪模式综合了上述 4 个模式的主要特征［图 3-34（e）］。

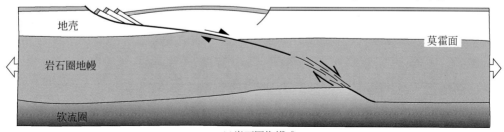

(a)岩石圈楔模式

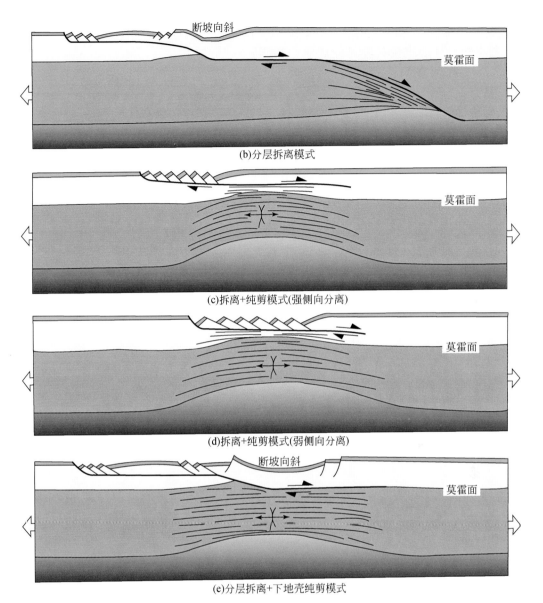

(b)分层拆离模式

(c)拆离+纯剪模式(强侧向分离)

(d)拆离+纯剪模式(弱侧向分离)

(e)分层拆离+下地壳纯剪模式

图3-34 岩石圈伸展拆离断层模式（Lister et al. , 1991）

3.4.5.2 被动陆缘的共轭结构

　　拆离断层模式表明，大陆伸展将导致各种尺度上的不对称构造发育。当大陆强烈伸展时，这种构造上的不对称性会明显增强。连续的伸展导致大陆破裂和洋盆形成；洋盆两侧的大陆边缘也表现出互为补偿的不对称性（complementary asymmetry），并显示出明显不同的构造演化历史和隆升沉陷历史。有两种普遍发育的被动陆缘类型：上盘陆缘（upper plate margin），由拆离断层之上的地壳岩石组成；下盘陆缘（lower plate margin），由下伏于强烈破碎的上盘残块之下的较深层次结晶岩石组成。

如图 3-35 所示的被动陆缘演化 5 种结构形式，与图 3-34 所示的岩石圈伸展、洋盆形成之前的 5 种模式相对应（任建业，2008）。

图 3-35（a）是根据岩石圈楔模式建立的大陆边缘结构形式。下盘陆缘被向上弯曲的拆离断层围限，并发育外缘高地（outer rise）。上盘陆缘与微弱伸展破裂的下盘陆缘呈互补关系。

图 3-35（b）表示的是分层拆离作用下形成的大陆边缘结构形式，上、下盘陆缘断层的几何特征显著不同。与上盘陆缘相邻的腹陆区域，大规模隆升。图 3-35（b）中，岩石圈破裂点位置正好处于中地壳断坪向上弯曲部位。该模式中的下盘陆缘型被动陆缘与图 3-35（a）所示相同，但由于受拆离断层的阶梯状几何特征控制，其上盘陆缘较宽，结构较复杂。中地壳断坪之上相对未变形的上盘，虽然下地壳从断坪下面被抽拉出来而沉陷，但是，这个块体仍然处于高于相邻海盆的位置上，并形成陆缘高原。陆缘高原内的沉陷作用将发生在拆离断层的断坡之上，形成断坡向斜或上盘盆地（图 3-34）。这种断坡盆地可以相当深，与下盘陆缘裂陷盆地的主要区别是缺乏缓倾斜旋转断层。从上盘陆缘向陆内方向，沿莫霍面的拆离作用，将使热的地幔与地壳叠置，长期的热浮力效应将造成上覆未伸展地壳隆升，形成被动陆缘山脉，这些大型地貌特征是上盘陆缘的特色。

拆离+纯剪模式［图 3-34］，互补陆缘浅部构造的不对称性没有受到明显的影响［图 3-35（c），（d）］，但深部地壳或上地幔的纯剪变形，却明显地影响了裂陷作用期间和被动陆缘最后拗陷期间的隆升和沉陷历史。这种模式形成的被动陆缘特征如下：当脆性上地壳和深部韧性伸展之间的侧向分离较小时，下盘陆缘宽阔，高度变形并发生沉陷，而上盘陆缘狭窄，相对变形较弱［图 3-35（d）］。当侧向分离较大时，发育陆缘高原或较宽的上盘陆缘。

陆缘隆陷历史明显受到拆离断层之下岩石圈伸展的影响。穿过拆离断层，其上、下盘发生大规模侧向分离情况下，将会在未伸展上盘之下，产生热异常，而不是像纯剪切模式所预示的那样，在对应裂陷构造的下方［图 3-35（c）］产生热异常。

在上盘陆缘沉陷相对小的部位，发育"坡栖"裂陷盆地（perched rift basin），在下盘陆缘一侧，发育一个开阔伸展后热沉陷带。较小的侧向分离意味着高度伸展的（脆性的）上盘，至少有一部分位于地幔伸展带上。那么，岩石圈颈缩的热效应，正好位于上盘陆缘裂陷盆地之下，这将导致下盘陆缘外侧产生相当大的裂陷后沉降［图 3-35（e）］。图 3-35（e）表示了最复杂的一种情形，拆离断层终止于壳下伸展带中的壳幔边界上，由于拆离断层上、下盘伸展区相距较远，因而，具有强烈不对称的隆陷历史。

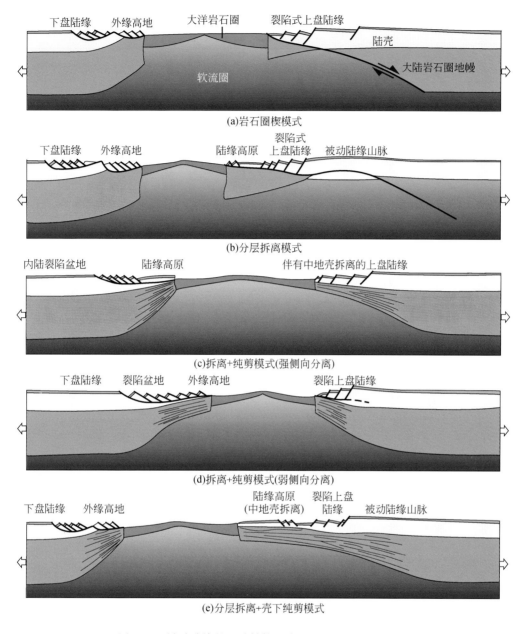

图 3-35 被动陆缘的 5 种结构形式 （Lister et al. , 1991）

3.4.5.3 上盘陆缘和下盘陆缘构造特征

Falvey 和 Mutter （1981） 已经注意到，大陆的破裂发生在向上弯曲上盘的穹状隆起内部或其附近，因为这里是地壳最薄部位。这一认识与传统的 "岩石圈颈缩" 模式所预测结果不同，大陆最终裂开点的位置，与裂陷盆地本身并不一致，而是发生在这些裂陷盆地靠洋一侧的基底隆升区内。裂陷盆地代表上盘伸展部分，而向洋的基底块体，代表陆壳最薄的下盘隆升区内，出露的较深构造层次陆壳。在这一中心隆起点附近的开裂，把被动陆缘划分为上盘陆缘型和下盘陆缘型两种类型（图3-36）。

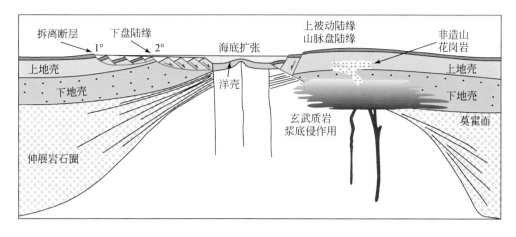

图 3-36 上盘陆缘和下盘陆缘总体样式（Lister et al.，1991）

下盘陆缘以旋转正断层、掀斜断块和半地堑式裂陷盆地的发育为特征，其上，不整合覆盖伸展后热沉陷阶段形成的缓倾斜沉积层。下盘陆缘的正断层通常向洋盆方向倾斜，但在强烈伸展的情况下，倾角变缓，甚至逆向倾斜。另外，下盘陆缘可以有多个时代的拆离断层发育。

岩石圈拆离作用发生期间，由于先前上盘施加的负载被去除，下盘将向上弯曲，而形成开阔的穹状隆升区，这个穹状隆升区即前述的外缘高地。如果这个隆升区在隆升阶段或隆升之后，遭受拆离作用，那么变质核杂岩将会出露，如果不遭受拆离，强烈的掀斜断块将覆于变质核杂岩之上。隆起区向陆一侧的裂陷盆地是裂陷阶段的主要沉积场所。当伸展造成的热异常松弛后，外缘高地将会在伸展阶段之后缓慢沉陷，并接受伸展后的拗陷沉积；在热异常较强部位，沉积幅度较大，先存构造将会被拗陷沉积物覆盖。因而在大陆边缘地带，常常难以找到拆离断层存在的直接证据。

上盘陆缘相对狭窄，构造比较简单，沉积物局限，其宽度和沉陷历史主要取决于拆离断层的几何特征和大陆最终裂开位置。高度伸展的上盘岩石残余物，在上盘陆缘非常少见。如果存在这种残余物，说明正断层倾向大陆边缘，并与主断层方向一致。

在上盘陆缘靠陆一侧，拆离断层穿入上地幔部位，达到其最深构造层次。沿着拆离断层的拆离作用，导致冷的和高密度大陆岩石圈向扩展的洋盆方向水平运移，使较热的、低密度的地壳基底出露和软流圈上升。由此，与上盘边缘紧邻的大陆区隆升形成了被动陆缘山脉。与此同时，上盘陆缘受均衡作用所致的剪应力作用，它将导致形成上隆区向海平面突然沉陷的正断层系。这些正断层系相对间隔较宽，产状陡倾，通常只调节少量的水平伸展，多发育在主伸展期的晚期阶段，或主伸展期之后。它们以陡倾产状与主拆离断层相区别。这种类型的断层，在地震剖面上反映比较清楚，它们可以有较大的垂直位移分量，使大陆基底呈台阶状向洋盆陡倾，这种上盘陆缘两侧的大陆和洋盆呈突变式接触（图 3-36）。

另外，关于上盘陆缘发育的被动陆缘山脉的成因，除了伸展作用期间，岩石圈变薄的热浮效应之外，还有地幔释压熔融产生的岩浆底侵作用。此外，很多地方还受地幔柱的影响，由于一般上盘陆缘变形相对较弱，因此其可随岩浆底侵作用而隆升。

相反，下盘陆缘的共轭陆缘与上盘陆缘发育的被动陆缘相互远离，这可能与地幔柱活动相关。例如，目前位于冰岛上的热幔柱，与南大西洋南美东岸、非洲南部西缘的火山型陆缘有关的热点，现位于 Walvis 海岭西南端的 Tristanda Cunha 岛上；印度洋西海岸与塞舌尔海台分裂时，热点随着印度北移，目前位于印度洋南部的留尼旺（Reunion）岛上。由此可见，地幔柱的活动与这些典型的火山型陆缘的形成有关。

3.4.6　洋–陆转换带

洋–陆转换带（continent-ocean transition zone，COT）是陆壳向洋壳转变的地带，是陆壳与洋壳相互作用的关键区域，其对于理解和认识大洋和大陆的地球动力过程、机制尤为关键，一直处在国际地学研究的前沿。

洋–陆转换带最早是在 1980 年由大洋钻探计划（Ocean Drilling Program，ODP）的 103 航次和 104 航次提出的（Boillot et al.，1987）。在伊比利亚–纽芬兰大陆边缘，洋壳和陆壳之间并非是一个截然的界面，而是一个过渡区域。该区域宽 170 ~ 200km，地幔岩被覆盖在减薄的陆壳之下或直接出露海底，它既不表现为正常洋壳，又不表现为正常陆壳，称为洋–陆转换带。因此，洋–陆转换带分布范围为被动陆缘陆壳明显减薄至洋壳出现的深水区。

目前，被动陆缘有多种成因模式。例如，据对称性分析，被动陆缘可分为对称纯剪模式、不对称单剪模式、分层剪切模式等；据火山岩的多寡，被动陆缘还可分为火山型被动陆缘（如纳米比亚陆缘）、非火山型被动陆缘（如安哥拉陆缘）、剪切型被动陆缘（如加纳陆缘）。

因此，不同类型的被动陆缘洋–陆转换变形形式可能存在巨大差异，既有浅层次的伸展、挤压、走滑和旋转等，也有深层次的底侵、拆沉、岩石圈底面热侵蚀或循环对流剥离等，也可能因深部底侵的规模和底侵物质形态差异，而出现多样性（李三忠等，2014）。

通过地球物理反演，在磁异常上，洋-陆转换带一般表现为振幅比较低而且不连续，地壳 P 波速度结构也明显不同于大洋或大陆地壳结构。如图 3-37 所示，在火山型被动陆缘，地幔柱活动使得大陆岩石圈裂解，其洋-陆转换带由深部的岩浆岩高速体及地表熔岩流所组成；地震剖面上，可见大型的海倾反射体（SDR）（Geoffroy，2005）。

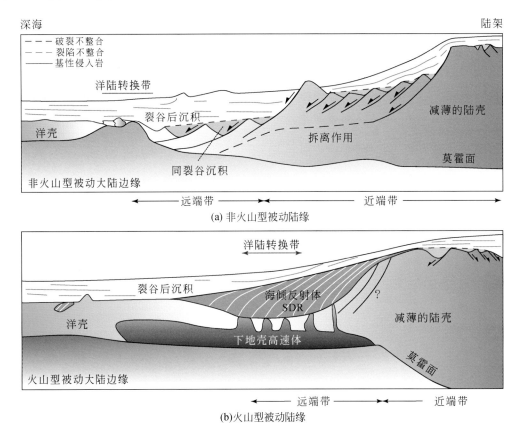

图 3-37　被动陆缘洋-陆转换带类型和特征（Franke，2013）

非火山型被动陆缘，以伸展断块为特点，岩浆活动微弱，洋-陆转换带由变薄的陆壳和正常洋壳之间的"异常壳"所组成，其 P 波速度在 $7.0\sim7.7\mathrm{km/s}$。正常的地壳被拉伸变薄或破裂之后，在近海底的浅层，或海底与海水之间的水岩相互作用下，原始 P 波速度为 $8\mathrm{km/s}$ 的地幔橄榄岩转变为蛇纹石化橄榄岩，这导致 P 波速度小于 $8\mathrm{km/s}$，蛇纹石化程度越高，含水量就越高，P 波速度也就越低（Funck et al.，2003）。

大陆岩石圈的伸展和破裂是大洋扩张、被动陆缘形成和演化的核心问题之一。火山型被动陆缘和非火山型被动陆缘，分别起源于火山裂谷和沉积裂谷。

火山型被动陆缘形成模式显示，一个比正常地幔热的地幔（如地幔柱）会通过热作用使岩石圈的底部减薄。由于岩石圈减薄时，地幔压力会持续减小，且其速率会随时间而增加，因而会发生地幔降压熔融。该过程可分为两个阶段：①溢流玄武岩阶段，同期发生很小的地壳拉张；②分裂阶段，形成火山型被动陆缘。

抬升作用和显著的地壳均衡起始于火山型被动陆缘形成之前，并伴随其形成过程。热沉降发生于分裂阶段之后，其幅度取决于新形成的火成岩地壳的厚度和热异常的持续时间。

非火山型被动陆缘如何伸展破裂？最新研究提出了纯剪-单剪-岩浆作用的复合模式（图3-38）（Sutra and Mantschal，2012）。在被动陆缘的裂谷作用下，首先以纯剪伸展方式形成均匀分布的断陷盆地群；其次以单剪方式，沿大型拆离断层变形。一旦拆离断层面，沿地壳底界面发育，地壳被完全拆离消失，下伏岩石圈地幔被剥离到海底，形成蛇纹石化地幔橄榄岩。岩石圈伸展引发地幔释压熔融，产生大量岩浆，岩浆侵入伸展的岩石圈，会影响伸展流变行为和变形方式，在岩石圈裂解、正常的大洋扩张中心形成后，洋中脊型岩浆增生，集中控制和调节了岩石圈的伸展和变形。

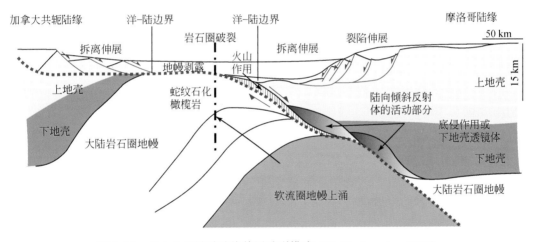

图3-38　非火山型被动陆缘伸展破裂模式（Maillard et al.，2006）

大陆岩石圈的伸展和破裂不是一个瞬间过程，而是一个经历了横向上从陆到洋，纵向上从地表到莫霍面，最终到岩石圈底界破裂的变形过程，岩石圈变形机制也经历了从均一纯剪变形，到不对称的单剪变形，地壳岩石圈中断层的发育，也从小型高角度的正断层、中等规模的铲状断层逐渐变化到低角度的大型拆离断层，最后再到以洋中脊岩墙作用为特征的对称伸展过程，最终导致岩石圈裂离形成洋壳。

洋-陆转换带是物质和能量交换和传输最为激烈的地带。传统的沉积学、层序地层学主要侧重盆地内部沉积环境研究，或盆-山小系统的源-汇过程揭示。洋-陆转换带的大气圈、岩石圈、软流圈到水圈、生物圈两两之间的界面，无疑都是全球尺度物质变异的分划性界面，是物质输运、转换需要跨越的一个关键地带。特别是流体，在全球尺度垂向和侧向物质传输和转变中的源-汇效应中更显重要。

大陆如何起源与生长于洋-陆转换带、洋-陆转换带深部过程与地表响应如何关联、洋-陆转换带物质-能量如何传输与交换等关键基础科学问题，目前尚不清楚。因此，洋-陆转换带属性的确定尤为重要。只有大力加强对洋-陆转换带的研究，解决这个科学难题，才能明确洋壳与陆壳的过渡问题。

3.4.7 洋–陆转换带的深部过程

被动陆缘形成的早期模式，强调深部岩浆作用或地幔柱启动了初始裂解，后期模式强调了构造伸展导致的裂解。因此，被动陆缘的形成模式实际也涉及了裂解是主动还是被动之争。

3.4.7.1 火山型陆缘与地幔柱

火山型陆缘（volcanic rifted margin）是大火成岩省的一部分，其特点是：极短时间内释放了大量岩浆喷溢物和形成了侵入岩。非火山型陆缘（non-volcanic rifted margin）或"冷"陆缘，如伊比利亚陆缘与火山型陆缘不同，不发育压性构造或侵入岩，并可以表现出不寻常的特征，如裸露的蛇纹石化地幔（Boillot and Froitzheim，2001）（图3-39）。火山型陆缘则在许多方面与传统意义的被动陆缘不同，主要区别如下：①地壳裂解的早期沉积阶段，大量岩浆沿未来扩张轴方向喷出，通常表现为海倾反射体；②存在许多岩床、岩基和侵入沉积盆地的岩浆通道；③裂解期间，未发生被动边缘沉降；④具有高P波速度异常（7.1~7.8 km/s）的下地壳——也就是所谓的"下地壳块体"（lower crustal block，LCB）。

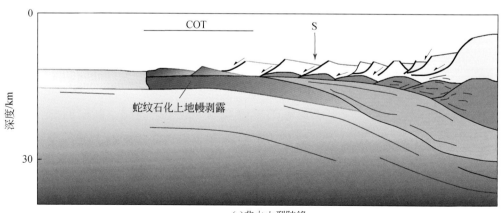

(a)非火山型陆缘

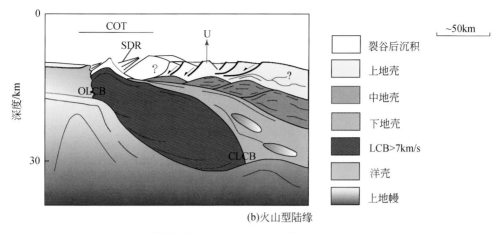

图3-39 火山型陆缘与非火山型陆缘的主要特征（Gernigon et al.，2005）

（a）广阔的非火山"加利西亚型"陆缘的地壳剖面，显示其特征是下地幔的向前剥露（Boillot and Froitzheim，2001）；

（b）狭窄的火山"沃林型"陆缘的结构和主要特点。CLCB-大陆下地壳块体；OLCB-海洋下地壳块体；SDR-海倾反射体。S-非火山型陆缘的裂后沉降；U-记录在火山型陆缘基底高到洋–陆转换带（COT）的一个均衡隆起

高速度（V_p>7km/s）且巨厚的下地壳块体的存在，常用于支持"热"地幔柱成因，进而"热"地幔柱形成大量岩浆岩。下地壳块体虽然位于洋–陆转换带，但可以向地壳的大陆部分下部延伸（图3-39）。在大陆区域，对其性质和年代的约束较少，难以确定下地壳块体的位置、大小、地震波速度和形成时间等更多的约束条件，因此，难以确定下地壳与地幔柱是否有关。

3.4.7.2 陆缘盆地下地壳过程

海倾反射体和下地壳块体沿大西洋 NE 向分布，特别是在沃林盆地外缘（图3-40）。沃林盆地外缘是一个复杂的断裂系统，延伸到古近纪的不整合面。它位于深的白垩纪盆地东侧和靠近洋–陆转换带的沃林陆缘高地西侧之间（图3-39 和图3-41）。作为复杂断裂系统的一部分，沃林盆地外缘特别受到晚白垩世—古新世断裂作用影响，导致其破裂，海倾反射体的年龄是 55~54Ma（图3-39 和图3-40）。

沃林陆缘是非常有趣的，大量的地球物理资料（折射、二维/三维地震）有助于揭示岩石圈和软流圈过程，如地幔柱、小尺度对流、冰岛起源的热点的浅层表现。这里关注沃林陆缘的北 Gjallar 脊（NGR），它位于 Vigrid 向斜和环沃林陆缘（图3-42）之间。

北 Gjallar 脊的最有趣的特征之一是：关于北 Gjallar 脊下面的中地壳穹隆状反射，是区域性反射并且命名为 T 反射（Gernigon et al.，2004）（图3-41 和图3-43）。研究表明，T 反射界定了下地壳块体的顶部。早期的解释直接将沃林盆地外缘的地壳穹隆分为岩浆底板、T 反射=下地壳块体顶部=与三次破裂相关的底板顶部或由下伏岩浆触发的变质岩复合体（Lundin and Doré，1997）。值得提出并讨论下地壳块体的以下

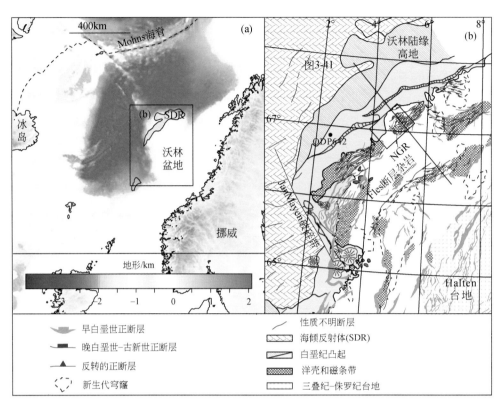

图 3-40　沃林盆地的水深和研究区位置（a）和沃林盆地外缘构造单元（b）（Gernigon et al.，2005）

方面：①北 Gjallar 脊底层地壳结构的三维几何和地球物理属性；②T 反射、下地壳块体和北 Gjallar 脊之间的结构关系；③北 Gjallar 脊的构造演化，包括与岩石圈破裂、"地幔柱"和下地壳块体位置等相关的问题，以及与下地壳块体性质的争议，和对一般火山型陆缘构造变形和软流圈过程的影响。

（1）北 Gjallar 脊和 T 反射

T 反射多见于 NGR 古近系中（图 3-41）。Gernigon 等（2004）认为，T 反射延伸到外沃林盆地，并且止于 Fles 断层杂岩的东部（图 3-40）。通过二维/三维地震勘探，现在 T 反射的三维几何完全被限制在北 Gjallar 脊上，这个位置为 7°S ~ 8°S 的双程走时所经过的界面，厚度直径为 20km 的圆形特征。根据海底地震仪（OBS）数据，莫霍面深度估计在 20km 深度（Raum，2000），而 T 反射（图 3-41）更浅。

在 OBS 深度模型中，重新定位的 T 反射的顶部是在 13 ~（14±2）km 处。Ren（1998）和 Skogseid 等（2000）也认为，T 反射的顶部在 10 ~ 15km，和下地壳块体大陆部分的顶部大致相近。Raum（2000）提出，T 反射标记 $V_p > 7.1$km/s 的顶部，并将其解释为镁铁质/超镁铁质岩浆岩的顶部，从而提出了底侵假说。在地球物理观测的基础上，Gernigon 等（2004）认为，T 反射为与高密度体（具有高速度）相关联的高阻抗边界，但是磁化率较低，这不支持镁铁质/超镁铁质基底起源假说（图 3-42）。

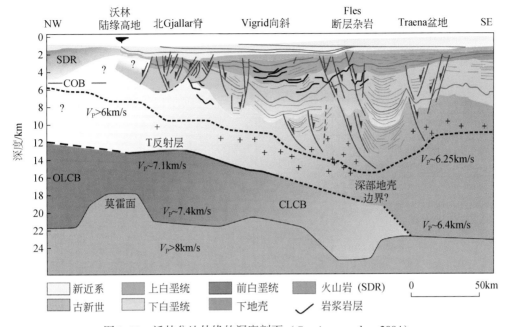

图 3-41　沃林盆地外缘的深度剖面（Gernigon et al.，2004）

北 Gjallar 脊（NGR）接近碎火山口，火山岩是由沃林边缘的 SDR 确定的。在二维地震

数据中观察到的 T 反射与 Raum（2000）定义的下地壳体的顶部（7km/s）相匹配

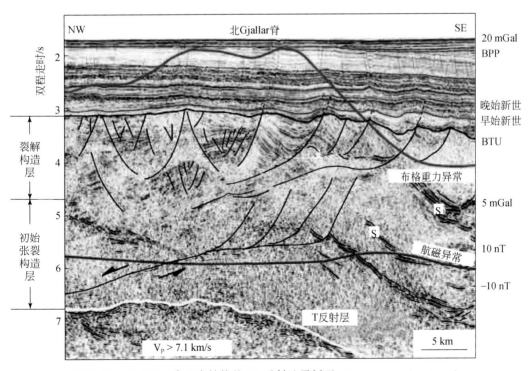

图 3-42　北 Gjallar 脊地壳结构的 3D 反射地震剖面（Gernigon et al.，2004）

横线表示由古近系和新近系不整合（BTU）定义的北 Gjallar 脊的几何结构。在早古新世早期，较浅部伸展

归并到拆离断层带与 T 反射，S 代表岩浆。蓝色曲线表示总磁场；红色曲线表示布格重力异常

（2）北 Gjallar 脊结构与构造演化

在北 Gjallar 脊演变期间，从初始张裂到分裂过程中，伸展形成了不同结构、导致了不同类型的岩浆作用（图 3-40、图 3-42 和表 3-2）。

表 3-2　从裂谷到裂离的构造–岩浆事件的时间序列

年代	年龄/Ma	构造–岩浆事件
E. Campanian ~ E. Maastrichtian （坎帕阶早期–麦斯里希特阶早期）	80 ~ 70	晚期裂解开始（晚白垩世—古近纪） 无岩浆作用
E. Maastrichtian ~ L. Maastrichtian （麦斯呈希特阶早期–麦斯里希特阶晚期）	70 ~ 66	晚白垩世—古近纪大陆裂解达高峰 沿北 Gjallar 脊隆起和断裂
Latest Maastrichtian ~ Danian （麦斯里希特阶晚期–达宁期）	66 ~ 60	NE 大西洋的区域隆起（地幔柱？） 位于穹隆上方的马斯特里赫特高地发生最大（？）侵蚀 向原洋中脊的方向，逐渐形成断裂活动中心 碱性岩浆作用初次出现
Selandian （塞兰特期）	60 ~ 55	晚古新世沉积物的证据高于大多数先前侵蚀的证据
Latest Paleocene ~ Ypresian （晚古新世–伊普雷斯期）	55 ~ 53	与裂离相关的瞬时火山活动（C24） 在北 Gjallar 岭记录了第二阶段的抬升
E. Eocene ~ Mid. Eocene （早始新世–中始新世）	53 ~ 50	岩浆作用减弱和快速沉降

1）上层显示了在古新世早期形成的同构造楔块和掀斜，和在下白垩统（阿尔布阶–森诺曼阶）页岩处的滑脱层。据 T 反射限定，穹隆形成放射状的断层。

2）中间层显示由深处低角度韧性剪切带切割的块状结构（成像品质差），其向上拓展成正断层。为了适应掀斜断块拓展，沿着该低角度剪切区域，正常位移是先于裂谷产生。

3）深处显示升序的 T 反射。穹隆作用可能增加断块的旋转和低角度断层，以类似的方式来均衡剥蚀和走滑滚动过程。低角度断层伸展可以容纳大量的断陷盆地的地壳伸展。低角度剪切带位于北 Gjallar 脊较深部位，因为白垩纪盆地浅部伸展，不能调节岩石圈破裂之前发生的严重地壳变薄（图 3-43）。

北 Gjallar 脊中的断层发育于基底内，被古近系不整合面覆盖（隆起 550 ~ 600m），由上古新世—早始新世沉积物覆盖。这种破裂前的区域性不整合，在大西洋沿 NE 向一直可见。根据 Skogseid 等（2000）提出的冰岛地幔柱—岩石圈碰撞假说（区域隆起）解释，这种不整合发生在晚麦斯里希特阶—早古新世（表 3-2）。

1）在晚麦斯里希特阶—早古新世隆起之前，NGR 已经是在地壳穹隆之上的高点

［图3-44（a）］，它在始新世早期的火山爆发之前，已经存在［图3-43（c）］。下地壳块体为一个初始断裂特征。

2）NGR中的断裂，在始新世早期破裂之前停止，反映了对未来破裂带变形的渐进或突然局部化。这种变形迁移发生在古新世早期和晚期—始新世早期［图3-43（b）］。

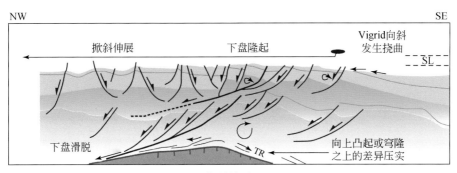

(a) 坎潘期的掀斜伸展(～80 Ma)

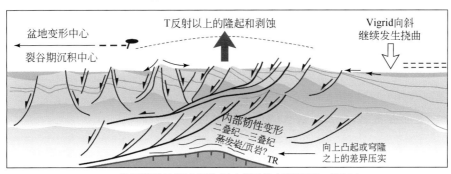

(b) 马斯特里赫特末期–早古新世的主要隆开(～60 Ma)

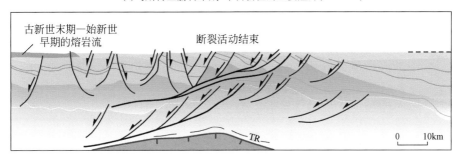

(c) 古新世末期–始新世早期的最后破裂(～55 Ma)

图 3-43　北 Gjallar 脊三阶段演化的运动学模型（Gernigon et al.，2004）

北 Gjallar 脊在分裂前和岩浆作用之前已经受到 T 反射（＝最高下地壳块体）的影响。该模型表明，北 Gjallar 脊下的下地壳块体是先存特征

始新世也标志着岩浆活动的开始（Saunders 等的 NE 大西洋岩浆阶段）。这强烈表明早期岩浆熔融物，最有可能参与了裂解过程。如模型所示，拉伸变形的初始断裂中心可以解释为岩石圈弱化的结果，显示岩石圈内的熔融区域可以强烈地控制伸展和缩颈的位置（Geoffroy et al.，1998；Callot et al.，2002）。

3.4.7.3　下地壳块体的起源

（1）下地壳块体和地幔柱/非地幔柱的关系

海域和沿洋–陆转换带的下地壳块体（LCB），最有可能代表岩浆岩，但在沃林盆地外缘裂谷区之下的大陆下地壳块体（CLCB）的意义尚存争议（图3-44）。

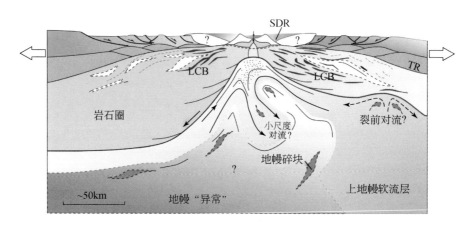

图3-44　裂离期间共轭火山陆缘（Gernigon et al.，2005）

归因于整个下地壳块体的火山作用和底侵作用，是由于岩石圈伸展和相关地幔"异常"存在争议，与岩石圈地幔过程之间存在复杂相互作用。最常见的大陆裂解的岩浆活动和SDR成因假说是源自核–幔边界的地幔柱。地幔柱撞击假说将异常地幔熔化归因于对流地幔中的"热"异常。其他假设包括小尺度对流和非均一地幔对流，这也导致高度的熔融

大陆下地壳块体是否真的具有岩浆特征？下地壳块体是否充分代表了与裂解相关的底侵？这个底侵是否由一个地幔柱导致？高 P 波速度是否真正反映了热地幔（苦橄岩）？下地壳块体、盆地变形与大陆断裂之间是什么关系？在北 Gjallar 脊和火山型陆缘，这些问题的答案可能有助于更好估计裂解期间的熔体总量。体积估计将有助于量化地幔温度和动力学的影响，但是它仍然有限（图3-44）。

（2）北 Gjallar 脊下地壳块体大陆部分与底侵作用

区域分析表明，NGR 中的岩浆活动发生在 63～54Ma 的整个古新世，峰值在 55～50Ma（Saunders et al.，1997）。考虑到下地壳的高速特征及其靠近 SDR 的位置，Mjelde 等（1998，2002）提出了一种镁铁质/超镁铁质岩浆岩的解释，以解释沿着扩张轴分布且低于北 Gjallar 脊观察到的高 V_P 值。

根据 White 和 McKenzie（1989），以高速下地壳为特征的高镁底侵体，应该是"冰岛地幔柱"撞击在岩石圈底部的结果。在 65～60Ma，这种相互作用发生在格陵兰岛之下，距离研究区 500～1000km（Lawver and Müller，1994）。

假设需要地幔柱的存在，那么 T 反射和下地壳块体，不太可能源于古近系的顶

部，因为它清楚地表明它们存在于古新世之前。

然而，不清楚的是，苦橄质岩浆是否真的与高地幔温度有关。作为参考，Sheth（1999）反驳说"与报道的苦橄质地幔柱关联基本是谬误……很模糊。苦橄质岩浆不一定表示深部高温熔岩，但可以简单地解释为上升地幔（主动或被动）的广泛减压和后来的分异"。

Mjelde 等（2002）认为，沃林盆地的下地壳块体与裂谷本身（大洋下地壳块体和大陆下地壳块体）解耦，并且可以限制在裂解前和后裂谷期之间发生的过程。这可能意味着在晚白垩世期间可能形成了下地壳侵入体。在这种情况下，北 Gjallar 脊的演化模型，可以用作一个论证来支持相当重要的（破裂前）下陷过程，Campanian-Maastrichtian 是在沃林盆地的下面。

一些地球动力学模型，可以合理解释板块破裂前的岩浆活动，而不涉及任何地幔柱对流效应。中温上地幔中存在大量地幔碎片。例如，榴辉岩和小尺度对流可以解释裂解初期和同期的熔融（图3-44）。

T 反射可以表示初始裂解（同裂谷）底板单元的顶部。初始裂解底板可能不直接与"热幔柱"相关，但可能源于与裂谷系统相互作用的其他岩石圈深部过程。然而，如果北 Gjallar 脊下面的下地壳块体真正代表岩浆，中地壳穹隆无磁性的性质就很难解释。

（3）"非岩浆"假说

"非岩浆"假说可解释北 Gjallar 脊下地壳的非磁性和高速特性。该地质模型认为该层由裂解前的结晶岩石组成。在沃林盆地外缘下方的非岩浆下陆壳，通常被解释为范围在 6.5~7km/s P 波速度的花岗闪长岩。然而，已经观察到下地壳具有局部较高的速度。

蛇纹石地幔显示的 P 波速度，范围在 5~7.5km/s 和高 V_P/V_S 值>1.8（O'Reilly et al.，1996），这些值与在 T 反射下观察到的值非常相似。T 反射可以代表一个裂解的地幔顶部，但这样的岩石，只可能发生在过度伸展的地壳中（图3-39）。这种环境在北 Gjallar 脊以下 12~15km，但在裂解最后阶段，若没有裂解后沉积物的裂解，这个深度就很难解释。Ren 等（1998）认为在 T 反射下存在蛇纹石化地幔。Mjelde 等（2002）发表了同样的假设。基于 V_P/V_S 结果和对沃林盆地大规模地壳拉伸现象，T 反射可以用来揭示蛇纹石化地幔的顶部。然而，这一过程所需的高度饱和水条件是有问题的，需要进一步的证据支持。

沿着沃林盆地的外缘，下地壳块体仅限于 Fles 断层杂岩东侧（图3-45），该区域是挪威陆缘漫长地质历史中的一个构造活动微弱区（Doré et al.，1997）。不能排除 Fles 断层杂岩是不同地壳块体之间的深缝合线，这也可以解释沃林盆地下深层下地壳的速度变化。

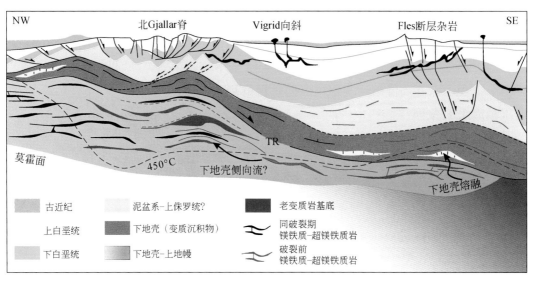

图 3-45　沿着沃林盆地外缘下地壳块体的解释模型（Gernigon et al.，2005）

3.5　被动陆缘–安第斯型陆缘转换

被动陆缘并不是一成不变的，它还可以进一步演化为活动型大陆边缘。俯冲启动机制研究关注的就是被动陆缘如何转变为活动陆缘，因为通常认为，解决了被动陆缘俯冲启动就等于揭开了板块构造体制起源之谜。安第斯型陆缘的形成与演化可能有两种方式：一是由被动陆缘转化而来，二是由岛弧与被动陆缘碰撞形成。这必然涉及被动陆缘如何转变为主动陆缘的俯冲带起源问题。

3.5.1　被动陆缘转化成安第斯型陆缘

在被动陆缘演化的末期，相邻洋底已完全冷却、收缩并向下沉陷，大洋岩石圈的密度超过了软流圈的密度。被动陆缘的大陆岩石圈与大洋岩石圈的交接转换带曾是板块的分离边界，但传统认为不是板块边界，为岩石圈板块内部薄弱带。一旦在挤压作用下岩石圈沿该薄弱带发生破裂，大洋岩石圈就可能向下俯冲至软流圈中。这样，被动陆缘就开始向安第斯型陆缘转化。

Dewey 和 Bird（1970）根据对阿巴拉契亚山系和科迪勒拉山系演化的研究，提出了被动陆缘转化为安第斯型陆缘的模式（图 3-46）。

1）在被动陆缘，当大洋岩石圈折断并向下俯冲时，随之产生新俯冲带和新海沟。在新海沟内壁，有向大洋侧逆推的洋壳楔，并接受复理石沉积，其厚度向大洋方向增大，在海沟内壁还形成了夹有蓝片岩的混杂堆积体［图 3-46（a）］。

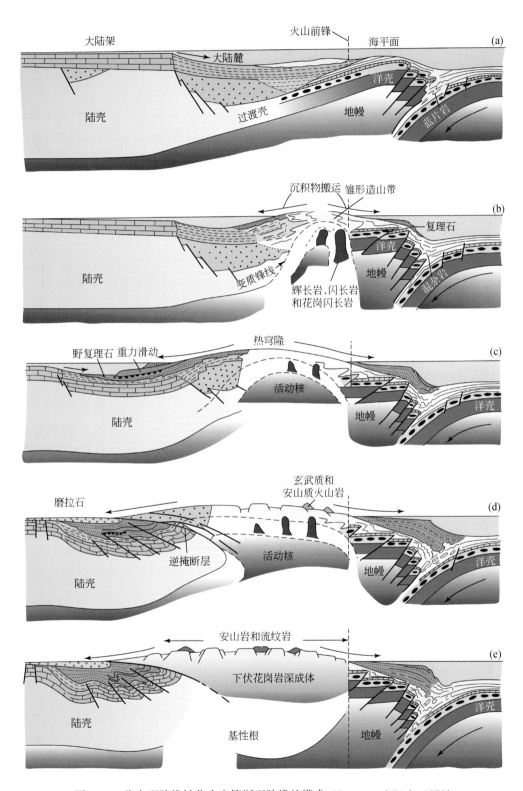

图 3-46　稳定型陆缘转化为安第斯型陆缘的模式（Dewey and Bird，1970）

2）当大洋板块俯冲超过100km的深度时，俯冲作用引发岩浆活动，形成以上升的辉长岩和花岗闪长岩为核心的穹隆，这便是俯冲造山带的雏形［图3-46（b）］。穹隆进一步扩展。原大陆隆下部的沉积层、大陆裂谷阶段形成的巨厚粗碎屑沉积岩和火山岩，开始发生高温变质和变形。

3）当造山带隆升出海面后，沉积物分别向洋侧和陆侧搬运，在火山前缘与海沟之间堆积了复理石层，在陆侧堆积于造山带与陆缘间的拗陷地带。从造山带向陆侧，还可出现由重力作用形成的叠瓦状构造和野复理石［图3-46（c）］。原大陆隆沉积物进一步遭受挤压变形。

4）随着造山带的扩展，向陆侧出现逆掩推覆，原大陆架上的浅水地层也卷入冲断和褶皱作用中，并在山间断陷中堆积起巨厚的磨拉石建造［图3-46（d）］。

5）进一步的岩浆活动及其上侵，形成大规模花岗岩基［图3-46（e）］。

在由被动陆缘向安第斯陆缘的转化过程中，构造环境发生了巨大变化：应力场由引张转化为挤压正断层反转为逆断层，断陷的地块变成了逆冲的推覆体，细粒的海相沉积被粗粒陆相或浅海相碎屑物所（不整合）覆盖。

东亚陆缘在晚古生代还属于未统一的被动陆缘，但是，在晚三叠世已经转换为了安第斯型大陆边缘，这个构造转换过程不仅体现在构造变形方向、构造性质转换，而且是构造体系、构造机制的彻底变化（李三忠等，2013）。伴随着这个巨大变化，地表系统发生了天翻地覆、翻江倒海的变迁，环境效应引发了一系列重大事件，其成为中国地学界关注的焦点。

3.5.2 被动陆缘与岛弧碰撞形成安第斯型陆缘

岛弧或火山弧与被动陆缘相互靠拢碰撞，一般总是岛弧或火山弧逆冲到被动陆缘之上。两者之间原有的大洋盆地或边缘海盆地，则消减于岛弧之下，如包括伊里安、爪哇在内的澳大利亚大陆与印尼岛弧东部的小巽他群岛的碰撞。其中，帝汶岛已经增生到澳大利亚大陆边缘上，小巽他群岛的东端也已经碰撞到澳大利亚大陆边缘上。

被动陆缘通常覆有巨厚的沉积层，岛弧靠海沟侧，发育复理石及含蓝片岩的混杂岩［图3-47（a）］。在俯冲作用下，大洋盆地与边缘海盆地逐渐关闭，残留的小洋盆中堆积起更多的复理石［图3-47（b）］。当岛弧与被动陆缘接触碰撞时，残留海盆的复理石（一般先发育海相复理石建造，随后转变为陆相复理石建造）和被动陆缘大陆隆上的巨厚沉积物，在俯冲带受到挤压，发生褶皱，以至产生逆掩推覆［图3-47（c）］。

由于大陆岩石圈很难向下俯冲，在挤压作用下，会出现一系列向内陆方向推挤的叠瓦状逆掩断层。夹杂有蓝片岩或蛇绿岩套的混杂堆积体，被推覆于被动陆缘的变形地层之上。当洋底俯冲殆尽时，厚而轻的大陆岩石圈又不能随之向下俯冲，而挤压作用仍在继续，最终造成岛弧一侧大洋岩石圈的破裂，遂形成倾向相反的新俯冲带及新海沟，新俯冲带可沿着与原俯冲带共轭的、倾向相反的断裂带发生 ［图 3-47（d）］，这就是俯冲带的俯冲极性反转或反弹现象。俯冲带的极性反转标志着原岛弧演化阶段的结束和安第斯型陆缘的形成，并由此开始了安第斯型陆缘的发展演化。

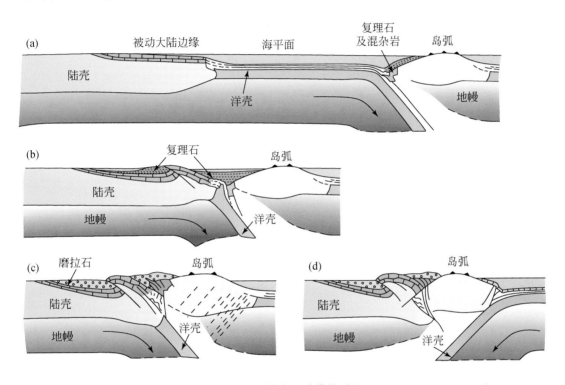

图 3-47　被动陆缘与岛弧碰撞形成安第斯型陆缘的过程（Dewey and Bird，1970）

参 考 文 献

蔡乾忠 . 1999. 特提斯与海相油气:开拓我国海域油气新领域 . 海洋地质动态,7:1-4.

车自成,刘良,罗金海 . 2002. 中国及其邻区区域大地构造学 . 北京:科学出版社 .

陈斯忠 . 2003. 东海盆地主要地质特点及找气方向 . 中国海上油气:地质,17(1):6-13.

冯涛,谢静 . 2000. 北秦岭造山带中的拆沉作用 . 西北地质科学,21(2):15-19.

高山,金振民 . 1997. 拆沉作用(delamination)及其壳—幔演化动力学意义 . 地质科技情报,(1):1-9.

龚一鸣,张克信 . 2007. 地层学基础与前沿 . 武汉:中国地质大学出版社 .

郭令智 . 1986. 大陆边缘地质学研究的新动向 . 地球,(2).

环文林,时振梁,鄢家全 . 1982. 中国东部及邻区中新生代构造演化与太平洋板块运动 . 地质科学,2:
179-190.

黄汲清 . 1954. 中国主要地质构造单位 . 北京:地质出版社 .

姜春发,朱松年 . 1992. 构造迁移论概述 . 地球学报,(1):1-14.

姜春发 . 2009. 科技创新、贵在坚持——对我国大地构造中某些创新观点的回顾与反思 . 地质学报,
83(11):1772-1778.

金性春,于开平 . 2003. 俯冲工厂和大陆物质的俯冲再循环研究 . 地球科学进展,18(5):737-744.

金性春,周祖翼,汪品先 . 1995. 大洋钻探与中国地球科学 . 上海:同济大学出版社 .

金性春 . 1984. 板块构造学基础 . 上海:上海科学技术出版社 .

金振民,高山 . 1996. 底侵作用(underplating)及其壳—幔演化动力学意义 . 地质科技情报,2:1-7.

肯尼特 . 1992. 成国栋等译 . 海洋地质学 . 北京:海洋出版社 .

孔祥超,李三忠,王永明,等 . 2017. 伊豆–小笠原–马里亚纳俯冲带地震成因 . 海洋地质与第四纪地质,
37(4):83-97.

赖绍聪,张国伟,杨永成,等 . 1998. 南秦岭勉县—略阳结合带蛇绿岩与岛弧火山岩地球化学及其大地构
造意义 . 地球化学,(3):283-293.

李春昱,王荃,刘雪亚 . 1981. 中国的内生成矿与板块构造 . 地质学报,(3):37-46.

李家彪 . 2008. 东海区域地质 . 北京:海洋出版社,

李江海,韩喜球,毛翔 . 2014. 全球构造图集 . 北京:地质出版社 .

李乃胜 . 1995. 大洋钻探与冲绳海槽 . 地球科学进展,10(3):240-245.

李三忠,金宠,戴黎明,等 . 2009. 洋底动力学——国际海底相关观测网络与探测系统的进展与展望 . 海
洋地质与第四纪地质,(5):131-143.

李三忠,吕海青,侯方辉,等 . 2004. 板块三节点 . 海洋地质动态,20(11):29-39.

李三忠,索艳慧,刘鑫,等 . 2012. 南海的盆地群与盆地动力学 . 海洋地质与第四纪地质,(6):55-78.

李三忠,张国伟,刘保华 . 2003. 秦岭勉略缝合带及南秦岭地块的变质动力学研究 . 地质科学,38(2):
137-154.

李三忠,张国伟,刘保华 . 2009a. 洋底动力学——从洋脊增生系统到俯冲消减系统 . 西北大学学报:自然

科学版,39(3):434-443.

李三忠,赵淑娟,刘鑫,等.2014.洋-陆转换与耦合过程.中国海洋大学学报,44(10):113-133.

李廷栋,莫杰.2002.中国滨太平洋构造域构造格架和东海地质演化.海洋地质与第四纪地质,22(4):1-6.

李学伦,刘保华.1997.东海陆架外缘隆褶带的形成与构造演化.海洋学报,19(5):76-82.

李学伦.1997.海洋地质学.青岛:青岛海洋大学出版社.

林景仟.1987.岩浆岩成因导论.北京:地质出版社.

刘德良,沈修志,陈江峰,等.2009.地球与类地行星构造地质学.合肥:中国科学技术大学出版社.

吕炳全.2008.海洋地质学概论.上海:同济大学出版社.

马宗晋,杜品,洪汉净.2003.地球构造与动力学.广州:广东科技出版社.

马宗晋,李存梯,高祥林.1998.全球洋底增生构造及演化.中国科学,28(2):157-165.

莫斯卡瘳娃 B H,等.1992.大陆裂谷系岩浆作用和成矿作用的某些特点.国土资源信息化,(6):20-23.

牛耀龄.2013.全球构造与地球动力学:岩石学与地球化学方法应用实例.北京:科学出版社.

潘传楚.1991.洋脊地质学和成矿学.地球科学进展,6(1):32-39.

任建业,庞雄,雷超,等.2015.被动陆缘洋陆转换带和岩石圈伸展破裂过程分析及其对南海陆缘深水盆地研究的启示.地学前缘,22(1):102-114.

任建业.2008.海洋底构造导论.武汉:中国地质大学出版社.

上田诚也.1979.岛弧.谢鸣谦等译.北京:地质出版社.

宋岳雄,周铭峰.1995.东海西湖凹陷反转构造与油气.海洋地质与第四纪地质,4:13-22.

索艳慧,李三忠,戴黎明,等.2012.东亚及其大陆边缘新生代构造迁移与盆地演化.岩石学报,28(8):2602-2618.

汪品先.2004.走向地球系统科学的必由之路.地球科学进展,18(5):795-796.

王同和.1986.大兴安岭以西含油气盆地的构造迁移.石油学报,3:32-40.

王同和.1988.中国东部含油气盆地的构造迁移.中国科学化学:中国科学,12:1314-1322.

王同和.1990.阿拉善弧形盆地系的构造迁移.石油实验地质,3:273-281.

王修林,王辉,范德江.2008.中国海洋科学发展战略研究.北京:海洋出版社.

王华,甘华军.2015.应用层序地层学.北京:石油工业出版社.

吴福元,葛文春,孙德有.2001.埃达克岩的概念、识别标志及其地质意义//肖庆辉.花岗岩研究思维与方法.北京:地质出版社.

吴福元.1998.壳—幔物质交换的岩浆岩石学研究.地学前缘,(3):94-103.

吴时国,喻普之.2006.海底构造学导论.北京:科学出版社.

徐茂泉,陈友飞.1999.海洋地质学.厦门:厦门大学出版社.

杨香华,李安春.2003.东海大陆边缘基底性质与沉积盆地.中国海上油气:地质,17(1):25-28.

张伯声.1962.镶嵌的地壳.地质学报,42(3):275-288.

张胜利,夏斌.2005.丽水-椒江凹陷构造演化特征与油气聚集.天然气地球科学,16(3):324-328.

张文佑.1984.断块构造导论.北京:石油工业出版社.

张训华.2008.中国海域构造地质学.北京:海洋出版社.

张远兴,叶加仁,苏克露,等.2009.东海西湖凹陷沉降史与构造演化.大地构造与成矿学,33(2):

215-223.

章军锋,王春光,续海金,等.2015.俯冲隧道中的部分熔融和壳幔相互作用:实验岩石学制约.中国科学:地球科学,45(9):1270-1284.

张万选.1993.陆相地震地层学.北京:石油大学出版社.

郑永飞,赵子福,陈伊翔.2013.大陆俯冲隧道过程:大陆碰撞过程中的板块界面相互作用.科学通报,58(23):2233-2239.

周祖翼,李春峰.2008.大陆边缘构造与地球动力学.北京:科学出版社.

朱而勤.1991.近代海洋地质学.青岛:青岛海洋大学出版社.

Allegre C J, Brévart O, DupRé B, et al. 1980. Isotopic and chemical effects produced in a continuously differentiating convecting Earth mantle. Philosophical Transactions of the Royal Society of London A:Mathematical. Physical and Engineering Sciences,297:447-477.

Allegre C J, Staudacher T, Sarda P, et al. 1983a. Constraints on evolution of Earth's mantle from rare gas systematics. Nature, 303: 762-766.

Allegre C J, Hart S R, Minster J F. 1983b. Chemical structure and evolution of the mantle and continents determined by inversion of Nd and Sr isotopic data, II. Numerical experiments and discussion. Earth and Planetary Science Letters, 66: 191-213.

Allegre C J, Lewin E, Dupré B. 1988. A coherent crust-mantle model for the uranium-thorium-lead isotopic system. Chemical Geology, 70: 211-234.

Allegre C J. 1987. Isotope geodynamics. Earth and Planetary Science Letters, 86: 175-203.

Anderson C A, Bridwell R J. 1980. A finite element method for studying the transient non-linear thermal creep of geological structures. International Journal for Numericaland Analytical Methods in Geomechanics, 4: 255-276.

Anderson R N, Delong S E, Schwarz W M. 1978. Thermal Model for Subduction with Dehydration in the Downgoing Slab. Journal of Geology, 86: 731-739.

Ando J, Tomioka N, Matsubara K, et al. 2006. Mechanism of the olivine—ringwoodite transformation in the presence of aqueous fluid. Physics and chemistry of minerals, 33: 377-382.

Arndt N T, Goldstein S L. 1989. An open boundary between lower continental crust and mantle: Its role in crust formation and crustal recycling. Tectonophysics, 161: 201-212.

Baker E T, Feely R A, de Ronde C E J, et al. 2003. Submarine hydrothermal venting on the southern Kermadec volcanic arc front (offshore New Zealand): Location and extent of particle plume signatures// Larter R D, Leat R T. Intra-oceanic Subduction Systems: Tectonic and Magmatic Processes. Geological Society, London, Special Publications, 219: 141-161.

Baldwin S L, Fitzgerald P G, Webb L E. 2012. Tectonics of the New Guinea Region. Annual Review of Earth and Planetary Sciences, 40: 495-520.

Barker P F, Lawver L A. 1988. South American-Antarctic plate motion over the past 50Ma, and the evolution of the South American-Antarctic ridge. Geophysical Journal International, 94: 377-386.

Barrett D L, Keen C E. 1976. Mesozoic magnetic lineations, the magnetic quiet zone, and sea floor spreading in the northwest Atlantic. Journal of Geophysical Research, 81: 4875-4884.

Basu A R，Sharma M，Decelles P G. 1990. Nd，Sr isotopic provenance and trace element geochemistry of Amazonian foreland basin fluvial sands，Bolivia and Peru：Implications for ensialic Andean orogeny. Earth and Planetary Science Letters，100（1）：1-17.

Bebout G E. 2007. Metamorphic chemical geodynamics of subduction zones. Earth and Planetary Science Letters，260：373-393.

Ben-Avraham Z，Hartnady C J H，Malan J A. 1993. Early tectonic extension between the Agulhas Bank and the Falkland Plateau due to the rotation of the Lafonia microplate. Earth & Planetary Science Letters，117：43-58.

Benes V，Scott S D，Binns R A. 1994. Tectonics of rift propagation into a continental margin：Western Woodlark Basin，Papua New Guinea. Journal of Geophysical Research，99：4439-4455.

Bevis M，Taylor F W，Schutz B E，et al. 1995. Geodetic observations of very rapid convergence and back-arc extension at the Tonga arc. Nature，374：249-251.

Bickle M J，Bettenay L F，Chaman H J，et al. 1989. The age and origin of younger granitic plutons of the Shaw Batholith in the Archaean Pilbara Block，Western Australia. Contributions to Mineralogy and Petrology，101：361-376.

Billen M I，Stock J. 2000. Morphology and origin of the Osbourn Trough. Journal of Geophysical Research，105：13482-13489.

Bird P. 1978. Initiation of Intracontinental Subduction in the Himalaya. Journal of Geophysical Research Solid Earth，83：4975-4987.

Bird P. 1984. Laramide crustal thickening event in the Rocky Mountain foreland and Great Plains. Tectonics，3：741-758.

Bird P. 2003. An updated digital model of plate boundaries. Geochemistry Geophysics Geosystems，4：1-52.

Boillot G，Froitzheim N. 2001. Non-volcanic rifted margins，continental break-up and the onset of sea-floor spreading：Some outstanding questions. Geological Society London Special Publications，187：9-30.

Boillot G，Recq M，Winterer E L，et al. 1987. Tectonic denudation of the upper mantle along passive margins：A model based on drilling results（ODP leg 103，western Galicia margin，Spain）. Tectonophysics，132：335-342.

Boillot G. 1979. Geology of continental margins. Washington D C：The National Academic Press.

Bott M H P，Kusznir N J. 1979. Stress distributions associated with compensated plateau uplift structures with application to the continental splitting mechanism. Geophysical Journal International，56：451-459.

Bott M H P. 1978. The origin and development of the continental margins between the British Isles and Southeastern Greenland//Bowes D R，Leake B E. Crustal Evolution in Northwestern Britain and Adjacent Regions. Geological Journal，Special Issue，10：377-392.

Bott M H P. 1982. Interior of the earth：Its structure，constitution and evolution//Bott M H P. The Interior of the earth：Its structure，constitution and evolution（Second edition）. London（UK）：Edward Arnold.

Brace W F，Kohlstedt D L. 1980. Limits on lithospheric stress imposed by laboratory experiments. Journal of Geophysical Research：Solid Earth，85：6248-6252.

Bradley D C. 2008. Passive margins through earth history. Earth Science Reviews，91：1-26.

Breitsprecher K, Thorkelson D J, Grcome W G, et al. 2003. Geochemical confirmation of the Kula-Farallon slab window beneath the Pacific Northwest in Eocene time. Geology, 31: 351-354.

Brenan J M, Shaw H F, Ryerson F J, et al. 1995. Mineral-aqueous fluid partitioning of trace elements at 900℃ and 2.0 GPa: Constraints on the trace element chemistry of mantle and deep crustal fluids. Geochimica Et Cosmochimica Acta, 59: 3331-3350.

Brown L F, Fisher W L. 1977. Seismic stratigraphic interpretation of depositional systems: Examples from Brazilian rift and pull apart basins//Payton C E. Seismic Stratigraphy-Applications to Hydrocarbon Exploration. American Association of Petroleum Geologists Memoir, 26: 213-248.

Burek P J. 1970. Magnetic reversals: Their application to stratigraphic problems. AAPG Bulletin, 54: 1120-1139.

Burke K. 1976. Development of graben associated with the initial ruptures of the Atlantic Ocean. Tectonophysics, 36: 93-112.

Burke K, Whiteman A J. 1973. Uplift, rifting and break-up of Africa. Implications of the continental drift to eath sciences. Academic Press, London: 735-755.

Burov E B, Diament M. 1995. The effective elastic thickness (Te) of continental lithosphere: What does it really mean? Journal of Geophysical Research: Solid Earth, 100: 3905-3927.

Burov E B, Watts A B. 2006. The long-term strength of continental lithosphere: "jelly sandwich" or "crème brûlée"? GSA today, 16: 4.

Burov E B. 2011. Rheology and strength of the lithosphere. Marine and Petroleum Geology, 28: 1402-1443.

Burov E V, Kogan M G, Lyon-Caen H, et al. 1990. Gravity anomalies, the deep structure, and dynamic processes beneath the Tien Shan. Earth and Planetary Science Letters, 96: 367-383.

Bédard J H. 1999. Petrogenesis of Boninites from the Betts Cove Ophiolite, Newfoundland, Canada: Identification of Subducted Source Components. Clinical Microbiology Reviews, 14: 753-777.

Callot J P, Geoffroy L, Brun J P. 2002. Development of volcanic passive margins: Three dimensional laboratory models. Tectonics, 21: 1-13.

Cande S C, La hrecque J L, Larscn R L, et al. 1989. Magnetic lineations of the world's ocean basins. American Association of Petroleum Geologists, Tulsa, Okla.

Cann J R. 1979. Ophiolites: Ancient oceanic lithosphere? Earth-Science Reviews, 14: 382-384.

Carlile J C, Digdowirogo S, Darius K. 1990. Geological setting, characteristics and regional exploration for gold in the volcanic arcs of North Sulawesi, Indonesia. Journal of Geochemical Exploration, 35: 105-140.

Cawood P A. 2005. Terra Australis Orogen: Rodinia breakup and development of the Pacific and Iapetus margins of Gondwana during the Neoproterozoic and Paleozoic. Earth Science Reviews, 69: 249-279.

Chaffey D J, Cliff R A, Wilson B M. 1989. Characterization of the St Helena magma source Geological Society London Special Publications, 42: 257-276.

Chen M, Chen J, Xie X, et al. 2007. A microstructural investigation of natural lamellar ringwoodite in olivine of the shocked Sixiangkou chondrite. Earth and Planetary Science Letters, 264: 277-283.

Christensen N I, Salisbury M H. 1975. Structure and constitution of the lower oceanic crust. Reviews of Geophysics and Space Physics, 13: 57-86.

Cliff R A, Baker P E, Mateer N J. 1991. Geochemistry of inaccessible island volcanics. Chemical Geology, 92: 251-260.

Clift P D, Pecher I, Kukowski N, et al. 2003. Tectonic erosion of the Peruvian forearc, Lima Basin, by subduction and Nazca Ridge collision. Tectonics, 22: 1-7.

Cloos M, Shreve R L. 1998. Subduction-channel model of prism accretion, mélangeformation, sediment subduction, and subduction erosion at convergent plate margins: 1, Background and description. Pure and Applied Geophysics, 128: 455-500.

Cloos M, Sapiie B, Weiland R J. 1998. Continental margin subduction, collision and lithospheric delamination in New Guinea. Geological Society of America Abstracts with Programs, 30: A208.

Coleman R G. 1977. Plate Tectonics and Ophiolites. Springer Berlin Heidelberg, 1: 8-16.

Condie K C. 1982. Plate tectonics & crustal evolution. New York: Pergamon Press.

Cox J L, Farrell R A, Hart R W, et al. 1970. The transparency of the mammalian cornea. The Journal of physiology, 210: 601-616.

Crawford A J, Falloon T J, Eggins S. 1987. The origin of island arc high-alumina basalts. Contributions to Mineralogy and Petrology, 97: 417-430.

Crough S T. 1975. Thermal model of oceanic lithosphere. Nature, 256: 388-390.

Davidson J P, Harmon R S. 1989. Oxygen isotope constraints on the petrogenesis of volcanic arc magmas from Martinique, Lesser Antilles. Earth and Planetary Science Letters, 95: 255-270.

Davidson J P. 1983. Lesser Antilles isotopic evidence of the role of subducted sediment in island arc magma genesis. Nature, 306: 253-256.

Davidson J P. 1996. Deciphering mantle and crustal signatures in subduction zone magmatism//Bebout G E, Scholl D W, Kirby S H, et al. Subduction Top to Bottom. American Geophysical Union Monographs, 96: 251-262.

Davies G, Gledhill A, Hawkesworth C. 1985. Upper crustal recycling in southern Britain: Evidence from Nd and Sr isotopes. Earth and Planetary Science Letters, 75: 1-12.

Davies J H, Bickle M J. 1991. A Physical Model for the Volume and Composition of Melt Produced by Hydrous Fluxing above Subduction Zones. Philosophical Transactions of the Royal Society B Biological Sciences, 335: 355-364.

de Ronde C E J, Sibson R H, Bray C J, et al. 2001. Fluid chemistry of veining associated with an ancient microearthquake swarm, Benmore Dam, New Zealand. Geological Society of America Bulletin, 113: 1010-1024.

Debari S M, Sleep N H. 1991. High Mg, low Al bulk composition of the Talkeetna island arc, Alaska: Implications for primary magmas and the nature of arc crust. Geological Society of America Bulletin, 103: 37-47.

Defant M J, Drummond M S. 1990. Derivation of some modern arc magmas by melting of young subducted lithosphere. Nature, 347: 662-665.

Demets C, Gordon R G, Vogt P. 1994. Location of the Africa Australia India Triple Junction and Motion Between the Australian and Indian Plates: Results From an Aeromagnetic Investigation of the Central Indian and Carlsberg Ridges. Geophysical Journal International, 119: 893-930.

Demets C, Traylen S. 2000. Motion of the Rivera plate since 10 Ma relative to the Pacific and North American plates and the mantle. Tectonophysics, 318: 119-159.

DePaolo D J, Manton W I, Grew E S. 1982. Sm-Nd, Rb-Sr and U-Th-Pb systematics of granulite facies rocks from Fyfe Hills, Enderby Land, Antarctica. Nature, 298: 614-618.

DePaolo D J, Wasserburg G J. 1979. Sm-Nd age of the Stillwater Complex and the mantle evolution curve for neodymium. Geochimica et Cosmochimica Acta, 43: 999-1008.

Deschamps A, L allemande S. 2003. Geodynamic setting of Izu-Bonin-Mariana boninites//Larter R D, Leat E T. Intra- oceanic subduction Systems: Tectonic and Magmatic Processes. Geological Society, London, Special Publications, 219: 163-185.

Deverchere J, Houdry F, Diament M, et al. 1991. Evidence for a seismogenic upper mantle and lower crust in the Baikal rift. Geophysical Research Letters, 18: 1099-1102.

Dewey J F, Bird J M. 1970. Mountain belts and the new global tectonics. Journal of Geophysical Research Atmospheres, 75: 2625-2647.

Dewey J F, Bird J M. 1971. Origin and emplacement of the ophiolite suite: Appalachian ophiolites in Newfound land. Journal of Geophysical Research, 75: 3179-3206.

Dewey J F, Rickards R B, Skevington D. 1970. New light on the age of Dalradian deformation and metamorphism in western Ireland. Norsk Geografisk Tidsskrift-Norwegian Journal of Geogra phy, 50: 19-44.

Dewey J F. 1981. Episodicity, sequence and style at convergent plate boundaries, the continental crust and its mineral deposits. Geological Association of Canada-Special Paper, 20: 553-572.

Dickinson W R, Snyder W S. 1979. Geometry of Subducted Slabs Related to San Andreas Transform. Journal of Geology, 87: 609-627.

Dickinson W R. 1974. Plate Tectonics and Sedimentation. Tectonics and Sedimentation, 22: 1-27.

Doré A G, Lundin E R, Fischler C, et al. 1997. Patterns of basement structure and reactivation along the NE Atlantic margin. Journal of the Geological Society of London, 154: 85-92.

Downes H, Dupuy C. 1987. Textural, isotopic and REE variations in spinel peridotite xenoliths, Massif Central, France. Earth and Planetary Science Letters, 82: 121-135.

Downes H, Leyreloup A. 1986. Granulitic xenoliths from the French Massif Central petrology, Sr and Nd isotope systematics and model age estimates. Geological Society London Special Publications, 24: 319-330.

Drake C L, Ewing M, Sutton G H. 1959. Continental margins and geosynclines: The east coast of North America north of Cape Hatteras. Physics and Chemistry of the Earth, 3: 110-112.

Drummond M S, Defant M J. 1990. A model for Trondhjemite Tonalite Dacite Genesis and crustal growth via slab melting: Archean to modern comparisons. Journal of Geophysical Research, 95: 21503-21521.

Dupre B, Allegre C J. 1983. Pb-Sr isotope variation in Indian Ocean basalts and mixing phenomena. Nature, 303: 142-146.

Eggler D H, Wayne B C. 1973. Crystallization and fractionation trends in the system Andesite H_2O-CO_2-O_2 at pressures to 10 Kb. Geological Society of America Bulletin, 84: 2517.

Eggler D H. 1974. Application of a portion of the system $CaAl_2Si_2O_8$-$NaAlSi_3O_8$-SiO_2-MgO-Fe-O_2-H_2O-CO_2 to genesis of the calc-alkaline suite. American Journal of Science, 274: 297-315.

Elliott T, Plank T, Zindler A, et al. 1997. Element transport from slab to volcanic front at the Mariana Arc. Journal of Geophysical Research Atmospheres, 102: 14991-15019.

Emery K O, Uchupi E, Phillips J D, et al. 1970. Continental rise off eastern North America. AAPG Bulletin, 54: 44-108.

Engebretson D, Kirby S. 1992. Deep Nazca slab seismicity: Why is it so anomalous? Eos Transactions American Geophysical Union, 73: 379.

England P C, Richardson S W. 1980. Erosion and the age dependence of continental heat flow. Geophysical Journal International, 62: 421-438.

Farrar E, Dixon J M. 1993. Ridge subduction: Kinematics and implications for the nature of mantle upwelling. Canadian Journal of Earth Sciences, 30: 893-907.

Fitton J G, James D, Kempton P D, et al. 1988. The role of lithospheric mantle in the generation of late Cenozoic basic magmas in the western United States. Journal of Petrology, 1: 331-349.

Forsyth D W. 1977. The evolution of the upper mantle beneath mid-ocean ridges. Tectonophysics, 38: 89-118.

Forsyth D W. 1985. Subsurface loading and estimates of the flexural rigidity of continental lithosphere. Journal of Geophysical Research: Solid Earth, 90: 12623-12632.

Franke D. 2013. Rifting, lithosphere breakup and volcanism: Comparison of magma—poor and volcanic rifted margins. Marine and Petroleum Geology, 43: 63-87.

Frisch W, Meschede M, Blakey R. 2011. Plate Tectonics: Continental drift and mountain building. New York: Sprunger-verlay.

Fryer P. 1996. Evolution of the Mariana Convergent Plate Margin System. Reviews of Geophysics, 34: 89-125.

Fukao Y, Maruyama S, Obayashi M, et al. 1994. Geologic implication of the whole mantle P-wave tomography. Journal of the Geological Society of Japan, 100: 4-23.

Galer S J G, O'Nions R K. 1985. Residence time of thorium, uranium and lead in the mantle with implications for mantle convection. Nature, 316: 778-782.

Gamble J, Woodhead J, Wright I, et al. 1996. Basalt and sediment geochemistry and magma petrogenesis in a transect from Oceanic Island Arc to Rifted Continental Margin Arc: the Kermadec-Hikurangi Margin, SW Pacific. Journal of Petrology, 37: 1523-1546.

Geoffroy L. 2005. Volcanic passive margins. Comptes Rendus Geoscience, 337: 1395-1408.

Geoffroy L, Gélard J P, Lepvrier C, et al. 1998. The coastal flexure of Disko (West Greenland), onshore expression of the oblique reflectors. Journal of the Geological Society London, 155: 464-473.

Gerlach D C, Cliff R A, Davies G R, et al. 1988. Magma sources of the Cape Verdes archipelago: Isotopic and trace element constraints. Geochimica et Cosmochimica Acta, 52: 2979-2992.

German C R, Livermore R A, Baker E T, et al. 2000. Hydrothermal plumes above the East Scotia Ridge: An isolated high-latitude back-arc spreading centre. Earth and Planetary Science Letters, 184: 241-250.

Gernigon L, Lucazeau F, Brigaud F, et al. 2005. A moderate melting model for the Vøring margin (Norway) based on structural observations, and a thermo-kinematical modelling: Implication for the measuring of the lower crustal bodies. Tectonophysics, 412: 255-278.

Gernigon L, Ringenbach J C, Rlanke S, et al. 2004. Deep structures and breakup along volcanic rifted margins: Insights from integrated studies along the outer Vøring Basin (Norway). Marine and Petroleum Geology, 21: 363-372.

Ghidella M E, Yáñez G, Labrecque J L. 2002. Revised tectonic implications for the magnetic anomalies of the western Weddell Sea. Tectonophysics, 347: 65-86.

Giacomo C, Giorgio R, Genene M, et al. 2010. Control of the rheological structure of the lithosphere on the inward migration of tectonic activity during continental rifting. Tectonophysics, 490: 165-172.

Gill J B. 1981. Orogenic Andesites and Plate Tectonics. Mineralogical Magazine, 46: 277-278.

Goetze C, Evans B. 1979. Stress and temperature in the bending lithosphere as constrained by experimental rock mechanics. Geophysical Journal International, 59: 463-478.

Gordon R, Demets C, Stein S, et al. 1990. Current plate motions. Geophysical journal international, 101 (2): 425-478.

Green D H, Liebermann R C. 1976. Phase equilibria and elastic properties of a pyrolite model for the oceanic upper mantle. Tectonophysics, 32: 61-92.

Green T H, Ringwood A E. 1968. Genesis of the calc-alkaline igneous rock suite. Contributions to mineralogy and petrology, 18: 105-162.

Green T H, Watson E B. 1982. Crystallization of apatite in natural magmas under high pressure, hydrous conditions, with particular reference to 'Orogenic' rock series. Contributions to Mineralogy & Petrology, 79: 96-105.

Gribble R F, Stern R J, Newman S, et al. 1998. Chemical and isotopic composition of lavas from the Northern Mariana Trough: Implications for magmagenesis in back arc basins. Journal of Petrology, 39: 125-154.

Groome W G, Thorkelson D J. 2009. The three dimensional thermo mechanical signature of ridge subduction and slab window migration. Tectonophysics, 464: 70-83.

Guillot S, Hattori K, Agard P, et al. 2009. Exhumation Processes in Oceanic and Continental Subduction Contexts: A Review//Lallemand S, Funiciello F. Subduction Zone Geodynamics. Berlin Heidelberg: Springer.

Goes S, Agrusta R, Hunen J V, et al. 2017. Subduction–transition zone interaction: A review. Geosphere, 13 (3): GES01476. 1.

Haeussler P J, Bradley D, Goldfarb R, et al. 1995. Link between ridge subduction and gold mineralization in southern Alaska. Geology, 23: 995-998.

Hall R, Nichols G, Ballantyne P, et al. 1991. The character and significance of basement rocks of the southern Molucca Sea region. Journal of Southeast Asian Earth Sciences, 6: 249-258.

Hamilton W B. 1979. Tectonics of the Indonesian region. Washing D C: The U. S. Government Printing Office.

Haq B U, Hardenbol J, Vail P R. 1988. Sea Level History: Response. Science, 241: 601-602.

Hargraves R B. 1986. Faster spreading or greater ridge length in the Archean? Geology, 14: 750.

Hart S R. 1984. A large-scale isotope anomaly in the Southern Hemisphere mantle. Nature, 309: 753-757.

Hawkesworth C J, Gallagher K, And J M H, et al. 1993. Mantle and slab contributions in arc magmas. Annual Review of Earth and Planetary Sciences, 21: 175-204.

Hawkesworth C J, Gallagher, Hergt J M, et al. 1994. Destructive plate margin magmatism: Geochemistry and melt Generation. Lithos, 33: 169-188.

Hawkesworth C J, Hammill M, Gledhill A R, et al. 1982. Isotope and trace element evidence for late-stage intra-crustal melting in the High Andes. Earth and Planetary Science Letters, 58: 240-254.

Hawkesworth C J, Tumer S P, Mcdermott F, et al. 1997. UTh Isotopes in Arc Magmas: Implications for Element Transfer from the Subducted Crust. Science, 276: 551.

Hermance J F, Garland G D. 1968. Deep electrical structure under Iceland. Journal of Geophysical Research, 73: 3797-3800.

Hermance J F, Grillot L R. 1970. Correlation of magnetotelluric, seismic, and temperature data from southwest Iceland. Journal of Geophysical Research, 75: 6582-6591.

Hilde T W C, Lee C S. 1984. Origin and evolution of the West Philippine Basin: A new interpretation. Tectonophysics, 102: 85-104.

Hilde T W C, Uyeda S, Kroenke L. 1977. Evolution of the western Pacific and its margin. Tectonophysics, 38: 145155-152165.

Hilst R V D. 1995. Complex morphology of subducted lithosphere in the mantle beneath the Tonga Trench. Nature, 374 (6518): 154-157.

Hoemle K, Zhang Y S, Graham D. 1995. Seismic and geochemical evidence for large-scale mantle upwelling beneath the eastern Atlantic and western and central Europe. Nature, 374: 34-39.

Hoernle K, Tilton G, Schmincke H U. 1991. Sr, Nd, Pb isotopic evolution of Gran Canada: Evidence for shallow enriched mantle beneath the Canary Islands. Earth and Planetary Science Letters, 106: 44-63.

Hofmann A W, White W M. 1982. Mantle plumes from ancient oceanic crust. Earth and Planetary Science Letters, 57: 421-436.

Holbrook W S, Lizarralde D, Mcgeary S, et al. 1999. Structure and composition of Aleutian island arc and implications for crustal growth. Geology, 27: 31-34.

Holloway J R, Burnham C W. 1972. Melting relations of basalt with equilibrium water pressure less than total pressure. Journal of Petrology, 13: 1-29.

Honza E, Fujioka K. 2004. Formation of arcs and backarc basins inferred from the tectonic evolution of Southeast Asia since the Late Cretaceous. Tectonophysics, 384: 23-53.

Honza E. 1995. Spreading mode of backarc basins in the western Pacific. Tectonophysics, 251: 139-152.

Houseman G A. 1981. Numerical experiments on mantle convection. IEEE Transactions on Power Systems, 27: 1343-1353.

Huang J, Zhao D. 2006. High-resolution mantle tomography of China and surrounding regions. Journal of Geophysical Research, 111: 4813-4825.

Huang Z C, Zhao D P, Wang L S. 2011. Seismic heterogeneity and anisotropy of the Honshu arc from the Japan Trench to the Japan Sea. Geophysical Journal International, 184: 1428-1444.

Huang, Jen-Ching. 1988. Condensed sections: the key to age determination and correlation of continental margin sequences. Sea-Level Changes-An Integrated Approach, SEPM Special Publication, 34: 183-213.

Iizasa K, Fiske R S, Ishizuka O, et al. 1999. A Kuroko-type polymetallic sulfide deposit in a submarine caldera. Science, 283: 975-977.

Irvine T N. 1976. Metastable liquid immiscibility and MgO FeO SiO$_2$ fractionation patterns in the system Mg$_2$SiO$_4$ Fe$_2$SiO$_4$ CaAl$_2$Si$_2$O$_8$ KAlSi$_3$O$_8$ SiO$_2$. Carnegie Institution of Washington Yearbook, 75: 597-611.

Ishibashi J I, Urabe T. 1995. Hydrothermal activity related to arc backarc magmatism in the Western Pacific. Backarc Basins Tectonics & Magmatism, 451-495.

Ishizuka O, Uto K, Yuasa M. 2003. Volcanic history of the back arc region of the Izu Bonin (Ogasawara) arc. Geological Society of London Special Publications, 219: 187-205.

Iwamori H. 2000. Thermal effects of ridge subduction and its implications for the origin of granitic batholith and paired metamorphic belts. Earth and Planetary Science Letters, 181: 131-144.

Jackson J. 2002. Strength of the continental lithosphere: Time to abandon the jelly sandwich? GSA today, 12: 4-9.

James D E. 1971. Andean crustal and upper mantle structure. Journal of Geophysical Research, 76: 3246-3271.

Johnson M C, Plank T. 1999. Dehydration and melting experiments constrain the fate of subducted sediments. Geochemistry Geophysics Geosystems, 1: 1-26.

Jokat W, Boebel T, König M, et al. 2003. Timing and geometry of early Gondwana breakup. Journal of Geophysical Research Solid Earth, 108: 1-15.

Jolivet L, Huchon P, Brun J P, et al. 1991. Arc deformation and marginal basin opening: Japan Sea as a case study. Journal of Geophysical Research, 96: 4367-4384.

Jordan T A, Watts A B. 2005. Gravity anomalies, flexure and the elastic thickness structure of the India-Eurasia collisional system. Earth and Planetary Science Letters, 236: 732-750.

Judge A V, McNutt M K. 1991. The relationship between plate curvature and elastic plate thickness: A study of the Peru-Chile Trench. Journal of Geophysical Research: Solid Earth, 96: 16625-16639.

Jull M, Kelemen P B. 2001. On the conditions for lower crustal convective instability. Journal of Geophysical Research, 106: 6423-6446.

Kanamori H, Abe K. 1968. Deep structure of island arcs as revealed by surface waves. Bulletin Earthquake Research Institution, 46, 1001-1025.

Karig D E. 1971. Origin and development of marginal basins in the western Pacific. Journal of geophysical research, 76: 2542-2561.

Kelemen P B, Hanghøj K, Greene A R. 2003. 3. 18-One View of the Geochemistry of Subduction-related Magmatic Arcs, with an Emphasis on Primitive Andesite and Lower Crust. Treatise on Geochemistry, 138: 1-70.

Kennedy G C. 1955. Some aspects of the role of water in rock melts. Geological Society of America Special Papers, 62: 489-504.

Kirby S H, Kronenberg A K. 1987a. Rheology of the lithosphere: Selected topics. Reviews of Geophysics, 25: 1219-1244.

Kirby S H, Kronenberg A K. 1987b. Correction to "Rheology of the lithosphere: Selected topics". Reviews of Geophysics, 25: 1680-1681.

Knopoff L, Schlue J W, Schwab F A. 1970. Phase velocities of Rayleigh waves across the East Pacific

Rise. Tectonophysics, 10: 321-334.

Kong X C, Li S Z, Suo Y H, et al. 2016. Hot and cold subduction systems in the Western Pacific Ocean: Insights from heat flows. Geological Journal, 51 (S1): 593-608.

Kovacs L C, Morris P, Brozena J, et al. 2002. Seafloor spreading in the Weddell Sea from magnetic and gravity data. Tectonophysics, 347 (1): 43-64.

Kramers J D, Smith C B, Lock N P, et al. 1981. Can kimberlites be generated from an ordinary mantle? Nature, 291: 53-56.

Kruse S E, Royden L H. 1994. Bending and unbending of an elastic lithosphere: The Cenozoic history of the Apennine and Dinaride foredeep basins. Tectonics, 13: 278-302.

Kushiro I. 1969. The system forsterite-diopside-silica with and without water at high pressures. American Journal of Science, 267: 269-294.

Kushiro I. 1975. Carbonate—silicate reactions at high presure and possible presence of dolomite and magnesite in the upper mantle. Earth and Planetary Science Letters, 28: 116-120.

Kusky T M, Windley B F, Wang L, et al. 2014. Flat slab subduction, trench suction, and craton destruction: Comparison of the North China, Wyoming, and Brazilian crations. Tectonophysics, 630: 208-221.

König M, Talwani M. 1977. A geophysical study of the southern continental margin of Australia: Great Australian Bight and western sections. Geological Society of America Bulletin, 88: 1000-1014.

Larson R L, Hilde T W C. 1975. A revised time scale of magnetic reversals for the Early Cretaceous and Late Jurassic. Journal of Geophysical Research, 80: 2586-2594.

Larter R D, Vanneste L E, Bruguier N J. 2001. Structure, composition and evolution of the South Sandwich island arc: Implications for rates of arc magmatic growth and subduction erosion. AGU Fall Meeting Abstracts, Cambridge.

Larter R D, Vanneste L E, Morris P, et al. 2003. Structure and tectonic evolution of the South Sandwich arc. Geological Society, London, Special Publications, 219: 255-284.

Latin D, White N. 1990. Generating melt during Uithospheric extension: Pure shear US: simple Shear. Geology, 18: 327-331.

Launay L. 1974. Conductivity under the oceans: Interpretation of a magneto-telluric sounding 630km off the Californian Coast. Physics of the Earth and Planetary Interiors, 8: 83-86.

Lawver L A, Müller R D. 1994. Iceland hotspot track. Geology, 22: 311-314.

Leat P T, Riley T R, Wareham C D, et al. 2002. Tectonic setting of primitive magmas in volcanic arcs: An example from the Antarctic Peninsula. Journal of the Geological Society, 159: 31-44.

Li S Z, Zhao G, Dai L, et al. 2012. Mesozoic basins in eastern China and their bearing on the deconstruction of the North China Craton. Journal of Asian Earth Sciences, 47: 64-79.

Li S Z, Zhao S, Liu X, et al. 2017. Closure of the Proto-Tethys Ocean and Early Paleozoic amalgamation of microcontinental blocks in East Asia. Earth-Science Reviews. http: doi. org/10. 1016/j. earscirew. 2017. 01. 01/. [2017-9-11].

Li Z X, Li X H. 2007. Formation of the 1300km wide intracontinental orogen and postorogenic magmatic province in Mesozoic South China: A flat-slab subduction model. Geology, 35: 179-182.

Liew T C, McCulloch M T. 1985. Genesis of granitoid batholiths of Peninsular Malaysia and implications for models of crustal evolution: Evidence from a Nd-Sr isotopic and U-Pb zircon study. Geochimica et Cosmochimica Acta, 49: 587-600.

Lister G S, Etheridge M A, Symonds P A. 1986. Detachment faulting and the evolution of passive continental margins. Geology, 14: 246-250.

Lister G S, Etheridge M A, Symonds P A. 1991. Detachment models for the formation of passive continental margins. Tectonics, 10: 1038-1064.

Liu M, Cui X, Liu F. 2004. Cenozoic rifting and volcanism in eastern China: A mantle dynamic link to the Indo-Asian collision? Tectonophysics, 393: 29-42.

Liu X, Zhao D P, Li S Z, et al. 2017. Age of the subducting Pacific slab beneath East Asia and its geodynamic implications. Earth and Planetary Science Letters, 464: 166-174.

Livermore R A, Woollett R W. 1993. Seafloor spreading in the Weddell Sea and southwest Atlantic since the Late Cretaceous. Earth & Planetary Science Letters, 117: 475-495.

Louden K, Wu Y, Tari G. 2013. Systematic variations in basement morphology and rifting geometry along the Nova Scotia and Morocco conjugate margins. Geological Society, London, Special Publications, 369 (1): 267-287.

Lowry A R, Smith R B. 1994. Flexural rigidity of the Basin and Range-Colorado Plateau-Rocky Mountain transition from coherence analysis of gravity and topography. Journal of Geophysical Research: Solid Earth, 99: 20123-20140.

Lundin E R, Doré A G. 1997. A tectonic model for the Norwegian passive margin with implications for the NE Atlantic: Early Cretaceous to break-up. Journal of the Geological Society, 154: 545-550.

Maas R, McCulloch M T. 1991. The provenance of Archean clastic metasediments in the Narryer Gneiss Complex, Western Australia: Trace element geochemistry, Nd isotopes, and U-Pb ages for detrital zircons. Geochimica et Cosmochimica Acta, 55: 1915-1932.

Macdonald R, Hawkesworth C J, Heath E. 2000. The Lesser Antilles volcanic chain: A study in arc magmatism. Earth-Science Reviews, 49: 1-76.

Macpherson C G, Hall R. 2001. Tectonic setting of Eocene boninite magmatism in the Izu-Bonin-Mariana forearc. Earth & Planetary Science Letters, 186: 215-230.

Madsen J A, Lindley I D. 1994. Large-scale structures on Gazelle Peninsula, New Britain: Implications for the evolution of the New Britain arc. Australian Journal of Earth Sciences, 41: 561-569.

Maggi A, Jackson J A, Mckenzie D, et al. 2000. Earthquake focal depths, effective elastic thickness, and the strength of the continental lithosphere. Geology, 28: 495-498.

Maillard A, Malod J, Thiébot E, et al. 2006. Imaging a lithospheric detachment at the continent-ocean crustal transition off Morocco. Earth & Planetary Science Letters, 241: 686-698.

Malke. 2002. Resolving Sediment Subduction and Crustal Contamination in the Lesser Antilles Island Arc: A Combined He-O-Sr Isotope Approach. Journal of Petrology, 43 (1): 143-170.

Mann P, Taylor F W, Lagoe M B, et al. 1998. Accelerating late Quaternary uplift of the New Georgia Island Group (Solomon island arc) in response to subduction of the recently active Woodlark spreading center and

Coleman seamount. Tectonophysics, 295: 259-306.

Martin A K, Hartnady C J H. 1986. Plate tectonic development of the south west Indian Ocean: A revised reconstruction of East Antarctica and Africa. Journal of Geophysical Research Solid Earth, 91: 4767-4786.

Martin A K. 2007. Gondwana breakup via double-saloon-door rifting and seafloor spreading in a backarc basin during subduction rollback. Tectonophysics, 445 (3): 245-272.

Martinez F, Taylor B. 2002. Mantle wedge control on back-arc crustal accretion. Nature, 416: 417-420.

Martinez F, Taylor B. 2003. Controls on back-arc crustal accretion: Insights from the Lau, Manus and Mariana basins. Geological Society, London, Special Publications, 219: 19-54.

Maruyama S, Liou J G. 2005. From Snowball to Phaneorozic Earth. International Geology Review, 47: 775-791.

Maruyama S, Lsozaki Y, Kimura G, et al. 1994. Paleogeographic maps of the Japanese islands: Plate tectonic synthesis from 750 Ma to the present. The Island Arc, 6: 121-142.

Maruyama S, Santosh M, Zhao D. 2007. Superplume, supercontinent, and post-perovskite: Mantle dynamics and anti-plate tectonics on the Core-Mantle Boundary. Gondwana Research, 11: 7-37.

Massoth G J, de Rcnde C E, Lupton J E, et al. 2003. Chemically rich and diverse submarine hydrothermal plumes of the southern Kermadec volcanic arc (New Zealand). Geological Society, London, Special Publications, 219: 119-139.

McCulloch M T, Jaques A L, Nelscn O R, et al. 1983. Nd and Sr isotopes in kimberlites and lamproites from Western Australia: An enriched mantle origin. Nature, 302: 400-403.

McDermott F, Hawkesworth C. 1991. Th, Pb, and Sr isotope variations in young island arc volcanics and oceanic sediments. Earth and Planetary Science Letters, 104: 1-15.

McDonough W F, Sun S S. 1995. Composition of the Earth. Chemical Geology, 120: 223-253.

McKenzie D, Fairhead D. 1997. Estimates of the effective elastic thickness of the continental lithosphere from Bouguer and free air gravity anomalies. Journal of Geophysical Research: Solid Earth, 102: 27523-27552.

McKenzie D. 2003. Estimating Te in the presence of internal loads. Journal of Geophysical Research: Solid Earth, 108 (B9): 2438.

McNutt M K, Menard H W. 1982. Constraints on yield strength in the oceanic lithosphere derived from observations of flexure. Geophysical Journal International, 71: 363-394.

Mearns E W, Knarud R, Raestad N, et al. 1989. Samarium-neodymium isotope stratigraphy of the Lunde and Statfjord formations of Snorre oil field, northern North Sea. Journal of the Geological Society, 146: 217-228.

Menzies M, Halliday A. 1988. Lithospheric mantle domains beneath the Archean and Proterozoic crust of Scotland. Journal of Petrology, 1: 275-302.

Menzies M, Xu Y, Zhang H, et al. 2007. Integration of geology, geophysics and geochemistry: A key to understanding the North China Craton. Lithos, 96: 1-21.

Michard A, Gurriet P, Soudant M, et al. 1985. Nd isotopes in French Phanerozoic shales: External vs. internal aspects of crustal evolution. Geochimica et Cosmochimica Acta, 49: 601-610.

Miller C F. 1985. Are strongly peraluminous magmas derived from pelitic sedimentary sources? The Journal of

Geology, 93: 673-689.

Miller D J, Christensen N L. 1994. Seismic signature and geochemistry of an island arc: A multidisciplinary study of the Kohistan accreted terrane, northern Pakistan. Journal of Geophysical Research Solid Earth, 99: 11623-11642.

Mitchell A H G, Garson M S. 1976. Mineralization at plate boundaries: Minerals Science and Enginering, 8: 129-169.

Mitchum R M, Vail P R. 1977. Seismic stratigraphy and global changes of sea level, Part seven: Seismic stratigraphic interpretation procedure//Seismic Stratigraphy—applications to hydrocarbon exploration. Tulsa: American Association of Petroleum Geologists.

Miyashiro A. 1972. Metamorphism and related magmatism in plate tectonics. American Journal of Science, 272: 629-656.

Miyashiro A. 1975. Classification, characteristics and origin of ophiolites. Journal of Geology, 83: 249-281.

Mjelde R, Gurriet P, Soudant M, et al. 1998. Crustal structure of the northern part of the Vøring Basin, mid-Norway margin, from wide-angle seismic and gravity data. Tectonophysics, 293: 175-205.

Mjelde R, Timenes T, Shimamura H, et al. 2002. Acquisition, processing and analysis of densely sampled P- and S- wave OBS- data on the mid- Norwegian Margin, NE Atlantic. Earth, planets and space, 54: 1219-1236.

Molnar P, Atwater T. 1978. Interarc spreading and Cordilleran tectonics as alternates related to the age of subducted oceanic lithosphere. Earth & Planetary Science Letters, 41: 330-340.

Molnar P, Tapponnier P. 1975. Cenozoic tectonics of Asia: Effects of a continental collision. Science, 189: 419-426.

Monsalve G, Sheehan A, Schulte-Pelkum V, et al. 2006. Seismicity and one-dimensional velocity structure of the Himalayan collision zone: Earthquakes in the crust and upper mantle. Journal of Geophysical Research: Solid Earth, 111: B10301.

Mooney M. 2011. Are You Ready? How to Prepare for an Earthquake. Vancouver: Greystone Books Ltd.

Mooney W D, Laske G, Masters T G. 1998. CRUST 5.1: A global crustal model at 5×5. Journal of Geophysical Research: Solid Earth, 103: 727-747.

Moorbath S, O'nions R K, Pankhurst R J. 1975. The evolution of early Precambrian crustal rocks at Isua, West Greenland—geochemical & isotopic evidence. Earth and Planetary Science Letters, 27: 229-239.

Moores E M, Twiss R J. 1995. Tectonics. New York: W. H. Freeman and Company.

Morgan W J. 1981. Hotspot tracks and the openning of the Atlantic and Indian Oceans//Emiliani C. The Sea. 7: 443-487. New York: Wiley.

Morgan W J. 1983. Hotspot tracks and the early rifting of the Atlantic. Tectonophysics, 94: 123-139.

Morris J D, Leeman W P, Tera F. 1990. The subducted component in island arc lavas: Constraint from Be isotopes and B-Be systematics. Nature, 344: 31-36.

Murakami M, Tagami T, Hasebe N. 2002. Ancient thermal anomaly of an active fault system: Zircon fission-track evidence from Nojima GSJ 750m borehole samples. Geophysical Research Letters, 29: 38-1-38-4.

Müller R D, Sdrodlias M, Gaina C, et al. 2008. Age, spreading rates, and spreading asymmetry of the world's ocean crust. Geochemistry, Geophysics, Geosystems, 9 (4): Q04006.

Nakanishi M, Tamaki K, Kobayashi K. 1989. Mesozoic magnetic anomaly lineations and seafloor spreading history of the northwestern Pacific. Journal of Geophysical Research: Solid Earth, 94: 15437-15462.

Nelson K D. 1991. A unified view of craton evolution motivated by recent deep seismic reflection and refraction results. Geophysical Journal of the Noygal Astronomical Society, 105: 25-35.

Niu H, Shan Q, Chen X M, et al. 2003. Relationship between light rare earth deposits and mantle processes in Panxi rift, China. Science China. Earth Sciences, 46: 41-49.

Norabuena E O, Snoke J A, James D E. 1994. Structure of the subducting Nazca Plate beneath Peru. Journal of Geophysical Research Atmospheres, 99: 9215-9226.

Norman M D, Leeman W P. 1990. Open-system magmatic evolution of andesites and basalts from the Salmon Creek Volcanics, southwestern Idaho, USA. Chemical Geology, 81: 167-189.

Nuttli O W, Bolt B A. 1969. P wave residuals as a function of azimuth: 2. Undulations of the mantle low-velocity layer as an explanation. Journal of Geophysical Research, 74: 6594-6602.

Oleg K, Vladimir S, Simon K, et al. 1994. Interrelationships among seismic and short-term tectonic activity, oil and gas production, and gas migration to the surface. Journal of Petroleum Science and Engineering, 13: 57-63.

Osborn E F. 1959. Role of Oxygen Pressure in the Crystallization and Differentiation of Basaltic Magma. American Journal of Science, 257: 609-647.

Osborn E F. 1969. The complementariness of orogenic andesite and alpine peridotite. Geochimica et Cosmochimica Acta, 33 (3): 307-308.

Othman D B, Fourcade S, Allegre C J. 1984. Recycling processes in granite-granodiorite complex genesis: the Querigut case studied by NdSr isotope systematics. Earth & Planetary Science Letters, 69: 290-300.

O'Reilly B. Hauser F, Jacob A, et al. 1996. The lithosphere below the Rockall through: wide-angle seismic evidence for extensive serpentinisation. Tectonophysics, 255: 1-23.

Parsons B, Sclater J G. 1977. An analysis of the variation of ocean floor bathymetry and heat flow with age. Journal of geophysical research, 82: 803-827.

Peacock S M. 1991. Numerical simulation of subduction zone pressure-temperature-time paths: Constraints on fluid production and arc magmatism. Philosophical Transactions Physical Sciences & Engineering, 335: 341-353.

Pearce J A, Peate D W. 1995. Tectonic Implications of the Composition of Volcanic ARC Magmas. Annual Review of Earth & Planetary Sciences, 23: 251-285.

Pearce J A. 1983. Role of the sub-continental lithosphere in magma genesis at active continental margins. Continental Basalts & Mantle Xenoliths, 147: 2162-2173.

Pearcy L G, Debari S M, Sleep N H. 1990. Mass balance calculations for two sections of island arc crust and implications for the formation of continents. Earth & Planetary Science Letters, 96: 427-442.

Perez O J, Biham R, Bendick R, et al. 2001. Velocity field across the southern Caribbean plate boundary and estimates of Caribbean/South-American plate motion using GPS geodesy 1994-2000. Geophysical Research Letters, 28: 2987-2990.

参考文献

309

Peron-Pinvidic G, Osmundsen P T. 2016. Architecture of the distal and outer domains of the Mid-Norwegian riftedmargin: Insights from the Rån-Gjallar ridges system. Marine & Petroleum Geology, 77: 280-299.

Petterson M G, Babbs, Neal C R, et al. 1999. Geological-tectonic framework of Solomon Islands, SW Pacific: Crustal accretion and growth within an intra-oceanic setting. Tectonophysics, 301: 35-60.

Peucat J J, Vidal P, Bernard-Griffiths J, et al. 1989. Sr, Nd, and Pb isotopic systematics in the Archean low-to high-grade transition zone of southern India: syn-accretion vs. post-accretion granulites. The Journal of Geology, 97: 537-549.

Piccirillo E M, Civetta L, Petrini R, et al. 1989. Regional variations within the Paraná flood basalts (southern Brazil): Evidence for subcontinental mantle heterogeneity and crustal contamination. Chemical Geology, 75: 103-122.

Pichavant M, Macdonald R. 2003. Mantle genesis and crustal evolution of primitive calc-alkaline basaltic magmas from the Lesser Antilles arc. Geological Society London Special Publications, 219: 239-254.

Pichel L M, Finch E, Huuse M, et al. 2017. The Influence of Shortening and Sedimentation on Rejuvenation of Salt Diapirs: a new Discrete-Element Modelling Approach. Journal of Structural Geology, 104: 61-79.

Platt J P. 1986. Dynamics of orogenic wedges and the uplift of high-pressure metamorphic rocks. Geological Society of America Bulletin, 97 (9): 1037-1053.

Posamentier H W. 1988. Fluvial Deposition in a Sequence Stratigraphic Framework: Abstract. Cspg Special Publications.

Rabinowitz P D. 1974. The boundary between oceanic and continental crust in the western North Atlantic. Berlin Heidelberg: Springer.

Rapp R P, Watson E B. 1995. Dehydration Melting of Metabasalt at 8-32 kbar: Implications for Continental Growth and Crust—Mantle Recycling. Journal of Petrology, 36: 891-931.

Raum T. 2000. Crustal structure and Evolution of the Faeroe, Møre and Vøring margins from Wide-angle Seismic and Gravity Data. Bergen: PhD thesis, University of Bergen.

Ren S. 1998. Linear stability of the three-dimensional semigeostrophic model in geometric coordinates. Journal of the atmospheric sciences, 55: 3392-3402.

Rikitake T. 1969. The undulation of an electrically conductive layer beneath the islands of Japan. Tectonophysics, 7: 257-264.

Ringwood A E, Kesson S E, Hibberson W, et al. 1992. Origin of kimberlites and related magmas. Earth & Planetary Science Letters, 113: 521-538.

Ringwood A E. 1974. The petrological evolution of island arc systems: Twenty—seventh William Smith Lecture. Journal of the Geological Society, 130: 183-204.

Ringwood A E. 1991. Phase transformations and their bearing on the constitution and dynamics of the mantle. Geochimica et Cosmochimica Acta, 55: 2083-2110.

Roeder D H. 1973. Subduction and orogeny. Journal of Geophysical Research, 78: 5005-5024.

Roeder D H. 1975. Tectonic effects of dip changes in subduction zones. American Journal Ofence, 275: 252-264.

Rogers N W, Hawkesworth C J. 1982. Proterozoic age and cumulate origin for granulite xenoliths,

Lesotho. Nature, 299: 409-413.

Rogers N W, James D, Kelley S P, et al. 1998. The generation of potassic lavas from the Eastern Virunga Province, Rwanda. Journal of Petrology, 39: 1223-1247.

Ronov A B, Yaroshevsky A A. 1969. Chemical composition of the earth's crust. The Earth's crust and upper mantle, 13 (1055): 37-57.

Saffer D M, Tobin H J. 2011. Hydrogeology and mechanics of subduction zone forearcs: Fluid flow and pore pressure. Annual Review of Earth and Planetary Sciences, 39 (1): 157-186.

Saunders A D, Fitton J G, Kerr A C, et al. 1997. The North Atlantic Ingenous Provinces//Mahoney J J, Coffin M F. Large Ingenous Provinces: Continental, Oceanic, and Planetary Flood Volcanism. American Geophysical Union, Geophysical Monograph (1997): 45-93.

Saunders A D, Norry M J, Tarney J. 1988. Origin of MORB and chemically-depleted mantle reservoirs: Trace element constraints. Journal of Petrology, 1: 415-445.

Saunders A D, Tarney J. 1984. Geochemical characteristics of basaltic volcanism within back arc basins. Geological Society London Special Publications, 16: 59-76.

Scarrow J H, Vaughan A P M, Leat P T. 1997. Ridge trench collision induced switching of arc tectonics and magma sources: Clues from Antarctic Peninsula mafic dykes. Terra Nova, 9: 255-259.

Schlee J S, Behrendt J C, Grow J A, et al. 1976. Regional geologic framework off northeastern United States. American Associations of Petroleum Geologists Bulletin, 60 (6): 926-951.

Scholl D W, Vallier T L, Stevenson A J. 1987. Geologic evolution and petroleum geology of the Aleutian Ridge//Scholl D W, Grantz A, Vedder J G. Geology and Resource Potential of the Continental Margin of Western North America and Adjacent Ocean Basins, Beaufort Sea to Baja California. Circum-Pacific council for Energy and Mineral Resources 2009, Houston.

Schubert G, Yuen D A, Turcotte D L. 1975. Role of phase transitions in a dynamic mantle. Geophysical Journal International, 42: 705-735.

Scotese C R, Gahagan L M, Larson R L. 1988. Plate tectonic reconstructions of the Cretaceous and Cenozoic oceanbasins. Tectonophysics, 155: 27-48.

Searle M, Cox J. 1999. Tectonic setting, origin, and obduction of the Oman ophiolite. GSA Bulletin, 111: 104-122.

Sengör A M. 1991. Plate tectonics and orogenic research after 25 years: Synopsis of a Tethyan perspective. Tectonophysics, 187 (1-3): 315-330, 337-344.

Seno T, Stein S, Gripp A E. 1993. A model for the motion of the Philippine Sea Plate consistent with NUVEL-1 and geological data. Journal of Geophysical Research Solid Earth, 98: 17941-17948.

Sheth H C. 1999. Flood basalts and large igneous provinces from deep mantle plumes: Fact, fiction, and fallacy. Tectonophysics, 311: 1-29.

Shimamura H. 1973. Plate thickness in the Kurile-Kamchatska region and earthquake distribution within the plate. Abstracts for 1973 Meeting of the Seismological Society of Japan, No. 1, 118 (in Japanese).

Sillitoe R H. 1972. A plate tectonic model for the origin of porphyry copper deposits. Economic geology, 67: 184-197.

Simons F J, Zuber M T, Korenaga J. 2000. Isostatic response of the Australian lithosphere: Estimation of effective elastic thickness and anisotropy using multitape spectral analysis. Journal of Geophysical Research: Solid Earth, 105: 19163-19184.

Skogseid J, Planke S, Faleide J L, et al. 2000. NE Atlantic continental rifting and volcanic margin formation. Geological Society, London, Special Publications, 167: 295-326.

Sloss L L, Moritz C A. 1951. Paleozoic stratigraphy of southwestern Montana. AAPG Bulletin, 35: 2135-2169.

Sloss L L. 1949. Integrated facies an analaysis 1. Sedimentary facies in geologic history: Conference at meeting of the Geological Society of America held in New York, New York, November 11, 1948. Geological Society of America, 39: 91.

Smellie J L, Morris P, Leaf P T, et al. 1998. Submarine caldera and other volcanicobservations in Southern Thule, South Sandwich Islands. Antarctic Science, 10: 171-172.

Smith A G, Hurley A M, Briden J C. 1981. Phanerozoic paleocontinental world maps: Cambridge, United Kingdom. Cambridge: Cambridge University Press.

Smith D R, Bames C, Shannon W, et al. 1997. Petrogenesis of Mid-Proterozoic granitic magmas: Examples from central and west Texas. Precambrian Research, 85: 53-79.

Smith G R, Wiens D A, Fisher K M, et al. 2001. A complex pattern of mantle flow in the Lau backarc. Science, 292: 713-716.

Song Y, Frey F A. 1989. Geochemistry of peridotite xenoliths in basalt from Hannuoba, eastern China: Implications for subcontinental mantle heterogeneity. Geochimica et Cosmochimica Acta, 53: 97-113.

Steinmann G. 1905. Geologische Beobachtungen in den Alpen, Ⅱ. Die Schardtsche Ueber faltungstheorie and die geologische Bedeutung der Tiefseeabsätze undder ophiolithischen Massengestcine. Beriche Natforch Gesellschaft Freiburg, 16: 18-67.

Stille P, Unruh D M. 1983. Tatsumoto M. Pb, Sr, Nd and Hf isotopic evidence of multiple sources for Oahu, Hawaii basalts. Nature, 304: 25-29.

Stolper E, Newman S. 1994. The role of water in the petrogenesis of Mariana trough magmas. Earth & Planetary Science Letters, 121: 293-325.

Storey M, Saunders A D, Jarney J, et al. 1988. Trace element and isotopic variations in Kerguelen and Heard Island basalts. Chemical Geology, 70: 57.

Sun S S, McDonough W F. 1989. Chemical and isotopic systematics of ocean basalts: Implications for mantle composition and processes, in Magmatism in the Ocean Basins. Geological Society Special Publications, London.

Suo Y H, Li S Z, Zhan S J, et al. 2015. Continental margin basins in East Asia: Tectonic implications of the Meso-Cenozoic East China Sea pull-apart basins. Geological Journal, 50: 139-156.

Suo Y H, Li S, Yu S, et al. 2014. Cenozoic tectonic jumping and implications for hydrocarbon accumulation in basins in the East Asia Continental Margin. Journal of Asian Earth Sciences, 88: 28-40.

Sutra E, Manatschal G. 2012. How does the continental crust thin in a hyperextended rifted margin? Insights from the Iberia margin. Geology, 40: 139-142.

Suyehiro K, Ta Kahashi N, Ariie Y, et al. 1996. Continental Crust, Crustal Underplating, and Low—Q

Upper Mantle Beneath an Oceanic Island Arc. Science, 272: 390-392.

Şengor A M C. 1991. Orogenic architecture as a guide to size of ocean lost in collisional mountain belts. Bulletin of the Technical University of Istanbul (Ketin Festschrift), 44: 43-74.

Tamski K, Honza E. 1991. Global tectonics and formation of marginal basins: Role of the western Pacific. Episodes, 14 (3): 224-230.

Tamura Y, Tatsumi Y, Zhao D, et al. 2002. Hot fingers in the mantle wedge: New insights into magma genesis in subduction zones. Earth & Planetary Science Letters, 197: 105-116.

Tamura Y, Tatsumi Y. 2002. Remelting of an Andesitic Crust as a Possible Origin for Rhyolitic Magma in Oceanic Arcs: An Example from the Izu-Bonin Arc. Journal of Petrology, 43: 1029-1047.

Tamura Y. 2003. Some geochemical constraints on hot fingers in the mantle wedge: evidence from NE Japan// Larter R D, Leat P T. Intra-oceanic Subduction Systems: Tectonic and Magmatic Processes. Geological Society, London, Special Publications, 219: 221-237.

Tarney J, Wood D A, Saunders A D, et al. 1980. Nature of mantle heterogeneity in the North Atlantic: Evidence from deep sea drilling. Philosophical Transactions of the Royal Society of London A: Mathematical, Physical and Engineering Sciences, 297: 179-202.

Tatsumi Y. 1989. Migration of fluid phases and genesis of basalt magmas in subduction zones. Journal of Geophysical Research Solid Earth, 94: 4697-4707.

Taylor B. 1992. Rifting and the volcanic tectonic evolution of the Izu-Bonin-Mariana arc. Proceedings of the Ocean Drilling Program Scientific Results, 126: 627-651

Taylor P N, Jones N W, Moorbath S. 1984. Isotopic assessment of relative contributions from crust and mantle sources to the magma genesis of Precambrian granitoid rocks. Philosophical Transactions of the Royal Society of London A: Mathematical, Physical and Engineering Sciences, 310: 605-625.

Taylor R H, Barton K J, Wilson P R, et al. 1995. Population status and breeding of New Zealand fur seals (Arctocephalus forsteri) in the Nelson-northern Marlborough region, 1991-94. New Zealand journal of marine and freshwater research, 29 (2): 23-234.

Thomas F, Hopper J R, Christion L H, et al. 2003. Crustal structure of the ocean-continent transition at Flemish Cap: Seismic refraction results. Journal of Geophysical Research, 108 (B11): 2531.

Thorkelson D J. 1996. Subduction of diverging plates and the principles of slab window formation. Tectonophysics, 255: 47-63.

Toksoz N, Bird P. 1977. Formation and evolution of marginal basins and continental plateaus//Taiwan M, Zpitman W C. Island Arcs, Deep sea and Back arc Basins, American Geophysical Union, Maurice Ewing Series 1: 379-393.

Turner S P, Hawkesworth C J, Rogers N, et al. 1997. ^{238}U/^{230}Th disequilibria, magma petrogenesis, and flux rates beneath the depleted Tonga-Kermadec island arc. Geochimica et Cosmochimica Acta, 61: 4855-4884.

Turner S, Arnaud N, Liu J, et al. 1996. Post-collision, Shoshonitic Volcanism on the Tibetan Plateau: Implications for Convective Thinning of the Lithosphere and the Source of Ocean Island Basalts. Journal of Petrology, 37: 45-71.

Turner S, Hawkesworth C. 1997. Constraints on flux rates and mantle dynamics beneath island arcs from Tonga-

Kermadec lava geochemistry. Nature, 389: 568-573.

Uyeda S, Kanamori H. 1979. Back-arc opening and the mode of subduction. Journal of Geophysical Research: Solid Earth, 84: 1049-1061.

Uyeda S. 1983. Comparative subductology. Episodes, 2: 19-24.

Vail P R, Wornardt W W. 1991. Well log-seismic sequence and stratigraphy analysis: An integrated approach to exploration and development. Geobyte, 75: 8.

Vail P R. 1987. Seismic stratigraphy interpretation using sequence stratigraphy, part I: Seismic stratigraphy interpretation procedure. Atlas of seismic stratigraphy, studies in Geology: 1-10.

van Wagoner J C. 1990. Siliciclastic Sequence Stratigraphy in Well Logs, Core, and Outcrops: Concepts for High Resolution Correlation of Time and Facies. Oklahoma: American Association of Petroleum Geologists Tulsa.

Vance D, Stone J O H, O'Nions R K. 1989. He, Sr and Nd isotopes in xenoliths from Hawaii and other oceanic islands. Earth & Planetary Science Letters, 96: 147-160.

Vaughan A P M, Scarrow J H. 2003. Ophiolite obduction pulses as a proxy indicator of superplume events? Earth & Planetary Science Letters, 213: 407-416.

Vitrac A M, Albarede F, Allègre C J. 1981. Lead isotopic composition of Hercynian granitic K-feldspars constrains continental genesis. Nature, 291: 460-464.

von Huene R, Lallemand S. 1990. Tectonic erosion along the Japan and Peru convergent margins. Geological Society of America Bulletin, 102: 704-720.

von Huene R, Scholl D W. 1991. Observations at convergent margins concerning sediment subduction, subduction erosion, and the growth of continental crust. Reviews of Geophysics, 29: 279-316.

van Wagoner J C, Posamentier H W, Mitchum R M, et al. 1988. An overview of the fundamentals of sequence stratigraphy and key definitions. SEPM Special Publication, 39-45.

van Wagoner J C, Mitchum Jr R M, et al. 1987. Seismic stratigraphy interpretation using sequence stratigraphy, part 2, key definitions of sequence stratigraphy. Atlas of seismic stratigraphy, studies in Geology: 1-10.

Wang R, Xu Z, Santosh M, et al. 2017. Petrogenesis and tectonic implications of the Early Paleozoic intermediate and mafic intrusions in the South Qinling Belt, Central China: Constraints from geochemistry, zircon U-Pb geochronology and Hf isotopes. Tectonophysics, 712-713: 270-288.

Watts A B, Burov E B. 2003. Lithospheric strength and its relationship to the elastic and seismogenic layer thickness. Earth & Planetary Science Letters, 213: 113-131.

Watts A B. 1978. An analysis of isostasy in the world's oceans 1. Hawaiian-Emperor Seamount Chain. Journal of Geophysical Research: Solid Earth, 83: 5989-6004.

Watts A B. 1992. The effective elastic thickness of the lithosphere and the evolution of foreland basins. Basin Research, 4: 169-178.

Watts A B. 2001. Isostasy and Flexure of the Lithosphere. Cambridge: Cambridge University Press.

Weaver B L. 1991. The origin of ocean island basalt end-member compositions: Trace element and isotopic constraints. Earth & Planetary Science Letters, 104: 381-397.

Weber J C, Dixcn T H, Demets C, et al. 2001. GPS estimate of relative motion between the Caribbean and South American plates, and geologic implications for Trinidad and Venezuela. Geology, 29: 75-78.

Wegerer A. 1992. Die Entstehung der Kontinente und Ozeane (The origin of Continent and Oceans) (in German). Braunschweing: Friedrich Wieweg & Sohn Akt. Ges.

Weidner D J. 1974. Rayleigh wave phase velocities in the Atlantic Ocean. Geophysical Journal International, 36: 105-139.

Weissel J K, Anderson R N. 1978. Is there a Caroline plate? Earth & Planetary Science Letters, 41: 143-158.

Weissel J K, Hayes D E. 1977. Evolution of the Tasman Sea reappraised. Earth & Planetary Science Letters, 36: 77-84.

Weissel J K, Watts A B. 1979. Tectonic evolution of the Coral Sea Basin. Journal of Geophysical Research Atmospheres, 84: 4572-4582.

Wernicke B. 1985. Uniform-sense normal simple shear of the continental Uithosphere. Canadian Journal of Earth Science, 22: 108-125.

Westbrook G K, Ladd J W, Buhl P, et al. 1988. Cross section of an accretionary wedge: Barbados Ridge complex. Geology, 16: 631-635.

Westbrook G K, Mascle A, BijuDuval B. 1984. Geophysics and the structure of the Lesser Antilles Forearc. Initial Reports Deep Sea Drilling Program: 23-38.

White R S, Spence G D, Fowler S R, et al. 1987, Magmatism at rifted continental margins: Nature, 330: 439-444.

White R S. 1982. Deformation of the Makran accretionary sediment prism in the Gulf of Oman (north-west Indian Ocean). Geological Society London Special Publications, 10 (1): 357-372.

White R, McKenzie D. 1989. Magmatism at rift zones: the generation of volcanic continental margins and flood basalts. Journal of Geophysical Research: Solid Earth, 94: 7685-7729.

White W M, Patchett J. 1984. Hf, Nd, Sr isotopes and incompatible element abundances in island arcs: Implications for magma origins and crust-mantle evolution. Earth & Planetary Science Letters, 67: 167-185.

Whitehouse M J. 1989a. Sm-Nd evidence for diachronous crustal accretion in the Lewisian Complex of Northwest Scotland. Tectonophysics, 161: 245-256.

Whitehouse M J. 1989b. Pb-isotopic evidence for U-Th-Pb behaviour in a prograde amphibolite to granulite fades transition from the Lewisian complex of north-west Scotland: Implications for Pb-Pb dating. Geochimica et Cosmochimica Acta, 53: 717-724.

Wilson M. 1989. Igneous Petrogenesis. Dordrecht: Springer.

Windley B F. 1977. The Evolving Continents. London: Wiley.

Windley B F. 1995. The Evolving Continents (third edition). Chichester: Wiley.

Windrim D P, McCulloch M T. 1986. Nd and Sr isotopic systematics of central Australian granulites: Chronology of crustal development and constraints on the evolution of lower continental crust. Contributions to Mineralogy and Petrology, 94: 289-303.

Woodhead J D, Eggins S M, Johnson R W. 1998. Magma genesis in the New Britain island arc: Further insights into melting and mass transfer processes. Journal of Petrology, 39: 1641-1668.

参考文献

Woodhead J, Eggins S, Gamble J. 1993. High field strength and transition element systematics in island arc and back-arc basin basalts: Evidence for multi-phase melt extraction and a depleted mantle wedge. Earth & Planetary Science Letters, 114: 491-504.

Worzel J L. 1968. Advances in marine geophysical research of continental margins. Canadian Journal of Earth Sciences, 5: 963-983.

Wyllie P J. 1988. Magma genesis, plate tectonics and chemical differentiation of the earth. Reviews of Geophysics, 26: 370-404.

Yoshii T. 1973. Upper mantle structure beneath the north Pacific and the marginal seas. Journal of Physics of the Earth, 21: 313-328.

Yoshii T. 1975. Regionality of group velocities of Rayleigh waves and thickness of the plate. Earth & Planetary Science Letters, 25: 305-312.

Zhang Y, Li S Z, Suo Y H, et al. 2016. Origin of transform faults in back-arc basins: Examples from Western Pacific marginal seas. Geological Journal, 51 (S1): 490-512.

Zhao D P. 2004. Global tomographic images of mantle plumes and subducting slabs: Insight into deep Earth dynamics. Physics of the Earth and Planetary Interiors, 146: 3-34.

Zhao D P. 2007. Seismic images under 60 hotspots: Search for mantle plumes. Gondwana Research, 12: 335-355.

Zhao D P. 2009. Multiscale seismic tomography and mantle dynamics. Gondwana Research, 15: 297-323.

Zhao D P, Yamamoto Y, Yanada T. 2013. Global mantle heterogeneity and its influence on teleseismic regional tomography. Gondwana Research, 23: 595-616.

Zheng Y F. 2012. Metamorphic chemical geodynamics in continental subduction zones. Chemical Geology, 328: 5-48.

Zhou H W, Clayton R W. 1990. P and S wave travel time inversions for subducting slab under the island arcs of the northwest Pacific. Journal of Geophysical Research Solid Earth, 95: 6829-6851.

Zindler A, Hart S. 1986. Helium: Problematic primordial signals. Earth & Planetary Science Letters, 79: 1-8.

Zonenshain L P, Kuzmin M I, Kovalenko V I, et al. 1974. Mesozoic structural-magmatic pattern and metallogeny of the western part of the Pacific belt. Earth & Planetary Science Letters, 22: 96-109.

Zou H, Wu S, Shen J. 2008. Polymer/silica nanocomposites: Preparation, characterization, properties, and applications. Chemical Reviews, 108 (9): 3893-3957.

索 引

后　记

在这本书即将付梓之时，我摘录 2011 年 10 月 9 日在深圳撰写的《海洋的赞歌和期盼——关于海洋的三点基本认识和思考》一文中未发表部分以作后记，读者结合 2013 年以后的国家战略和国家政策，去体会海洋及海洋科学的发展战略"海洋强国"（2012 年党的"十八大"正式提出）和中华民族伟大复兴的"中国梦"（2012 年 11 月 29 日提出），去体会海底科学发展至今的漫长历程。摘录如下。

先哲们面对辽阔无垠、水天相连、苍茫晦暝的海洋，认为中国位于世界的中心，四面环海，便有"四海说"；从而萌生海洋支撑整个陆地的思想，再联系到海洋的博大浩瀚，只有"天"才能与之相合，进而提出"浑天说"。"水"不仅承载了"地"，而且支撑着"天"，"天"与"地"都靠水的浮力而存在。可见海洋在先哲们的宇宙理论中的地位，以及先哲们对海洋的重视程度。

但是，按照现代地球科学理论，海洋，约 40 亿年前起源于混沌，来源于一团"气"。初生地球连续不断受到陨石和其他坠落物冲击。陨石在冲击地球的过程中蒸发，形成一团浑浊之气，厚厚地覆盖在地球表层，通过"轻者上浮，浊者下沉"，形成原始大气。而地球表面因冲击而熔化形成高温泥状岩浆。随着原始地球逐步达到现在大小规模，陨击次数逐步减少，地球表面温度逐步降低，出现薄层固结地壳，而未固结的部分形成低洼的岩浆海洋，岩浆不断刻蚀着固结的陆壳，使得低洼地带越来越宽、越来越深，形成巨大的海洋。同时，大气温度降低，湿度增加，凝聚形成雨水。在氤氲蔽日的黑暗天空中，出现倾盆大雨，现代海洋积聚成盆。致密的云层也逐渐清朗，蓝天出现。至此，原始地球经几亿年演化后，逐步形成了陆地、海洋和天空雏形。

据现代海洋成因的认识，从海洋物质构成角度，其内涵和本质应当包括三部分：海洋的基底是早期岩浆海的固结和循环再生，海洋水体是大气的凝聚，海洋上层大气是海洋的外散。因此，人们传统的海洋概念中必须包括"固体海洋"和"流体海洋"（海水和大气），这才是完整概念的"海洋"。只有针对这个完整的"海洋"概念，才可以拓宽我们的视野，明确现代海洋竞争的本质和内涵。

现代海洋研究还表明，海洋是气候调节器，是生命摇篮，是巨大宝藏，是圣贤之思，智者之乐。21 世纪始，国际海洋竞争日益加剧，依靠黄河、长江发展起来的中华两河文明，在陆地资源日益紧缺、人口爆发、物质需求剧增的社会需求推动下，不得不在新的历史条件下加快发展中华海洋文明。未来，海洋和陆地一样将成为中国，乃至人类物质需求的两个重要基地之一。

海洋物质的开发和利用由来已久，不同阶段随着认识的深入，不断得以开发，反之，也不断提升人类对海洋的认识水平，海洋的本质和内涵也不断地被挖掘。迄今，深海探测和基因组测序表明，海底黑烟囱周围的古菌非常原始，处于生命树源头的位置，由此提出了原始生命起源于海底黑烟囱的理论。随着对海底"深部生物圈"（暗生命）的发现和深入认识，人们大大拓展了达尔文"物种起源"的内涵。可见，科学发展使得我们今天要前所未有地重新面对海洋和认识海洋。

但是，古老的先民没有现代科学理论指导，面对浩瀚海洋的神秘和威力，充满着幻想、迷信和期待。从巡海夜叉，到神秘美人鱼；从长生不老药，到丝瓷贸易；从拾贝煮盐，到现代海洋油气、天然气水合物开发……充满了对海洋的恐惧、向往、无奈和希望的复杂情感。

先人这种复杂海洋意识的觉醒是一个漫长的过程。特别是，最近两万年来创造了一些识海、用海的灿烂人文和历史。在18 000年前的周口店人类遗址中就发现海蚶壳；7000年前的河姆渡文化中也不乏海洋印记。尤其是近3000年来，人文意识的逐渐明晰与征服自然的努力交相辉映。殷人东渡，远洋瀚海，开万祖之业。吕尚重渔盐之利，舟楫之便；管仲唯官山海，煮水为盐；秦皇汉武，统九州，探三山，巡四海，寻万世之药。秦始皇五巡东海，挂云帆，乘东风，破海浪，开漕运；齐人徐福，带三千童男女，越暗沙，趟浅滩，觅三神山，启海洋意识；汉武帝7次巡海，扬国威，拓航路，造楼船，盼安澜伏波。唐高僧鉴真，东渡扶桑，开岛屿文化交流之先河。一代代先民，猎海鱼无数，啖食炙烤咸宜，乃用海之初；拾蚶贝，通财商，开钱币之先；识海兽万类，记巨兽（鲸），鼓浪喷沫，翻江倒海，知海洋之无垠。

唐代白居易曾有诗词云："海漫漫，直下无底傍无边。云涛烟浪最深处，人传中有三神山。山上多生不死药，服之化羽为天仙。"这种观念在先民意识中是根深蒂固的。秦皇汉武也未能摆脱这种认识的局限，他们心目中的"三仙山"或"三神山"（即方丈、瀛洲和蓬莱）在海面之上，多次巡海，期盼在这里寻找到长生不老药，为的是个人权利、欲望、长寿和利益。但始终没有摆脱农耕文化的桎梏，只是立足陆地，对海洋也是浅尝辄止，活动范畴没有超越近海，海洋的先进文化和核心内容也只是停留在煮水为盐和寻找长生不老药。

但后来也有人意识到海陆变迁，宋人沈括就认识到，百川沸腾，山冢崩催，太行山崖，岩嵌螺蚌；沧海桑田，变幻莫测。面对海陆变迁，自然变换，先民自觉理论和能力不足，叹息：数不识三，妄谈知十；不辨积微之为量，讵晓百亿于大千。这代表当时的世界先进文化和对海洋核心内容的重新认识，是现代海洋人文之先。

及至元代，游牧文化中先进的人文核心是崇尚攻势战略，产生了世界历史上最大的陆地帝国。其疆域扩大到了铁蹄不能再到达的极限。但游牧统治者潜意识中的游牧人文指导的攻势行为，开始和农耕时代海洋概念交叉，发生了质变。原本获取简单海洋资源和陆地国家的防御战略，被改为了海洋攻势战略。但这种攻势文化被后来西方荷兰、葡萄牙、西班牙、英国和现代美国海洋文化得以继承，形成了其海洋人文的核心之一——攻势战略。鉴古通今，可见海洋攻势战略是世界强国必经之路。

继秦汉唐宋元，到明朝，汉民族再次走上统治舞台，因而，元朝游牧民族骨子里的游牧攻势文化再度回归汉民族的农耕文化，农耕文化中的海洋人文是防御战略，元朝的海洋攻势战略也重回明朝的防御战略；但元朝的海洋攻势战略却被倭寇采用，明洪武初，倭寇扰海，侵扰中华，企图掠夺资源，而不同于游牧文化中的征服的欲望；而这种海洋征服的手段获取资源的海洋人文理念，也同样被后来的西方国家采用，成为近现代西方海洋文化中的核心之二——资源掠夺。

特别是，明太祖实施的"海禁"标志着中国进入300年海洋科技发展的缓慢时期。经明中叶，延至清前期。总体是实施闭关锁国政策。期间，明成祖年间，约公元1405年始，历时28载，郑和七下西洋，开拓海上丝瓷之路。沿途交流商品、文化和宗教，带去瓷器、丝绸、茶叶、黄金和友谊；在海上辨航向，抗风暴，驱海盗，拓航道；借磁南，顺季风，凭其所向，荡舟以行；瀛崖胜览，政经通达。其辉煌壮举比麦哲伦航海早104年，比哥伦布航海早87年，这是中华民族的骄傲。但是，这仅仅是昙花一现，是长期缓慢发展过程中集中力量办的一件大事，是中华海洋文化中短暂的闪光。可见，海洋攻势战略必须保持永远的强势，方能永远成为海上霸主和维护陆地王国的尊严。世界各海洋大国崛起和陨落之路无不如此，轮流的海上霸主都是因为海上攻势战略的难以为继。

虽然清前期，康熙大帝实施了"开禁"，却没能挽救中国落后于世界快速发展的先进海洋文化和海洋科技。直至清朝末年，"船政"开启了现代中国海洋文化的现代化，现代海洋意识逐步觉醒，但为时已晚。中英鸦片战争，中日甲午海战，坚船利炮，国门洞开。中国因为海洋文化、防御性海洋战略和海洋科技的落后，开始蒙受百年耻辱。辛亥革命以后，为了救国图强，孙中山也因内困外扰，没能集中人力、物力和财力发展海洋。

可见，古老的中华先民，走过了重视海洋、闭关锁国、关注海洋的认识循环，执行过防御战略、攻势战略又回归防御战略的政策循环；在天地轮回过程中，人类从海洋摇篮上岸，从陆地爆发增长，到现代回归海洋，走过了一段段的曲折发展和认识轮回。当代科学家和政治家的意识觉醒，国家的复兴和富强，需要认识历史、布局当下、前瞻未来，这是我们当代人必须承担的历史责任。

早在2500年前，古希腊学者迪米斯托克里斯就说"谁控制了海洋，谁就控制了一切"。1890年美国地缘政治学家马汉就阐述了"海权"思想，大国和强国历史证明了这个理论的核心要点是正确的：制海权是国家强盛和繁荣的重要标志和基本要素，谁能控制海洋，谁就能成为世界的强国。美国前总统肯尼迪也强调：控制海洋意味着安全，控制海洋意味着和平，控制海洋意味着胜利。苏联戈尔什科夫在《国家的海上威力》中指出，"没有海上军事力量，任何国家都不能长期成为强国"。元朝和美国的攻势战略相同，但海洋企图却发生了转变。这也告诉我们，永远的利益不再是统治者征服心理的满足,已经是一个国家全民族的尊严维护、物质和财富需求。深海大洋是当下和未来政治与军事角逐场,各国纷纷回归海洋,力争在海洋世纪抢占先机,无休止的蓝色圈地日益激烈,南海争端不断升级,中国急需从近海战略走向深海大洋,在当前已有综合国力增强的条件下,区别邻国争夺目标的差异,各个击破,多层次多方式多方法实现我国南海制海权的国家核心利益。

回顾中国这个从早期的近海意识萌芽,回归陆地霸主,再度走向深海大洋的漫长历程,先民留下了许多可考遗迹,记录了一系列重大标志性涉海事件。这些重大历史事件无不发端于海洋人文和海洋科技的先进性和核心主导性。中国 18 000 年前的周口店山顶洞遗址中就发现先民原始的食用海贝的用海记录〔穿孔的海蚶(han)壳〕;而对海的有意认识,始于 7000 年前的河姆渡文化中先民的"靠海吃海"观念;至 4350~4390 年前,龙山文化和百越文化(太平洋东岸皆有龙山文化和百越文化遗址)中出现海上安全意识,催生了独木舟;依托技术的近海航海活动,起始于殷商时期,这得益于对热力季风的认识,有学者也认为商朝已能建造大型木帆船;之后,在春秋战国时期出现最早的海上争夺、海战和海防;大型海上工程活动为最早的大型船舶建造,始于秦朝,能造出大型海船,沿海进行长途航行;海洋理论出现是秦汉时期,最早的海洋理论为潮汐理论,直至三国时期,出现系统的《潮汐论》专著。但这些都没有摆脱近海范畴。

中国先民的深海活动是随着中国先进的技术而发展的,是一个逐步演变的过程,这过程中也有辉煌的成就。中国的深海大洋活动,得益于战国时期的科学技术发展,但也有学者认为起始于殷商时期,如 3000 多年前的殷人东渡等,都是深海远洋活动的线索。公元前 221 年前后(战国时期),出现北斗七星和正北极识别技术(牵星术)。公元前 219~210 年(秦朝),徐福两度东渡远航,从淡水开始走向深水。此时,虽然出现了先进技术,即司南+牵星术,但尚未用于航海。公元前 207 年前(秦朝末期),"海上丝绸之路"雏形在番禺(今广州)形成。公元 743 年左右(唐朝),鉴真东渡日本,开始岛屿和陆地文化交流,启迪了日本对陆地文化的向往。公元 960 年左右(宋代时期),开辟越洋跨海活动,远达印度洋,开始了牵星术、指南针、季风预测三项重要技术的应用,实现定性航海带定量航海的转变。公元 1330 年左右(元代时期),大航海家汪大渊两次远洋考察,到达地中海。公元 1386 年,明太祖实施"海禁"政策,海洋事业步入长达 300 年的缓慢发展时期。公元 1405~1433 年(也有学者认为始于 1403 年),郑和七下西洋,远达非洲,海上丝路繁荣,建立了强大海军。公元 1492 年,哥伦布发现新大陆。公元 1494 年,"教皇子午线"出现葡萄牙、西班牙"瓜分"世界资源和利益,出现全球海洋竞争。公元 1684 年,清圣祖康熙发布谕令"开禁",结束了 300 年的"海禁"政策。当时虽设立了海关,但中国已步入落后的海洋国家之列。公元 1840~1842 年,鸦片战争后,我国制海权丧失,中国步入百年耻辱阶段。

现在,中国从近海走向深海的历程步入第三个阶段:新航程。1917 年,陈葆刚等人创建山东省水产试验场。1928 年，青岛气象台成立海洋科。1946 年，厦门大学成立海洋系，山东大学成立水产系，这标志规模化海洋科学教育和研究正式启动。

1949～1976 年，我国海洋的主要研究方向为生物、水产、水声和地质等，规模小，人员少，条件简陋。1950 年组建中国科学院水生生物研究所青岛海洋生物研究室，童第周和曾呈奎等担纲研究。1954 年改建制，中华人民共和国成立后第一个专业海洋研究机构——中国科学院海洋生物研究室出现，标志着中国现代海洋科学全面、系统、规模化发展的开端。基于 1924 年成立的私立青岛大学，经国立青岛大学、国立山东大学几个时期的变迁，最终脱胎于山东大学，并于 1959 年成立综合性、海洋学科门类较全的山东海洋学院，标志着中华人民共和国成立后现代海洋教育的开端。1958～1960 年进行了全国海洋综合调查。1964 年国家海洋局成立，同年始建于南京的青岛海洋地质研究所作为唯一的海洋地质专业调查研究机构重建于青岛。1966～1976 年中国海洋科学因"文化大革命"再度进入缓慢发展阶段，期间，1970 年厦门大学复办海洋系，成为中国又一个海洋科学研究和人才培养的基地。

1976～1986 年，经过恢复调整，中国海洋调查从近海走向大洋，调查研究范围不断扩大，调查技术力量也得到进一步加强。期间，全国海岸带和海涂资源综合调查、大陆架海域渔业资源调查、南沙群岛及其邻近海域综合考察、热带西太平洋海气相互作用合作考察、黑潮调查、全国海岛资源综合调查、大洋多金属结核调查、南极科学考察等大规模海洋科学调查活动全面展开。1977 年曾呈奎最早提出海洋水产农牧化的设想和建议。1982 年成立中国海洋石油总公司，海底油气资源勘探进入新的发展阶段。1976 年以后，海洋学术方面出现了空前繁荣。1979 年中国海洋学会成立。至此，开启了海洋科学研究、海洋环境预报、海洋开发利用、海洋环境保护的良好环境。

1986～1999 年：在 863 计划和 973 计划先后启动并支持下，深海大洋勘探技术快速发展。1991 年全国海洋工作会议在北京召开，为 90 年代中国海洋科学的发展指明了方向；1993～1999 年，中国正式组队进行了两次北极考察；1989 年正式印发了《国家中长期海洋科技发展纲要》（1990～2020 年），1996 年制定了《中国海洋21 世纪议程》，提出了海洋可持续发展战略；1996 年厦门大学正式成立海洋与环境学院；1998 年，国务院发表《中国海洋事业的发展》白皮书，战略制定了一系列新政策。

2000 年以来，广东海洋大学、浙江海洋大学、上海海洋大学、大连海洋大学先后改名扩建，北京大学地球与空间科学学院、吉林大学海洋地质学硕士专业、清华大学地球系统科学研究中心、中国地质大学海洋学院、浙江大学海洋科学与工程学系等综合性机构纷纷成立相关学科，表明了国家对海洋的高度重视和海洋战略中心转移。中国也逐步从近海防御战略转向积极的海上防御战略，创新海洋战略新思维，快速步入中国式的海上攻防战略阶段，科学实现和谐海洋。"谋海济国"的理念依然是中国传统农耕文化在海洋上的体现。但随着 2004 年国家海洋科学中心筹建，2009 年国家深海基地奠基，2011 年"蛟龙"号下潜，中国"辽宁号"航母出世，海底观测网开始研究组网，海洋科学逐步成为科学研究前沿领域。迄今，初步实现：查清中国海、进军三大洋、登上南北极。

海洋潜力无穷，前景光明。现代海洋活动已远远超越远古的"捕鱼、盐业、海运"目的，进入了大规模开发海洋渔业、海洋石油资源、深海和海底生物、矿物资源、海洋药物资源，牧海耕洋时代已经来临。海洋成为推动世界经济进一步发展的重要资源后盾，正改变着人类的一切。学好《海底构造系统》，必将有用武之地！

2017 年 11 月 28 日于青岛